Schriften der Mathematisch-naturwissenschaftlichen Klasse
der Heidelberger Akademie der Wissenschaften
Nr. 18 (2008)

Ursula M. Staudinger
Heinz Häfner
Herausgeber

Was ist Alter(n)?

*Neue Antworten
auf eine scheinbar einfache Frage*

Mit 24 Abbildungen, davon 17 in Farbe

Professor Dr. Ursula M. Staudinger
Jacobs Center on Lifelong Learning and Institutional Development
Jacobs University Bremen
Campus Ring 1, 28759 Bremen
sekstaudinger@jacobs-university.de

Professor Dr. Dr. h.c. mult. Heinz Häfner
Zentralinstitut für Seelische Gesundheit
J 5, 68159 Mannheim
heinz-haefner@zi-mannheim.de

ISBN 978-3-540-76710-7 Springer Berlin Heidelberg New York

Bibliografische Information der Deutschen Bibliothek
Die Deutsche Bibliothek verzeichnet diese Publikation in der Deutschen Nationalbibliografie;
detaillierte bibliografische Daten sind im Internet über http://dnb.ddb.de abrufbar.

Dieses Werk ist urheberrechtlich geschützt. Die dadurch begründeten Rechte, insbesondere die der Übersetzung, des Nachdrucks, des Vortrags, der Entnahme von Abbildungen und Tabellen, der Funksendung, der Mikroverfilmung oder der Vervielfältigung auf anderen Wegen und der Speicherung in Datenverarbeitungsanlagen, bleiben, auch bei nur auszugsweiser Verwertung, vorbehalten. Eine Vervielfältigung dieses Werkes oder von Teilen dieses Werkes ist auch im Einzelfall nur in den Grenzen der gesetzlichen Bestimmungen des Urheberrechtsgesetzes der Bundesrepublik Deutschland vom 9. September 1965 in der jeweils geltenden Fassung zulässig. Sie ist grundsätzlich vergütungspflichtig. Zuwiderhandlungen unterliegen den Strafbestimmungen des Urheberrechtsgesetzes.

Springer-Verlag ist ein Unternehmen von Springer Science+Business Media
springer.de

© Springer-Verlag Berlin Heidelberg 2008
Printed in Germany

Umschlaggestaltung: WMXDesign GmbH, Heidelberg
Satz und Umbruch durch PublicationService Gisela Koch, Wiesenbach
mit einem modifizierten Springer LaTeX-Makropaket
Gedruckt auf säurefreiem Papier   5 4 3 2 1 0

Vorwort

Über das Alter, genauer: darüber, dass wir eine rasch, in dramatischem Ausmaß alternde Gesellschaft sind und dass uns aus dieser Entwicklung gewaltige Zukunftsaufgaben erwachsen, wird inzwischen allerorten geredet. Das Thema ist in der Öffentlichkeit angekommen, spät aber schließlich doch. Zwar hat sich der Klimawandel als Thema des Tages, die Bildschirme, die Feuilletons und die Gemüter beherrschend, schon wieder davor geschoben. Aber man darf erwarten, dass wir nicht gleich wieder vergessen werden, was wir inzwischen gelernt haben: dass der demographische Wandel mit seinen beiden Gesichtern – wenige, zu wenige Kinder auf der einen Seite, ein in historisch nie gekannten Größenordnungen wachsender Bevölkerungsanteil älterer, alter, sehr alter Menschen auf der anderen – eine der ganz großen Zukunftsherausforderungen darstellt; zunächst für die hoch entwickelten Industriegesellschaften, uns Deutsche allemal, auf mittlere Sicht aber für die ganze Welt, so erstaunlich das im Augenblick, wo die Hauptsorge noch das Wachstum der Weltbevölkerung ist, zu sein scheint.

Muss man mitreden, wenn ohnehin schon alle darüber reden? Das hängt davon ab, ob man etwas zu sagen hat. Für die erste Phase der öffentlichen Erörterung der Thematik war eine gewisse Engführung charakteristisch. In den Blick gerieten vor allem die Sozialversicherungssysteme, Alters-, Pflege- und Krankenversicherung, und dies aus gutem Grund. Sie sind in der Tat vom demographischen Wandel unmittelbar und elementar betroffen, mehr als das: in ihrer Funktionsfähigkeit gefährdet. Aber in einer zweiten Diskussionsphase wurde dann doch rasch deutlich, dass das Problemfeld unabsehbar weit ist. Inzwischen wissen wir, dass der demographische Wandel in alle Bereiche des Lebens hineinwirken wird. Die Zukunftsgesellschaften, die viel älter sein werden als alle Gesellschaften der bisherigen Menschheitsgeschichte, werden sich in vielen Hinsichten neu organisieren müssen. Sie werden vor ganz neuen Aufgaben stehen und werden ganz neue Lösungen finden müssen. Jeder wird betroffen sein.

Das zu wissen bedeutet allerdings noch keineswegs, Antworten auf die Fragen zu haben, die sich mit dieser Entwicklung in Fülle stellen. Anstrengungen des Denkens sind nötig, die Wissenschaft im Besonderen ist gefordert. Was können wir über die Probleme alternder, „alter" Gesellschaften im Vorhinein wissen? Was müssen wir wissen, um mit den Herausforderungen vernünftig umgehen zu können; um, wo es denn möglich ist, Probleme in Chancen zu verwandeln? Angesichts einer Zukunftsaufgabe von außerordentlichen Dimensionen bedarf es einer vielstimmigen, andauernden öffentlichen Debatte, in der in weitem Bogen aller Sachverstand, über den wir verfügen, zu Wort kommen muss. Dabei ist freilich darauf zu achten, dass das Reden über die Dinge nicht mit der Bewältigung der Probleme verwechselt wird, wie es leicht geschieht, wenn viel geredet wird.

Die Frage „Was ist Alter?" ist die grundsätzlichste, elementarste, die man stellen kann. Sie bietet sich als Ausgangspunkt für alles Nachdenken an. Aufs erste Hören mag diese Frage merkwürdig klingen. Wissen wir denn nicht, was Alter ist? Aber ist sie einmal gestellt, zeigt sich rasch, dass wir es so genau denn doch nicht wissen. Das gilt auch und in gewissem Sinn gerade für jene Wissenschaften, die es anscheinend mit den Objektivitäten des Alters zu tun haben, die sogenannten Lebenswissenschaften Biologie und Medizin. Was eigentlich biologisch geschieht, wenn ein Lebewesen altert, und vor allem: warum es geschieht, auch: wie sich die Vielfalt der Weisen des Alterns im Bereich des Lebendigen erklärt, das sind Fragen, die keineswegs abschließend und klar beantwortet sind.

Unter den Sozial- und Verhaltenswissenschaften spielt für die Beantwortung der Frage „Was ist Alter?" die Psychologie die erste Rolle. Und gerade sie hat in der jüngsten Vergangenheit viel zu der Einsicht beigetragen, dass sich hinter der Chiffre Alter viel mehr Varianz verbirgt als im Alltagssprachgebrauch erkennbar wird. Sie im Besonderen, heißt das, hat uns gelehrt, dass wir gut daran tun, die Frage „Was ist Alter?" an den Anfang zu stellen und sie nicht zu rasch und zu schlicht zu beantworten.

Die Geisteswissenschaften schließlich: Wenn sie vom Alter handeln, handeln sie immer davon, dass Alter nicht nur ein biologisches Faktum sondern auch ein kulturelles Konstrukt ist. Ob eine Kultur Alter zuerst mit Weisheit und Autorität oder mit körperlichem Verfall assoziiert, ist ein dramatischer Unterschied. Wer solche Unterschiede in der kulturellen Codierung des Alters ins Auge fasst, der kommt an der Frage „Was ist Alter?" gar nicht vorbei. Er muss sie vielmehr ins Zentrum der Aufmerksamkeit rücken und kann dann zeigen, wie sehr der unterschiedliche Umgang unterschiedlicher Kulturen mit dem Alter von der Antwort auf eben diese Frage bestimmt ist.

Es bestätigt sich also: Gerade die Dringlichkeit des Themas nötigt dazu, unser Erkenntnisinteresse zunächst einmal unabhängig von den Tagesaktualitäten zu bestimmen, grundsätzlich und mit einem weiten Horizont zu fragen. Die Frage „Was ist Alter?" ist so zugeschnitten. Nirgendwo kann eine Frage dieser Art so gut gestellt und erörtert werden wie in einer Akademie der Wissenschaften. Es ist eine der konstitutiven Aufgaben der Akademien der Wissenschaften, das Gespräch zwischen den Fächern anzuregen, zu organisieren und auf die Fragen auszurichten, um derentwillen es geführt werden muss. Überall andernorts ist Wissenschaft einem letztlich unwiderstehlichen Druck und Sog der Spezialisierung ausgesetzt. In den Akademien sitzen die Wissenschaften, bildlich gesprochen (und nicht nur bildlich gesprochen), noch immer um einen Tisch. Und sie sprechen auch miteinander – die Akademien leben recht eigentlich in einem Maße im Gespräch und durch das Gespräch, wie das für keinen anderen Ort der Wissenschaft gilt.

Die Heidelberger Akademie der Wissenschaften hat sich deshalb die Anregung, eine fächerübergreifende wissenschaftliche Konferenz zur Frage „Was ist Alter?" zu organisieren, mit Überzeugung zu eigen gemacht. Das Programm der Konferenz, wie es sich im Inhaltsverzeichnis dieses Bandes spiegelt, zeigt, dass das Ziel, ein weites Spektrum von Fächern und mit den Fächern ein weites Spektrum von Perspektiven zusammenzuführen, sehr ernst genommen wurde. Von der Biologie über die Medizin, die Psychologie, die Bevölkerungswissenschaft, die Soziologie und die Politikwissenschaft, die Geschichts- und die Literaturwissenschaft bis hin zur Philosophie reicht dieses Spektrum, vom Altern der Zelle, der Mikrowelt, bis hinauf zum Altern der Gesellschaft, der Makrowelt. Die realen Vorgänge des Alterns mit ihren Ursachen und Folgen sind ebenso im Blick wie die Prozesse der kulturellen Deutung des Phänomens. Und natürlich auch schon, jedenfalls ansatzweise, die praktischen Fragen des individuellen wie des gesellschaftlichen Umgangs mit den neuartigen Herausforderungen, vor die eine alternde Gesellschaft alle stellt.

Man mag fragen, ob sich das Altern der Zelle und das Altern von Gesellschaften noch in irgendeine sinnvolle Beziehung zueinander setzen lassen; ob die beiden Phänomene mehr miteinander verbindet als die Klammer des Begriffs. Die Antwort lautet: Nicht nur der Begriff, der Mensch ist die Klammer. Der Mensch altert, das ist das Kernphänomen. Und von diesem Kernphänomen aus gilt es zurückzufragen bis zur Zelle, dem Baustein des menschlichen Körpers, und hinaufzufragen bis zu den Verbänden, in denen Menschen zusammenleben. „Alternde Gesellschaften" sind ja keine Kollektivwesen, die selbst altern – von solchen Ontologisierungen war auf der Konferenz nichts zu hören, sondern Populationen, in denen der Anteil alter Menschen an der Gesamtbevölkerung wächst. In den Beiträgen der Kognitions- und Verhaltenswissenschaften zeigt sich am deutlichsten, dass im Altern des einzelnen Menschen in der Tat das ganze Spektrum der Fragestellungen, von der Mikrowelt bis zur Makrowelt, seinen zentralen Bezugspunkt hat.

Fragen mag man auch zur Auswahl der Fächer stellen. Alle, die zu Wort kamen, hatten etwas beizutragen. Aber gewiss kamen nicht alle, die etwas beizutragen gehabt hätten, auch zu Wort. Auf der Konferenz wurde das Fehlen der Theologie bedauert. Dass das Programm nach dieser Seite hin mit der Philosophie endet, war eine pragmatische, keine Grundsatzentscheidung der Veranstalter. Die empirischen Wissenschaften sollten die Hauptrolle spielen. Es ist durchaus denkbar, auch einmal die Frage nach der kulturellen Deutung von Alter ganz ins Zentrum zu rücken. Die Heidelberger Akademie der Wissenschaften denkt in der Tat daran, dieser ersten Konferenz zur Altersthematik weitere folgen zu lassen.

Wie immer in solchen Fällen bedarf es einzelner, die bereit sind, eine Last auf sich zu nehmen, wenn aus dem Einfall, der Anregung etwas folgen soll. Die Heidelberger Akademie ist ihrem ordentlichen Mitglied Heinz Häfner in besonderer Weise zu Dank verpflichtet. Von ihm kam nicht nur der erste Impuls. Er hat es dann auch übernommen, das Projekt im Auftrag der Akademie auf den Weg zu bringen. Ihm zur Seite stand Ursula M. Staudinger, korrespondierendes Mitglied der Akademie und auf dem Feld der Altersforschung selbst hervorragend ausgewiesen, die die Idee in ein Konferenzprogramm umgesetzt hat und bei der dann auch die wissenschaftliche Leitung der Konferenz lag. Auch ihr ist die Akademie aufrichtig dankbar. Freilich hätte die Heidelberger Akademie der Wissenschaften bei allem Einsatz einzelner Mitglieder das Vorhaben aus eigener Kraft nicht verwirklichen können. Erst die Robert Bosch Stiftung hat das mit einer großzügigen Zuwendung möglich gemacht. Sie hat es im

Übrigen nicht bei finanzieller Unterstützung bewenden lassen, sondern hat die Planungsphase wie auch die Konferenz selbst mit lebhaftem Interesse begleitet, einem Interesse, das seine Wurzeln im eigenen, aufs Praktische ausgerichteten Engagement der Stiftung auf dem Problemfeld „alternde Gesellschaft" hat. Die Heidelberger Akademie der Wissenschaften spricht der Robert Bosch Stiftung auch an dieser Stelle noch einmal ihren aufrichtigen Dank aus.

Die Stadt Heidelberg hat der Akademie für die Konferenz den Sitzungssaal des Rathauses zur Verfügung gestellt. Diese liebenswürdige Nachbarschaftsgeste hatte nicht nur einen praktischen Nutzen. Sie hatte auch symbolische Bedeutung: die Akademie im Rathaus, die Wissenschaft Fragen zugewandt, die sehr unmittelbar das ganze Gemeinwesen betreffen, die Wissenschaft, so ließe es sich etwas pointierter auch formulieren, in der Wahrnehmung öffentlicher Verantwortung. Es ist durchaus angemessen, dass die Akademien der Wissenschaften zeigen, dass sie dazu bereit und in der Lage sind.

Peter Graf Kielmansegg
Präsident der Heidelberger Akademie
der Wissenschaften

Inhaltsverzeichnis

Einleitung 1
    Ursula M. Staudinger und Heinz Häfner

Teil 1
Was ist Alter(n): Körper

Molekulare Mechanismen des Alterns. Über das Altern der Zellen
und den Einfluss von oxidativem Stress auf den Alternsprozess 9
    Christian Behl und Bernd Moosmann

Was ist Alter? Ein Mensch ist so alt wie seine Stammzellen 33
    Anthony D. Ho, Wolfgang Wagner und Volker Eckstein

Altern ist auch adulte Neurogenese. Neue Nervenzellen für alternde Gehirne   47
    Gerd Kempermann

Jugend ist Stärke und Alter ist Schwäche der Reparaturmechanismen 57
    Johannes Dichgans

Teil 2
Was ist Alter(n): Verhalten

Was ist kognitives Altern? Begriffsbestimmung und Forschungstrends 69
    Ulman Lindenberger

Was ist das Alter(n) der Persönlichkeit?
Eine Antwort aus verhaltenswissenschaftlicher Sicht 83
    Ursula M. Staudinger

Teil 3
Was ist Alter(n): Gesellschaft und Politik

Was ist demographische Alterung?
Der Beitrag der Veränderungen der demographischen Parameter
zur demographischen Alterung in den alten Bundesländern seit 1950 97
    Reiner H. Dinkel

Was meint Alter? Was bewirkt demographisches Altern?
Soziologische Perspektiven 119
   Franz-Xaver Kaufmann

Was ist Alter? Die Perspektive der Politikwissenschaft 139
   Manfred G. Schmidt

Teil 4
Was ist Alter(n): Kultur und Bedeutungskonstruktion

Das Alter in Geschichte und Geschichtswissenschaft 149
   Josef Ehmer

Das Alter in der Literatur 173
   Helmuth Kiesel

Bilder des Alters und des Alterns im Wandel 189
   Otfried Höffe

Neuigkeiten über das Alter? 199
   Wolfgang Welsch

Ausblick

Chancen und Herausforderungen einer alternden Gesellschaft 217
   Jürgen Kocka

Namenverzeichnis 237

Sachverzeichnis 241

Autorenverzeichnis

Prof. Dr. rer. nat. CHRISTIAN BEHL
Institut für Physiologische Chemie
& Pathobiochemie
Johannes Gutenberg-Universität
Mainz
Duesbergweg 6
55099 Mainz
cbehl@uni-mainz.de

Prof. Dr. med. JOHANNES DICHGANS
Neurologische Klinik
Universitätsklinikum Tübingen
Hoppe-Seyler-Straße 3
72076 Tübingen
johannes.dichgans@uni-tuebingen.de

Prof. Dr. REINER H. DINKEL
Lehrstuhl für Demographie
und Ökonometrie
Wirtschafts- und Sozialwissen-
schaftliche Fakultät
Raum 032
Universität Rostock
Ulmenstraße 69
18057 Rostock
reiner.dinkel@uni-rostock.de

Dr. VOLKER ECKSTEIN
Medizinische Klinik V
Universität Heidelberg
Im Neuenheimer Feld 410
69120 Heidelberg
volker.eckstein@med.uni-
heidelberg.de

O. Univ.-Prof. Dr. JOSEF EHMER
Institut für Wirtschafts- und
Sozialgeschichte
Universität Wien
Dr. Karl-Lueger-Ring 1
1010 Wien, Österreich
josef.ehmer@univie.ac.at

Prof. Dr. Dr. h.c. mult. HEINZ HÄFNER
Zentralinstitut für Seelische Gesundheit
J 5
68159 Mannheim
heinz.haefner@zi-mannheim.de

Prof. Dr. ANTHONY HO
Medizinische Universitätsklinik
und Poliklinik, Innere Medizin V
Im Neuenheimer Feld 410
69120 Heidelberg
anthony_ho@med.uni-heidelberg.de

Prof. Dr. Dr. h.c. OTFRIED HÖFFE
Philosophisches Seminar
Universität Tübingen
Bursagasse 1
72070 Tübingen
sekretariat.hoeffe@uni-tuebingen.de

Prof. Dr. oec. DDr. h.c.
FRANZ-XAVER KAUFMANN
Fakultät für Soziologie
Universität Bielefeld
Universitätsstraße 25
33615 Bielefeld
f.x.kaufmann@uni-bielefeld.de

Prof. Dr. Gerd Kempermann
CRTD – Centrum für Regenerative
Therapien Dresden
Tatzberg 47–49
01307 Dresden
gerd.kempermann@crt-dresden.de

Prof. Dr. Helmuth Kiesel
Germanistisches Seminar
Universität Heidelberg
Hauptstraße 207–209
69117 Heidelberg
helmuth.kiesel@gs.uni-heidelberg.de

Prof. Dr. Jürgen Kocka
Wissenschaftszentrum Berlin
für Sozialforschung
Reichpietschufer 50
10786 Berlin
kocka@wzb.eu

Prof. Dr. Ulman Lindenberger
Max-Planck-Institut
für Bildungsforschung
Forschungsbereich
Entwicklungspsychologie
Lentzeallee 94
14195 Berlin
seklindenberger@mpib-berlin.mpg.de

Jun.-Prof. Dr. Bernd Moosmann
Institut für Physiologische Chemie
& Pathobiochemie
Johannes Gutenberg-Universität Mainz
Duesbergweg 6
55099 Mainz
moosmann@uni-mainz.de

Prof. Dr. Manfred G. Schmidt
Institut für Politische Wissenschaft
Fakultät für Wirtschafts- und
Sozialwissenschaften
Universität Heidelberg
Marstallstraße 6
69117 Heidelberg
manfred.schmidt@urz.uni-heidelberg.de

Prof. Dr. Ursula M. Staudinger
Jacobs Center on Lifelong Learning
and Institutional Development
Jacobs University Bremen
Campus Ring 1
28759 Bremen
sekstaudinger@jacobs-university.de

Prof. Dr. Wolfgang Welsch
Institut für Philosophie
Friedrich-Schiller-Universität Jena
Zwätzengasse 9
07743 Jena
wolfgang.welsch@uni-jena.de

Dr. med. Dr. rer. nat.
Wolfgang Wagner
Medizinische Klinik V
Universität Heidelberg
Im Neuenheimer Feld 410
69120 Heidelberg
wolfgang_wagner@med.uni-heidelberg.de

Einleitung

Ursula M. Staudinger und Heinz Häfner*

Der vorliegende Band ist das Ergebnis eines Symposiums zum Thema „Was ist Alter?", das im November 2006 in Heidelberg stattgefunden hat. Mit dieser Konferenz wollte die Heidelberger Akademie der Wissenschaften, mit Unterstützung der Robert Bosch Stiftung, sich einmischen in die gegenwärtige, meist einseitig auf begrenzte Problemfelder fokussierte Debatte um die Folgen des demographischen Alterns.

Der scheinbar einfache Titel der Konferenz „Was ist Alter(n)?" wurde bewusst gewählt, um darauf aufmerksam zu machen, welche Komplexität und Breite sich hinter dieser Frage verbirgt, von der wohl die meisten glauben, dass sie sich einfach beantworten ließe. Antwort auf diese scheinbar einfache Frage geben nun herausragende Wissenschaftler aus dem breiten Spektrum der natur-, verhaltens-, sozial- und geisteswissenschaftlichen Disziplinen. Die Beiträge der Disziplinen wurden unter vier Phänomenbereichen gebündelt: Körper, Gesellschaft und Politik, Verhalten, Kultur und Bedeutungskonstruktion. Alle Beiträge beantworten die Ausgangsfrage aus der Sicht der jeweiligen Disziplin. Nach Lektüre dieses Bandes kann dann der Leser, die Leserin entscheiden, ob die Ausgangs- und Endpunkte der verschiedenen Antworten dazu geeignet sind, die produktive Auseinandersetzung mit dem persönlichen aber auch dem demographischen Alter(n) fruchtbar anzuregen.

Im ersten Teil dieses Bandes steht das Alter(n) des Körpers im Vordergrund. Es werden die biologischen, biochemischen und medizinischen Perspektiven betrachtet. BEHL und MOOSMANN gehen der Frage nach, warum Zellen „altern" und welche molekularen Faktoren diesen Zellalterungsprozess unterstützen oder verlangsamen. „Da der Alternsprozess auf molekularer und zellulärer Ebene erfolgt und jede Zelle des Körpers eine identische genetische Information besitzt, ist konsequenterweise unser gesamter Organismus von altersbedingten Veränderungen betroffen". Es wird in diesem Kapitel deutlich, dass die Übergänge vom natürlichen, physiologischen Alterns

---

* Wir danken Frau Dr. Satrapa-Schill für ihre Beiträge zum Gelingen dieses Projektes und der Robert Bosch Stiftung für die finanzielle Unterstützung der Konferenz und der Publikation dieses, durch Beiträge außenstehender Autoren ergänzten Bandes. Herrn Dr. Schnurr und den Mitarbeitern der Heidelberger Akademie der Wissenschaften für Vorbereitung und Durchführung der Tagung, Anette Muhs und Ann Margareta Heyne für ihren unermüdlichen Einsatz, ohne den dieses Buch nicht zustande gekommen wäre und schließlich Karl-Friedrich Koch vom Springer-Verlag für seine Unterstützung. Ursula M. Staudinger dankt den Kollegen und Kolleginnen aus dem Akademienetzwerk „Chancen einer alternden Gesellschaft" der Leopoldina und der acatech für konstruktive Diskussionen zum Thema.

hin zum krankhaften, pathophysiologischen Altern, fließend sind. Sogenannter oxidativer Stress, der als Abfallprodukt des Stoffwechsels entsteht, und seine Folgen für den Alterungsprozess werden ausführlich thematisiert, ebenso wie *die* Alterskrankheit des Gehirns: der Morbus Alzheimer.

Den zellulären Alterungsprozessen stehen lebenslange Regenerations- und Erneuerungsprozesse auf zellulärer Ebene gegenüber. Die zentralen Stichworte sind hier Stammzellen und adulte Neurogenese. Altern ist also nicht nur die Anhäufung von Abfallprodukten unseres Stoffwechsels, sondern ebenso die kontinuierliche zelluläre Erneuerung. Ho, WAGNER und ECKSTEIN befassen sich eingehend mit den Chancen und Grenzen dieser sogenannten „Jungbrunnen". Als noch nicht ausdifferenzierte Körperzellen stehen Stammzellen sowohl für die Selbsterneuerung als auch für die körpereigene Reparaturfunktion. Würde man die „molekularen Mechanismen, die der Selbsterneuerung, der Teilung und der Vermehrung der Stammzellen zugrunde liegen und letztlich [...] die Regeneration geschädigter Organsysteme erlauben ...", noch besser verstehen, dann hätte man nach Überzeugung der Autoren den Schlüssel zu einer umfassenden regenerativen Medizin in Händen. Auch die regenerative Medizin kann die Alterung nicht stoppen. In philosophischer Perspektive verweisen Ho und seine Kollegen auf den übergeordneten Sinn von Alterungsprozessen. Sie sprechen in diesem Zusammenhang von einem evolutiven Erfolgskonzept. Aber sie betonen das biologische Potential der Stammzellforschung für innovative Therapiemöglichkeiten. Denn adulte Stammzellen besitzen „die erstaunliche Fähigkeit, dorthin zu wandern, wo sie gerade gebraucht werden ...".

KEMPERMANN vertieft in seinem Beitrag den Prozess der adulten Zellgenese konzentriert auf die Neubildung von Hirnzellen. Er stellt die adulte Neurogenese als eine Konkretisierung der Plastizität menschlicher Entwicklung vor, die aus der Interaktion von genetischem Programm, individueller Aktivität und Umwelteigenschaften hervorgeht. Für ihn repräsentieren „Stammzellen, aus denen sich neue Nervenzellen entwickeln, [...] ein extremes Beispiel an Plastizität". Ähnlich wie Ho und Kollegen sieht Kempermann die Chancen in der körpereigenen Regenerationsfähigkeit, bleibt aber skeptisch gegenüber der Hoffnung, auf der Basis der adulten Neurogenese könnten pathologische Entwicklungen umgekehrt werden. „Das Gehirn regeneriert kaum", so sein nüchternes Fazit. Entscheidend für den Autor ist vielmehr, dass mit dem Wissen um die genannten Vorgänge das damit einhergehende „Potential für notwendige Anpassungsvorgänge im Alter" erschlossen werden sollte.

In diesem Zusammenhang stellt sich natürlich die Frage, ob das regenerative Potential durch den Menschen beeinflusst werden kann? Folgt man den Ausführungen von DICHGANS, dann wird die Schwäche der Reparaturmechanismen im Alter primär als Folge eines genetischen Programms vermutet, das in engem Rahmen durch die Interaktion mit Umweltfaktoren mehr oder weniger rasch exprimiert wird. In diesem Kontext thematisiert Dichgans die krankheits- und/oder alternsfördernde Rolle bestimmter menschlicher Verhaltensgewohnheiten, die im Zusammenhang mit schädlichen oxidativen Prozessen wirksam werden.

Im zweiten Teil beschäftigt uns die Frage nach Alter(n) des menschlichen Verhaltens. Zwei Vertreter der Psychologie beschäftigen sich mit der Frage „Was ist Alter(n)?" LINDENBERGER geht es um das Altern der Kognition, womit er die Leistungsveränderungen der mentalen Prozesse und Strukturen eines Individuums meint: Denken als Informationsaufnahme und -verarbeitung, Problemlösen, Wissen über sich selbst und die Welt, Meinungen, Einstellungen, Wünsche und Absichten. Es ist offenkundig, dass es hier eine enorme Vielfalt und Differenz der Ausgangsbefunde und der Altersveränderungen unter den Menschen gibt. Personen mit herausragenden intellektuellen Fähigkeiten bis ins hohe Alter stehen Menschen gegenüber, die bereits in der 6. Lebensdekade Abbauerscheinungen zeigen. Ähnlich große Unterschiede finden sich auch zwischen verschiedenen intellektuellen Domänen einer Person. Die Antwort auf die Frage „Was ist Alter(n)?" muss also nicht nur für unterschiedliche Personen unterschiedlich beantwortet werden, sondern auch innerhalb einer Person können die Antworten unterschiedlich ausfallen je nachdem welches Verhalten, welche Fähigkeit man in den Blick nimmt. So lässt die Wahrnehmungsgeschwindigkeit bereits im mittleren Erwachsenenalter nach, während Fähigkeiten, die den Aufbau und Abruf von Wissen erfordern, bis ins hohe Alter Stabilität und Zugewinn zeigen können. Für die Frage nach den Ursachen für solche Unterschiede gibt Lindenberger einen Überblick der aktuellen Antworten aus der kognitiven Alternsforschung.

STAUDINGER fragt, wie es sich mit der Persönlichkeitsentwicklung über die Lebensspanne bzw. im Alter verhält. Gibt es wissenschaftliche Hinweise für die landläufige Meinung, dass sich die Persönlichkeit nur bis zum 30. Lebensjahr „entwickelt" und danach stabil bleibt? Indem sie die Entwicklung der Persönlichkeit mit Hilfe zweier Begriffe differenziert, der Mechanik (gemeint sind hier die biologisch fundierten Muster der Wahrnehmung, Informationsverarbeitung sowie des emotionalen / motivationalen Erlebens) und der Pragmatik (hier die Summe der Erfahrungen / Interaktionen des Individuums und seiner Umwelten), erhellt sich das scheinbar Widersprüchliche: dass sich nämlich hinter dem vordergründigen Phänomen der Kontinuität und Stabilität im höheren Lebensalter sehr dynamische und kontinuierliche Anpassungsleistungen verbergen. Damit ist Altern eben beides: Kontinuität *und* Wandel.

Wie kann die Frage „Was ist Alter(n)?" aus Sicht der Gesellschafts- und Politikwissenschaften beantwortet werden? Der dritte Teil dieses Bandes beginnt mit DINKEL, der die demographische Entwicklung in den alten Bundesländern seit 1950 genauer untersucht hat. Dabei überrascht er mit der Feststellung, dass in Deutschland das Phänomen der alternden Bevölkerung mindestens seit dem Ende des Ersten Weltkrieges existiert und bereits in der Zwischenkriegszeit intensiv öffentlich diskutiert wurde. Spannend liest sich sein Ansatz, die „Veränderungen der Strukturen von Bevölkerungseinheiten" – eine andere Beschreibung der Alterung von Bevölkerungen – nicht mit dem Attribut „negativ" zu bewerten. Durch kontinuierliche Zuwanderung konnte das Altern der deutschen Bevölkerung deutlich abgeschwächt werden. So kommt Dinkel zu dem Schluss, dass „von allen uns zur Verfügung stehenden demographischen Instrumenten [...] die Akzeptanz und Förderung von Zuwanderung [...] die einzige realistische Alternative [ist]".

KAUFMANN erinnert daran, dass „zu den grundlegenden kulturellen Voraussetzungen unseres *heutigen* Sprechens über das Alter [...] die *Zeitrechnung* [gehört]." Erst mit der Einführung des Julianischen Kalenders wurden die Gesellschaft und das Leben des Einzelnen in diesem Sinne zeitlich strukturiert (z. B. Schuleintrittsalter,

Volljährigkeit, Ruhestandsregelung). Für Kaufmann ist das Lebensalter somit eine gesellschaftliche Konstruktion und damit „eine Kategorie des sozialen Status, durch den als natürlich angenommene Eigenschaften der Individuen und die kollektive Ordnung sinnhaft miteinander verknüpft werden."

SCHMIDT entwickelt diesen Gedanken weiter, wenn er sagt, dass die Politik feste Altersgruppen erzeugt, indem sie für bestimmte Legitimationen oder Privilegien der Bürger Altersgrenzen festlegt: z. B. Volljährigkeit, Wahlrecht oder das Erwerbsfähigkeitsalter. Weiterhin provoziert das Zusammenwirken von Alter und Alterung die Frage nach den politischen Interessen oder Machtverhältnissen, die ja immer auch ein Spiegel der gesellschaftlichen Verhältnisse sind. In einem Zahlenexperiment verdeutlicht der Autor dies: wenn alle über 60-Jährigen dieselbe Partei wählten, dann würden sie heute die stärkste politische Gruppierung darstellen. Dass dies nicht so ist, hängt auch damit zusammen, dass es den „Krieg der Generationen" um die knapper werdenden Ressourcen nicht gibt, sondern „im Gegenteil: die Solidarität zwischen den Generationen groß ist – vor allem in den Familien und in Verwandtschaftsbeziehungen." Angesichts mancherorts düsterer Prophezeiungen in diesem Zusammenhang ist diese Feststellung nicht nur kurskorrigierend, sondern stimmt auch zuversichtlich, wenn es um die Entwicklung von Lösungen geht.

Im vierten Teil beziehen sich die Antworten auf die Frage „Was ist Alter(n)?" auf die kulturelle Relativität des Alter(n)s und die Tatsache, dass Alter(n) in seiner Bedeutung (auch) durch den Menschen konstruiert ist. Die historische Forschung, so EHMER, hat sich dem Alter(n) sowohl hinsichtlich seiner Kultur- als auch seiner Sozialgeschichte genähert. Die Kulturgeschichte des Alters nimmt u. a. Wahrnehmungen und Bewertungen des Alters in den Blick, ebenso Altersrollen und Altersbilder, während die Sozialgeschichte Lebensformen alter Menschen in Familie, Gesellschaft und Institutionen beleuchtet. Die historische Forschung, so Ehmer, ist von der Annahme abgerückt, dass es jemals ein „goldenes Zeitalter" für Ältere gegeben hat und konzentriert sich seit einigen Jahren auf die „Ambivalenz", also die Zwiespältigkeit, die es seit je her dem Altern bzw. dem alternden Menschen gegenüber gibt und die sich in „Verteidigung und Verdammung, Verehrung und Verachtung" gleichermaßen widerspiegelt.

KIESEL, der Literaturhistoriker, sieht diese Ambivalenz auch in der Darstellung des Alters in der Literatur, durchgängig von der Antike bis zum 18. Jahrhundert. Der pessimistischen Auffassung eines Aristoteles stand die wertschätzende Haltung eines Ciceros gegenüber. Erst im 18. Jahrhundert allerdings kommt es, so Kiesel, zu einer Wende in der Darstellung des Alters, die das Positive betont. Dieser Trend setzt sich dann auch im 19. Jahrhundert fort, wobei der Realismus das Alter weder verklären noch verwerfen will. Mit dem Ende des 19. Jahrhunderts kehrt sich das Bild ein weiteres Mal. Der Naturalismus und Expressionismus des frühen 20. Jahrhunderts fokussieren das Leben wieder unter dem Aspekt von Brutalität und sozialem Elend. Im Laufe des 20. Jahrhunderts und schliesslich mit Beginn des 21. Jahrhunderts wächst die literarische Darstellung des Alters wieder zu einer Fülle unterschiedlicher Altersdeutungen, die zwischen der Beschreibung deprimierender Realitäten und verschiedenen Formen des Protestes oszillieren.

Der Philosoph HÖFFE schliesslich mahnt, bei der Frage „Was ist Alter(n)?", den Blick in die Geschichte und über die eigene Kultur hinaus zu weiten, wohl um der Neigung zur Dramatisierung einer Hier-und-Jetzt-Optik entgegen zu wirken und so an die Entwicklung und die damit verbundene, unausweichliche Veränderung aller Phänomene zu erinnern. Er stellt die Frage, wie sich die Bilder des Alters und des Alterns über verschiedene Kulturen und Zeitepochen hinweg entwickelt und verändert haben. Da die Sozial- und Politikgeschichte kein einheitliches Altersbild widerspiegelt, finden sich in der griechischen und römischen Antike, die Höffe ausführlich thematisiert, sowohl die Wertschätzung des Alters, nicht selten direkt assoziiert mit der herausragenden gesellschaftlichen Stellung des Mannes / Vaters, als auch Geringschätzung. Von dort aus beleuchtet er exemplarisch grosse Figuren der Ideen- und Geistesgeschichte des 16. und 17. Jahrhunderts, Andreae und Bacon, Grimm im 19. Jahrhundert und schliesslich als Vertreter des 20. Jahrhunderts Ernst Bloch. Zum Ende wagt er, gleichfalls exemplarisch, einen Blick in eine ganz andere Kultur: das chinesische Denken zwischen dem 6. und 3. Jahrhundert vor Christus und wie die Frage des Alter(n)s in dieser Epoche unter dem Eindruck der Lehren des Konfuzius beantwortet wurde.

Die Antwort, die der Philosoph WELSCH auf die Frage „Was ist Alter(n)?" gibt, ist provozierend: Menschen haben nicht nur *ein* Leben und *ein* Alter, sondern *mehrere* Leben und *mehrere* Alter und meint damit, dass zwischen dem biologisch gesetzten Anfang und Ende der Lebenszeit viel Raum ist für mehrere Alterns- und Todeserfahrungen. Welsch fragt weiter, ob die soziale Festlegung des Alters anhand der biologischen Uhr überhaupt (noch) sinnvoll ist angesichts der aktuell brisanten Debatte um Lebensarbeitszeiten. Weil „das Alter die Lebenszeit mit dem ausdrücklichsten *Todesbezug*" ist, fragt Welsch im zweiten Teil seiner Ausführungen, wie sich die Auseinandersetzung des Einzelnen angesichts der Konfrontation mit der eigenen Endlichkeit gestalten kann. Im dritten Teil schliesslich wagt der Philosoph eine Deutung von Alter(n) und Tod, wie sie sich aus der Perspektive der Evolution und damit jenseits der individuellen Selbsterfahrung in einem äusserst sinnhaften Gefüge darstellt.

Im Ausblick fasst der Sozialhistoriker KOCKA noch einmal die gegenwärtige Diskussion um das Phänomen der weltweiten Alterung und deren Folgen zusammen und kommt so zu den anstehenden konkreten und drängenden gesellschaftlichen Problemstellungen zurück. Die öffentliche Debatte über die weltweit zu beobachtenden, gesellschaftlichen Folgen des demographischen Wandels resp. der globalen Alterung wird nach seiner Auffassung mit deutlich konträren Unter- und Zwischentönen geführt. Während im anglo-amerikanischen Raum in der Tendenz zukunftsoptimistisch die Chancen dieser Entwicklung betont werden, ist andernorts häufiger und speziell in Deutschland der Fokus auf den Lasten und Gefahren, die mit dem demographischen Altern verbunden sind. Kocka geht diesen gegensätzlichen Einschätzungen anhand zweier großer Problembereiche nach: „Altern und Arbeit" sowie „Altern und zivilgesellschaftliches Engagement". „Der Rückgang der Erwerbstätigkeit älterer Menschen ist ein Massenphänomen des letzten Jahrhunderts", stellt der Autor fest und bezieht sich dabei auf die wohlhabenden Länder dieser Erde. Im Verhältnis zur kontinuierlich steigenden Lebenserwartung (ebenfalls auch eine Folge von Bildung und Wohlstand) wirkt die zugleich immer länger werdende Ruhestandsphase als Massenphänomen in den westlichen Gesellschaften zunehmend sozial unverträglich. Kocka geht den spezifischen gesellschaftspolitischen und strukturellen Ursachen nach und zeigt unter der Perspektive der historischen Entwicklung auf, „wie politisch gestaltbar diese Sachverhalte sind". Er fordert mit Vehemenz ein Umdenken von allen Beteiligten, Politikern, Bürgern, Arbeitgebern und Arbeitnehmern, die der veränderten Lebenserwartung ernsthaft Rechnung trägt und eine längere soziale Teilhabe und Verantwortung den Älteren sowohl gewährt als auch einfordert. Kocka sollte mit dieser Forderung nicht missverstanden werden. Auch für ihn steht über der Debatte das Primat der Freiheit. Es geht ihm nicht darum, Lebensformen zu „verordnen". Aber auch er hofft auf mehr Weite in den Perspektiven aller Beteiligten, auf die Einsicht, dass es viele Wege gibt, um erfolgreich zu altern und auf den Willen, die bestehenden Möglichkeitsräume auch tatsächlich zu nutzen.

Als Herausgeber dieses Bandes hoffen wir, dass die Vielfalt, aber auch die Überschneidungen zwischen den Antworten auf die Frage „Was ist Alter(n)?" die Debatte um die Zukunft des Alter(n)s bereichern werden und uns zunehmend davon abhalten, zu schnell einseitige oder engstirnige Antworten zu geben.

Teil 1

Was ist Alter(n): Körper

Molekulare Mechanismen des Alterns
Über das Altern der Zellen und den Einfluss von oxidativem Stress auf den Alternsprozess

Christian Behl und Bernd Moosmann

Das Alter ist ein höflich Mann: Einmal übers andere klopft er an;
Aber nun sagt niemand: Herein! Und vor der Tür will er nicht sein.
Da klinkt er auf, tritt ein so schnell, und nun heißt, er sei ein grober Gsell.

Johann Wolfgang von Goethe, *Das Alter,* 1814

Fast jeder Mensch möchte möglichst *alt werden*, jedoch niemand möchte *alt sein*. Über kaum einen anderen Vorgang haben sich Dichter, Philosophen und Wissenschaftler so viele Gedanken gemacht wie über das „Altern" des Menschen. Der Prozess des Alterns ergreift jedes Menschenleben. Hoffnungen von der ewigen Jugend oder dem ewigen Leben wird es immer geben, sie sind jedoch Science Fiction und werden es auch bleiben. Die demographischen Veränderungen unserer Gesellschaft, in diesem Band von R. H. Dinkel dargestellt, zeigen langsam ihre Auswirkungen. Fragt man Sprachwissenschaftler, so lernt man, dass sich das Wort „alt" aus dem indogermanischen Wortstamm „al" ableiten lässt, was „wachsen" und „reifen" bedeutet. Damit ist der Alternsprozess als ein natürlicher Wachstums- und Reifungsprozess beschrieben. Ein erfolgreiches und gesundes, aber vor allem ein aktives Altern, bei dem die „Alten" mit geistigen, kulturellen oder sportlichen Aktivitäten oder als ältere Berufstätige immer noch voll im Leben stehen, ist heute das oberste Ziel der meisten Menschen unserer alternden Gesellschaft. Aber auch wenn die Möglichkeiten der modernen Medizin bei der Behandlung von alterstypischen Veränderungen teilweise weit fortgeschritten sind, so dass man heute einige nicht mehr funktionierende Organe und Gelenke unseres Körpers ersetzen kann, gibt es für unsere Schaltzentrale, das Gehirn, noch keine Ersatzmöglichkeiten, auch nicht auf zellulärer Ebene. Heute wird, bewusst oder unbewusst, „Altern" fast ausschließlich mit körperlichem Abbau, Verwirrtheit und geistigem Verfall in Verbindung gebracht. Auch wenn dies so apodiktisch sicherlich nicht gilt und es viele Beispiele für ein *erfolgreiches* und *gesundes Altern* gibt, so ist es dennoch richtig, dass Erkrankungen u. a. des alternden Gehirns (Beispiel: Alzheimer-Krankheit; siehe jedoch auch Kempermann, in diesem Band) in einer immer älter werdenden Gesellschaft ein gewaltiges medizinisches und sozioökonomisches Problem darstellen.

Biologische Prozesse sind die Ergebnisse der Aktivität bestimmter Moleküle in unseren Zellen. So allgemein lassen sich die natürliche Physiologie des Menschen sowie viele Erkrankungen erklären. Auf der Suche nach den Molekülen, die den Alternsprozess beim Menschen beeinflussen, vorantreiben, verzögern oder irgendwann einmal vielleicht fast zum Stillstand bringen können, haben die Grundlagenwissenschaften in den letzten Jahrzehnten große Fortschritte gemacht. Studiert man das Altern des Menschen, untersucht man dabei zumeist zunächst das Altern der Zelle, der kleinsten Einheit des Lebens, sowie den Alternsprozess von Modellorganismen der experimentellen Forschung (siehe auch Ho, Wagner & Eckstein sowie Dichgans, in diesem Band). Der Lebenslauf einer Zelle, einige molekulare Theorien des Alterns sowie der Übergang des Alternsprozesses zu neurodegenerativen Erkrankungen sollen hier vorgestellt werden.

I. Was heißt Altern und wie alt wird der Mensch?

Verschiedene Organismen werden unterschiedlich alt. Nach der Phase der Entwicklung eines Organismus und dem Erreichen des reproduktiven Alters beginnt bei allen Lebewesen der kontinuierliche Alternsprozess, der mit dem Tod endet. Ein Mensch wird heute im Schnitt 75 Jahre alt, ein Nagetier wie Ratte oder Maus zwei bis drei Jahre. Dabei ist die durchschnittliche Lebensspanne (Lebenserwartung) von der maximalen Lebensspanne zu unterscheiden. Zu allen Epochen gab es „Methusalems", also Menschen, die verglichen mit den anderen Mitgliedern der jeweiligen Gesellschaft besonders alt geworden sind. Während die maximale Lebensspanne in den letzten Jahrhunderten vermutlich völlig gleich geblieben ist, hat sich u. a. aufgrund verbesserter allgemeiner Hygienebedingungen sowie großer Fortschritte in der medizinischen Versorgung die durchschnittliche Lebenserwartung des Menschen in industrialisierten Ländern im 20. Jahrhundert erheblich verlängert (Gruss, 2007).

Der älteste Mensch Deutschlands, ein Mann, starb erst Anfang des Jahres 2007 mit 109 Jahren. Der älteste Mensch weltweit, eine Frau, starb 1997 im Alter von 122 Jahren in Frankreich. Interessant ist die Tatsache, dass innerhalb *einer* Spezies die individuellen Lebensspannen sehr ähnlich sind, im Vergleich zu anderen Spezies aber sehr große Unterschiede bestehen. Dies ist ein Hinweis darauf, dass die Lebensspanne durch molekulare Prozesse oder den Einfluss der Gene definiert wird. Trotz dieser grundlegenden Erkenntnis wissen wir heute über die molekularen Mechanismen des menschlichen Alterns noch relativ wenig. Dies liegt v. a. daran, dass die Aufklärung der Biochemie des Alterns, die Manipulation von Lebensspannen und andere Eingriffe in den Alternsprozess fast ausschließlich an Zellen und Modellorganismen erfolgen können. Die Übertragbarkeit von Ergebnissen über Speziesgrenzen hinweg, beispielsweise von der Hefezelle, vom Fadenwurm oder von der Maus auf den Menschen, ist verständlicherweise begrenzt. Man kann heute sicher sagen, dass nicht *ein* Gen, nicht eine einzelne genetische Variante die vielen Facetten des menschlichen Alterns und seiner Erscheinungsformen (Phänotypen) beschreiben kann, sondern dass vieles auf ein sehr komplexes Wechselspiel verschiedener genetischer Programme und zellulärer molekularer Protagonisten hinweist (Hekimi & Guarente, 2003). Da der Alternsprozess auf molekularer und zellulärer Ebene erfolgt und jede Zelle des Körpers die identische genetische Information besitzt, ist konsequenterweise unser gesamter Organismus von altersbedingten Veränderungen betroffen. Die gleichzeitige Beeinflussung vielfältiger Organfunktionen und die sich daraus entwickelnden Erkrankungen im Alter werden auch *Multimorbidität* genannt. Diese Multimorbidität schließt Erkrankungen wie dementielle Syndrome, Arthrose, Herzinfarkt, Bluthochdruck, Altersdiabetes, rheumatische Erkrankungen, Glaukom, Gefäßerkrankungen sowie Krebs ein.

Man kann somit sagen, dass die Übergänge des natürlichen und damit physiologischen Alterns hin zum krankhaften, pathophysiologischen Altern, fließend sind. Überhaupt stellt sich die Frage, was in der Alternsforschung eigentlich genau untersucht wird, die *Biologie des natürlichen Alterns* oder die *Mechanismen altersassoziierter Krankheiten*. Konzentriert man sich mehr auf den pathophysiologischen Aspekt, so bietet sich ein sehr komplexes Bild der sich gegenseitig beeinflussenden altersbegleitenden Veränderungen und Erkrankungen. Konsequenterweise treten häufig viele altersassoziierte Krankheiten gemeinsam auf. Schon Hippokrates hat ca. 500 vor Christus von dieser Multimorbidität berichtet.

Alle Organsysteme sind vom Alternsprozess betroffen, und eine Vielzahl von konkreten organischen Veränderungen des alternden Menschen sind bekannt. So verliert etwa die Lunge an Elastizität, was den Atmungsprozess generell erschwert, Veränderungen in der Struktur und Funktion von Eiweißen der Knochen, Gelenke und Muskeln beeinflussen den Bewegungsapparat. Die Leistungsfähigkeit des Herz-Kreislauf-Systems sinkt durch den Umbau des Herzmuskelgewebes und der Arterienwände. Haut, Haare, Körpertemperatur, Immunsystem, Nierenfunktion, und Sinnesorgane verändern sich im Alter. Eine bedeutsame, frühe altersassoziierte Veränderung des weiblichen Organismus ist das Absinken der Spiegel des weiblichen Sexualhormons Östrogen. Östrogene finden Rezeptoren (Andockstellen) im gesamten Körper, und sie spielen eine ganz erhebliche Rolle bei der Organentwicklung, aber auch beim Erhalt der verschiedensten Körperfunktionen. Östrogene sind also multifunktionelle Hormone im weiblichen, aber auch im männlichen Organismus. Der verbleibende Restgehalt an Östrogenen hält die verschiedenen östrogenregulierten Körperfunktionen nur noch bedingt aufrecht. Die große Bedeutung beispielsweise der Östrogene für den Knochenbau ist sehr gut bekannt. So wird etwa die Dichte der Knochen als Indikator für die Funktionalität residualer Östrogenwirkungen bei Frauen kurz vor, während oder nach der Menopause vom Frauenarzt kontrolliert. Die Tatsache, dass die Menschen heute aufgrund ihrer erhöhten mittleren Lebenserwartung fast 40% ihrer Lebenszeit in einem postmenopausalen, östrogenreduzierten Zustand verbringen und sich dieser Zeitraum möglicherweise noch verlängern wird, dürfte einen erheblichen Einfluss auf die Medizin der Zukunft haben. Da Östrogene über ihre Rezeptoren als Modulatoren der Expression des humanen Genoms in verschiedenen Geweben wirken und diese Einflüsse relativ gut untersucht sind, kennt man auch die Auswirkungen einer fehlenden Östrogenwirkung auf molekularer Ebene, beispielsweise das An- und Abschalten bestimmter genetischer Programme im Zellkern, teilweise sehr gut.

Aber welche direkten biochemischen Veränderungen erleiden die Biomoleküle unserer Zellen während des Alterns? Wie unterscheidet sich eine alte von einer jungen Körperzelle? Altern besteht in einer fortschreitenden Störung physiologischer Aktivitäten. Dabei wird die Fähigkeit des Organismus verändert, die eigene Homöostase, etwa des Stoffwechsels oder in der Regulation der auf- und abbauenden Prozesse sowie der organtypischen Funktionen zu behaupten, wodurch die Empfänglichkeit für

Krankheiten und letztendlich auch für potentiell letale äußere Einflüsse wie schwere Infektionen erhöht ist. Man weiß heute, dass sich manche molekularen Aspekte der Biochemie und Physiologie, also die Moleküle selbst sowie ihre Funktionen in der Zelle während des Alternsprozesses zum Teil stark verändern. Bevor nun das Altern einiger Modellorganismen sowie einige Theorien des Alterns genauer vorgestellt werden, soll der biochemische Alternsprozess der kleinsten Einheit des Lebens, der Zelle, betrachtet werden.

II. Wie man sich das Altern der Zelle heute erklärt

1. Einige Theorien des Alterns

Der Körper eines erwachsenen Menschen besteht aus etwa 100 Billionen Zellen. Abhängig von ihrer jeweiligen Funktion unterscheiden sich die Zellen in den unterschiedlichen Geweben ganz erheblich. Ist es die Aufgabe einer roten Blutzelle (Erythrozyt), Sauerstoff im Blutstrom zu transportieren, und ist ihr Zellkörper ihrer Funktion entsprechend klein und kompakt, so gibt es Nervenzellen in unserem Körper, die inklusive ihrer Zellausläufer bis zu 1 m lang sein können. Beispielsweise besteht der Ischiasnerv aus Nervenfortsätzen, die von der Hüfte bis in den Fuß etwa 1 m hinunterreichen. Die meisten unserer Körperzellen werden in zeitlich regelmäßigen Abständen erneuert. Der Erythrozyt hat eine Lebenszeit von etwa 4 Monaten, eine weiße Blutzelle (Leukozyt) als Bestandteil der Immunabwehr lebt dagegen je nach Anforderung und genauer Funktion entweder nur wenige Tage oder maximal mehrere Jahrzehnte. Auch die meisten Nerven- und Sinneszellen sowie Herzmuskelzellen bleiben ein ganzes Menschenleben lang erhalten. In unseren Körpergeweben finden demnach mit unterschiedlichen Geschwindigkeiten ständig zelluläre Auf- und Abbauvorgänge statt. Mithin unterliegen unsere Zellen ebenfalls einem Alternsprozess. Im besten Fall wird die gealterte Zelle, die möglicherweise ihre Funktion nicht mehr erfüllt, in ein kontrolliertes Zelltodprogramm getrieben und durch eine neue und funktionstüchtige Zelle ersetzt. Andere Zellen wie etwa Nervenzellen, die nicht ersetzt werden können (sieht man einmal von dem beschränkten Potential an adulten neuronalen Stammzellen ab; s. Beitrag Kempermann in diesem Band), unterliegen ein Leben lang den Einflüssen von außen und müssen diesen standhalten.

1.1 Replikative Seneszenz und der Zellzyklus

Das Altern und die Seneszenz der Zelle, der kleinsten Einheit des Lebens, wurde von Leonard Hayflick schon vor etwa 50 Jahren als die *begrenzte Zahl von Teilungen (Mitosen)* einer Zelle definiert. Er hatte menschliche Hautzellen in der Kulturschale beobachtet und festgestellt, dass diese Zellen nach etwa 40–50 regelmäßig stattfindenden Teilungen in einen Ruhezustand ohne Teilung (Seneszenzzustand) übergingen und anschließend langsam zugrunde gingen. Dieser als *replikative Seneszenz* bezeichnete Vorgang wurde als Modell des Alterns ausführlich untersucht, und es wurden verschiedene molekulare Kontrolleure dieses Seneszenzprozesses aufgedeckt. Das begrenzte Potential der Zellen an Teilungen wurde später als „Hayflick-Limit" bezeichnet.

Natürlich ist dieses zelluläre Alternsmodell in seiner Übertragbarkeit auf das Altern eines gesamten Organismus sehr begrenzt. Aber es zeigt, dass das Altern einzelner Zelleinheiten, die diesem replikativen Seneszenzverhalten folgen, offensichtlich eine starke genetische Komponente besitzt. Viele Zellen unseres Körpers teilen sich ständig und durchlaufen somit einen derartig definierten, replikativen Alternsprozess. Dabei ist der Prozess der Teilung einer Zelle sehr komplex, besteht aus vielen Schritten und ist damit zwangsläufig fehleranfällig. Die Zellteilung selbst, also der Vorgang, wenn aus einer „Mutterzelle" zwei genetisch identische „Tochterzellen" werden, ist nur *ein* Abschnitt des sogenannten Zellzyklus, also dem generellen Schicksalslauf einer jeden Zelle. Vor der eigentlichen physischen Teilung der Zelle, die auch als Phase der Mitose bezeichnet wird, muss das gesamte Zellmaterial, v. a. das zelluläre Genom, verdoppelt werden. Dieser Vorgang wird als DNA-Replikation bezeichnet. Damit lässt sich der Zellzyklus grundsätzlich in zwei große Abschnitte einteilen, nämlich Phasen vor und nach der Mitose. In diesen laufen vielfältige Syntheseprozesse sowie die Reorganisation des neusynthetisierten Zellmaterials ab. Die sogenannte G1-Phase (G für *gap*) folgt der Zellteilung, danach tritt die Zelle in die S-Phase (S für Synthese), sowie kurz vor der nächsten Zellteilung in die G2-Phase ein. In der S-Phase findet die DNA-Replikation statt (Müller-Esterl, 2004) (vgl. Abb. 1).

Selbstverständlich sind nicht alle Zellen unseres Körpers ständig mit dem Vorgang der Teilung befasst. Viele Zellen des Körpers befinden sich in einem Zustand der Zellteilungsruhe und nehmen als differenzierte Zellen ihre Aufgaben war, so etwa auch die Nervenzellen, die diese Ruhephase permanent einnehmen. Differenzierte Zellen befinden sich also in der G0-Phase und erfüllen ihre physiologischen Funktionen, bevor sie möglicherweise irgendwann einmal wieder aktiv am Zellteilungsprogramm teilnehmen. Zumindest manche Zelltypen können nämlich aus der G0-Phase auch wieder in den aktiven Zellteilungszyklus eingeschleust werden, sofern sie entsprechende Signale (z. B. Wachstumsfaktoren) von außen erhalten. Abhängig von der molekularen Umgebung, der Anwesenheit von Signalen und Faktoren, die die Zellteilung induzieren, kann also ein Umschalten von der Ruhe- in die aktive Teilungsphase erfolgen. Das Verständnis solcher aktivierender Signale ist von erheblicher medizinischer Bedeutung. So könnte man dadurch möglicherweise besser verstehen, warum Zellen, die sich physiologisch eigentlich nicht mehr teilen sollten, doch noch einmal anfangen zu proliferieren und damit möglicherweise zu einer Entartung des Gewebes führen. Oder man könnte im umgekehrten Fall die zellteilungsaktivierenden Signale nutzen, um Zellen, die sich teilen sollten, aber zu lange ruhen oder Gefahr laufen abzusterben, wieder in den Zellzyklus einzuschleusen.

Der sehr komplexe Prozess des Zellzyklus, die genaue Abfolge der Phasen sowie die Stoffwechsel- und Syntheseleistungen in den jeweiligen Abschnitten müssen streng kontrolliert werden. Ein Zuviel an Zellteilung kann zur Entartung eines Gewebes und somit zur Entstehung von Tumorerkrankungen führen. Ein Zuwenig an Zellteilung kann die physiologische Funktion von Geweben gefährden und degenerative Erkrankungen auslösen. Die molekulare Steuerung des Zellzyklus wurde an einigen Modellorganismen untersucht und zeichnet sich durch zeitlich strikt regulierte Ausprägung und chemische Modifikationen v. a. zweier Eiweiß-(Protein-)Gruppen,

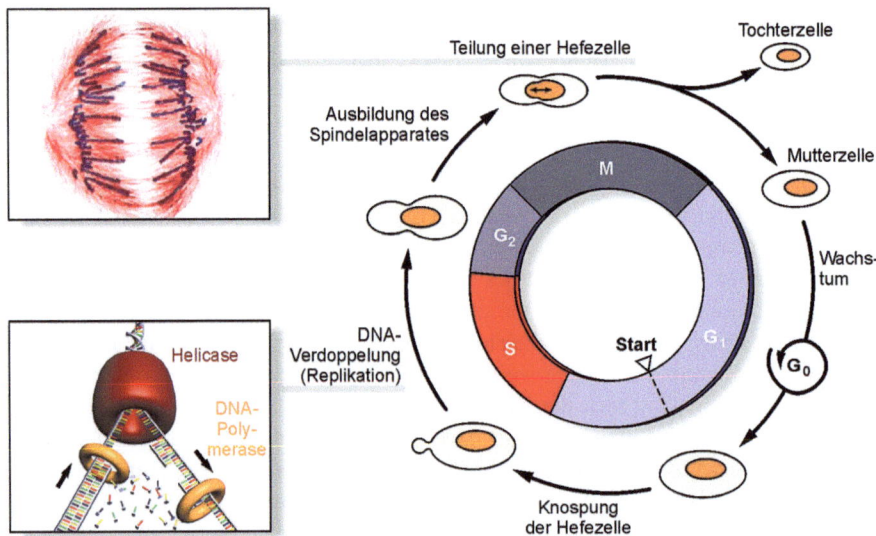

Abb. 1. Zellzyklus

Die einzelnen Phasen des Zellzyklus, im rechten Teil gezeigt am Beispiel einer Hefezelle (*Saccharomyces cerevisiae*), ein häufig verwendetes Modell in der Alternsforschung. Der Zellzyklus ist in Phasen eingeteilt, wobei die Übergänge zwischen G1-, S-, G2- und M-Phase fließend sind. (Modifiziert nach Werner Müller-Esterl: Biochemie. Spektrum, Akademischer Verlag 2004). Vor der Teilung der Mutter- in zwei Tochterzellen ordnet sich der bei der Replikation verdoppelte Chromosomensatz in einer charakteristischen Weise an (Bild *links oben*). Die Helicase ist ein Enzym, das die im Ruhezustand stark verdrillte DNA in Vorbereitung der Replikation lokal entwindet (Bild *links unten*). Ein Defekt in einer DNA-Helicase ist die Ursache des Werner-Syndroms.

der sogenannten Cycline und der Cyclin-abhängigen Kinasen (CDKs), aus. Kinasen sind Proteine, die Phosphatgruppen auf Zielproteine übertragen (biochemischer Prozess der Phosphorylierung). Durch die zeitlich exakt regulierte Anheftung und Abspaltung von Phosphatgruppen wird der Aktivitätszustand dieser Proteine gesteuert. Cycline und CDKs liegen in den Zellen assoziiert vor und befinden sich in einem eigenen Kreislauf von aktiven und inaktiven (Phosphorylierungs-)Zuständen. Dieser Ein-/Aus-Wechsel in der Aktivität jener Proteine ist das zelleigene biochemische Steuersignal der verschiedenen Zellzyklusphasen. Cycline und CDKs sind darüber hinaus auch Mitglieder von Proteinfamilien und kommen demnach in unterschiedlichen Varianten vor. So kennt man heute etwa 8 Typen von Cyklinen (A–H) und 9 verschiedene CDKs (CDK1–9), wobei allerdings nur die Cykline A–E sowie die CDKs 1, 2, 4 und 6 den Zellzyklus direkt beeinflussen. Kurz zusammengefasst bestimmen somit (1) das genaue stöchiometrische Verhältnis, also die genaue Mischung dieser beiden Proteinklassen, (2) der exakte biochemische Aktivitätszustand dieser Proteine, und (3) deren direkte molekulare Wechselwirkung die aktuelle Zellzyklusphase. Wenn der Zellzyklus einmal läuft, darf sich die Zelle keinen Fehler erlauben, da solche „Ausrutscher", etwa eine fehlerhafte DNA-Replikation, mit der Mitose direkt an die Tochterzellen weitergegeben werden. Auf allen Stufen des Zellzyklus muss somit der korrekte Ablauf kontrolliert werden. Dieser wird von weiteren Proteinen überwacht, die an verschiedenen Kontroll- und Restriktionspunkten des Zellzyklus aktiv sind.

1.2 Die Kontrolle des Zellzyklus

Die beiden wichtigsten molekularen Kontrolleure des Zellzyklus und damit indirekt auch der Bildung der richtigen Proteine zur rechten Zeit am rechten Platz sind das Retinoblastomprotein (Rb) sowie das Protein p53. Retinoblastome sind Tumoren der menschlichen Netzhaut. Bei dieser Tumorerkrankung ist das Gen für das Rb-Protein verändert, und es liegt eine Rb-Funktionsstörung vor. Wie genau nimmt nun Rb Einfluss auf den Zellzyklus? Auch das Rb-Protein wird durch eine Phosphorylierung aktiviert. Rb ist ein wichtiges Zielmolekül (Substrat) aktivierter CDKs (CDK4 und CDK6). Im nicht-phosphorylierten, inaktiven Zustand bindet Rb an Transkriptionsfaktoren auf der DNA und blockiert damit das Abschreiben (die Transkription) von Genen des Zellzyklus. Die Aktivierung durch Phosphorylierung verändert die dreidimensionale Struktur des Rb. Rb löst sich von der DNA ab und gibt damit die Transkriptionsfaktoren frei, die daraufhin eine Reihe von Genen der S-Phase von der DNA abschreiben, wodurch die Zelle in die S-Phase übergehen kann. Zellzyklus und Transkription sind somit über die Aktivität des Rb direkt verknüpft. Liegt nun beispielsweise ein in seiner Proteinstruktur dauerhaft verändertes Rb vor, kann die gezielte Hemmung der Transkription nicht funktionieren, und das Rb ist dauerhaft von der DNA gelöst, wodurch die Zelle wegen der anhaltenden Aktivierung der Transkription der S-Phase-Gene permanent in die S-Phase getrieben wird, die Zellen entarten, und ein Tumor kann entstehen. Intaktes Rb verhindert diese Entartung und Tumorentwicklung und wird deshalb auch als Tumorsuppressor bezeichnet (Lombard et al., 2005) (vgl. Abb. 2a).

Ein anderes wesentliches Protein, das die Entartung von Zellen durch einen ungebremsten Zellzyklus verhindert, ist das Protein p53, so bezeichnet aufgrund seines Molekulargewichts von 53 000 Dalton. Wie schon kurz angedeutet unterliegen Zellen einer Vielzahl von schädlichen Einflüssen von außen. So kann etwa dauerhaft hohe UV- oder ionisierende Strahlung oder aus der Höhenstrahlung Schäden an der DNA der Zellen verursachen. Auch chemische Giftstoffe, etwa Substanzen, die sich in die DNA-Doppelhelixstruktur einlagern können, lösen vielfach DNA-Schäden aus. Bekannte Schäden der zellulären DNA im Kern (DNA-Läsionen) sind beispielsweise Quervernetzungen der DNA-Helix und andere strukturelle Veränderungen der DNA wie Strangbrüche. Solche Verletzungen nehmen zwangsläufig erheblichen Einfluss auf die von der DNA kontrollierten biochemischen Vorgänge (z. B. Transkription oder Replikation). Entstandene DNA-Sequenzveränderungen werden stringent über die Tochterzellen vererbt, falls sie nicht von der zelleigenen DNA-Reparaturmaschinerie repariert werden konnten, wodurch dann u. a. Tumore entstehen können. Das Protein p53 fungiert nun als molekularer Kontrolleur und Regulator der zelleigenen DNA-Reparatur-Maschinerie. Setzt man in einem Experiment Zellen in der Kulturschale ionisierender Strahlung aus, so kommt es in der Folge zu einer Anhäufung von p53, was ein Zeichen dafür ist, dass die Zelle sofort auf die potentiell mutagene Gefahr

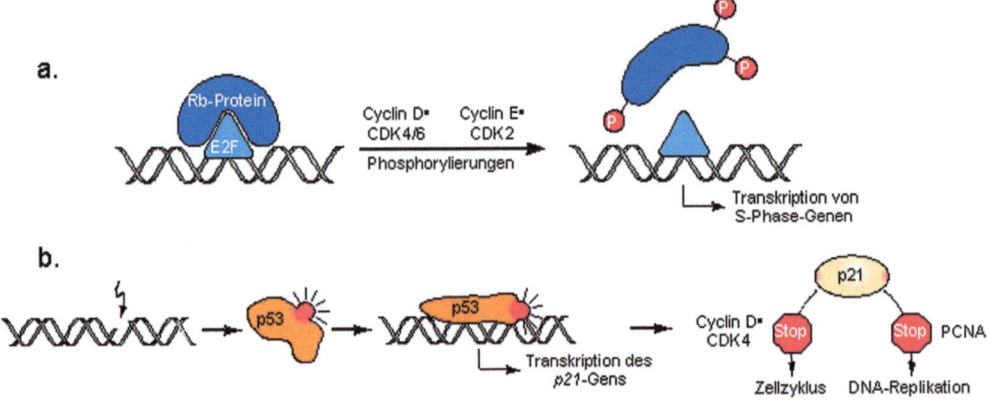

Abb. 2a, b. Aktivität der Tumorsuppressoren Rb und p53

Das Rb-Protein liegt im Ruhezustand in Assoziation mit dem Transkriptionsfaktor E2F auf der DNA vor. Die Transkription ist blockiert. Die Synthese von Cyclin D wird durch Wachstumsfaktoren stimuliert. Cyclin D lagert sich mit den Proteinen CDK4 und CDK6 zu einem Komplex zusammen, der die Phosphorylierung des Rb-Proteins verursacht. Phosphoryliertes Rb dissoziert vom Transkriptionsfaktor E2F ab. Die Unterdrückung der durch E2F gesteuerten Genexpression wird aufgehoben. Unterstützt wird die nachfolgende Transkription der für die Einleitung der S-Phase wichtigen S-Phase-Gene durch den Cyclin E-CDK2-Komplex. Im Gegensatz zum Rb-Protein ist p53 unter Normalbedingungen nicht mit der DNA assoziiert. Durch ionisierende Strahlung wird der Spiegel an p53 in der Zelle erhöht und dieses Protein aktiviert. Nach Anbindung an die DNA induziert es die Transkription des Gens, das für den CDK-Hemmstoff p21 kodiert. (Modifiziert nach Werner Müller-Esterl: Biochemie. Spektrum, Akademischer Verlag 2004)

von außen reagiert. Die Zellen werden an einem für p53 typischen Kontrollpunkt in der späten G1-Phase angehalten und haben somit Zeit zur DNA-Reparatur. Dabei funktioniert p53 ähnlich dem Rb ebenfalls als Regulator der Transkription nachgeschalteter Proteine, ist also ebenfalls ein Tumorsuppressor. Die Aktivität des p53 führt zu einem sofortigen Stopp des Zellzyklus, so daß die Reparaturmaschinerie arbeiten kann und dadurch DNA-Schäden beseitigt werden. Mutationen im p53 Protein sind ebenfalls sehr häufig mit der Entstehung von Tumoren verbunden. Es lässt sich somit vereinfachend festhalten: Funktionieren die beiden Proteine p53 und Rb korrekt, wird unkontrollierte Zellteilung und damit eine Entartung von Zellen und somit die Tumorentstehung aktiv verhindert (Abb. 2b).

Die exakte Kontrolle und die gegebenenfalls mögliche Unterbrechung der Zellteilungen verhindern also negative Auswirkungen von Zellschäden im Sinne der Zellentartung und Krebsentstehung. Je häufiger eine Zelle sich nämlich teilt und dabei ihre DNA verdoppelt, desto häufiger besteht die prinzipielle Möglichkeit, Fehler bei der DNA-Replikation zu akkumulieren. Das häufige Unterbrechen oder Einstellen des Zellzyklus und damit der Mitose bedeutet jedoch andererseits in den meisten Zellen Seneszenz, und tatsächlich ist die Funktion von Rb und p53 in alternden Zellen stark verändert. Mit Blick auf die physiologische Beschränkung der Zahl der Zellteilungen

(Hayflick-Limit) stellt sich also die Frage, warum Seneszenz überhaupt existiert, und warum es nicht für alle Zellen möglich sein sollte, einfach ohne weitere Zellteilungen unbegrenzt zu leben. Ein theoretisches Konzept, das hier häufig angeführt wird, ist die *Telomertheorie des Alterns*.

1.3 Telomere, Telomerase und die „Lebensverlängerer" der Sir2-Gruppe

Telomere sind die Endstrukturen der Chromosomen. An diesen Enden liegen nichtkodierende DNA-Sequenzen und somit keine Information, die direkt in Genprodukte umgeschrieben und übertragen wird. Allerdings erfüllen die Telomere wichtige strukturelle Aufgaben wie etwa den Schutz der Chromosomenenden. Die Verdoppelung der DNA in der S-Phase ist Aufgabe der DNA-Polymerase. Dabei besitzt dieses Enzym aber nicht die Fähigkeit, auch die Enden der Chromosomen vollständig zu kopieren, weswegen an den Endstücken bei jeder Zellteilung gewisse Sequenzbereiche verlorengehen (Chech, 2004). Diese teilungsabhängige, stetige Verkürzung der Chromosomen wird von der Telomertheorie des Alterns als Ursache für die replikative Seneszenz angesehen.

Nun gibt es in der Entwicklung des menschlichen Organismus Gewebe und zelluläre Entwicklungsstadien, in denen Zellen sich deutlich häufiger teilen müssen als das Hayflick-Limit erlauben würde, etwa Stammzellen während der Embryonalentwicklung (vgl. auch Ho, Wagner und Eckstein, in diesem Band). In diesen Zellen ist daher ein Enzym aktiv, die Telomerase, die den Verlust der Telomersequenzen bei jeder Zellteilung enzymatisch verhindert. Die Telomerase ist spezialisiert auf die Verdoppelung der Chromosomenenden und gleicht die mangelnde Funktion der „normalen" DNA-Polymerase aus. Mit der Entdeckung der Telomerase keimte sofort die Hoffnung, damit auch einen neuen biochemischen Ansatz des Anti-Aging gefunden zu haben. Allerdings musste man sehr schnell feststellen, dass eine unkontrollierte Aktivität dieses Enzyms, v.a. in solchen Zellen, die eigentlich keine Telomeraseaktivität besitzen sollten, auch zur Tumorentstehung beitragen kann. Darüber hinaus zeigten Mäuse, denen die Telomerase mit gentechnologischen Mitteln vollständig entfernt wurde, auch nach vielen Generationen keine beschleunigte Alterung. Die Beschränkung der Telomerasefunktion in differenzierten Zellen scheint also eher eine Schutzmaßnahme gegen Entartung darzustellen und unter normalen Umständen nicht zur replikativen Seneszenz oder Alterung beizutragen.

Interessanterweise gibt es aber eine Reihe von vorzeitigen Alterungs-(Progerie-)Syndromen beim Menschen, die sekundär mit einer beschleunigten Telomerverkürzung einhergehen, welche dann wiederum doch zu einer beschleunigten Zellalterung beizutragen scheint. Zu diesen Progeriekrankheiten gehören das sogenannte Werner- und das Down-Syndrom (Klapper et al., 2001). Ursache des Werner-Syndroms ist ein Defekt in einer DNA-Helikase (der Werner-Helikase), also in einem Enzym, das die im Ruhezustand stark verdrillte DNA in Vorbereitung der Replikation lokal entwindet. Genetische Ursache des Down-Syndroms ist das Vorhandensein einer kompletten Extra-Kopie des Chromosoms 21 (Trisomie 21; Mongolismus). Beide Progerie-Erkrankungen zeichnen sich durch eine frühe und beschleunigte Ausprägung einer ganzen Palette typischer Altersmerkmale aus. Diese Merkmale reichen von pathologischen Veränderungen wie etwa arteriosklerotischen Ablagerungen, Diabetes, und neurologischen sowie demenziellen Symptomatiken bis hin zu rein äußerlichen Merkmalen wie grauem Haar oder Faltenbildung der Haut. Viele Aspekte des typischen Alternsprozesses des Menschen laufen hier quasi im Zeitraffer ab. So sehen Werner-Syndrom-Patienten im Alter von etwa 40 Jahren bereits aus wie hochbetagte 70 bis 80-Jährige. Bei beiden der genannten Progerie-Syndrome sind nun die Stabilität und die Ausprägung der genetischen Information erheblich gestört, und Versuche in Mäusen deuten zumindest im Falle des Werner-Syndroms auch auf eine kausale Rolle der Telomerverkürzung für den Krankheitsprozess hin. Neben dem Werner- und dem Down-Syndrom sind noch weitere Progerien wie das Bloom-Syndrom oder das Hutchinson-Gilford-Syndrom bekannt, für welche ebenfalls eine kausale Rolle beschleunigter Telomerverkürzung diskutiert wird.

Auf dem Genom des Menschen sind die gesamten Informationen für die Proteine sämtlicher Zellen in Form von DNA kodiert und gespeichert. Diese werden in einem komplexen Verfahren (Transkription und Translation) als Funktionsträger (Eiweiße, Proteine) ausgeprägt („exprimiert"). Menschliche Zellen besitzen im Schnitt etwa einige Tausend solcher Eiweiße; der Mensch als Ganzes verfügt in allen seinen Zellen über insgesamt etwa 35 000 Proteine. Eine sich teilende Zelle, die funktionell intakt und überlebensfähig sein will, muss die Proteincodes ihrer DNA also dauerhaft konstant und stabil halten und vor schädlichen Einflüssen von außen schützen. Aber auch die DNA-Moleküle in ruhenden, sich nicht teilenden, differenzierten Zellen sind ständig schädlichen Einflüssen von außen ausgesetzt (z. B. UV-, radioaktive Strahlung, chemische Gifte, Karzinogene). Deswegen besitzen alle Zellen Reparaturenzyme im Zellkern, die den Austausch oder die Reparatur geschädigter oder strukturell veränderter DNA vornehmen, indem sie beispielsweise oxidierte DNA-Bausteine reparieren oder ersetzen. Diese wiederum werden u. a. durch p53 reguliert, wie bereits oben diskutiert. Veränderungen in der Effizienz und Genauigkeit der DNA-Reparatur können nun in bestimmten Fällen ebenfalls eine beschleunigte Alterung auslösen und spielen auch bei oben genannten Progerien eine wichtige Rolle. Eine *verringerte Stabilität* des humanen Genoms kann also Ursache für eine Beschleunigung des Alternsprozesses sein. Interessanterweise gibt es seit kurzem auch konkrete Beispiele für Proteine, die zumindest in Modellorganismen eine *erhöhte Stabilität* des Genoms bewirken können und damit eine Verlängerung der Lebensspanne dieses Organismus auslösen. Eiweiße der sogenannten Sir2-Familie können genau dies bewirken.

Hefezellen und der Fadenwurm *C. elegans* werden älter, wenn sie erhöhte Spiegel des Enzyms Sir2 besitzen (Howitz et al., 2003). Sir2 wirkt auf Prozesse im Zellkern ein und sorgt so für eine erhöhte Stabilität des Genoms. Man vermutet heute, dass die enzymatische Aktivität der Sir2-Proteine ganz entscheidend vom biochemischen Stoffwechsel der Zelle abhängt. Ist der Energieumsatz einer Zelle verringert, wird also weniger Zucker (Glukose) verbrannt und ist der Sauerstoffverbrauch der Zelle in den Mitochondrien verringert, wird auch die Menge an Regulatorproteinen, die ihrerseits wiederum die Aktivität von Sir2 blockieren, in der Zelle verringert. Das Protein Sir2 kann dann besonders aktiv sein. Die Sir2-Proteinfamilie stellt somit eine molekulare Brücke zwischen dem Energiestoffwechsel einer Zelle, der Stabilität des Genoms und der Lebensspanne dar. Besonders faszinierend ist die Tatsache, dass Stimulatoren von Sir2, die von außen auf die Zellen einwirken, die positiven Effekte einer kontrolliert verringerten Nahrungsaufnahme (restringierte Kalorienaufnahme; kalorische Restriktion) möglicherweise nachahmen können, was die zumindest prinzipielle Möglichkeit zur Verlangsamung des Alterungsprozesses über die Nahrung oder durch pharmakologische Substanzen in den Raum stellt (Blander & Guarente, 2004).

In der Tat kann in verschiedenen, meist kurzlebigen Lebewesen eine reduzierte Nahrungsaufnahme das Leben relativ deutlich verlängern. Deshalb wird das Konzept der „kalorischen Restriktion" zur Lebensverlängerung nach dem Motto „Iss weniger, lebe länger" auch für den Menschen derzeit besonders heiß diskutiert. Frühe Untersuchungen an Mäusen haben gezeigt, dass eine zwischen 20 und 50% reduzierte tägliche Kalorienaufnahme zu einer um etwa 10 bis 15% erhöhten Lebenserwartung führt. Zusätzlich konnte bei Nagetieren durch kalorische Restriktion das Auftreten altersbedingter Pathologien eingeschränkt werden. Ähnliche Fütterungsversuche laufen seit einigen Jahren auch mit langlebigeren Primaten, und es wird anekdotisch von einem besseren gesundheitlichen Allgemeinzustand der Affen auf Diät berichtet. Es ist aber derzeit noch unklar, ob sich dies auch in einer längeren Lebensspanne niederschlagen wird. Darüber hinaus gibt es gut begründete theoretische Überlegungen, die für alle Lebewesen die gleiche absolute Lebensverlängerung durch kalorische Restriktion vorhersagen, also auch für den Menschen nur einige Monate, so wie bei kurzlebigen Mäusen beobachtet. Berichte über einen besseren Gesundheitszustand und ein längeres Leben von Menschen unter kalorischer Restriktion oder mit ausgeprägt asketischer Lebensweise sind in dieser Hinsicht zwar auch ernst zu nehmen (Willcox et al., 2006), bleiben aber vorerst ebenfalls noch anekdotische Einzelmeldungen und können bislang wissenschaftlich nicht eingeschätzt werden, gerade da beim Menschen ein abweichendes Ernährungsverhalten über Jahrzehnte hinweg fast immer mit einer ganz besonderen Lebensweise einhergeht (z.B. Klosterleben). Es bleibt also unklar, ob die Ernährung oder andere besondere Faktoren eine eventuelle Lebensverlängerung bewirkt haben.

Zurück zu Sir2: Ein besonders interessanter Stimulator des Sir2-Proteins ist das Polyphenol Resveratrol, ein niedermolekularer Inhaltsstoff vieler Rotweine. Ob die derzeitig herrschende Euphorie über die Befunde rund um die Sir-Proteine und andere mögliche Regulatoren dieser Proteine, z. B. zukünftige Pharmaka, wirklich gerechtfertigt ist und zu einer wie auch immer gearteten Anti-Aging-Pille führen wird, bleibt vorerst abzuwarten.

Die Lebensverlängerung durch kalorische Restriktion in kurzlebigen Modellorganismen zeigt aber ohne Zweifel, daß der Stoffwechselumsatz einen Einfluß auf das Altern und die Lebensspanne haben kann (Pamplona & Barja, 2006). Wie erklärt man sich diesen Zusammenhang? Stoffwechsel bedeutet nicht nur Energieproduktion, sondern ist bei fast allen Lebewesen auch mit der Produktion giftiger Nebenprodukte verbunden, der freien Sauerstoffradikale. Dies kommt daher, daß in Säugetieren wie dem Menschen weit über 90% aller Energie aus der Veratmung und gleichbedeutend chemischen Reduktion von Sauerstoff herrührt. Die hoch reaktiven Sauerstoffradikale können, wenn sie nicht rechtzeitig und effektiv von den Zellen entgiftet werden, erheblichen oxidativen Schaden an allen Biomolekülen der Zelle (DNA, Eiweiße/Proteine, Fette/Lipide) auslösen. Warum aber sind freie Sauerstoffradikale so reaktiv, und was bedeutet es für die Zelle, wenn sie immer wieder von solchen Radikalen überflutet wird, sie also unter *oxidativem Streß* steht? Die Beantwortung dieser Frage ist nicht nur von größter Bedeutung für das Verständnis des zellulären Alterns, was schon vor über 50 Jahren von Denham Harman, dem Begründer der „Freien-Radikal-Theorie des Alterns", erkannt wurde (Harman, 1956), sondern auch für die Aufklärung vieler neurodegenerativer Krankheiten, die oxidative Schäden im Nervengewebe zeigen, wie z. B. die Alzheimer- und die Parkinson-Krankheit oder die Amyotrophe Lateralsklerose.

1.4 Freie Radikale als Einflussfaktoren des Alternsprozesses

Der Duden übersetzt den Begriff „radikal" mit „hart" und „rücksichtslos", was ziemlich präzise auch die chemischen Eigenschaften der *freien Radikale* beschreibt. Diese entstehen bei der Atmung, aber auch bei einigen anderen Prozessen in allen Zellen des Körpers. Freie Radikale nehmen sich ohne Rücksicht, was sie brauchen, nämlich Elektronen. Chemisch gesehen sind freie Radikale Atome oder Moleküle, die selbst schon ungepaarte, freie Elektronen tragen, was ihnen hohe Reaktivität verleiht. Einsame, ungepaarte Elektronen eignen sich aber schnell und begierig andere freie oder sich in schwachen chemischen Molekülbindungen befindende Elektronen an. Dadurch werden sie selbst physikalisch und energetisch stabilisiert. Dieses Verlangen der freien Radikale, sich zu stabilisieren und Elektronen an sich zu reißen, ist die Grundlage der schädlichen chemischen Aktivität dieser Atome und Moleküle auch in biologischen Systemen, in Zellen und Organismen. Fatalerweise laufen diese Prozesse häufig als chemische Kettenreaktionen ab.

In den Kraftwerken der Zelle, den Mitochondrien, sind fünf sehr große, aus vielen einzelnen Proteinen bestehende Komplexe, die Atmungskettenkomplexe, dafür verantwortlich, die eigentliche Reduktion von Sauerstoff zu harmlosem Wasser zu bewerkstelligen. Die Reaktion der fünf Komplexe wird in der Summe auch als oxidative Phosphorylierung bezeichnet, weil die Komplexe während der schrittweisen Umwandlung von Sauerstoff zu Wasser die gewonnene Energie in Form eines energiespeichernden Phosphats (ATP) anlegen, mit welchem dann beispielsweise Muskelarbeit verrichtet werden kann (Abb. 3).

a. Die unterschiedlichen reaktiven Sauerstoff- und Stickstoffspezies: ROS und RNS

Treten nun in einem der Atmungskettenkomplexe bei der Übertragung der Elektronen Fehler auf, so können Sauerstoffmoleküle, die noch nicht völlig reduziert und somit abreagiert sind, freigesetzt werden. Diese Moleküle können dann Radikale sein oder auch nicht, weswegen man sie kollektiv als reaktive Sauerstoffspezies bezeichnet (*reactive oxygen species*, ROS; im Unterschied dazu sind RNS *reactive nitrogen species*, z. B. Stickstoffmonoxid oder Peroxynitrit). ROS entstehen bevorzugt an den Komplexen I und III der Atmungskette. Beispiele für solche hoch reaktiven Oxidan-

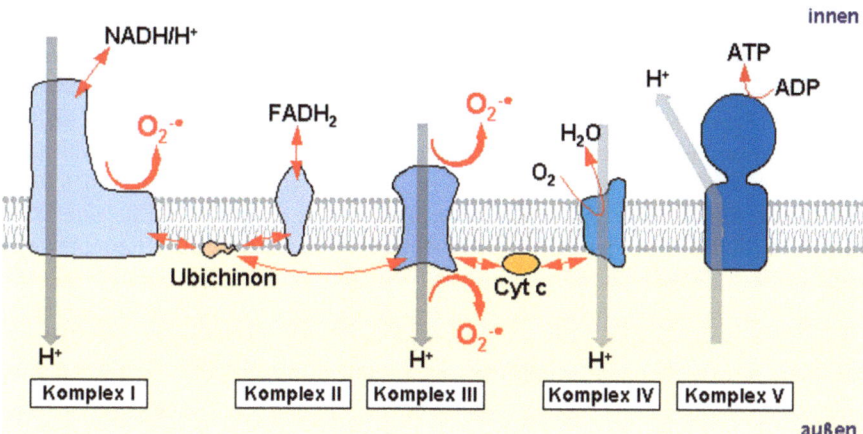

Abb. 3. Übersicht über die mitochondriale Atmungskette und die Orte der ROS-Entstehung

Die mitochondriale Atmungskette besteht aus fünf großen Proteinkomplexen (Komplex I–V) sowie zwei kleinen Kopplungsmolekülen (Ubichinon und Cytochrom c), welche in einer konzertierten Aktion aus Sauerstoff (O_2) und reduzierten Cofaktoren, welche vom Nahrungsstoffwechsel bereitgestellt werden (NADH/H^+ und $FADH_2$), Wasser erzeugen. Hierbei wird sehr viel Energie frei, welche dazu genutzt wird, um Wasserstoffionen (H^+) aus dem Mitochondrium zu pumpen. Die danach in diesem Konzentrationsgefälle steckende Energie wird von Komplex V benutzt, um die energiereiche Verbindung ATP zu synthetisieren. Diese Verbindung ist der zentrale biochemische Energieträger allen Lebens, und sie ist unter anderem essentiell für jegliche Bewegungsvorgänge und für die meisten Biosynthesen, die im Körper ablaufen. (Modifiziert nach Werner Müller-Esterl: Biochemie. Spektrum, Akademischer Verlag 2004)

tien sind das radikalische Superoxid-Anion ($O_2^{-\bullet}$), das nicht-radikalische Wasserstoffperoxid (H_2O_2), oder auch das äußerst toxische Hydroxylradikal ($HO^\bullet$), welches spontan aus H_2O_2, meist katalysiert durch freies Eisen, entsteht (Halliwell & Gutteridge, 1999).

Die verschiedenen ROS können in der Zelle unterschiedlich weit wirken und sind von unterschiedlicher Reaktivität. Besonders reaktionsfreudig ist außer dem Hydroxylradikal noch das Peroxynitrit ($ONOO^-$), das sich aus Stickstoffmonoxid ($NO^\bullet$) und Superoxid ($O_2^{-\bullet}$) bildet. Interessanterweise ist Stickstoffmonoxid nun eine Substanz, die zwar selbst ein Radikal ist, jedoch ein relativ reaktionsträges. Das NO ist chemisch so harmlos, dass es vom Körper selbst zur Kommunikation als Botenstoff zwischen verschiedenen Zellen eingesetzt wird, sogar im Gehirn, welches generell als besonders empfindlich gegenüber Radikalattacken gilt. Außerdem wurde vor einigen Jahren aufgedeckt, dass NO im Menschen der wohl wichtigste lokal wirksame Faktor für die Erweiterung der Blutgefäße ist. Für die Nervenzellen des Gehirns ist NO ein wichtiger Botenstoff bei der synaptischen Neurotransmission, also bei der Kommunikation zweier Nervenzellen mit dem Ziel der Weitergabe und Verarbeitung von Information, ohne welche beispielsweise die Gedächtnisbildung nicht möglich ist.

b. Entstehung von oxidativem Stress

ROS sind somit im Prinzip nicht nur ungewollte und zerstörerische Nebenprodukte des Stoffwechsels, sondern spielen in meist geringerer Konzentration auch eine wichtige Rolle bei normalen, physiologischen Vorgängen im Körper, z. B. bei der akuten Immunabwehr bakterieller Infektionen oder als wichtige intrazelluläre Signal- und Botenstoffe. Viele der erwünschten, teilweise lebenswichtigen Aktivitäten der ROS werden über die Aktivierung von Transkriptionsfaktoren vermittelt. Einzelne ROS sind also Moleküle, die in der Tat das Potential haben, fundamentale Reorganisationsprozesse im Körper zu induzieren, was über ihre initiale Charakterisierung als unerwünschte Schadsubstanzen weit hinausgeht. Es kommt somit auch bei den ROS auf die Menge, die genaue chemische Struktur und den Bildungsort in der Zelle an. Wird nun aber das normalerweise fein austarierte Gleichgewicht zwischen der Bildung und dem Abbau der ROS in Richtung einer höheren Konzentration an ROS verschoben, spricht man von *oxidativem Stress* (Sies, 1986). Eine intra- oder extrazelluläre Akkumulation von ROS, ausgelöst durch äußere oder zelleigene Signale und Faktoren, kann mithin die physiologischen Entgiftungssysteme der Zelle wie molekulare Antioxidantien und antioxidative Enzyme so überfordern, dass oxidativer Stress entsteht. Das körpereigene antioxidative Abwehr- und Entgiftungssystem besteht dabei aus verschiedenen Antioxidantien wie etwa dem wasserlöslichen Vita-

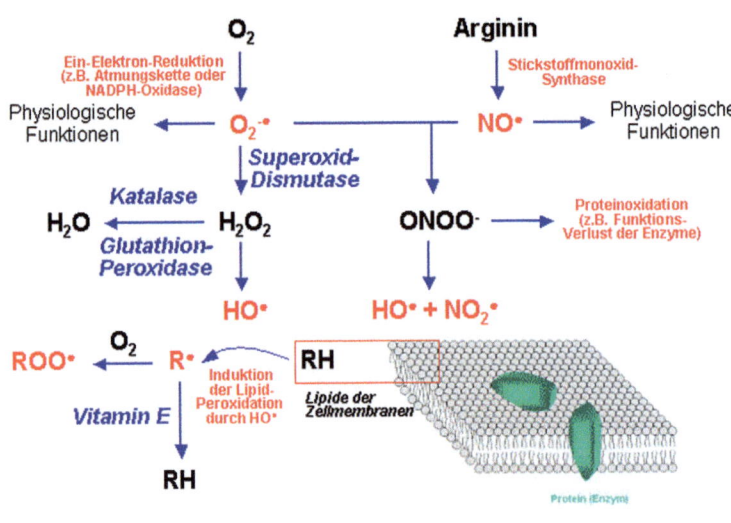

Abb. 4. Einige antioxidative Verteidigungssysteme

Die vermutlich wichtigsten antioxidativen Enzyme für den Menschen sind die Superoxid-Dismutase, die Katalase und die Glutathion-Peroxidase. Das Vitamin E spielt als das hauptsächliche kettenabbrechende Antioxidans eine prominente Rolle bei der Inhibition der Lipidperoxidation. Radikale sind *rot*, die entsprechenden antioxidativen Verteidigungssysteme *blau* dargestellt.

min C (Ascorbinsäure) und dem fettlöslichen Vitamin E (Alpha-Tocopherol), aber auch aus katalytisch wirksamen Enzymen wie der Superoxid-Dismutase, der Katalase und dem Glutathion/Glutathion-Peroxidase-System (Moosmann & Behl, 2002) (vgl. Abb. 4).

Eine Vielzahl von inneren wie äußeren Faktoren kann die ROS-Homöostase permanent auf die Seite der Akkumulation von ROS verschieben. Dadurch können oxidationsassoziierte Krankheiten entstehen und das Altern der Zellen vorangetrieben werden. Bedeutend sind dabei v. a. UV-Strahlung, das Rauchen, chronische bakterielle Infektionen oder bestimmte Umweltgifte. Gut dokumentiert sind hierbei insbesondere die Wirkungen der Substanz Rotenon, einem natürlichen Pestizid, welches einige Pflanzen selbst synthetisieren, um sich vor Fraßfeinden zu schützen. In Säugetieren induziert Rotenon ein Syndrom, das von der Parkinsonschen Krankheit fast nicht zu unterscheiden ist, und der Wirkungsmechanismus von Rotenon scheint dabei ausschließlich auf einer Hemmung des Atmungskettenkomplexes I zu beruhen, welche einen großen Ausstrom an freien Radikalen zur Folge hat.

Warum hat nun oxidativer Stress einen Einfluss auf das Altern, und wie kann es generell in Folge von oxidativem Stress zu Erkrankungen kommen? Ganz allgemein gesprochen sind Erkrankungen die Konsequenz gestörter zellulärer oder extrazellulärer biochemischer Prozesse, von der unzureichenden Abtötung eingedrungener Bakterien bis zur Störung der Nervenzellkommunikation bei der Depression. Oxidativer Stress führt nun zur chemischen Oxidation von Biomolekülen, welche die Träger solcher zellulärer oder extrazellulärer Prozesse sind, was in der Regel zu einem Funktionsverlust derselben führt. Freie Radikale verändern durch ihre chemische Reaktivität somit die Struktur und Aktivität der von ihnen oxidierten Moleküle, und sie haben damit eine zentrale Bedeutung für Funktion und Fehlfunktion unserer Körperzellen. Welche Moleküle und Bestandteile des Körpers sind nun besonders anfällig für unkontrollierte Oxidationen durch ROS?

1.5 Oxidation der lebenswichtigen Biomoleküle der Zelle

Drei Hauptklassen von Biomolekülen, die Lipide, die Proteine, und die Nukleinsäuren, sind besonders empfänglich für chemische Modifikation durch Oxidation (Halliwell & Gutteridge, 1999) (vgl. Abb. 5).

a. Lipide als Oxidationsziele

Mehrfach ungesättigte Fettsäuren, also Fettsäuren mit mehreren Doppelbindungen, sind wichtige Struktur- und Funktionsbestandteile der Phospholipide der Zellmembran. Die Oxidation dieser Fettsäureketten im Zuge einer Radikalkettenreaktion führt zur Bildung von Lipid-Oxidationsprodukten, den Lipid-Peroxiden. Die Folge ist eine unnatürliche Versteifung der Membran sowie die Oxidation der in die Membran eingebetteten Proteine. Werden die Lipid-Peroxide nicht schnell durch Enzyme repariert, zerfallen sie oft zu Aldehyden, wobei zum einen der Membran die Fettsäure verloren geht, und zum anderen der Aldehyd möglicherweise mit einem benachbarten Protein zu einem dysfunktionellen Aggregat reagiert. Im schlimmsten Fall brechen die Membranen der Zelle auf, und die Zelle stirbt. Verschiedene Neurotoxine

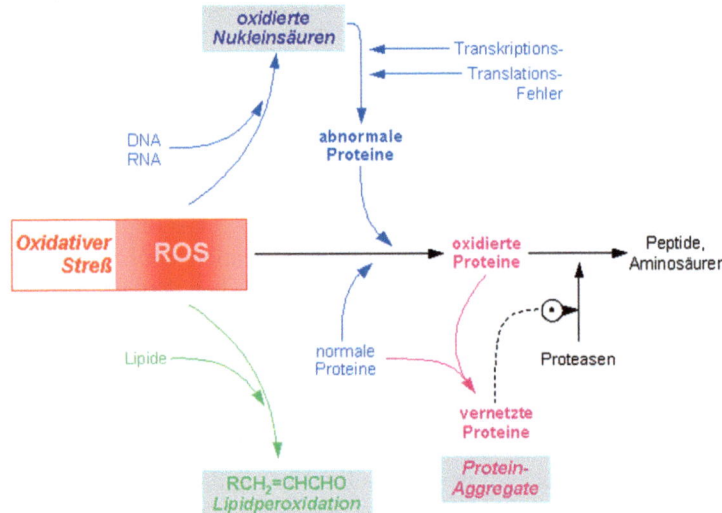

Abb. 5. Übersicht über die Oxidation der Biomoleküle und deren mögliche Folgen Insbesondere Protein-Aggregate aus quervernetzten, oxidierten Proteinen werden seit einiger Zeit als Hauptschuldige für den Zelltod bei einer ganzen Reihe neurodegenerativer Krankheiten angesehen.

wie beispielsweise das mit der Alzheimer-Krankheit assoziierte Amyloid-β-Protein führen über diesen Mechanismus der Membranoxidation direkt zu einer gravierenden Schädigung der Nervenzellen bis hin zum Aufbrechen der Zellmembran und damit zum Zelltod.

b. Proteine als Oxidationsziele

Im Vergleich mit Lipiden werden Proteine in noch weit vielfältigerer Weise oxidiert; mehr als die Hälfte der 20 Protein-aufbauenden Aminosäuren kann in jeweils charakteristischer Weise durch ROS attackiert werden, wodurch es oftmals zur Zerstörung der dreidimensionalen Struktur der Proteine kommt. Die Oxidation der Aminosäureseitenketten verändert nämlich die strukturbildenden Kräfte und damit die räumliche Ausrichtung des Proteins. Die Proteine verlieren daraufhin wesentliche Teile ihrer Struktur, besonders ihre dreidimensionale Konformation, und damit ihre Funktion. Fatalerweise entstehen durch die Oxidation der Seitenketten von Proteinen oftmals selbst wiederum reaktive Aldehydgruppen, die mit anderen, noch nicht oxidierten Seitenketten im gleichen Protein oder in benachbarten Proteinen reagieren und irreversible Querverbindungen ausbilden können. Die Quervernetzung solcher ganzer Proteine hat dann noch wesentlich schlimmere Auswirkungen auf die originale Funktion dieser Proteine als nur eine einfache Oxidation einer Seitengruppe. Es kommt hinzu, dass die oxidative Quervernetzung von Proteinen generell zu hochmolekularen Proteinaggregaten führt, die das zelluläre Proteinabbausystem (z. B. das Proteasom) oftmals in einer Weise überfordern, dass die Aggregate einfach in der Zelle eingekapselt und abgelagert werden. Diese Ablagerungen stellen dann das sogenannte Lipofuscin oder auch Alterspigment dar, das ein offensichtliches Zeichen der Alterung des Gehirns, des Herzens und indirekt des Gesamtorganismus darstellt. Oxidierte Proteinaggregate sind aber auch spezifisch bei fast allen neurodegenerativen Erkrankungen wie der Alzheimer-Krankheit und der Parkinson-Krankheit zu finden. Oxidative Quervernetzungen von Proteinen sind außerdem für die Trübung der Augenlinse beim Grauen Star (Katarakt) oder den Geschmeidigkeitsverlust der Haut im Alter verantwortlich.

c. Nukleinsäuren als Oxidationsziele

Auch die Nukleinsäuren RNA und DNA (Ribonukleinsäure und Desoxyribonukleinsäure) und deren Grundbausteine, die Nukleinsäurebasen, enthalten eine Reihe von oxidierbaren Gruppen. ROS können die DNA direkt am Zucker-Phosphat-Rückgrat oder an ihren Basenbestandteilen angreifen. Durch Oxidation der DNA-Bestandteile kann es zu DNA-Protein-Quervernetzungen, DNA-Strangbrüchen und zur chemischen Modifikation der Basen selbst und somit zu einer Fehlcodierung durch die DNA kommen. Eine häufige oxidative DNA-Modifikation ist die Oxidation des Desoxyguanosins unter Bildung von 8-Hydroxy-Desoxyguanosin (8-OHdG). Solche oxidativen Veränderungen führen, wenn sie den zelleigenen Reparatursystemen entgehen, zu Störungen in der Expression der Gene, zu Problemen bei der vor einer Zellteilung notwendigen DNA-Verdopplung (Replikation) und zur Weitergabe von DNA-Fehlern, also Mutationen, an die Tochterzelle.

Eine weitere charakteristische Auswirkung von oxidativem Stress im Gewebe ist die Glyco-Oxidation, also die Bildung von Zucker-Protein-Vernetzungsprodukten, die durch Oxidation irreversibel und unumkehrbar wird und mit der Bildung sogenannter AGEs (advanced glycation endproducts) endet. Diese Reaktion der Zucker resultiert in der Ausbildung von ganzen Netzen der betroffenen, meist proteinischen Makromoleküle, was zur Versteifung des glyco-oxidierten Gewebes führt. Gewebsversteifung ist insbesondere im extrazellulären Raum in der Haut und in den Wänden der Blutgefäße funktionell relevant und wird in neu synthetisiertem, noch weichem Gewebe gerade im Kindesalter sogar aktiv durch Enzyme befördert. Im Alter, wie etwa auch bei älteren Diabetikern, die einen chronisch erhöhten Blutzuckerspiegel aufweisen, beobachtet man hingegen eine bräunliche Verfärbung und pathologische Versteifung der Arterienwände durch Glyco-Oxidation, was eine gravierende Funktionseinschränkung dieses Gewebes nach sich zieht. Es ist somit sehr gut nachvollziehbar, dass die lebenslängliche Herausforderung unserer Zellen durch ROS im Alter ihre Spuren hinterlässt.

1.6 Oxidativer Stress, Evolution und Lebensspanne

Seit langem ist bekannt, dass das Ausmaß der Bildung der verschiedenen ROS überraschend gut mit den unterschiedlichen Lebensspannen der höheren und niederen Tiere korreliert. Gleichfalls ist die biochemische Zusammensetzung von Geweben aus Tieren mit kurzer Lebensdauer anders als die von Geweben langlebiger Tiere: Letztere, gerade auch der Mensch, verwenden bevorzugt oxidationsresistentere Bausteine. Da oxidationsresistente Bausteine aber für die eigentliche Funktion eines

Proteins oder einer Membran häufig nachteilig sind, muss das Beschreiten dieses Weges einen langen und schwierigen evolutiven Anpassungsprozeß erfordert haben. Die mitochondriale ROS-Produktion ist besonders hoch in Geweben mit erhöhtem Sauerstoffbedarf, wie etwa Herz- und Hirngewebe. Es ist somit vielleicht kein Zufall, dass diese Organe auch besonders markante biochemische Veränderungen während des Alterns zeigen. Tatsächlich ertragen unterschiedliche Gewebe des Körpers eine erhöhte Last an ROS sehr unterschiedlich; sie besitzen antioxidative Mechanismen verschiedener Ausprägung und Effektivität.

Die fortwährende Produktion von ROS und der resultierende oxidative Stress als Preis unserer zellulären Energiegewinnung mittels Sauerstoff hinterlassen auch auf Molekülebene langfristige evolutionäre Spuren, wie von uns vor kurzem herausgefunden wurde. Vergleicht man etwa die Aminosäuren-Häufigkeit in den auf dem mitochondrialen Genom kodierten Proteinen verschiedener Sauerstoff atmender Spezies (vom Fadenwurm C. elegans bis zum Menschen) mit der aus dem nukleären Genom abgeleiteten Kodierungshäufigkeit, stößt man auf einen interessanten Befund: Verschiedene stabil oxidierbare und dadurch auch potentiell antioxidativ wirksame Aminosäuren wie Methionin und Tryptophan finden sich häufiger als erwartet, aber die sehr leicht irreversibel oxidierbare Aminosäure Cystein ist in den mitochondrial kodierten Proteinen extrem abgereichert. Ein direkter Inter-Spezies-Vergleich ergibt ein weiteres spannendes Ergebnis, denn das Ausmaß der Abreicherung an Cystein ist direkt mit der Lebensspanne einer auf Sauerstoff angewiesenen Spezies (Aerobier) korreliert; je weniger Cysteine als Seitenketten in den mitochondrial kodierten Proteinen vorliegen, umso länger ist die maximale Lebensspanne der Spezies (Moosmann & Behl, 2008). Dieser Befund ist ein weiterer starker Hinweis auf die Bedeutung des oxidativen Stresses für den Alternsprozess und somit für die Richtigkeit der Freien-Radikal-Theorie des Alterns.

Nervenzellen und neuronales Gewebe im Gehirn können generell nur schlecht mit oxidativen Attacken umgehen. Der Hauptgrund hierfür liegt vor allem in der besonderen Molekülausstattung neuronaler Zellen mit sehr vielen Lipidmembranen und Membranproteinen und ihren vergleichsweise niedrigen Spiegeln an antioxidativen Verteidigungssystemen. Nervenzellen, die zu sehr oxidativ geschädigt sind, sterben ab und können nicht mehr ersetzt werden; dies ist anders als in den meisten anderen Geweben des menschlichen Körpers. Ein Erythrozyt akkumuliert während seiner Lebenszeit von ca. 4 Monaten nachweisbar auch eine Vielzahl oxidativer Schäden. Wenn er jedoch daran zugrunde gehen sollte, kann er aus den Stammzellen des Knochenmarks sofort ersetzt werden. Eine Nervenzelle ist zwar wie ein Erythrozyt ebenfalls eine postmitotische, ausdifferenzierte Zelle, also eine Zelle, die dem Zellteilungszyklus entkommen ist und einer definierten Funktion nachgeht, im Falle der Nervenzelle der Weiterleitung von elektrischen Signalen (Neurotransmission). Ein Recycling oder Austausch dieser differenzierten Nervenzelle ist jedoch nicht vorgesehen. Das Gehirn hat also aus rein zellulärer Sicht ein nur sehr geringes Regenerationspotential. Nervenzellen, die beispielsweise nach einem Schlaganfall mit einer besonders hohen Konzentration an Sauerstoff und damit auch an ROS umspült werden, sind leichte Opfer von Oxidation und Zerstörung, mit der Folge des oxidativen Zelltods. Untersucht man gealtertes Nervengewebe am Versuchstier oder *post mortem* beim Menschen,

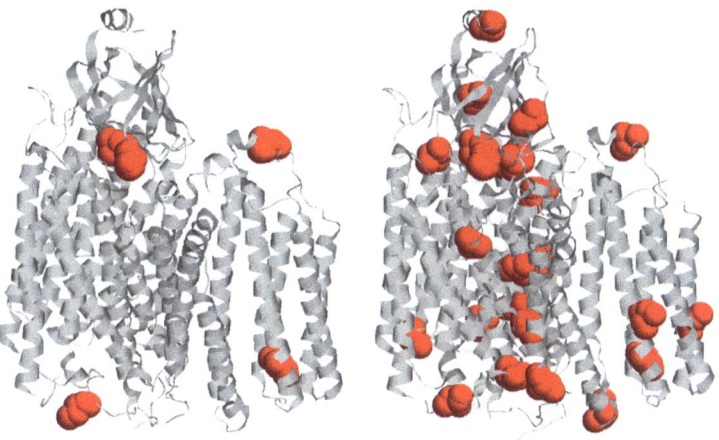

Abb. 6. Eingebaute Oxidationsresistenz bei Atmungskettenkomplexen aus langlebigen Tieren
Die heutige Struktur der Zentraleinheit von Komplex IV aus dem Pferd (*Equus caballus*) ist links dargestellt. Die instabilste und am leichtesten oxidierbare Aminosäure, Cystein, ist rot hervorgehoben. Sie taucht im Komplex IV des relativ langlebigen Pferdes (maximale Lebensspanne: 60 Jahre) nur an wenigen, funktionell absolut unerläßlichen Stellen des Proteins auf oder aber in der Peripherie, wo eine oxidative Zerstörung dieser Aminosäure vermutlich nur geringe negative Konsequenzen für das Gesamtprotein mit sich bringt. Wäre der Komplex IV nicht evolutiv auf Oxidationsresistenz optimiert, so wäre eine Struktur wie die rechts gezeigte mit einem weit höheren Cysteingehalt zu erwarten gewesen. Ähnliche Beobachtungen kann man auch bei anderen Atmungskettenkomplexen machen, die spezifisch in langlebigen Tieren ebenfalls instabile Aminosäuren meiden und stabile bevorzugen. Ein solches Verhalten kennt man bislang noch von keinem Protein außerhalb der Atmungskette, was auf eine besondere Rolle der Atmungskette für die Alterung hinweist.

findet man im Prinzip alle Biomoleküle der Zelle vermehrt in ihrer oxidierten Form; das oxidative Milieu scheint in gealtertem neuronalem Gewebe also erheblich erhöht zu sein, was für die unten diskutierten altersassoziierten neurodegenerativen Erkrankungen von großer Bedeutung zu sein scheint.

Abschließend sollen hier nochmals die wesentlichen Punkte zur Freien-Radikal-Theorie des Alterns zusammengefasst werden: Obwohl diese Theorie bereits vor etwa 50 Jahren erstmals formuliert wurde, blieb sie trotz leichter Modifikationen in den letzten beiden Jahrzehnten in ihrer Kernaussage bis heute als eine der plausibelsten Theorien zum Alterungsprozess erhalten. Nach ihr führen unkontrollierte Oxidationen und die daraus resultierenden strukturellen und funktionellen Veränderungen zellulärer Makro- und Biomoleküle graduell zu einer Fehlfunktion einzelner Zellen. Häufen sich innerhalb eines Organs diese zufällig auftretenden Funktionsausfälle, kommt es zu einem schleichenden Organversagen, das dann nach und nach alle Organe betrifft (Multimorbidität) und den Prozess des Alterns charakterisiert. Bei der Freien-Radikal-Theorie des Alterns wird also der sich über die Zeit akkumulierende oxidative Schaden als Ursache des Alterns und aller altersassoziierter Störungen und Erkrankungen zu Grunde gelegt (Balaban et al., 2005; Beckman & Ames, 1998). Für die These, dass der ständige Oxidationsdruck, dem wir durch unser Leben unter Sauerstoff ausgesetzt sind, eine treibende Kraft des Alternsprozesses ist, sprechen relativ viele experimentelle Daten aus diversen Modellorganismen. Medizinisch relevant ist hierbei nicht zuletzt die Tatsache, dass ROS und RNS bei altersassoziierten neurodegenerativen Erkrankungen bereits sehr früh im Krankheitsverlauf entstehen und das Fortschreiten des Nervenzelltodes begleiten. Für eine ganze Reihe von altersbegleitenden neurodegenerativen Erkrankungen wird heute eine besondere und vielleicht kausale Bedeutung des oxidativen Stresses in der Pathogenese angenommen; Beispiele sind die Alzheimer-Krankheit, die Parkinson-Krankheit sowie die Amyotrophe Lateralsklerose. Die prototypische Alterskrankheit des menschlichen Gehirns ist aber die Alzheimer-Demenz.

III. Morbus Alzheimer – Die Alterskrankheit des Gehirns

Dementielle Syndrome sind häufige Begleiter des alternden Menschen. Doch nicht jede Demenz bedeutet *Alzheimer-Krankheit*. Die klassische „Arterienverkalkung", ausgelöst durch krankhaft verengte, arteriosklerotische Hirngefäße ist seit langem als *eine* häufige Ursache einer dementiellen Symptomatik im Alter bekannt. Medikamentös greift man mit Mitteln ein, die die Durchblutung des Gehirns fördern. Auch bei Patienten mit Depression erscheint die geistige Leistungsfähigkeit oft herabgesetzt, man spricht dann auch von Pseudodemenz. Allerdings ist die häufigste Variante der altersassoziierten Demenz die Alzheimer-Krankheit. Etwa eine Millionen Menschen in Deutschland leiden derzeit an dieser degenerativen Krankheit des Gehirns. Und der bedeutendste und entscheidende Risikofaktor für die Alzheimer-Krankheit ist das Alter.

Vor dem Hintergrund der demographischen Entwicklung unserer Gesellschaft ist das medizinische und sozioökonomische Problem, das mit der Alzheimer-Krankheit in den nächsten Jahrzehnten auf uns zukommt, evident. Diese neurodegenerative

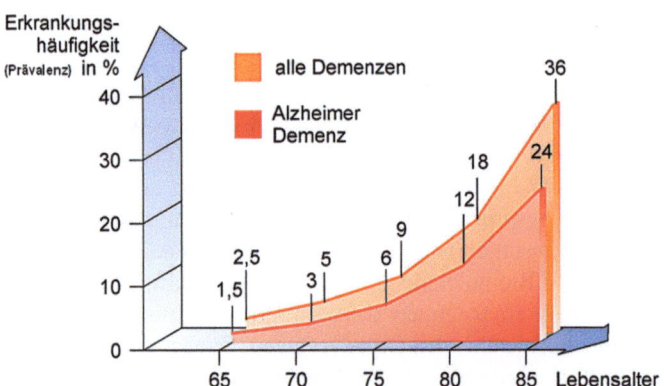

Abb. 7. Alzheimer: Erkrankungshäufigkeit und Alter
Quelle: Deutsche Alzheimer-Gesellschaft

Erkrankung des alternden Gehirns ist bis heute unheilbar und endet nach manchmal jahrelangem Verlauf tödlich. Alzheimer-Patienten im späten Stadium benötigen familiäre Betreuung und professionelle Dauerpflege. Die genaue Ursache dieser Krankheit ist trotz intensivster Forschungsarbeiten seit nun mittlerweile 100 Jahren, beginnend 1906, dem Zeitpunkt der ersten Vorstellung dieses Krankheitsbildes auf einer psychiatrischen Tagung in Tübingen durch Aloys Alzheimer selbst, immer noch nicht zweifelsfrei geklärt. Unterstützt vor allem von genetischen Daten, erhoben aus der Analyse sehr seltener, aber früh bis sehr früh im Leben auftretender familiärer Alzheimer-Formen, wird einem im Gehirn von Alzheimer-Kranken vermehrt auftretenden Eiweiß, dem Amyloid-β-Protein, eine zentrale kausale Bedeutung zugerechnet (Pietrzik & Behl, 2005). Obwohl bereits Alzheimer selbst diesen „eigenartigen Stoff" unter dem Mikroskop entdeckt hat, wurde dieses Protein erst 1984 von George Glenner und Caine Wong von der University of California in San Diego und wenig später von Konrad Beyreuther aus Heidelberg gemeinsam mit seinem Kollegen Colin Masters aus Australien aus Gewebe von verstorbenen Alzheimer-Patienten biochemisch gereinigt und als das Amyloid-β-Protein beschrieben. Nur der zahlenmäßig geringste Anteil aller Fälle der Alzheimer-Krankheit, etwa 5% bis maximal 10% aller Fälle, wird jedoch durch einen genetischen und damit vererbbaren Defekt, der direkt oder indirekt die Biochemie des Amyloid-β-Proteins betrifft, verursacht. Das Krankheitsbild ist offensichtlich komplizierter, denn 90% bis 95% aller Alzheimer-Patienten leiden an der „zufälligen", altersabhängigen und sporadischen Form der Alzheimer-Krankheit.

Ob das Amyloid-β-Protein eine normale Funktion besitzt, und falls ja, welche, ist bis heute unbekannt. Kleine niedermolekulare Aggregate dieses Proteins scheinen erste Schäden an den Synapsen der Nervenzellen und somit in der Weiterleitung der elektrischen Signale anzurichten; große hochmolekulare Aggregate lagern sich im Gehirn ab und sind Auslöser u. a. von lokalen Entzündungen im Gehirn und von oxidativem Stress. Verklumpungen von Eiweißmolekülen und Proteinaggregate sind für die Physiologie und das Überleben der Zellen nicht förderlich, weshalb eine aufwendige Batterie von Faltungshelfern und ein potenter Proteinabbaumechanismus, das sogenannte Proteasom, die ungewollte Ansammlung von Eiweißaggregaten unter normalen Bedingungen verhindern. Oxidierte Proteine verklumpen jedoch besonders nachhaltig und stellen damit den Abbauprozess in den Zellen vor besondere Herausforderungen.

Der einzige überzeugende Risikofaktor für die „sporadische" Hauptform der Alzheimer-Krankheit ist also das *Alter*. Je älter der Mensch wird, desto höher ist die Erkrankungshäufigkeit und damit das Alzheimer-Risiko (Abb. 7). Die Entdeckung einer möglicherweise kausalen Rolle des Amyloid-β-Proteins im Zuge der intensiven Beforschung der genetischen, familiären Alzheimer-Fälle hilft sicherlich auch dem Verständnis der sporadischen Formen signifikant weiter, denn die Gehirne der familiären und der sporadischen Alzheimer-Fälle sind mikroskopisch in fast identischer Weise geschädigt. Da aber die meisten Alzheimer-Fälle erst spät im Leben auftreten, ist es auch offenkundig angezeigt, den Einfluss der in einer alten Nervenzelle veränderten Biochemie auf die Empfindlichkeit der Nervenzelle sowie auf deren Empfänglichkeit für Alzheimer-typische Prozesse zu untersuchen. Eigene Laborarbeiten haben kürzlich ergeben, dass das Alter einer Zelle tatsächlich die grundlegende Biochemie des Alzheimer-assoziierten Amyloid-β-Vorläufer-Proteins signifikant verändert (Kern et al., 2006). Zusätzlich muss man bedenken, dass das alternde Gehirn ganz allgemeinen schwerwiegenden Veränderungen unterliegt, so etwa oftmals einer Unterversorgung bestimmter Hirnareale mit Sauerstoff und Nährstoffen aufgrund arteriosklerotischer Verengungen der Hirngefäße oder dauerhaft zu niedrigen Blutdrucks. Auf der Grundlage solcher altersbegleitenden organischen und biochemischen Störungen entwickelt sich die Alzheimer-Krankheit, und nicht wenige Forscher diskutieren diese wichtigste neurodegenerative Erkrankung des Menschen vor allem auch als eine Erkrankung der das Gehirn mit Sauerstoff und Nährstoffen versorgenden Blutgefäße, quasi als eine beschleunigte Arteriosklerose im Gehirn, und weniger als eine Folge von Veränderungen einzelner Moleküle wie Amyloid oder Tau.

Derzeit wird die Alzheimer-Krankheit ausschließlich symptomatisch behandelt, d.h. durch Medikamente, die die Kommunikation zwischen den Nervenzellen und somit die wichtigste Voraussetzung für Gedächtnis und Denkvorgänge, stabilisieren sollen. Zumeist kann der fortschreitende Gedächtnisverlust eines Alzheimer-Patienten jedoch nur leicht verzögert werden. Für die in den nächsten Jahrzehnten zu erwartende stark erhöhte Anzahl an Alzheimer-Patienten wird deshalb dringend eine Therapie benötigt, die entweder die Ursache dieser tödlichen Krankheit bekämpft, oder die den Beginn der Krankheit signifikant um Jahre oder Jahrzehnte verzögert. Doch über die exakte Ursache dieser Demenzform besteht leider bis heute noch immer keine Klarheit, weswegen bis heute auch keine kausale Therapie verfügbar ist. Sollten neue, derzeit in Prüfung befindliche anti-Amyloid-Ansätze wie etwa Amyloid-Impfungen mit dem Ziel, das Amyloid im Gehirn der Patienten durch eine provozierte Immunreaktion zu entfernen, oder die pharmakologische Blockade der zellulären Herstellung des Amyloids in klinischen Studien bei sporadischen, nicht-familiären Alzheimer-Patienten Erfolge bringen, so wäre dies ein echter Durchbruch und nicht zuletzt ein Beweis für die Richtigkeit der Amyloid-Hypothese. Bis dahin kann man nach wie vor nur versuchen, sein alterndes Gehirn aktiv zu halten, nach dem Motto „use it or lose it" (Stichwort: „Gehirnjogging", vgl. auch Lindenberger; Kempermann, in diesem Band), oder die Nervenzellen über eine gezielte Ernährung auch mit schützenden Antioxidantien (Vitamin E und C) vor den vielfachen oxidativen Einflüssen des Alterns zumindest ein wenig zu schützen.

IV. Zusammenfassung zum Stand der Alternsforschung

Verschiedene Proteine, Modulatoren und Signalfaktoren des zellulären Alterns sind in den vergangenen Jahren identifiziert worden. Der genaue Ablauf der Zellteilung und die molekularen Regulatorproteine, die den Verlauf des Zellzyklus kontrollieren, sind beschrieben. Verlässt eine Zelle den Pfad der fortwährenden Teilung, tritt sie in die Phase der Differenzierung ein und kann später in die Phase der Seneszenz übergehen, an welche sich oftmals der programmierte Zelltod, die Apoptose, anschließt. Zu welchem Zeitpunkt im Leben einer Zelle der Beginn des physiologischen Vorgangs der Alterung eintritt, wird durch die kombinierte Wirkung äußerer Faktoren und zelleigener genetischer Bedingungen bestimmt. Oxidativer Stress, zell-intrinsische genetische Programme und Veränderungen in der Stabilität des zellulären Genoms spielen hierbei eine wichtige Rolle. In der prominenten Freien-Radikal-Theorie des Alterns wird die Akkumulation von Oxidantien und der nachfolgende oxidative Schaden an den Biomolekülen der Zelle über die Zeit als der wesentliche biochemische Mechanismus des Alterns favorisiert. Verschiedene antioxidative Moleküle (z. B. Vitamin E) oder antioxidativ wirkende zelleigene Enzymsysteme (z. B. Superoxid-Dismutase, Glutathion-Peroxidase) entgiften die zerstörerischen Sauerstoffradikale, verhindern oxidativen Stress für die Zelle und können damit möglicherweise das oxidative Alterssignal abschwächen. In einigen kurzlebigen, niedrigen Organismen (z. B. *C. elegans* und *D. melanogaster*) können Antioxidantien tatsächlich die maximale Lebensspanne signifikant verlängern. Neurodegenerative Erkrankungen sind pathologische Begleiter des normalen Alternsprozesses des Menschen. Die unheilbare Alzheimer-Krankheit ist hierbei aufgrund der nachweislichen und klaren Altersabhängigkeit der Erkrankungshäufigkeit sowie der Schwere der geistigen und körperlichen Beeinträchtigung von besonderer Bedeutung.

Ein noch besseres Verständnis der exakten molekularen Szenarien des zellulären Alterns und somit der im Alter veränderten Biochemie wird die Prävention und Therapie altersassoziierter Erkrankungen weiter voranbringen.

Literatur

Balaban, R.S., Nemoto, S. & Finkel, T. (2005). Mitochondria, oxidants, and aging. *Cell 120*, 483–495.

Beckman, K. B. & Ames, B. N. (1998). The free radical theory of aging matures. *Physiol. Rev., 78*, 547–581.

Blander, G. & Guarente, L. (2004). The Sir2 family of protein deacetylases. *Annu. Rev. Biochem., 73*, 417–435.

Chech, T.R. (2004). Beginning to understand the end of the chromosome. *Cell, 116*, 273–279.

Ganten, D., Ruckpaul, K. & Ruiz-Torres, A. (Eds.) (2004). *Molekularmedizinische Grundlagen von altersspezifischen Erkrankungen.* Berlin: Springer-Verlag.

Gruss, P. (Hrsg.) (2007). Die Zukunft des Alterns. Die Antwort der Wissenschaft. München: C. H. Beck.

Halliwell, B. & Gutteridge, J. M. (1999). *Free radicals in biology and medicine.* (3rd edn.). Oxford: University Press.

Harman, D. (1956). Aging: a theory based on free radical and radiation chemistry. *J. Gerontol. 2*, 298–300.

Hartl, F. U. & Hayer-Hartl, M. (2001). Molecular chaperones in the cytosol: From nascent chain to folded protein. *Science 295*, 1852–1858.

Harrison, J. C. & Haber, J. E. (2006). Surviving the breakup: The DNA damage checkpoint. *Annu. Rev. Genet., 40*, 209–235.

Hekimi, S. & Guarente, L. (2003). Genetics and the specificity of the aging process. *Science, 299*, 1351–1354.

Howitz, K.T., Bitterman, K. J., Cohen, H. Y., Lamming, D.W., Lavu, S., Wood, J. G., Zipkin, R. E., Chung, P., Kisielewski, A., Zhang, L. L., Scherer, B. & Sinclair, D. A. (2003). Small molecule activators of sirtuins extend Saccharomyces cerevisiae lifespan. *Nature, 425*, 191–196.

Jürgs, M. (2006). *Alzheimer: Spurensuche im Niemandsland.* München: C. Bertelsmann.

Kern, A., Roempp, B., Prager, K., Walter, J. & Behl, C. (2006). Down-regulation of endogenous amyloid precursor protein processing due to cellular aging. *J. Biol. Chem. 281*, 2405–2413.

Klapper W., Parwaresch R. & Krupp, G. (2001). Telomer biology in human aging and aging syndromes. *Mech. Ageing Dev., 122*, 695–712.

Lombard, D. B., Chua, K. F., Mostoslavsky, R., Franco, S., Gostissa, M. & Alt, F.W. (2005). DNA Repair, genome stability, and aging. *Cell, 120*, 497–512.

Mooijaar, S. P., Brandt, B.W., Baldal, E. A., Pijpe, J., Kuningas, M., Beekeman, M., Zwaan, B. J., Slagboom, P. E., Westendorp, R. G. & van Heemst, D. (2005). C. elegans DAF-12, nuclear hormone receptors and human longevity and disease at old age. *Ageing Res. Rev., 4*, 351–371.

Moosmann, B. & Behl, C. (2002). Antioxidants as treatment for neurodegenerative disorders. *Expert Opin. Investig. Drugs, 11*, 1407–1435.

Moosmann, B. & Behl, C. (2008). Mitochondrially encoded cysteine predicts animal lifespan. *Aging Cell, 7*, 32–46.

Müller-Esterl., W. (2004). *Biochemie. Eine Einführung für Mediziner und Naturwissenschaftler*. München: Spektrum-Verlag.

Pamplona, R. & Barja, G. (2006). Mitochondrial oxidative stress, aging and caloric restriction: the protein and methionine connection. *Biochemica et Biophysica Acta, 1757*, 496–508.

Pietrzik, C. & Behl, C. (2005) Concepts for the treatment of Alzheimer's disease: molecular mechanisms and clinical application. *Int. J. Exp. Pathol., 86*, 173–85.

Richter, C., Park, J.W. & Ames, B. N. (1988). Normal oxidative damage to mitochondrial and nuclear DNA is extensive. *Proc. Natl. Acad. Sci. USA, 85*, 6465–6467.

Sies, H. (1986). Biochemistry of oxidative stress. *Angew. Chemie, Int. Ed. 12*, 1058–1071.

Vijg, J. (2000). Somatic mutations and aging: a re-evaluation. *Mutat. Res, 447*, 117–135.

Willcox, D. C., Willcox, B. J., Todoriki, H., Curb, J. D. & Suzuki, M. (2006). Caloric restriction and human longevity: what can we learn from Okinawans? *Biogerontology, 7*, 173–177.

Was ist Alter?
Ein Mensch ist so alt wie seine Stammzellen

Anthony D. Ho, Wolfgang Wagner und Volker Eckstein

I. Methusalemgemeinde – Segen oder Alptraum?

Die stets zunehmende Verlängerung der menschlichen Lebenserwartung ist ein Trend, der die Altersdiskussion begleitet. Ein Abknicken dieses Trends zeichnet sich bisher nicht ab. Andererseits hat der Zugewinn an Lebensjahren in den letzten Jahrzehnten zu einem erheblichen Anstieg an Degenerationskrankheiten geführt. Die Zahl der Menschen, die an chronischen, degenerativen Krankheiten leiden, wird sich weiter erhöhen und demzufolge die Kosten für die gesamte Gesellschaft. Trotz Fortschritten in der Erforschung der Krankheitsursachen und ihrer Behandlung (oder gerade deswegen?) werden Krankheitszahlen und Kosten auch in Zukunft weiter ansteigen (Schirrmacher, 2006). Allerdings treten die altersassoziierten Krankheiten vorwiegend bei Hochbetagten ab dem 85. Lebensjahr auf (bei dem so genannten „vierten Alter") (Mooi & Peeper, 2006). Im Vergleich zu früher ist die Vitalität bei den Senioren des „dritten Alters" (zwischen 60–85 Jahren) merklich erhöht. Können wir mit dem biomedizinischen Fortschritt über eine Erhöhung der allgemeinen Lebenserwartung hinaus die Lebensphase des „dritten Alters" und vielleicht einiger Jahre des „vierten Alters" aktiver und gesünder gestalten? Im Zuge der allgemeinen Bevölkerungsentwicklung würde dann eine Gesellschaft entstehen, in der viel mehr ältere Menschen eine aktive Rolle spielen.

II. Zellen, Baueinheiten des Lebens

Alter - das ist kein plötzliches Ereignis, sondern ein allmählicher biologischer Vorgang, der mit der Geburt beginnt und mit dem Tod endet. Es handelt sich um einen irreversiblen Prozess, sozusagen ein „biologisches Schicksal", das jedes Lebewesen erfasst. Die biologischen Grundlagen für das Altern sind Gegenstand intensiver wissenschaftlicher Anstrengungen, jedoch noch lange nicht endgültig erklärt (Ho et al., 2005; Ho et al., 2007; siehe auch Behl & Moosmann, in diesem Band). Alterung ist ein komplexer Vorgang, an dem jede Zelle und jedes Organ beteiligt ist. Mit zunehmendem Alter verliert beispielsweise die Haut ihre Elastizität, die Knochen werden spröde und Heilungsprozesse nehmen deutlich längere Zeit in Anspruch. Gleichzeitig führt eine Verschlechterung des Immunstatus zu einer Zunahme von Infektionskrankheiten und bösartigen Erkrankungen. Das Altern ist also nicht nur ein Prozess des Gesamtorganismus, sondern ein Prozess innerhalb der einzelnen Zellen, die die verschiedenen Organe und Organsysteme bilden (Ho et al., 2005). Man kann den Körper als eine harmonische Lebensgemeinschaft von 200 verschiedenen Zelltypen, und von ca. 10^{13} bis 10^{14} Zellen auffassen. Diese Lebensgemeinschaft befindet sich in einem dynamischen Gleichgewicht – d. h. Zellen werden jeden Tag geboren, altern, und sterben, zu jeder Stunde des Lebens. Die Stammzellen tragen dabei die alleinige Last dieses Regenerationsprozesses.

III. Molekulare Veränderungen des Alterns

Die Akkumulation von DNA-Schäden scheint einen wesentlichen Mechanismus von Alterungsvorgängen und altersassoziierter Beeinträchtigung der Stammzellfunktionen darzustellen. Die biologische Uhr, die das Zellteilungspotenzial limitiert, liegt unter anderem in dem Verlust der schützenden Telomeren begründet. Bei jeder Zellteilung verlieren die Chromosomen etwa 50 Nukleotide der kodierenden DNA-Sequenz. Um dem entgegen zu wirken sind an den Enden der Chromosomen repetitive Sequenzen lokalisiert, die sogenannten Telomeren. Diese Sequenzen können durch das Ribonukleoprotein-Enzym Telomerase wieder verlängert werden. Allerdings bilden nur Geschlechtszellen, Tumorzellen und wenige körpereigene Stammzellen große Mengen Telomerase. Der Verlust der Telomeren scheint dabei die Stammzellfunktion auch indirekt zu beeinträchtigen, wenn die Telomerenfunktion in der zellulären Umgebung von Stammzellen aufgehoben ist (Ju et al., 2007). Verschiedene Erkrankungen, die vorzeitige Alterungserscheinungen aufweisen, werden mit dem Verlust der Telomeren in Verbindung gebracht wie etwa das Werner Syndrom, Ataxia Telangiectasia, Fanconi Anämie und Dyskeratosis Congenita. Zudem zeigen Mäuse, denen das Gen für die Telomerase fehlt, über mehrere Generationen einige Aspekte von vorzeitigem Altern. Andererseits korreliert die Telomerlänge nicht mit der unterschiedlichen Lebensspanne verschiedener Species. Es bleibt fraglich, ob der Telomerverlust für das Altern des Gesamtorganismus relevant ist. Zumindest scheinen weitere molekularbiologische Mechanismen daran beteiligt zu sein. 1886 haben Jonathon Hutchinson und Hastings Gilford erstmals das Progerie-Syndrom beschrieben, das sich durch eine vorzeitige Vergreisung auszeichnet (Gilford, 1904; Hutchinson, 1886). Die betroffenen Kinder entwickeln ab dem sechsten Lebensmonat Symptome wie Haarausfall, Arterienverkalkung, Kleinwuchs und Osteoporose. Die Lebenserwartung dieser seltenen Erkrankung liegt bei etwa 13 Jahren. Die molekulare Ursache scheint insbesondere in einer Mutation des Proteins Laminin A begründet zu sein. Dabei handelt es sich um ein Strukturprotein der inneren Zellmembran, das insbesondere eine stabilisierende Funktion des Zellkerns sowie regulatorische Funktionen hat. Weiterhin wurde die Bildung von Sauerstoff-Radikalen mit Alterungsprozessen in Verbindung gebracht (siehe auch Behl & Moosmann, in diesem Band). Obwohl Beeinträchtigungen der DNA-Integrität und Schäden im Zellstoffwechsel Alterungsvorgänge zweifelsfrei beschleunigen können, ist die molekulare Ursache des Alterns weitgehend unbekannt.

IV. Altern als evolutives Erfolgskonzept

Andererseits könnte das Altern und letztendlich der Tod im „genetischen Programm" jeder Zelle bereits fest verankert sein. Diese Theorie wird durch die Erkenntnis unterstützt, dass Altern aus Sicht der Evolution durchaus vorteilhaft ist (vgl. auch Welsch, in diesem Band). Hinsichtlich der Gesamtpopulation einer Art ist dadurch eine dynamischere Anpassung mit weniger Konkurrenz von Individuen mit sehr ähnlichem Genmaterial möglich (Rando, 2006). Der Generationswechsel ermöglicht eine flexiblere Anpassung an veränderte Umgebungsfaktoren, und daher korreliert das Altern eines Organismus mit der artspezifischen Generationszeit. Da alle höheren Organismen ausnahmslos Alterungsvorgängen unterliegen, könnte das Altern somit auch als die größte Erfolgsgeschichte der Evolution verstanden werden. Dies impliziert einen gezielten, zellintrinsischen Regulationsmechanismus für Alterungsvorgänge, der in diametralem Gegensatz zur Theorie der zufälligen Akkumulation von Fehlern im Zellstoffwechsel steht. Obwohl die biologischen Mechanismen von Alterungsprozessen nur ansatzweise bekannt sind, scheinen diese insbesondere durch Veränderungen in den adulten Stammzellen hervorgerufen zu werden.

V. Das Krankheitsrisiko wächst mit den Jahren

Als Beispiele für einen Funktionsverlust von adulten Stammzellen sind die verminderte Fähigkeit zur Gewebsregeneration, die vermehrte Neigung zu Infektionskrankheiten sowie die Entstehung bösartiger Erkrankungen als bedeutsamste Konsequenzen zellulärer Altersschwäche zu nennen. Die Regenerationsfähigkeit eines Organismus hängt unmittelbar von dem Potenzial der Stammzellen in den entsprechenden Organen ab. Während die Empfänglichkeit gegenüber Infektionskrankheiten und der unterschiedlichsten Krebserkrankungen unter anderem mit einer verminderten Immunabwehr zusammenhängt, spielt für die Ausreifung der Immunabwehrzellen eine Wechselwirkung zwischen Blutstammzellen und ihren Brutstätten (ihren Nischen) im Knochenmark und in der Thymusdrüse eine entscheidende Rolle (Wagner et al., 2007; Wagner et al., 2005; Watt & Hogan, 2000; Wilson & Trumpp 2006). Beide Erscheinungen können daher als Ausdruck der Zellalterung auf dem Niveau der somatischen Stammzellen verstanden werden – ein Mensch ist so alt wie seine Stammzellen.

VI. Alle Körperzellen leiten sich von Stammzellen ab

Das Konzept, dass alle ausgereiften, funktionstüchtigen Körperzellen sich aus organspezifischen Stammzellen ableiten, ist schon fast 100 Jahre alt. Der russische Hämatologe Alexander Maximow hat diese Hypothese 1909 auf der Jahrestagung der Berliner Hämatologen-Gesellschaft eingeführt (Maximow, 1909). Der Beweis dafür, bzw. der Nachweis für die Existenz von Blutstammzellen wurde erst ca. 50 Jahre später, nämlich im Jahr 1963 erbracht. Kanadische Wissenschaftler um James Till, Ernest McCullough und Lou Siminovitch konnten im Mausmodell erstmals Blutstammzellen im Knochenmark nachweisen (Siminovich et al., 1963; Siminovich et al., 1964). Ausgehend von diesen Versuchen wurde die bis heute gültige Definition von Stammzellen geprägt: Stammzellen weisen sowohl die Eigenschaft der Selbsterneuerung als auch der Ausreifung in verschiedene Gewebe- oder Zelltypen auf (Ho & Punzel, 2003; Punzel & Ho, 2001). In den letzten Jahren wurden Stammzellen auch in Geweben identifiziert, die normalerweise eine beschränktere Regenerationsfähigkeit als das Blut aufweisen, wie etwa das Gehirn (vgl. Kempermann, in diesem Band), die Leber oder das Herz (Muotri & Gage, 2006; Prockop, 1997; Stamm et al., 2003).

VII. Adulte Stammzellen: ein Jungbrunnen in unserem Körper?

Blutstammzellen sind hauptsächlich im blutbildenden Organ dem Knochenmark zu finden. Lebenslang sorgen sie für eine ständige Erneuerung des Blutes (Ho & Punzel, 2003; Wagner et al., 2004). Allein unsere roten Blutzellen, die Erythrozyten, haben eine Halbwertszeit von nur sieben Wochen, und die Granulozyten aus der Gruppe der weißen Blutzellen leben nur 7 bis 8 Stunden. Schätzungsweise werden jeden Tag 300 Milliarden Blutzellen verbraucht und genau so viele produziert. Blutstammzellen sorgen zudem für ein intaktes Immunsystem. Schon seit fast 40 Jahren werden die aus dem Knochenmark gewonnenen Stammzellen in der Krebstherapie eingesetzt. Erst die Stammzelltransplantation ermöglicht es, bestimmte Leukämieformen radikal zu bekämpfen und eine dauerhafte Heilung zu ermöglichen (Fruehauf & Seggewiss, 2003; Fruehauf et al., 2005). Unzählige Patienten verdanken heute der Blutstammzell-Transplantation ihr Leben.

VIII. Der Alterungsprozess in den adulten Stammzellen

Wir beherbergen also alle viele kleine Jungbrunnen des Lebens in uns. Mit der ungeheuren Inanspruchnahme während des Lebens versiegen jedoch einige dieser Jungbrunnen. Die Regenerationskraft der Stammzellen, auch wenn sie durch ihre sehr langsame Zellteilungsgeschwindigkeit besonders gut geschützt sind, wird tagtäglich durch Umweltfaktoren geschädigt (Ho et al., 2005; Rando, 2006). Es häufen sich Schadstoffe im Zellinneren, dem Zytoplasma, an und es entstehen genetische Defekte im Zellkern. Die Reparaturfähigkeit zur Beseitigung solcher Schäden nimmt auch bei den organspezifischen Stammzellen über die Jahre ab. Wichtigste Ursache für derartige Schädigungen sind zum Beispiel aggressive Sauerstoffradikale, die als unvermeidliches Nebenprodukt beispielsweise bei der Zellatmung in den Kraftwerken der Zelle, den Mitochondrien, entstehen. Zum Schutz gegen den Stress durch Umwelteinflüsse haben Stammzellen eine Vielzahl von Abwehrmechanismen entwickelt, zum Beispiel Enzymsysteme zur Reparatur der Erbsubstanz und zur Beseitigung toxischer Abbauprodukte. So zeichnen sich adulte Stammzellen beispielsweise durch sehr langsame Zellteilungsgeschwindigkeit, gesteigerte Telomeraseaktivität und Transportmechanismen für toxische Substanzen (Multiple Drug Resistance Gene) aus (Ho et al., 2005; Rando, 2006; Wagner et al., 2004). Dennoch akkumulieren im Laufe des Lebens zellbiologische und genetische Defekte auch in Stammzellen und die Anzahl der möglichen Zellteilungen scheint auch in Stammzellen limitiert zu sein (Ogden & Mickliem, 1976).

IX. Von Regenerationskünstlern lernen

Während der Mensch nur sehr limitierte Möglichkeiten zur Regeneration seiner Organsysteme aufweist, verfügen andere Lebewesen in dieser Hinsicht über erstaunliche

Fähigkeiten. Der Plattwurm (Planaria) beispielsweise schafft es nach seiner Enthauptung, innerhalb von fünf Tagen einen neuen Kopf zu generieren. Die Hydra, ein kleiner röhrenartiger Süsswasserpolyp, bildet, wenn er in zwei Hälften geschnitten wird, binnen sieben bis zehn Tagen zwei völlig neue Organismen. Unter den höher stehenden Amphibien schafft es der Salamander, falls er eine Extremität oder seinen Schwanz durch den Angriff eines Fressfeindes verliert, diese innerhalb von wenigen Tagen nachzubilden (Ho et al., 2005). Säugetiere, insbesondere der Mensch, bezahlen dafür, dass sie an die Spitze der Evolutionsleiter gelangt sind, einen hohen Preis, indem sie eine vergleichbare Regenerationsfähigkeit eingebüßt haben. Diejenigen Tiere, die das beeindruckende regenerative Potential zeigen, sind entweder im Besitz einer unvergleichlich größeren Menge an Stammzellen oder sie sind in der Lage, spezialisierte Zellen in Stammzellen umzuwandeln. So bestehen beispielsweise Plattwürmer zu zirka 20 Prozent aus Stammzellen, und die Hydra wird als eine Art dauerhafter Embryo beschrieben (Ho et al., 2005; Rando, 2006). Der Salamander verfügt hingegen über einen völlig anderen Regenerationsmechanismus. Wird ein neuer Schwanz oder eine neue Extremität benötigt, so werden reife, differenzierte Zellen zu undifferenzierten Stammzellen umgewandelt, die sich dann am Ort der Schädigung ansammeln und das fehlende Organstück regenerieren.

X. Der Schlüssel zur regenerativen Medizin

Ein Verständnis der molekularen Mechanismen, die der Selbsterneuerung, der Teilung und der Vermehrung der Stammzellen zugrunde liegen und letztlich die Zelldifferenzierung und Regeneration geschädigter Organsysteme erlauben, könnte der Schlüssel zu einer umfassenden regenerativen Medizin sein (Ho et al., 2005; Kipling et al., 2004; Finkel & Holbrook, 2000; Liu & Finkel, 2006). In begrenztem Umfang ist für einige Gewebssysteme auch bei Säugetieren eine Regeneration möglich, zum Beispiel bei der Haut und im Knochenmark, jedoch nicht annähernd in dem Ausmaß, wie dies bei der Hydra oder dem Salamander beobachtet wird. Hinzu kommt, dass die Regenerationskraft aus den oben genannten Gründen mit zunehmendem Alter schwindet. Überraschenderweise ist extrem wenig über den Einfluss von Zeit und Alter auf adulte Stammzellen bekannt. Wenn diese komplexen molekularen Prozesse bei den Stammzellen verstanden sind, könnte es auch gelingen, regulierend einzugreifen und die Alterungsabläufe zu verlangsamen. Unsere Keimzellen sind wie alle anderen lebenden Organismen auch das jüngste Glied einer ununterbrochenen, 3,5 Milliarden Jahre alten Generationenfolge, in der es keine Alterungsprozesse gibt.

XI. Das Altern der Blutstammzellen

Auch die Hämatopoese (Ausbildung und Entwicklung von Blutzellen) wird von Alterungsvorgängen erfasst. Dies spiegelt sich einerseits in einer zunehmenden Verfettung des Knochenmarks und anderseits in altersbedingten Anämien, Gerinnungsstörungen und Abnahme der Immunfunktion wider (Carmel, 2001; Gomez et al., 2005). Untersuchungen am Mausmodell zeigten, dass diese Veränderungen überraschenderweise nicht auf eine Abnahme der Stammzellen zurückzuführen sind, sondern dass es mit zunehmenden Alter viel mehr zu einer Zunahme von hämatopoetischen Stammzellen (HSC) kommt, wobei die gealterten HSC ein geringeres lymphoides Differenzierungsvermögen aufweisen (Sudo et al., 2000). Serielle Transplantationen im Mausmodell wiesen einerseits ein ähnliches Rekonstitutionsvermögen von jungen und alten HSC nach Stammzelltransplantation nach (Harrison, 1983; Ogden & Mickliem, 1976; Rando, 2006). Andererseits scheint die Interaktion mit der Stammzellnische im Knochenmark und das Anwachsen des Transplantates bei gealterten HSC weniger effektiv zu sein (Morrison et al., 1996). Es ist anzunehmen, dass diese zellintrinsischen Veränderungen durch epigenetische Mechanismen bestimmt werden, die durch Interaktion mit dem zellulären Milieu reguliert werden (Rando, 2006). Zudem belegen molekulare Veränderungen, dass Alterungsvorgänge auch die Blutstammzellen erfassen. Die Telomer-Länge in HSC ($CD34^+CD38^-$ Zellfraktion) aus dem Knochenmark ist kürzer als bei jenen aus dem Nabelschnurblut oder aus der fetalen Leber (Kamminga & de Haan, 2006; Vaziri et al., 1994; Zimmermann et al., 2004). Anhand von Untersuchungen im Mausmodell wurde kürzlich gezeigt, dass die Herabregulation des Zyklin-abhängigen Kinaseinhibitors p16INK4a einigen Altersprozessen entgegenwirkt (Janzen et al., 2006). Zudem wurden Genexpressionsunterschiede in hämatopoetischen Progenitorzellen von jungen und alten Mäusen nachgewiesen, die im Einklang mit der verringerten lymphatischen Differenzierungsfähigkeit von HSC von gealterten Mäusen sind (Rossi et al., 2005). Für den Menschen stehen hingegen derartige genomweite Untersuchungen der Genexpression noch aus. Ebenso wurde eine gezielte Auswertung von klinischen Transplantationsdaten hinsichtlich des Einflusses von Spender- und Empfänger-Alter auf den Verlauf der Rekonstitution der Hämatopoese bisher noch nicht durchgeführt.

XII. Mesenchymale Stammzellen

Mesenchymale Stammzellen (MSC) stellen einen weiteren Archetypus von multipotenten adulten Stammzellen dar, die hohe Erwartungen in der regenerativen Medizin wecken. Unter geeigneten Bedingungen können MSC in Knochen-, Knorpel-, Fett- und Muskel-Zellen differenzieren (Abb. 1).

Einige Studien belegen sogar die Differenzierungsfähigkeit von MSC in nichtmesodermale Zelltypen wie Neuronen und Hepatozyten (Jiang, et al., 2002a; Petersen et al., 1999; Prockop, 1997; Prockop et al., 2003; Schwartz et al., 2002). Obwohl MSC ursprünglich aus dem Knochenmark isoliert wurden (Friedenstein et al., 1966; Pittenger et al., 1999), wurden ähnliche Zellpopulationen aus Fettgewebe (Zuk et al., 2001), Nabelschnurblut (Bieback et al., 2004; Erices et al., 2000; Goodwin et al., 2001; Kogler et al., 2004), dem Bindegewebe der Dermis (Haut) und aus Skelettmuskulatur isoliert (Jiang et al., 2002b). Im Gegensatz zu HSC können MSC *in vitro* kultiviert und expandiert werden. Im Laufe von etwa 8 bis 15 Zellpassagen tritt dabei eine Seneszenz der Zellen auf, die zum Proliferationsstop und schließlich zum Zelltod führt (Abb. 2, siehe S. 40).

Dieses Phänomen der Zellalterung im Rahmen der Zellkultivierung wurde ursprünglich an Fibroblasten beschrieben und stellt das so genannte „Hayflick Limit"

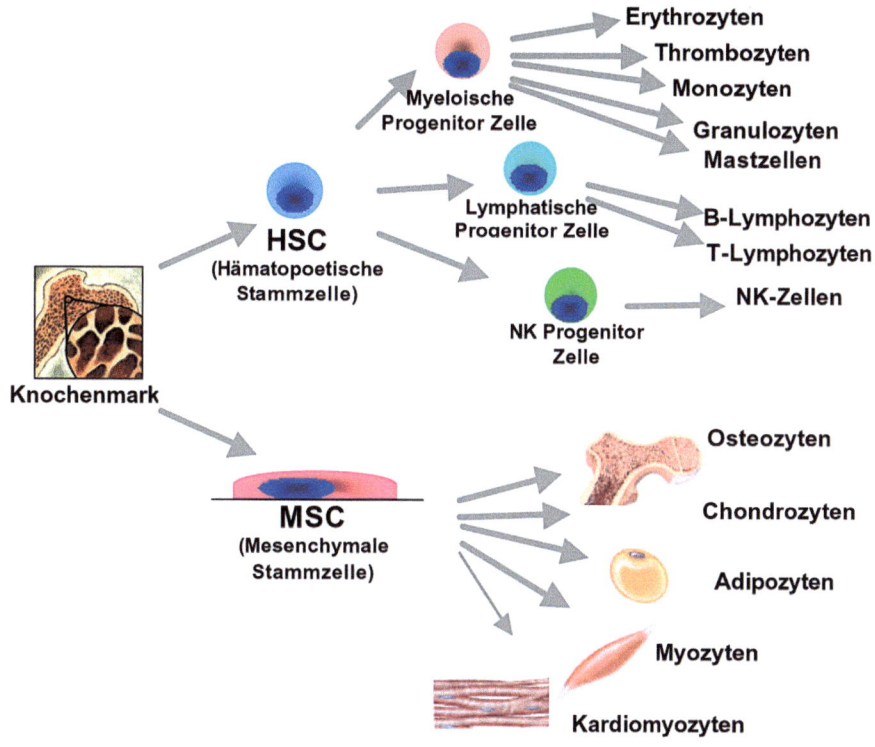

Abb. 1. *Schematische Darstellung der Differenzierung adulter Stammzellen aus dem Knochenmark*

Aus Knochenmark können sowohl hämatopoetische Stammzellen (HSC) isoliert werden, die zeitlebens für die Regeneration der verschiedenen Blutzellen verantwortlich sind, als auch mesenchymale Stammzellen (MSC), die Vorläufer für Knochen-, Fett- und Muskelzelle darstellen.

dar (Hayflick & Moorhead, 1961). Der molekulare Mechanismus des „Hayflick Limits" ist bisher nicht eindeutig aufgeklärt, es könnte aber ein Zusammenhang mit den Alterungsvorgängen des Gesamtorganismus bestehen.

XIII. Die Mathematik des Alterns

Immer mehr Gene werden identifiziert, die an der Zelldifferenzierung und Apoptose (programmierter Zelltod) beteiligt sind, damit wird es zunehmend schwieriger, solch detailliertes Wissen zu integrieren. Dies ist ein Gebiet, auf dem mathematische Modellierung die experimentellen Ansätze unterstützt und in dem auch einfache mathematische Modelle neue biologische Aspekte erbringen können. Der Hauptvorteil der theoretischen Modellierung besteht darin, dass verschiedene Aspekte der Signaltransduktion und der Transportprozesse in einem gemeinsamen Rahmen betrachtet werden können. Aufgrund der Komplexität, Nichtlinearität, der intra- als auch interzellulären

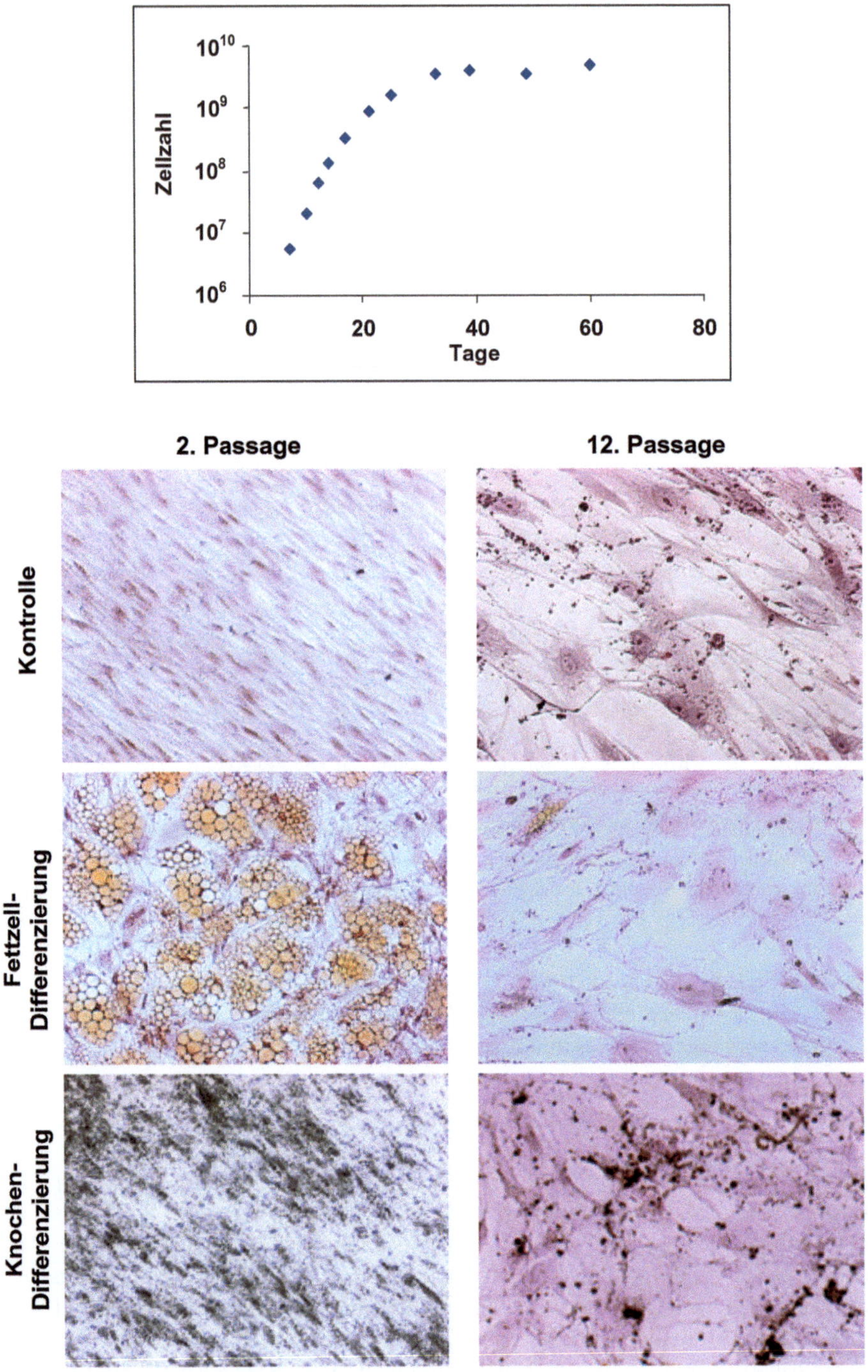

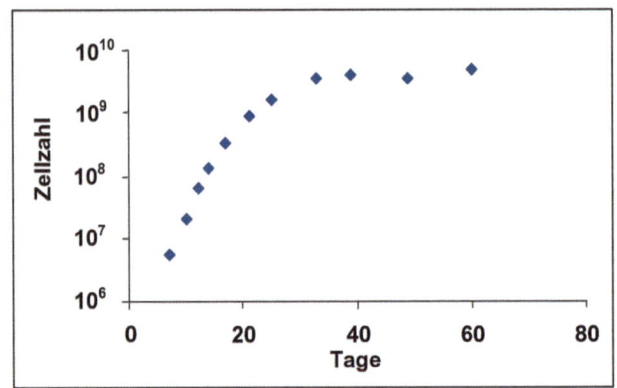

Abb. 2. *Replikative Seneszenz mesenchymaler Stammzellen*

Wechselwirkungen, als auch der Heterogenität der Zellpopulation, kommt der Entwicklung und Analyse prädiktiver mathematischer Modelle eine große Bedeutung zu. In letzter Zeit wurden verschiedene mathematische Modelle zur Beschreibung der Dynamik von Proliferation und Differenzierung hämatopoetischer Zellpopulationen formuliert. Ein Einzelzell-basiertes stochastisches Modell der hämatopoetischen Stammzell-Organisation wurde von Ingo Röder und Markus Löffler entwickelt (Roeder & Loeffler, 2002). Das Modell erklärt Phänomene wie z.B. die funktionelle Stammzellheterogenität, klonale Konkurrenz und Fluktuationen, sowie die Inaktivierung und Plastizität von Stammzellen. M. Mackey und andere zeigten anhand von mathematischen Modellen für die Zellteilung, Erythropoese und chronische Blutkrankheiten, dass diese Prozesse einem speziellen dynamischen Verhalten (Oszillationen, Chaos, Frontwellen) unterliegen (Colijn & Mackey, 2005; Bernard et al., 2004). Es ist anzunehmen, dass sich die molekularen Mechanismen im Rahmen des Alterns nicht linear verhalten, und sie werden aufgrund der zeitlichen Komponente zusätzlich kompliziert. Die mathematische Modellierung von molekularen Veränderungen wird daher eine elementare Rolle spielen für ein Verständnis von Alterungsvorgängen.

XIV. Stammzellen reaktivieren

Im Rahmen der Alternsforschung kommt der Stammzellforschung daher aus zwei Gründen eine erhebliche Bedeutung zu. Erstens: Stammzellen sind wie alle Zellen eines Organismus am Alterungsprozess beteiligt, da sie während der Organentwicklung sowie bei der Aufrechterhaltung der Organfunktionen eine wichtige Rolle spielen. Veränderungen, die adulte Stammzellen betreffen, können wichtige Hinweise für ein grundlegendes Verständnis des Alterungsvorgangs auf zellulärer Ebene liefern (Ho et al., 2005; Ho & Wagner, 2007). Zweitens: Durch die Entwicklung neuartiger Strategien, die eine Reaktivierung von Stammzellen zur richtigen Zeit und am richtigen Ort ermöglichen, eröffnen sich zahlreiche innovative Therapiemöglichkeiten.

Ein hervorragendes Bespiel für die Signifikanz der Stammzellforschung für die Klinik stellt die Blutstammzellforschung dar. Blutstammzellen sind hauptsächlich im Knochenmark zu finden. Lebenslang sorgen sie für eine ständige Erneuerung des Blutes. Blutstammzellen sorgen zudem für ein intaktes Immunsystem. Schon seit fast 40 Jahren werden die aus dem Knochenmark gewonnenen Stammzellen in der Krebstherapie und für Knochenmarkversagen eingesetzt. Für Knochenmarkversagen (aplastische Anämie) und Leukämiekranke war bislang eine Knochenmarkspende die

◁ *Erläuterung zu Abb. 2*

Mesenchymale Stammzellen werden als primäre Zellen aus dem Knochenmark isoliert und in vitro expandiert. Während der ersten drei Wochen nimmt die Zellzahl dabei exponentiell zu. Danach wird das Wachstum zunehmend langsamer bis die Zellen schließlich nicht mehr proliferieren. Dabei verändert sich auch die Zellmorphologie: Die Zellen werden größer, verlieren den engen Zusammenhang zueinander. Außerdem nimmt die Differenzierungskapazität zu Fettzellen (Fettvakuolen sind durch die Oil-Red-O angefärbt) und Knochenzellen (Von Kossa Färbung) im Zuge der zellulären Seneszenz deutlich ab.

einzige Chance, blutbildende Stammzellen zu übertragen. Bei bestimmten hereditären Bluterkrankungen und Leukämieformen ermöglicht es die Stammzelltransplantation, den Krankheitsprozess radikal zu bekämpfen und die krankhaften Stammzellen durch normale Stammzellen zu ersetzen. Inzwischen ist klar, daß die adulten Stammzellen die erstaunliche Fähigkeit besitzen, dorthin zu wandern, wo sie auch gebraucht werden, zum Beispiel ins Knochenmark. Weiterhin brachte die Forschung zu Tage, dass die aus dem Knochenmerk gewonnenen mesenchymalen Stammzellen (MSC) auf dem Gebiet der degenerativen Erkrankungen Bedeutung gewinnen können. Weltweit arbeiten viele Arbeitsgruppen daran, den Stellenwert von MSC bei degenerativen Erkrankungen zu erproben. Dabei müssen jedoch die MSC kultiviert, mit Wachstumsfaktoren stimuliert and expandiert werden, um eine ausreichende Zahl MSC für die klinische Anwendung zu gewinnen. Der Vervielfältigungsprozess von MSC im Labor könnte jedoch einem beschleunigten Alterungsprozess entsprechen und daher genetische Instabilität hervorrufen. Daher kommt der Alternsforschung auf zellulärer Ebene eine besondere Bedeutung zu.

Während bereits zahlreiche Untersuchungen die altersabhängigen genetischen und biochemischen Veränderungen an Stammzellen des blutbildenden Systems in der Maus analysiert haben, sind vergleichbare Untersuchungen am Menschen bislang noch nicht verfügbar und stellen eine besondere Herausforderung dar. Es braucht notwendig eine interdisziplinäre Vorgehensweise, um die Möglichkeiten der modernen Stammzelltechnologie im Sinne der regenerativen Medizin voll ausschöpfen zu können und eine vorzeitige Vergreisung der adulten Stammzellen zu verhindern.

Literatur

Bernard, S., Belair, J. & Mackey, M. C. (2004). Bifurcations in a white-blood-cell production model. *C. R. Biol., 327*, 201–210.

Bieback, K., Kern, S., Kluter, H. & Eichler, H. (2004). Critical parameters for the isolation of mesenchymal stem cells from umbilical cord blood Stem. *Cells, 22*, 625–634.

Carmel, R. (2001). Anemia and aging: an overview of clinical, diagnostic and biological issues. *Blood Rev., 15*, 9–18.

Colijn, C. & Mackey, M. C. (2005). A mathematical model of hematopoiesis – I. Periodic chronic myelogenous leukemia. *J. Theor. Biol., 237*, 117–132.

Erices, A., Conget, P. & Minguell, J. J. (2000). Mesenchymal progenitor cells in human umbilical cord blood. *Br. J. Haematol., 109*, 235–242.

Finkel, T. & Holbrook, N. J. (11-9-2000). Oxidants, oxidative stress and the biology of ageing. *Nature, 408*, 239–247.

Friedenstein, A. J., Piatetzky-Shapiro, I. I. & Petrakova, K. V. (1966). Osteogenesis in transplants of bone marrow cells. *J. Embryol. Exp. Morphol., 16*, 381–390.

Fruehauf, S., Seeger, T. & Topaly, J. (2005). Innovative strategies for PBPC mobilization. *Cytotherapy, 7*, 438–446.

Fruehauf, S. & Seggewiss, R. (2003). It's moving day: factors affecting peripheral blood stem cell mobilization and strategies for improvement [corrected]. *Br. J. Haematol., 122*, 360–375.

Gilford, H. (1904). Progeria: A form of senilism. *Practitioner, 73*, 188.

Gomez, C. R., Boehmer, E. D. & Kovacs, E. J. (2005). The aging innate immune system. *Curr. Opin. Immunol., 17*, 457–462.

Goodwin, H. S., Bicknese, A. R., Chien, S. N., Bogucki, B. D., Quinn, C. O.,& Wall, D. A. (2001). Multilineage differentiation activity by cells isolated from umbilical cord blood: expression of bone, fat, and neural markers. *Biol. Blood Marrow Transplant., 7*, 581–588.

Harrison, D. E. (1983). Long-term erythropoietic repopulating ability of old, young, and fetal stem cells. *J. Exp. Med., 157*, 1496–1504.

Hayflick, L. & Moorhead, P. S. (1961). The serial cultivation of human diploid cell strains. *Exp. Cell Res., 25*, 585–621.

Ho, A. D. & Punzel, M. (2003). Hematopoietic stem cells: can old cells learn new tricks? *J. Leukoc. Biol., 73*, 547–555.

Ho, A. D. & Wagner, W. (2007). The beauty of asymmetry: asymmetric divisions and self-renewal in the haematopoietic system. *Curr. Opin. Hematol., 14*, 330–336.

Ho, A. D., Wagner, W. & Eckstein, V. (2007). Was ist Alter? Ein Mensch ist so alt wie seine Stammzellen. *BW Woche*, Staatsanzeiger Verlag.

Ho, A. D., Wagner, W. & Mahlknecht, U. (2005). Stem cells and ageing. The potential of stem cells to overcome age-related deteriorations of the body in regenerative medicine. *EMBO Rep., 6 Spec No*, S35–S38.

Hutchinson, J. (1886). Case of congenital absence of hair with atophic condition of the skin and its appendages in a boy whose mother had been almost wholly balk from alopecia areata from the age of six. *Lancet, 1*, 923.

Janzen, V., Forkert, R., Fleming, H. E., Saito, Y., Waring, M.T., Dombkowski, D. M., Cheng, T., DePinho, R. A., Sharpless, N. E. & Scadden, D.T. (2006). Stem-cell ageing modified by the cyclin-dependent kinase inhibitor p16INK4a. *Nature, 443*, 421–426.

Jiang, Y., Jahagirdar, B. N., Reinhardt, R. L., Schwartz, R. E., Keene, C. D., Ortiz-Gonzalez, X. R., Reyes, M., Lenvik, T., Lund, T., Blackstad, M., Du, J., Aldrich, S., Lisberg, A., Low, W. C., Largaespada, D. A., & Verfaillie, C. M. (2002a). Pluripotency of mesenchymal stem cells derived from adult marrow. *Nature, 418*, 41–49.

Jiang, Y., Vaessen, B., Lenvik, T., Blackstad, M., Reyes, M. & Verfaillie, C. M. (2002b). Multipotent progenitor cells can be isolated from postnatal murine bone marrow, muscle, and brain. *Exp. Hematol., 30*, 896–904.

Ju, Z., Jiang, H., Jaworski, M., Rathinam, C., Gompf, A., Klein, C., Trumpp, A.& Rudolph, K. L. (2007). Telomere dysfunction induces environmental alterations limiting hematopoietic stem cell function and engraftment. *Nat. Med., 13*, 742–747.

Kamminga, L. M. & de Haan, G. (2006). Cellular memory and hematopoietic stem cell aging. *Stem Cells, 24*, 1143–1149.

Kipling, D., Davis, T., Ostler, E. L. & Faragher, R. G. (2004). What can progeroid syndromes tell us about human aging? *Science, 305*, 1426–1431.

Kogler, G., Sensken, S., Airey, J. A., Trapp, T., Muschen, M., Feldhahn, N., Liedtke, S., Sorg, R.V., Fischer, J., Rosenbaum, C., Greschat, S., Knipper, A., Bender, J., Degistirici, O., Gao, J., Caplan, A. I., Colletti, E. J., Meida-Porada, G., Muller, H.W., Zanjani, E., & Wernet, P. (2004). A new human somatic stem cell from placental cord blood with intrinsic pluripotent differentiation potential. *J. Exp. Med., 200*, 123–135.

Liu, J. & Finkel, T. (2006). Stem cell aging: what bleach can teach. *Nat. Med., 12*, 383–384.

Maximow, A. (1909) Der Lymphozyt als gemeinsame Stammzelle der verschiedenen Blutelemente in der embryonalen Entwicklung und im postfetalen Leber der Säugetiere. *Haematol. (Leipzig) 8*, 125–141.

Mooi, W. J. & Peeper, D. S. (2006). Oncogene-induced cell senescence–halting on the road to cancer. *N. Engl. J. Med., 355*, 1037–1046.

Morrison, S. J., Wandycz, A. M., Akashi, K., Globerson, A. & Weissman, I. L. (1996). The aging of hematopoietic stem cells. *Nat. Med., 2*, 1011–1016.

Muotri, A. R. & Gage, F. H. (2006). Generation of neuronal variability and complexity. *Nature, 441*, 1087–1093.

Ogden, D. A. & Mickliem, H. S. (1976). The fate of serially transplanted bone marrow cell populations from young and old donors. *Transplantation, 22*, 287–293.

Petersen, B. E., Bowen, W. C., Patrene, K. D., Mars, W. M., Sullivan, A. K., Murase, N., Boggs, S. S., Greenberger, J. S. & Goff, J. P. (1999). Bone marrow as a potential source of hepatic oval cells. *Science, 284*, 1168–1170.

Pittenger, M. F., Mackay, A. M., Beck, S. C., Jaiswal, R. K., Douglas, R., Mosca, J. D., Moorman, M. A., Simonetti, D.W., Craig, S. & Marshak, D. R. (1999). Multilineage potential of adult human mesenchymal stem cells. *Science, 284*, 143–147.

Prockop, D. J. (1997). Marrow stromal cells as stem cells for nonhematopoietic tissues. *Science, 276*, 71–74.

Prockop, D. J., Gregory, C. A. & Spees, J. L. (2003). One strategy for cell and gene therapy: harnessing the power of adult stem cells to repair tissues. *Proc. Natl. Acad. Sci. USA, 100 Suppl 1*, 11917–11923.

Punzel, M. & Ho, A. D. (2001). Divisional history and pluripotency of human hematopoietic stem cells. *Ann. N. Y. Acad. Sci., 938*, 72–81.

Rando, T. A. (2006). Stem cells, ageing and the quest for immortality. *Nature, 441*, 1080–1086.

Roeder, I. & Loeffler, M. (2002). A novel dynamic model of hematopoietic stem cell organization based on the concept of within-tissue plasticity. *Exp. Hematol., 30*, 853–861.

Rossi, D. J., Bryder, D., Zahn, J. M., Ahlenius, H., Sonu, R., Wagers, A. J. & Weissman, I. L. (2005). Cell intrinsic alterations underlie hematopoietic stem cell aging. *Proc. Natl. Acad. Sci. USA, 102*, 9194–9199.

Schirrmacher, F. (2006). *Das Methusalem-Komplott.* München: Heyne

Schwartz, R. E., Reyes, M., Koodie, L., Jiang, Y., Blackstad, M., Lund, T., Lenvik, T., Johnson, S., Hu, W. S. & Verfaillie, C. M. (2002). Multipotent adult progenitor cells from bone marrow differentiate into functional hepatocyte-like cells. *J. Clin. Invest., 109*, 1291–1302.

Siminovich, L., Culloch, E. A. & Till, J. E. (1963). The distribution of colony-forming cells among spleen colonies. *J. Cell Physiol., 62*, 327–336.

Siminovich, L., Till, J. E. & Culloch, E. A. (1964). Decline in colony-forming ability of marrow cells subjected to serial transplantation into irradiated mice. *J. Cell Physiol., 64*, 23–31.

Stamm, C., Westphal, B., Kleine, H. D., Petzsch, M., Kittner, C., Klinge, H., Schumichen, C., Nienaber, C. A., Freund, M. & Steinhoff, G. (2003). Autologous bone-marrow stem-cell transplantation for myocardial regeneration. *Lancet, 361*, 45–46.

Sudo, K., Ema, H., Morita, Y. & Nakauchi, H. (2000). Age-associated characteristics of murine hematopoietic stem cells. *J. Exp. Med., 192*, 1273–1280.

Vaziri, H., Dragowska, W., Allsopp, R. C., Thomas, T. E., Harley, C. B. & Lansdorp, P. M. (1994). Evidence for a mitotic clock in human hematopoietic stem cells: loss of telomeric DNA with age. *Proc. Natl. Acad. Sci. USA, 91*, 9857–9860.

Wagner, W., Ansorge, A., Wirkner, U., Eckstein, V., Schwager, C., Blake, J., Miesala, K., Selig, J., Saffrich, R., Ansorge, W. & Ho, A. D. (2004). Molecular evidence for stem cell function of the slow-dividing fraction among human hematopoietic progenitor cells by genome-wide analysis. *Blood, 104*, 675–686.

Wagner, W., Saffrich, R., Wirkner, U., Eckstein, V., Blake, J., Ansorge, A., Schwager, C., Wein, F., Miesala, K., Ansorge, W. & Ho, A. D. (2005). Hematopoietic progenitor cells and cellular microenvironment: behavioral and molecular changes upon interaction. *Stem Cells, 23*, 1180–1191.

Wagner, W., Wein, F., Roderburg, C., Saffrich, R., Faber, A., Krause, U., Schubert, M., Benes, V., Eckstein, V., Maul, H. & Ho, A. D. (2007). Adhesion of hematopoietic progenitor cells to human mesenchymal stromal cells as a model for cell-cell interaction. *Exp. Hematol., 35,* 314–325.

Watt, F. M. & Hogan, B. L. (2000). Out of Eden: stem cells and their niches. *Science, 287,* 1427–1430.

Wilson, A. & Trumpp, A. (2006). Bone-marrow haematopoietic-stem-cell niches. *Nat. Rev. Immunol., 6,* 93–106.

Zimmermann, S., Glaser, S., Ketteler, R., Waller, C. F., Klingmuller, U. & Martens, U. M. (2004). Effects of telomerase modulation in human hematopoietic progenitor cells. *Stem Cells, 22,* 741–749.

Zuk, P. A., Zhu, M., Mizuno, H., Huang, J., Futrell, J.W., Katz, A. J., Benhaim, P., Lorenz, H. P. & Hedrick, M. H. (2001). Multilineage cells from human adipose tissue: implications for cell-based therapies. *Tissue Eng., 7,* 211–228.

Altern ist auch adulte Neurogenese
Neue Nervenzellen für alternde Gehirne

Gerd Kempermann

Die Entdeckung, daß auch im erwachsenen Gehirn lebenslang neue Nervenzellen gebildet werden („adulte Neurogenese"), war zunächst – zu Zeiten der Erstbeschreibung 1965 durch den amerikanischen Neuroanatomen Joseph Altman – eine Kuriosität (Altman & Das, 1965), dann ein Ärgernis, als Altman seine Entdeckung gegen die gut begründete vorherrschende Meinung verteidigte, und dann für viele Jahre eine Randnotiz der Wissenschaftsgeschichte, der keine weitere Erkenntnis zu folgen schien. Schließlich aber, seit den frühen 90er Jahren, nachdem sich Altmans Behauptungen bestätigt hatten (Cameron et al., 1993; Kuhn et al., 1996), wurde die adulte Neurogenese zu einem der prominentesten und spannendsten Themen der Neurowissenschaften überhaupt und hat grundlegende Vorstellungen von Struktur und Funktionsweise des Gehirns nachhaltig verändert. Innerhalb von vierzig Jahren wurde die Behauptung der Existenz adulter Neurogenese zunächst als Häresie bezeichnet, wurde dann fester Bestandteil des neurowissenschaftlichen Kanons, und gegenwärtig setzt wiederum eine partielle Relativierung ein. Denn während unter den Forschern wieder eine gewisse Ernüchterung einsetzte, nachdem auch die Grenzen der „adulten Neurogenese" erkannt worden waren, fiel die Nachricht von den neuen Nervenzellen im erwachsenen Gehirn gerade in der Auseinandersetzung mit dem (eigenen) Altern auch außerhalb der Wissenschaft auf fruchtbaren Boden. Dabei wird die adulte Neurogenese mitunter als „Jungbrunnen im Gehirn" und letztlich ein Mittel zur nachhaltigen Verjüngung des Gehirns missverstanden. In der Tat stehen die neuronale Stammzellbiologie und die Erforschung der adulten Neurogenese für einen Perspektivenwechsel in unserem Verständnis des alternden Gehirns. Die genaue Rolle, die die neuen Nervenzellen dabei spielen, ist jedoch nicht so gradlinig und einfach, wie man zunächst vermutete (Kempermann et al., 2004). Und Wunder vollbringt die adulte Neurogenese ganz sicher nicht.

Die Stammzellbiologie und die Forschung über „Adulte Neurogenese" haben allerdings und berechtigterweise neue Hoffnungen für die Behandlung altersbedingter Störungen und kognitiver Verluste im höheren Lebensalter gebracht, da Stammzellen, die Zellen aus denen adulte Neurogenese hervorgeht, das Potential für Regeneration verkörpern (Steiner et al., 2006; Klempin & Kempermann, 2007, siehe auch Ho et al., in diesem Band). Es gibt jedoch nur wenig Hinweis darauf, daß neue Nervenzellen im erwachsenen Gehirn wirklich primär zur Regeneration beitrügen, obwohl die Nervenzellneubildung empfindlich auf viele pathologische Zustände reagiert. Eine echte Regeneration bleibt jedoch aus. Die Entdeckung adulter Neurogenese hat per se daher nichts an der düsteren Perspektive diverser chronischer neurologischer und psychiatrischer Erkrankungen geändert. Bei all der Begeisterung über die neuen Nervenzellen bleibt es dabei: das Gehirn regeneriert kaum. Allerdings kommt hinzu, daß Altern selbst keine Krankheit ist. Degeneration tritt zwar im Alter gehäuft auf, aber Altern und Degeneration gleichzusetzen, ist falsch.

Unsere Hypothese geht deshalb dahin, daß Altern unter anderem auch die physiologische Funktion der neugebildeten Nervenzellen verändern und reduzieren könnte. Bliebe diese Funktion dagegen erhalten, trüge sie dazu bei, „erfolgreich" zu altern. Die neuen Nervenzellen stellten aus dieser Sicht eher ein zu pflegendes Potential für notwendige Anpassungsvorgänge im Alter dar als ein Mittel für beliebige Reparaturen. Primär ist Altern etwas, das uns geschieht und das sich in einem fundamentalen Sinne unserem Zugriff entzieht. In einer sehr einfachen Betrachtung ist Altern nichts anderes als das Vergehen von viel Zeit im Leben eines Organismus. Diesem machtvollen Vergehen von Zeit kann man als Handelnder nichts gleichermaßen Prinzipielles entgegensetzen. Die Ideen vom Jungbrunnen und von Anti-Aging Strategien wirken deshalb oft naiv.

Aber nicht alle Menschen altern gleich. Mit dem Alter stellen sich gewisse Verluste ein, körperlich und geistig, der Körper wird schwächer, und die Wahrscheinlichkeit, an einer Krankheit zu leiden steigt. Dem gegenüber steht das Wachsen und dann die Stabilität von an Erfahrung und Einsicht und mitunter Weisheit (vgl. auch Staudinger, in diesem Band). Während aber auf der Verlustseite eine scheinbar klare Parallelität zwischen Körper und Geist erkennbar ist, die Kausalität suggeriert, wirkt es so, als ob auf der positiven Seite der Geist *trotz* dem abbauenden Körper erhalten bleibt und sich gewissermaßen über die schwächelnde Natur erhebt. Nun ist das zwar eine schöne Vorstellung, aber sehr befriedigend ist sie nicht. Den engen Bezug von Körper und Geist nur in der einen Richtung in Anspruch zu nehmen, aber nicht in der anderen, wirkt unredlich und führt zu argen Widersprüchen.

Ein erster Schritt ist zu sagen, der alternde Mensch nutze die geringer werdenden Ressourcen eben besser. Er wähle aus, optimiere die Handlungsabläufe und finde auf Grund seiner gewachsenen Erfahrung Wege, Verluste auszugleichen. Dies ist ohne Zweifel richtig. Aber es ist dasselbe Gehirn, das die Verluste erlebt und den besseren Umgang damit lernt. Beides ist also auf eigentümliche Weise miteinander verschränkt. Den wechselseitig kausalen Zusammenhang von Struktur und Funktion, und damit von Körper und Geist (wenn man so will), nennt man in den Neurowissenschaften „Plastizität". Plastizität ist hochgradig individuell. Die Stammzellen, aus denen sich neue Nervenzellen entwickeln können, verkörpern ein extremes Beispiel von Plastizität. Die stammzellbasierte Plastizität kann man als die Quintessenz der Interaktion des genomischen Programms einerseits und der Aktivität und Umwelt andererseits verstehen.

I. Adulte Neurogenese
verändert sich mit dem Alter

Neue Nervenzellen sind ein extremes Beispiel für Plastizität, da ganze Zellen neugebildet werden. Diese Neubildung erfolgt aus Stammzellen des Gehirns (Palmer et al., 1997; Reynolds & Weiss, 1992). Lebenslang wird hier Entwicklung aufrechterhalten.

Quantitativ gesehen besteht die Plastizität des Gehirns nicht primär aus adulter Neurogenese, sondern vor allem aus aktivitätsabhängigen Veränderungen der Fortsätze der Nervenzellen (Neuriten) und der Kontaktstellen der Nervenzellen untereinander (Synapsen). Plastizität findet unaufhörlich statt, sie ist das strukturelle Korrelat von Funktion. Ein Gehirn, das nicht plastisch wäre, wäre tot. Die Möglichkeit, dass ganze Nervenzellen in Abhängigkeit von Hirnfunktion neugebildet werden könnten, schien zunächst der Vorstellung zu widersprechen, daß das erwachsene Gehirn Stabilität über Plastizität setzen sollte, um die extreme Komplexität seiner Verschaltung zu bewahren. Mittlerweile gibt es neue Konzepte, die für neuronale Netzwerke zelluläre Plastizität nicht nur zulassen, sondern sie sogar für spezielle Fälle fordern (Wiskott et al., 2006). Aber neue Nervenzellen, die ihrerseits ein Sonderfall zellulärer Hirnplastizität darstellen (da die meisten Hirnzellen gar keine Nervenzellen sind), sind nur die Ausnahme, nicht die Regel.

Neurone sind langlebige Zellen, die fast alle vor der Geburt oder kurz danach gebildet wurden. Adulte Neurogenese gibt es überhaupt nur in zwei sehr kleinen Hirnregionen, dem Hippocampus und dem Riechkolben (Kempermann, 2006; Ming & Song, 2005). Diese exquisite Seltenheit und Beschränkung wurde zunächst mit Enttäuschung aufgenommen, und es gibt immer wieder Berichte, die sie, als dürfe solche Beschränkung nicht sein, in Frage stellen. Wenn man sich vergegenwärtigt, daß die Entwicklung einer Nervenzelle ein äußerst komplexer, energetisch höchst aufwendiger und fehlergefährdeter Prozess ist, wird die adulte Neurogenese angesichts dieser Eingrenzung jedoch fast noch ungewöhnlicher. Warum hat dieser Vorgang in nur zwei Hirnregionen allem evolutionären Druck widerstanden, durch die einfacheren, schnelleren Verfahren der synaptischen Plastizität (d.h. der Verbindungen zwischen den Nervenzellen) ersetzt zu werden? Denn während „niedere" Tiere über eine nahezu unbegrenzte Fähigkeit zur adulten Neurogenese verfügen, reduziert diese sich, je „höher" man auf der phylogenetischen Leiter steigt, auf besagte zwei Hirnareale. Handelt es sich also bei adulter Neurogenese in Säugetieren nur um einen Atavismus, oder liegt gerade im Erhalt der Fähigkeit zur zellulären neuronalen Plastizität in diesen zwei Hirnregionen ein Vorteil im Kampf ums Überleben?

Während in jungen Individuen Tausende von neuen Nervenzellen pro Tag produziert werden, sind dies im hohen Alter nur noch wenige. Interessanterweise bleibt aber auch in den Ältesten eine niedrige Rate adulter Neurogenese erhalten (Cameron & McKay, 1999; Kempermann et al., 1998; Kuhn et al., 1996). In der Studie von Eriksson und Kollegen aus Göteborg, Schweden, der wir unser Wissen über die Neurogenese im erwachsenen menschlichen Hippocampus verdanken, stammte das älteste Gehirn, das untersucht wurde, von einem 72-jährigen Mann (Eriksson et al., 1998). Adulte Neurogenese nimmt mit dem Alter nicht linear ab, sondern nahezu hyperbolisch. Bei der Maus ist der sehr niedrige Wert, der sich im hohen Alter findet, praktisch schon zur Lebensmitte erreicht. Das bedeutet auch, daß Altern eher ein Ko-Faktor von Regulation ist, als daß es per se steuernd auf die adulte Neurogenese wirkt. Nach allem, was derzeit bekannt ist, führt die adulte Neurogenese dazu, daß der Gyrus dentatus, die Teilregion des Hippocampus, zu dem die neuen Nervenzellen gehören, wächst. Zunächst ist dieser Zuwachs messbar; im Alter, wenn nur wenige Zellen hinzukommen, ist das Nettowachstum nicht mehr problemlos bestimmbar.

Aber es gibt andererseits keine guten Hinweise darauf, daß adulte Neurogenese etwa untergegangene Nervenzellen ersetzte.

Adulte Neurogenese ist also kumulativ. Wenn die neuen Nervenzellen den initialen Selektionsprozess, der über ihren Einbau in das Netzwerk entscheidet, überlebt haben, bleiben sie für sehr lange Zeiträume, wahrscheinlich lebenslang erhalten. Aus diesem Befund kann man ableiten, daß die neuen Nervenzellen in irgendeiner Weise zu einer anhaltenden Veränderung des neuronalen Netzwerks im Hippocampus beitragen müssen (Kempermann, 2002). Diese Adaptation findet vor allem in der Jugend statt. In einem sehr geringen Ausmaß aber, scheint sie auch im Alter noch notwendig und nützlich zu sein. Der Nutzen im Alter scheint jedenfalls groß genug zu sein, daß es sich lohnt, den immensen Aufwand der Nervenzellentwicklung unter den Bedingungen des erwachsenen Gehirns, das ansonsten der (Re-)Generation eben weitgehend abhold ist, aufrechtzuerhalten. Die große, letztlich noch ungeklärte Frage ist, worin dieser Nutzen besteht. Unsere Hypothese ist, daß adulte Neurogenese im Hippocampus zu einer Optimierung des Netzwerkes führt, daß aus (unklaren) Gründen der Netzwerk-Effizienz die Erneuerung so gering wie möglich, aber so umfangreich wie nötig ist (Kempermann, 2002; Wiskott et al., 2006). Mithilfe adulter Neurogenese könnte das hippocampale Netzwerk optimiert werden.

II. Funktion und aktivitätsabhängige Regulation adulter Neurogenese

Die These von Adaptation und Optimierung bedingt, daß adulte Neurogenese in Abhängigkeit von Funktion und Aktivität reguliert wird. Der Hippocampus ist eine Schlüsselregion des Gehirns, die für Lern- und Gedächtnisvorgänge zuständig ist. Für viele, wenn auch nicht alle Gedächtnisinhalte, müssen die Informationen unter Umständen mehrfach den Hippocampus passieren, bevor sie langfristig gespeichert werden („Konsolidierung"). Dabei kann man sich den Hippocampus einerseits als eine Art aktiven Filter vorstellen, der die Informationen auch mit räumlichen und zeitlichen Zusatzinformationen zu versehen scheint. Deshalb ist der Hippocampus zum Beispiel auch für das sogenannte episodische Gedächtnis notwendig, das ist unsere Fähigkeit, die zeitliche Abfolge von Informationen und nicht nur die Informationen selbst zu erinnern. Ähnliche Fertigkeiten benötigen wir auch, wenn wir uns räumlich orientieren wollen. Einen Weg zurück zu finden setzt die komplexe Fähigkeit voraus, eine episodische Erinnerung in Gedanken umzukehren.

Bei vielen Demenzerkrankungen ist der Hippocampus prominent betroffen. Eines der ersten Symptome von Alzheimer Patienten ist oft der Verlust der räumlichen Orientierung. Schwere Merkfähigkeitsstörungen kommen hinzu und die Einordnung von Informationen in den korrekten zeitlich-räumlichen Zusammenhang ist erst reduziert, später aufgehoben. Eine weitere Funktion des Hippocampus liegt wohl in einer Art Datenkomprimierung, damit sie weniger „Speicherplatz" benötigen, und in einer emotionalen Annotation. Denn der Hippocampus ist auch Teil des limbischen Systems, dessen Hirnstrukturen für eine Ebene unseres Emotionserlebens verantwortlich sind. Ob wir etwas lernen oder nicht, wird primär emotional entschieden.

Es ist eine Alltagserfahrung, daß wir uns Dinge, an denen unser Herz hängt, leichter merken können als beziehungslose Daten, mögen sie noch so wichtig sein. Damit ist der Hippocampus auch eng mit dem Stresswarnsystem des Körpers verknüpft. Biologisch betrachtet ist Stress eine überlebenswichtige Funktion, die dafür sorgt, daß in Augenblicken von Gefahr die Ressourcen des Körpers auf das Wesentliche konzentriert werden können. Entscheidende Dinge, deren Wissen über das Überleben entscheiden könnte, merken wir uns in dieser Situation sofort, aber auf der Flucht wird niemand nebenher noch Rilke-Sonette auswendig lernen. Auch hier ist es eine Alltagserfahrung, daß ein gewisses Ausmaß an Stress für unser Lernen förderlich ist. Die Prüfung muß gefährlich nahe herangerückt sein, damit der so entstehende Druck das Lernen erst effizient macht. Wird der Stress jedoch chronisch, überwiegt eine negative Wirkung und Lernen wird unmöglich.

Irgend etwas an diesen Funktionen des Hippocampus ist nun in besonderer Weise durch neue Nervenzellen besser realisierbar als ohne. Es findet sich also eine enge Verknüpfung von adulter Neurogenese und damit zellulärer Plastizität und Funktion oder Aktivität. Da die Veränderung im Netzwerk kumulativ ist, könnte man auch sagen, daß wir es hier mit einem strukturellen Korrelat von Erfahrung zu tun haben. Relativ unspezifische Reize, vor allem körperliche Aktivität steigern adulte Neurogenese (Kronenberg et al., 2003; van Praag et al., 1999). Das war zunächst erstaunlich, denn körperliche Aktivität scheint mit dem Hippocampus nicht viel zu tun zu haben. Wenn man aber bedenkt, daß für ein Tier Kognition und Lernen nahezu zwangsläufig mit seiner Bewegung in der Welt verbunden ist, so erscheint dies plausibler. Körperliche Aktivität steigert die Teilungsaktivität der Stammzellen im Hippocampus und schafft damit die Basis, daß mehr neue Nervenzellen aus diesen vermehrten Vorläuferzellen entstehen können. Verschiedene im Blut zirkulierende Faktoren, zum Beispiel *Insulin-like Growth Factor* (IGF1) oder *Vascular Endothelial Growth Factor* (VEGF) werden als Mediatoren dieses Effektes diskutiert (Fabel et al., 2003; Trejo et al., 2001). Die Stammzellen stehen in dieser Regulation für das Potential für Neurogenese. Bewegung erhöht das Potential, neue Nervenzellen zu bilden.

Damit das Potential genutzt werden kann, muß aber ein zweiter, andersartiger Reiz hinzukommen. Wenn Versuchstiere lediglich körperlich aktiver waren, nutzte sich die Wirkung auf die adulte Neurogenese schnell ab. Ein konkreter Lernreiz allerdings, oder zum Beispiel die Erfahrung einer reizreichen Umgebung, führten dazu, daß mehr neue Nervenzellen überlebten und langfristig in das Netzwerk integriert wurden (Kempermann et al., 1997). Normalerweise wird das Potential, das in den Vorläuferzellen steckt, nur in geringem Maße genutzt. Lernen steigert die Überlebensrate. Körperliche und „kognitive" Aktivität müssen also zusammenkommen. Auch über lange Zeitspannen hinweg erhält Aktivität die adulte Neurogenese auf einem höheren Niveau (Kronenberg et al., 2006). In einem gewissen Maße vermag sie sogar den normalen Abfall mit dem Alter aufzuhalten. Das Gleiche galt übrigens auch für Experimente, in denen man bei Ratten dafür sorgte, daß die Ausschüttung des Stresshormons Corticosteron (das dem menschlichen Cortisol entspricht) nicht über ein lebenserhaltendes, „gutes" Maß hinausging (Cameron & McKay, 1999).

III. Altersbedingte Erkrankungen und adulte Neurogenese

Das Muster der Veränderungen adulter hippocampaler Neurogenese – mit dem Alter und unter Regulationsbedingungen einerseits, und durch die Natur der Symptome verschiedenartiger neurodegenerativer Erkrankungen, wie sie im Alter gehäuft auftreten, andererseits - ließen frühzeitig den Verdacht aufkommen, daß ein Versagen adulter Neurogenese zum Entstehen von altersbedingten Erkrankungen des Gehirns beitragen könnte. Dies, sofern sie den Hippocampus betrafen, das Riechhirn blieb hier zunächst unberücksichtigt. Dies gilt vor allem für die Demenzen, insbesondere den M. Alzheimer sowie für die Depression. Die Depression tritt oft im Kontext neurodegenerativer Erkrankungen auf und ist als solche, nicht so sehr als eigenständiges Krankheitsbild, im Alter häufiger. Neurodegenerative Erkrankungen sind definitionsgemäß Erkrankungen, bei denen Nervenzellen zugrunde gehen, weil sie fehlgefaltete Eiweiße akkumulieren (vgl. Dichgans, in diesem Band). Beim M. Alzheimer ist dies das Beta-Amlyoid, beim M. Parkinson mutmaßlich das Alphasynuklein, bei der Chorea Huntington das Huntingtin, usw. Ein Versagen adulter Neurogenese stellte deshalb naturgemäß immer einen sekundären Krankheitsmechanismus dar. Zurzeit aber ist noch weitgehend unklar, ob es sich damit schlicht um ein Epiphänomen handelt oder um einen genuinen Pathomechanismus. Wenn allerdings die neuen Nervenzellen eine wichtige Funktion erfüllen, muß es auch Ausfallserscheinungen geben, die auftreten, wenn die normale adulte Neurogenese unmöglich ist. Insofern könnte eine gestörte Neurogenese zwar Folge verschiedener primärer Pathologien sein, dann aber eine gemeinsame Endstrecke darstellen, die im Kontext verschiedener Erkrankungen zu Krankheitssymptomen seitens des Hippocampus führt.

Die Depression, für die sehr lange überhaupt kein strukturelles Korrelat bekannt war und die man deshalb für ein rein biochemisches oder gar „geistiges" Problem hielt, ist das im Zusammenhang mit der adulten Neurogenese interessanteste Krankheitsbild (D'Sa & Duman, 2002; Jacobs et al., 2000; Kempermann & Kronenberg, 2003). Die neuen Nervenzellen könnten eine Bedeutung haben für die besagte Verknüpfung von emotionalen (affektiven) Inhalten mit Lernen und Gedächtnis. Depression wäre in diesem Sinne eine Art Entwicklungsstörung im Erwachsenen, bei der es zunehmend unmöglich wird, den Umgang mit Neuartigkeit und Komplexität adäquat mit positiven emotionalen Signalen zu verknüpfen. Eine negative Stresswirkung würde überwiegen. Auch gibt es im Rahmen der Depression dementielle Syndrome, die sogenannte Pseudodemenz („pseudo", weil sie prinzipiell reversibel ist). Und umgekehrt gibt es das besagte Auftreten von depressiven Symptomen bei neurodegenerativen Erkrankungen, die damit nicht, wie man lange annahm, nur reaktiv auf das Erleiden der primären Erkrankung entstünden, sondern Teil der hippocampalen Pathologie wären. Vieles an diesen Ideen ist noch hochgradig spekulativ. Immerhin haben Patienten mit lang bestehender Depression einen verkleinerten Hippocampus (wobei der Effekt aber nicht allein durch die wenigen neuen Nervenzellen erklärbar ist) und stimulieren alle bekannten Antidepressiva adulte Neurogenese. Es gibt sogar eine, allerdings nicht ganz unumstrittene Publikation, die Evidenz für die umgekehrte These verspricht. Nach diesen Befunden ist adulte Neurogenese sogar notwendig, damit Antidepressiva überhaupt wirken können (Santarelli et al., 2003). Zwischen medikamentösen Therapien und Psychotherapien wird oft ein Konflikt gesehen und verschiedene Schulen versuchen, das eine gegen das andere auszuspielen. So etwas wie die „Biologie der Psychotherapie" ist noch kaum entwickelt. Moderne Psychotherapie zielt jedoch meistens auf eine Verhaltensänderung ab. Und Verhalten ist die eine Hälfte von Plastizität und damit der eine Partner im Wechselspiel von Struktur und Form. Zum jetzigen Zeitpunkt kann man leider keine zuverlässigen Aussagen machen, ob auch neue Nervenzellen etwas mit dieser Plastizität zu tun haben.

IV. Neue Nervenzellen und das Konzept der „Neuralen Reserve"

Die Stammzellbiologie des Gehirns und die Erforschung der adulten Neurogenese hat unser Bild von aktivitätsabhängiger Plastizität nachhaltig verändert und damit, auch wenn die neuen Nervenzellen nur die Ausnahme im Gehirn bleiben, unsere Vorstellungen, wie über die Lebensspanne hinweg Struktur und Funktion aufeinander bezogen sind. Adulte Neurogenese stellt wahrscheinlich nur die Spitze des Eisberges zellulärer Plastizität dar. Über die Bedeutung der im Gehirn ubiquitär in sehr niedriger Zahl zu findenden Stammzellen für die Hirnfunktion wissen wir noch weit weniger als über adulte Neurogenese (Horner et al., 2002). Zwar hatten schon die großen Neuroanatomen des frühen 20. Jahrhunderts postuliert, daß es diese Vorläuferzellen gebe, aber erst in den letzten Jahren sind diese Zellen wiederentdeckt worden (Nishiyama, 2007). Die Spekulation ist, daß auch sie Träger einer, wenn auch noch weitgehend unverstandenen Plastizität sind. Denn auch diese Zellen reagieren auf „Aktivität" und auf Schäden des Gehirns. Sie scheinen nicht zu nennenswerter Regeneration beizutragen (obwohl man sich natürlich fragen kann, wie schlecht die Regeneration wäre, wenn der mutmaßliche Beitrag dieser Zellen fehlte). Stammzellen des Gehirns könnten aber auf andere Weise zur Gesundheit des Gehirns im Alter beitragen.

Ein wichtiges Konzept in der Alternsforschung des Gehirns ist die Idee von der „neuralen Reserve". Der Grundgedanke ist, daß man ein „Guthaben" an Plastizität aufbauen kann, von dem sich angesichts altersabhängiger Verluste und im Falle neurodegenerativer Erkrankungen zehren ließe. In der Tat ist es so, daß kein strenger Zusammenhang zwischen dem Ausmaß der organischen Schädigung und den Symptomen, die der Patient zeigt, besteht. Es gibt immer wieder Berichte von Hirnautopsien an Personen, die aus völliger geistiger Frische verstarben und dann ein Gehirn zeigen, das von einem Fall schwerer Alzheimerdemenz kaum zu unterscheiden ist. Die „Reserve" stellt also das Maß der Kompensationsfähigkeit dar angesichts von Schädigungen des Gehirns.

In diesem Sinne ist es richtig, wenn man sagt, daß Hirnentwicklung niemals aufhöre. Lebenslanges „Training" im Sinne einer breit angelegten Aktivität baut diese plastische Reserve auf. Man nimmt an, daß diese Reserve in gewissem Maße in der Lage ist, vor altersabhängigen Schäden und Neurodegeneration zu schützen. Die neuen Nervenzellen würden hierbei eine besondere Form dieser Reserve darstellen, da sie das Potential zur Plastizität auf der Ebene ganzer Nervenzellen und nicht nur ihrer Verbindungen verkörpern. Das bedeutet, daß Training seinen vorbeugenden

Effekt für die kognitive Gesundheit im Alter auch über die Bereitstellung von neuen Nervenzellen ausüben könnte, die für Anpassungsvorgänge zur Verfügung stehen. Damit wären die neuen Nervenzellen zwar nicht die Joker, die zum Ersatz jedweden ausgefallenen Neurons beitragen könnten, aber sie stünden doch an sehr zentraler Stelle, indem sie auch im hohen Alter notwendige Anpassungsvorgänge erlaubten, die wichtigen Lern- und Gedächtnisvorgängen zugrunde liegen.

Literatur

Altman, J., Das, G. D. (1965). Autoradiographic and histologic evidence of postnatal neurogenesis in rats. *J Comp Neurol 124*, 319–335.

Cameron, H. A. & McKay, R. D. (1999). Restoring production of hippocampal neurons in old age. *Nat Neurosci, 2*, 894–897.

Cameron, H. A., Woolley, C. S., McEwen, B. S. & Gould, E. (1993). Differentiation of newly born neurons and glia in the dentate gyrus of the adult rat. *Neuroscience, 56*, 337–344.

D'Sa, C. & Duman, R. S. (2002). Antidepressants and neuroplasticity. *Bipolar Disord., 4*, 183–194.

Eriksson, P. S., Perfilieva, E., Bjork-Eriksson, T., Alborn, A. M., Nordborg, C., Peterson, D. A. & Gage, F. H. (1998). Neurogenesis in the adult human hippocampus. *Nat Med, 4*, 1313–1317.

Fabel, K., Fabel, K., Tam, B., Kaufer, D., Baiker, A., Simmons, N., Kuo, C. J. & Palmer, T. D. (2003). VEGF is necessary for exercise-induced adult hippocampal neurogenesis. *Eur J Neurosci, 18*, 2803–2812.

Horner, P. J., Thallmair, M. & Gage, F. H. (2002). Defining the NG2-expressing cell of the adult CNS. *J Neurocytol, 31*, 469–480.

Jacobs, B. L., Praag, H. & Gage, F. H. (2000). Adult brain neurogenesis and psychiatry: a novel theory of depression. *Mol Psychiatry, 5*, 262–269.

Kempermann, G. (2002). Why new neurons? Possible functions for adult hippocampal neurogenesis. *J Neurosci, 22*, 635–638.

Kempermann, G. (2006). *Adult neurogenesis – Stem cells and neuronal development in the adult brain.* New York: Oxford University Press.

Kempermann, G. & Kronenberg, G. (2003). Depressed new neurons–adult hippocampal neurogenesis and a cellular plasticity hypothesis of major depression. *Biol Psychiatry, 54*, 499–503.

Kempermann, G., Kuhn, H. G. & Gage, F. H. (1997). More hippocampal neurons in adult mice living in an enriched environment. *Nature, 386*, 493–495.

Kempermann, G., Kuhn, H. G. & Gage, F. H. (1998). Experience-induced neurogenesis in the senescent dentate gyrus. *J Neurosci, 18*, 3206–3212.

Kempermann, G., Wiskott, L. & Gage, F. H. (2004). Functional significance of adult neurogenesis. *Curr Opin Neurobiol, 14*, 186–191.

Klempin, F. & Kempermann, G. (2007). Adult hippocampal neurogenesis and aging. *Eur Arch Psychiatry Clin Neurosci, 257*, 271–280.

Kronenberg, G., Bick-Sander, A., Bunk, E., Wolf, C., Ehninger, D. & Kempermann, G. (2006). Physical exercise prevents age-related decline in precursor cell activity in the mouse dentate gyrus. *Neurobiol Aging, 27*, 1505–1513.

Kronenberg, G., Reuter, K., Steiner, B., Brandt, M. D., Jessberger, S., Yamaguchi, M. & Kempermann, G. (2003). Subpopulations of proliferating cells of the adult hippocampus respond differently to physiologic neurogenic stimuli. *J Comp Neurol, 467*, 455–463.

Kuhn, H. G., Dickinson-Anson, H. & Gage, F. H. (1996). Neurogenesis in the dentate gyrus of the adult rat: age-related decrease of neuronal progenitor proliferation. *J Neurosci, 16*, 2027–2033.

Ming, G. L. & Song, H. (2005). Adult neurogenesis in the mammalian central nervous system. *Annu Rev Neurosci, 28*, 223–250.

Nishiyama, A. (2007). Polydendrocytes: NG2 Cells with Many Roles in Development and Repair of the CNS. *Neuroscientist, 13*, 62–76.

Palmer, T. D., Takahashi, J. & Gage, F. H. (1997). The adult rat hippocampus contains premordial neural stem cells. *Mol Cell Neurosci, 8*, 389–404.

Reynolds, B. A. & Weiss, S. (1992). Generation of neurons and astrocytes from isolated cells of the adult mammalian central nervous system. *Science, 255*, 1707–1710.

Santarelli, L., Saxe, M., Gross, C., Surget, A., Battaglia, F., Dulawa, S., Weisstaub, N., Lee, J., Duman, R., Arancio, O., Belzung, C. & Hen, R. (2003). Requirement of hippocampal neurogenesis for the behavioral effects of antidepressants. *Science, 301*, 805–809.

Steiner, B., Wolf, S. A. & Kempermann, G. (2006) Adult neurogenesis and neurodegenerative disorders. *Regen Medicine, 1*, 15–28.

Trejo, J. L., Carro, E. & Torres-Aleman, I. (2001). Circulating insulin-like growth factor I mediates exercise-induced increases in the number of new neurons in the adult hippocampus. *J Neurosci, 21*, 1628–1634.

van Praag, H., Kempermann, G. & Gage, F. H. (1999). Running increases cell proliferation and neurogenesis in the adult mouse dentate gyrus. *Nat Neurosci, 2*, 266–270.

Wiskott, L., Rasch, M. J. & Kempermann, G. (2006). A functional hypothesis for adult hippocampal neurogenesis: Avoidance of catastrophic interference in the dentate gyrus. *Hippocampus, 16*, 329–343.

Jugend ist Stärke und Alter ist Schwäche der Reparaturmechanismen

Johannes Dichgans

Alle Lebewesen sind trotz einer ständigen Erneuerung ihrer organischen Substanz der Alterung unterworfen. Was das Altern ausmacht ist nicht wirklich verstanden. Nicht nur die Biochemie der Organismen, insbesondere die Bildung, der Abraum und die Nachbildung von Proteinen, ist Teil der fortlaufenden Erneuerung, sondern es werden auch in fast allen Organen beständig alternde Zellen ausgewechselt. Nur die Zellen von Herz und Gehirn sind weit überwiegend postmitotisch, d.h. sie teilen sich nicht mehr und müssen daher lebenslang überdauern. Bei den Lebensprozessen kommt es zu Fehlern. Diese werden erkannt und können in der Regel durch geeignete Reparaturmechanismen ausgeglichen werden. Im Folgenden wird die Annahme begründet und geprüft, dass das Altern von Organen und Organismen die Folge und nicht die Ursache einer lebenslang fortschreitenden Schwächung von Reparaturmechanismen ist.

I. Welche Faktoren wirken auf den Alterungsprozess?

Die genannten Grundeigenschaften des Lebendigen sind zunächst und vor allem genetisch bestimmt. Sie werden zusätzlich durch Einwirkungen der Umwelt und die Lebensweise moduliert. UV-Strahlung, oxidierende Einflüsse und Hitzeschock gehören zu den schädigenden Umweltbedingungen (Finkel & Hobrook, 2000). Sie nehmen daneben Einfluss auf die Reparaturmechanismen und damit auf die Lebenszeit und die Manifestation sowie den Verlauf von degenerativen Erkrankungen. Das Hitzeschockprotein HSF-1 zum Beispiel hat Einfluss auf die Reparaturmechanismen und, vereinbar mit dem diskutierten Modell, auf die Überlebenszeit zum Beispiel bei neurodegenerativen Erkrankungen (Moreley & Morimoto, 2004). Man kann sich vorstellen, dass ähnliche Umwelteinwirkungen durch Modulation der Genexpression auch bei der Manifestation von sporadischen, also ohne erkennbare genetische Belastung auftretenden, Neurodegenerationen eine Rolle spielen. Die Auswirkungen der Lebensweise sind mannigfaltig. Neben Faktoren, die das Leben verkürzen, wie Alkohol- und Nikotinmissbrauch, Übergewicht und Bewegungsmangel gibt es auch lebensverlängernde Maßnahmen, wie kontinuierliche (Manson et al., 1995, Weindruch & Sohal, 1997) oder intermittierende Nahrungsreduktion (Martin et al., 2006) und körperliche (Hakim et al., 1998) sowie vermutlich auch geistige Aktivität.

Es gibt eine Reihe von Überlebensgenen, die einzeln oder in Kombination zum Beispiel den Fadenwurm Caenorhabditis elegans bis zu fünf mal länger leben lassen als den Durchschnitt dieser Spezies (Finch & Tanzi, 1997). Damit hat die Wissenschaft einen Modellorganismus, an dem man studieren kann, was das frühe oder späte Altern und die mit diesem einhergehende Krankheitsanfälligkeit ausmacht und wie man dem Altern und zugleich den Alterskrankheiten entgegenwirken kann. Auch beim Menschen ist hohes Alter eine Familieneigenschaft (Perls et al., 2002). Es ist daher von großem wissenschaftlichen Interesse, Überlebensgene beim Menschen zu identifizieren und zu charakterisieren. In verschiedenen epidemiologischen und genetischen Studien wurden einige Kandidatengene herausgearbeitet, ohne dass ihre biologische Relevanz eindeutig geklärt wäre (Glatt et al., 2007). Der statistisch am besten dokumentierte genetische Einflussfaktor auf die Lebenserwartung übrigens ist das Geschlecht. Frauen leben durchschnittlich etwa zehn Prozent länger als Männer.

Neben den Überlebensgenen sind auch Mutationen bekannt, die das Altern beschleunigen und so zur Progerie mit offensichtlich beginnender Alterung schon zur Zeit der Pubertät führen. Sie gehen mit beschleunigtem und gehäuftem Auftreten von Alterserkrankungen wie Arteriosklerose und Karzinomen einher. Ihr Prototyp ist das Werner-Syndrom. Es wird durch homozygote Mutationen mit Funktionsverlust einer der RecQ-Helikasen hervorgerufen. DNA-Helikasen sind während der DNA-Replikation zur Öffnung der Doppelstrang-DNA notwendig. Ihre fehlerfreie Funktion ist Voraussetzung für die Replikation von DNA und damit für jede Zellteilung und -vermehrung. Somatische Zellen von Patienten mit Werner-Syndrom zeigen eine hohe DNA-Mutationsrate, insbesondere sog. Deletionen, die eine Variante der Chromosomenmutation (bzw. Genmutation) und damit eine strukturelle Chromonsomenabweichung darstellen (Schulz & Beyreuther, 2002). DNA-Schäden können dazu führen, dass die Replikation der DNA für die Mitose falsch erfolgt, Proteine nicht mehr beziehungsweise falsch synthetisiert werden oder wichtige Bereiche nach Doppelstrangbrüchen abgespalten werden. Bringen die komplexen Reparaturmechanismen der Zelle keinen Erfolg, so sammeln sich in wachsenden und ruhenden somatischen Zellen so viele Fehler an, dass die normalen Zellfunktionen gestört sind. Im Zuge der Zellzykluskontrolle können Kontrollproteine eine Zelle, beziehungsweise deren DNA, als defekt erkennen und einen Zyklusarrest oder den programmierten Zelltod einleiten. Auch das normale Altern geht infolge progressiver Schwächung von Reparaturmechanismen mit einer Anhäufung von DNA-Schäden und unreparierten Doppelstrangbrüchen einher, allerdings mit wesentlich langsamerem Tempo.

Von Beginn an ist das Leben bedroht. Die Lebensspanne eines Organismus wird durch die Summe aller schädigenden Einflüsse einerseits und die diesen entgegenwirkenden Reparatur- und Erhaltungsmechanismen andererseits bestimmt. Die Balance zwischen beiden Prozessen ist entscheidend. Entsprechend könnten mit dem Alter einhergehende quantitative und qualitative Mängel der Reparaturmechanismen eine Teilursache vieler Krankheiten mit erhöhter Prävalenz im Alter sein. Die Zellen der meisten Organe erneuern sich durch Teilung. Dabei kann es zu genetischen Aberrationen kommen, bis hin zur Bildung von Tumoren. In der Jugend werden solche Fehler in der Regel rasch repariert. Im Alter nimmt die Häufigkeit von genetischen Aberrationen und von Tumoren stark zu. Auch der Stoffwechsel kann im Alter entgleisen, zum Beispiel bei der Bildung oder Nachbildung von Proteinen. Gesunde Proteinsynthese schließt die funktionsgerechte Faltung der Eiweiße ein. Störungen der Proteinfaltung finden sich bei natürlicher Alterung und in sehr viel stärkerer Ausprägung bei nahezu allen Neurodegenerationen in Form vermehrter Beta-Faltung mit der Bildung von fehlgefalteten Monomeren, Oligomeren und schließlich Fibrillen, aus denen sich Aggregate bilden, die krankheitsspezifisch im Zellkern (z.B. bei der Huntington Krankheit), dem Zytosol (z.B. bei der Parkinson Krankheit) oder auch extrazellulär (wie bei der Alzheimer Krankheit) abgelagert werden. Nicht nur das alternde Gehirn, sondern auch das alternde Pankreas und die alternde Muskulatur zeigen solche Aggregate. Vieles spricht dafür, dass die pathologische Faltung (Konformation) der Eiweißmoleküle die Zellen schädigt, und zwar nicht erst in ihrer unlöslichen aggregierten Konformation, sondern bereits als frei lösliche Oligomere (Forman et al., 2004). Auch die Ablagerungen unlöslicher, falsch gefalteter, degenerierter Proteine bei normaler Alterung des Gehirns bilden, allerdings in wesentlich geringerem Ausmaß, extrazelluläre Amyloidplaques und intrazellulär gelegene neurofibrilläre Tangles, die Charakteristika der Alzheimer Pathologie. Sie finden sich im entorhinalen Kortex bei fast allen über 55 Jahre alten Menschen, die nicht dement sind. Dies führte bereits vor 45 Jahren zu der Hypothese, dass die Akkumulation falsch gefalteter Proteine zum Altern der Zellen beiträgt und dass die Synthese spezifischer Proteine mit bestimmten Fehlern sie zu tödlichen Proteinen werden lässt (Orgel, 1963). Diese These ist heute wieder hochaktuell. Vermehrte und persistierende Fehlfaltung von Proteinen und die dieser folgenden Konformationsänderungen bis hin zur Proteinaggregation sind möglicherweise gemeinsame Grundmechanismen der physiologischen Alterung und der neurodegenerativen Erkrankungen, zumindest im Gehirn. Selbst wenn es sich bei solchen Befunden in den Gehirnen cerebral altersgesund erscheinender Personen gelegentlich um präsymptomatische Stadien einer Neurodegeneration, zum Beispiel einer Alzheimer Erkrankung und damit doch nicht um normales Altern, gehandelt haben könnte, besteht kein Zweifel, dass auch das natürliche Altern mit einer Denaturierung von Proteinen einhergeht.

Die krankhaften Neurodegenerationen des Nervensystems sind Systemalterungen, das heißt Teilalterungen von funktionellen Untereinheiten und nicht des gesamten Gehirns. Dennoch zeigen die sich klinisch ganz unterschiedlich manifestierenden Erkrankungen Gemeinsamkeiten in den zugrunde liegenden pathophysiologischen Prozessen. Systemdegenerationen können damit als Modelle für die Alterung und als Schlüssel zum Verständnis genereller Gesetzmäßigkeiten von Alterungsvorgängen dienen (Dichgans, 1999). Allzu bedenkenlos darf man allerdings die aus Befunden am Gehirn geschöpften Erkenntnisse und Schlussfolgerungen nicht generalisieren. Es dürfte auch Unterschiede in den Mechanismen des Alterns von postmitotischen Zellen des Gehirns (und des Herzens), die sich nicht erneuern, und dem Altern von replikativen Geweben geben.

II. Kann man am Rad der Zeit drehen ... oder: Sind Schädigungen der Reparaturmechanismen reversibel?

Gesundheit wird trotz der genannten und vieler anderer Bedrohungen erhalten, indem die Organismen mit endogenen Reparatur- und Verteidigungsmechanismen ausgestattet sind, die genetische Aberrationen bei der Zellteilung ausgleichen, fehlgefaltete

Proteine in Gestalt der Chaperone in ihre funktionsbereite Form zurückfalten und aggressive Sauerstoffradikale (siehe unten) durch endogene Antioxidation unschädlich machen. Nach dem weitgehenden Sieg der Medizin (zumindest in unseren Breiten) über die Infektionskrankheiten, den Prototypus einer exogenen Attacke, sind alle großen Volkskrankheiten Alterskrankheiten. Das heißt ihre Häufigkeit steigt mit zunehmendem Alter, zum Teil exponentiell (Finkel, 2005). Das gilt beispielsweise für Tumore (Merrill & Weed, 2001), die kardiovaskulären Erkrankungen, die Neurodegenerationen, so die Alzheimer-Demenz (Nussbaum und Ellis, 2003), die Parkinsonerkrankung (Bower et al., 1999), die Amyotrophe Lateralsklerose sowie den Diabetes mellitus Typ II (Narayan et al., 2003).

Was also feit den jugendlichen Organismus, und was prädisponiert den alten? Und warum treten nicht nur die sporadisch manifestierten Neurodegenerationen erst nach dem fünfzigsten Lebensjahr auf, sondern es erscheinen auch die genetisch vorherbestimmten Systemdegenerationen wie die Huntington Krankheit und die verschiedenen Formen der Spinocerebellären Ataxien (SCA) in der Regel erst nach dem dreißigsten Lebensjahr? Weshalb ist außerdem der Zeitpunkt der klinischen Manifestation bei diesen und anderen Polyglutaminerkrankungen von der Länge der Polyglutaminkette, das heißt der Anzahl der für diese kodierenden CAG-Wiederholungen im Krankheitsgen abhängig, also von der Dosis des schädigenden Agens bestimmt (Schöls & Rieß, 2002)? Offenbar steht von Anfang an dem pathologischen Protein (mit seiner Tendenz zur Fehlfaltung) ein in Kindheit und Jugend noch starker, das heißt diesen Angriff auf die Gesundheit überwindender Reparaturmechanismus gegenüber. Erst mit dessen Altersschwäche bricht, so kann man spekulieren, die Verteidigung zusammen. Folgt man dieser Überlegung, dann ist Jugend Stärke und Alter Schwäche der Reparaturmechanismen.

Wenn das so ist, dann könnte nicht nur die Resistenz gegenüber Krankheiten, sondern auch Langlebigkeit darauf beruhen, dass eine Person besonders effektive Reparaturmechanismen hat. Diese Kraft könnte genetisch gegeben sein. Tatsächlich konnten Lakowski und Hekimi (1996) beim Fadenwurm, der sich für diese Experimente besonders eignet, zeigen, dass Mutationen im Überlebensgen *age-1* die Resistenz gegenüber freien Radikalen, Schäden in den Mitochondrien und Konformationsänderungen der Proteine erhöht. Ebenfalls beim Fadenwurm konnten Morley et. al. (2002) zeigen, dass das mutierte *age-1* nicht nur die Lebenserwartung erhöht, sondern auch die Bildung von Proteinaggregationen beträchtlich verzögert. Bringt man das menschliche Krankheitsgen des „Veitstanzes", der Huntington Erkrankung, in einen Fadenwurm vom Wildtyp ein, so kommt es – wie beim Menschen – erst im „Erwachsenenalter" zur Aggregation des krankmachenden Polyglutamins. Wird dem Wurm zusätzlich ein Überlebensgen eingepflanzt, dann manifestiert sich die Erkrankung nochmals deutlich später. Das heißt, das doppelt genmanipulierte Tier ist länger gegen die Erkrankung gefeit.

Das Wirken von Reparaturmechanismen sowie der Umstand, dass Funktionsverlust von Nervenzellen nicht gleichbedeutend ist mit deren Absterben, zeigt sich eindrucksvoll an der Reversibilität von bestimmten, jedoch spät auftretenden Neurodegenerationen und ihrer klinischen Symptomatik. So konnte man im Experiment mit einem transgenen Modelltier (Maus) sehen, dass sich das Tier auch nach Manifestation der Erkrankung erholte, wenn die Expression eines übertragenen Huntington-Gens „abgeschaltet" wurde (Yamamoto et al., 2000). Gleiches geschieht, wenn man bei einer transgenen „Alzheimer-Modellmaus" die schädigenden Eiweiße durch Impfung unschädlich macht (Schenk et al., 1999). Die hierdurch prinzipiell nachgewiesene Reversibilität der Huntington Krankheit und der Alzheimer Krankheit im Tiermodell könnte auch für den Menschen gelten. So konnte gezeigt werden, dass Alzheimer-Patienten, die gegen das pathologische A-beta 42 Protein geimpft worden waren und Antikörper entwickelt hatten, eine entsprechend rückläufige Neuropathologie haben (Ferrer et al., 2004; Masliah et al., 2005; Nicoll et al., 2003). Es darf angenommen werden, dass die Erholung zumindest auch auf die Rückfaltung der schädigenden Proteine durch Chaperone einerseits und den Abraum verbleibender Eiweißpathologie durch den Ubiquitin-Proteasom-Mechanismus, einer Art zellulärer Müllverwertung, andererseits zurückzuführen ist. Nachdem der Angriff auf die Gesundheit durch die genannten Maßnahmen gestoppt oder zumindest geschwächt ist, kann, so die Annahme, selbst die im Alter geminderte Verteidigung obsiegen. Es gibt Hinweise, dass die Chaperonaktivität mit dem Alter tatsächlich abnimmt (Kroll, 2005, Soti & Csermely, 2003; Trougakos & Gonos, 2006). Auch die Aktivität des Ubiquitin-Proteasomkomplexes altert in diesem Sinne (Zeng et al., 2005). Enzymatische Messungen, die an betroffenen Gehirnregionen von Patienten mit einem sporadisch aufgetretenen Parkinson-Syndrom vorgenommen wurden, ergaben eine erniedrigte Proteasomen-Aktivität in der Substantia nigra (McNaught et al., 2003; McNaught & Jenner, 2001).

Toren Finkel (2005) hat kürzlich die Rolle der reaktiven Sauerstoffspezies (ROS) für das Tempo der Alterung und die Anfälligkeit für viele chronische Erkrankungen eingehend diskutiert und dabei ihren Einfluss nicht nur auf die kardiovaskulären Erkrankungen und die Tumore, sondern auch auf die Neurodegenerationen behandelt. Auch den schädlichen ROS stehen antioxidative Verteidigungsmechanismen gegenüber deren Kraft in der Jugend überwiegt. ROS führen relativ unspezifisch zu einer molekularen Schädigung von Proteinen, Lipiden und Nukleinsäuren. Sie werden vorwiegend und in steigendem Maße von alternden Mitochondrien gebildet. Sie fördern die Vernetzung und Aggregation von Proteinen (Grune et al., 2004) und können auch deren Abbau beeinträchtigen (Keller et al., 2004). Es wird angenommen, dass ROS auch bei der Entstehung arteriosklerotischer Plaques in den Gefäßwänden beteiligt sind, und dass die verschiedenen kardiovaskulären Risikofaktoren Hypercholesterinämie, Hochdruck, Zigaretten-Rauchen und Diabetes die oxidativen Prozesse in der Gefäßwand fördern (Madamanchi et al., 2005). Schließlich gibt es zahlreiche Arbeiten, die es wahrscheinlich erscheinen lassen, dass ROS die Entstehung von Tumoren fördern, indem sie zu Schäden der DNA, also einer Instabilität der Erbsubstanz einzelner Zellen führen (Storz, 2005). Oxidative Schädigung ist damit ein für die Entstehung von Krankheiten, aber auch für das Altern wichtiger Faktor, wenn auch, wie oben dargestellt, nicht der Einzige.

Die bedeutende Rolle der Mitochondrien für die Lebenserwartung wird durch Tierexperimente unterstrichen, in denen gezeigt wurde, dass die Überexpression der antioxidativen Katalase in Mitochondrien nicht nur die ROS deutlich reduziert, sondern auch zu einer Verlängerung der Lebenszeit führt (Schriner et al., 2005). Fadenwürmer mit Mutationen im *age-1* Gen leben doppelt so lange. Sie zeigen erhöhte Spiegel der antioxidativen Enzyme Superoxid-Dismutase und Katalase und sind vor oxidativem Stress, Hitzeschock und ultravioletter Strahlung geschützt. Auch Pharmaka mit antioxidativen Eigenschaften verlängern das Überleben von Fadenwürmern um bis zu 50% (Ishii et al., 2004; Melov et al., 2000). Auch die lebensverlängernde Wirkung der kalorienarmen Ernährung wird u. a. über eine dadurch bedingte Minderung der mitochondrialen Bildung von freien Radikalen erklärt (Bordone & Guarente, 2005). Substanzen, die die mitochondriale Funktion verbessern, insbesondere das Resveratrol, ein Polyphenol, das auch im Rotwein vorhanden ist, führen zu einer deutlichen Lebensverlängerung in C. elegans (Wood et al., 2004) und zu einer Verbesserung der aeroben Kapazität, der Muskelkraft und des mitochondrialen Energiehaushalts bei Nagern (Lagouge et al., 2006). Damit verlängert diese Substanz in Modellsystemen nicht nur die Lebensspanne, sondern sie verbessert auch die Lebensqualität. Wir alle wollen ja so lange wie möglich bei best möglicher Lebensqualität leben.

III. Fazit

Zusammen genommen ergibt sich die Vermutung, dass das Altern der Organismen die Folge einer hoch konservierten, genetisch programmierten, lebenslang protrahiert zunehmenden Schwächung der endogenen Reparaturmechanismen ist und nicht umgekehrt. Das in der Jugend gesättigte Übergewicht der gesund erhaltenden Mechanismen über die krank machenden Kräfte schwindet. Die Alterung der Mitochondrien beispielsweise beeinträchtigt deren antioxidative Potenz (Bowling et al., 1993). Damit kann der oxidative Stress nicht mehr abgefedert werden, und die Lebenszeit wird durch seine Folgen begrenzt. Analoges gilt für die Fähigkeit Proteine durch ausreichende Chaperonaktivität gesund zu erhalten und für die Stabilisierung des Genoms jeder einzelnen Zelle, vor allem zur Abwehr von unkontrolliertem Tumorwachstum. Maligne Neubildungen sind während des normalen Alterns die auffallendsten phänotypischen Beispiele für genomische Instabilität. Somatische Mutationen werden jedoch auch in nicht neoplastischen Zellen beobachtet. Vor allem die genetische Ausstattung bestimmt so gesehen die Widerstandskraft und damit die Lebensdauer, allerdings nicht allein. Denn, wir können den Widerstand durch Kalorienentzug sowie körperliches und geistiges Training erhöhen und können andererseits durch ein vernünftiges Leben die diesem gegenüberstehende Schädigungslast, zum Beispiel durch Vermeidung von Strahlungsaktivität und von Toxinen aller Art gering halten.

Die hier skizzierten Überlegungen enthalten Postulate, die noch keineswegs durchgehend wissenschaftlich geprüft und bestätigt sind. Vor allem die Behauptung, dass biologisches Altern die Folge und nicht die Ursache der zunehmenden Schwächung der Reparaturmechanismen ist, ist in dieser Schärfe zunächst noch ein zwar evidenzgestütztes aber kein mehrfach schlüssig bewiesenes und daher in großer Breite akzeptiertes Konzept. Gelingt der Beweis ihrer Richtigkeit, so sind Hoffnungen auf neue Behandlungsprinzipien, Prinzipien, welche die Reparatur- und Schutzmechanismen stärken und damit das Auftreten von Krankheiten sowie das Altern polyvalent zurückdrängen durchaus berechtigt. Dabei könnte es sich um Antioxidantien (Vitamin C und E, Mimetika der Superoxid-Dismutase und der Katalase), eine

Förderung der mitochondrialen Funktion (Coenzym Q10, Idebenone, Resveratrol) aber auch um Maßnahmen handeln, welche die Expression von Reparaturmechanismen, beispielsweise die Chaperonexpression oder auch die Expression antioxidativer Proteine z. B. der mitochondrialen Katalase (Schriner et al., 2004) z. B. durch Fasten stimulieren, bis hin zu einer Gentherapie. Die Erfüllung dieser vielleicht kühnen Hoffnung wäre zeitgerecht, nimmt doch die Lebenserwartung je nach Lebensraum jährlich um etwa einen (Arias, 2002) bis 3 Monate (Oeppen & Vaupel, 2002) zu. Damit steigt auch die Häufigkeit der großen, sämtlich im Alter stark an Häufigkeit zunehmenden, Krankheiten und ihre sozialmedizinische Bedeutung stetig.

Literatur

Arias, E. (2002). United States life tables 2000. *Natl. Vital Stat. Rep., 51*, 1–38.

Bordone, L. & Guarente, L. (2005). Caloric restriction, SIRT-1 and metabolism: Understanding Longevity. *Nature Rev. Mol. Cell Biol., 6*, 298–305.

Bower J. H. et al. (1999). Incidence and distribution of Parkinsonism in Olmsted County, Minnesota, 1976–1990. *Neurology, 52*, 1214–1220.

Bowling, A. C. et al. (1993). Age-dependent impairment of mitochondrial function in primate brain. *J. Neurochem., 60*, 1964–1967.

Dichgans, J. (1999). Altern in Teilen? Systemalterungen des Nervensystems. In: W. Köhler (Hrsg.): Altern und Lebenszeit. *Nova Acta Leopoldina, NF 81*, 314, 351–369.

Ferrer, I. et al. (2004). Neuropathology and pathogenesis of encephalitis following amyloid-beta immunization in Alzheimer's disease. *Brain Pathol., 14*, 11–20.

Finch, C. E. & Tanzi, R. E. (1997). Genetics of aging. *Science, 278*, 407–411.

Finkel, T. & Holbrook, N. J. (2000). Oxidants, oxidative stress and the biology of ageing. *Nature, 408*, 239–247.

Finkel T. (2005). Radical medicine: Treating ageing to cure disease. *Nature Rev. Mol. Cell Biol., 6*, 971–976.

Forman, M. S., Trojanowski, J. Q. & Lee, V. M. (2004). Neurodegenerative diseases: a decade of discoveries paves the way for therapeutic breakthroughs. *Nature Med., 10*, 1055–1063.

Glatt, S. J., Chayavichitsilp, P., Depp, C., Schork, N. J. & Jeste, D. V. (2007). Successful aging: from phenotype to genotype. *Biol. Psychiatry* (in press).

Grune, T., Jung, T., Merker, K. & Davies, K. J. (2004). Decreased proteolysis caused by protein aggregates, inclusion bodies, plaques, lipofuscin, ceroid and "agressomes" during oxidative aging and disease. *Int. J. Biochem. Cell Biol., 36*, 2519–2530.

Hakim, A. A., Petrovitch, H., Burchfiel, C. M., Ross, G. W., Rodriguez, B. L., White, L. R., Yano, K., Curb, J. D. & Abbott, R. D. (1998). Effects of walking on mortality among nonsmoking retired men. *N. Engl. J. Med., 338*, 94–99.

Ishii, N., Senoo-Matsuda, N., Miyake, K., Yasuda, K., Ishii, T., Hartman, P. S. & Furukawa, S. (2004). Coenzyme Q10 can prolong C. elegans lifespan by lowering oxidative stress. *Mech. Ageing Dev., 125*, 41–46.

Keller, J. N. et al. (2004). Autophagy, proteasomes, lipofuscin and oxidative stress in the aging brain. *Int. J. Biochem. Cell Biol., 36*, 2376–2391.

Kroll, J. (2005). Chaperones and longevity. *Biogerontology, 6*, 357–361.

Lagouge, M. et al. (2006). Resveratrol improves mitochondrial function and protects against metabolic disease by activating SIRT1 and PGC-1alpha. *Cell, 127*, 1109–1122.

Lakowski, B. & Hekemi, S. (1996). Determination of life-span in caenorhabditis elegans by four clock genes. *Science, 272*, 1010–1013.

Madamanchi, N. R., Vendrov, A. & Runge, M. S. (2005). Oxidative stress and vascular disease. *Arterioscler. Thromb. Vasc. Biol. 25*, 29–38.

Martin, B., Mattson, M. P. & Maudsley, S. (2006). Caloric restriction and intermittent fasting: two potential diets for successful brain aging. *Ageing Res. Rev., 5*, 332–352.

Manson, J. E. et al. (1995). Body weight and mortality among women. *New Engl. J. Med. 333*, 677–685.

Masliah, E. et al. (2005). A-beta vaccination effects on plaque pathology in the absence of encephalitis in Alzheimer's disease. *Neurology, 64*, 129–132.

McNaught, K. S., Belizaire, R., Isacson, O., Jenner, P. & Olanow, C.W. (2003). Altered proteasomal function in sporadic Parkinson's disease. *Exp. Neurol., 179*, 38–46.

McNaught, K. S., and Jenner, P. (2001). Proteasomal function is impaired in substantia nigra in Parkinson's disease. *Neurosci. Lett., 297*, 191–194.

Melov, S., Ravenscroft, J., Malik, S., Gill, M. S., Walker, D.W., Clayton, P. E., Wallace, D. C., Malfroy, B., Doctrow, S. R., & Lithgow, G. J. (2000). Extension of life-span with superoxide dismutase/catalase mimetics. *Science, 289*, 1567–1569.

Merrill, R. M. & Weed, D. L. (2001). Measuring the public health burden of cancer in the United States trough lifetime and age-conditional risk estimates. *Ann. Epidemol., 11*, 547–553.

Morley, J. F. & Morimoto, R. I. (2004). Regulation of longevity in Caenorhabditis elegans by heat shock factor and molecular chaperones. *Mol. Biol. Cell., 15*, 657–664.

Morley, J. F., Brignull, H. R., Weyers, J. J. & Morimoto, R. I. (2002). The threshold for polyglutamine-expansion protein aggregation and cellular toxicity is dynamic and influenced by ageing in Caenorhabditis elegans. *Proc. Natl. Acad. Sci. USA, 99*, 10417–10422.

Narayan et. al. (2003). *JAMA 290*, 1884–1890.

Nicoll, J. A. et al. (2003). Neuropathology of human Alzheimer disease after immunization with amyloid-beta peptide: a case report. *Nature Med., 9*, 448–452.

Nussbaum, R. L. & Ellis, C. E. (2003). Alzheimer's disease and Parkinson's disease. *New Engl. J. Med., 348*, 1356–1364.

Oeppen, J. & Vaupel, J.W. (2002). Broken limits to life expectancy. *Science, 296*, 1029–1031.

Orgel, L. E. (1963). Maintenance of the accuracy of protein synthesis and its relevance to aging. *Proc. Natl. Acad. Sci. USA, 49*, 517–521.

Perls, T.T. et al. (2002). Life-long sustained mortality advantage of siblings of centenarians. *Proc. Natl. Acad. Sci. USA, 99*, 8442–8447.

Schenk, D. et al. (1999). Immunization with amyloid-beta attenuates Alzheimer-disease like pathology in the PDAPP mouse. *Nature, 400*, 173–177.

Schöls, L. & Rieß, O. (2002). Spinocerebelläre Ataxien. In: O. Rieß und L. Schöls (Hrsg.): Neurogenetik. Stuttgart: Kohlhammer.

Schriner, S. E. et al. (2005). Extension of murine life span by overexpression of catalase targeted to mitochondria. *Science, 308*, 1909–1911.

Schulz, J. B. & Beyreuther, K. (2002). Biologie des Alterns. In: DFG (Hrsg.) Perspektiven der Forschung und ihrer Förderung. Weinheim: Wiley-VCH.

Soti, C. & Csermely, P. (2003). Aging and molecular chaperones. *Exp. Gerontol., 38*, 1037–1040.

Storz, P. (2005). Reactive oxygen species in tumor progression. *Front. Biosci., 10*, 1881–1896.

Trougakos, I. P. & Gonos, E. S. (2006). Regulation of clusterin/apolipoprotein J, a functional homologue to the small heat shock proteins, by oxidative stress in ageing and age-related diseases. *Free Radic. Res., 40*, 1324–1334.

Walsh, D. M. & Selkoe D. J. (2004). Deciphering the molecular basis of memory failure in Alzheimer's disease. *Neuron, 44,* 181–193.

Weindruch, R. & Sohal, R.S. (1997). Caloric intake and aging. *New Engl. J. Med., 337,* 986–994.

Wood, J. G., Rogina, B., Lavu, S., Howitz, K., Helfand, S. L., Tatar, M. & Sinclair, D. (2004). Sirtuin activators mimic caloric restriction and delay ageing in metazoans. *Nature, 430,* 686–689.

Yamamoto, A., Lucas, J. J. & Hen, R. (2000). Reversal of neuropathology and motor dysfunction in a conditional model of Huntington's disease. *Cell, 101,* 57–66.

Zeng, B.Y., Medhurst, A. D., Jackson, M., Rose, S. & Jenner, P. (2005). Proteasomal activity in brain differs between species and brain regions and changes with age. *Mech. Ageing. Dev., 126,* 760–766.

Teil 2

Was ist Alter(n): Verhalten

Was ist kognitives Altern?
Begriffsbestimmung und Forschungstrends

Ulman Lindenberger

I. Einleitung[*]

Das Alter kann von den Lebensperioden, die ihm vorausgehen und nachfolgen, nicht klar abgegrenzt werden. Wir können es nur als Veränderung, als *Altern*, erforschen und gestalten. Die Vielfältigkeit, Interdependenz und Dynamik der biologischen und kulturellen Einflusssysteme, die das Altern bestimmen, stellen auch die kognitive Alternsforschung vor große methodologische Herausforderungen, also jenen Bereich, der sich mit altersbezogenen Veränderungen im Wahrnehmen, Denken und Handeln befasst. So können kognitive Leistungsunterschiede zwischen Personen, die zu einem gegebenen historischen Zeitpunkt unterschiedlich alt sind, neben, anstatt von oder in Interaktion mit primär biologisch bedingten Reifungs- oder Alterungsprozessen auch historische Veränderungen in leistungsrelevanten Umweltbedingungen zum Ausdruck bringen. Weiterhin können Leistungssteigerungen, die bei der wiederholten Messung kognitiver Fähigkeiten in Längsschnittuntersuchungen auftreten, Lerneffekte durch wiederholte Aufgabenbearbeitung erfassen, die mit Reifungs- oder Alterungsprozessen interagieren und die deren Bestimmung erschweren. Schließlich gestaltet sich im hohen Alter die Trennung zwischen „normalen" Alterungsprozessen, alterskorrelierten Pathologien sowie sterbebezogenen Veränderungen als schwierig.

Diese methodologischen Komplikationen liegen in der Natur der Sache, sie verweisen auf die heterogene und dynamische Qualität menschlicher Entwicklungsprozesse. Deswegen entfaltet und präzisiert die Arbeit an methodologischen Problemen der Alternsforschung zugleich deren Gegenstand sowie die Konzepte und Annahmen, die dessen Erforschung zugrunde liegen. So haben Entwicklungspsychologen seit jeher darauf hingewiesen, dass dem Alter oder der Lebenszeit für sich genommen kein erklärender Gehalt zukommt (z. B. Wohlwill, 1970). Vielmehr fungiert Alter als Träger zahlreicher sowie miteinander interagierender biologischer und kultureller Einflüsse. Dementsprechend kann es in der Entwicklungspsychologie auch kein einheitliches methodisches Vorgehen geben. Erforderlich ist vielmehr die gezielte, der jeweiligen

---

[*] Der Verfasser dankt Paul Baltes, Yvonne Brehmer, Shu-Chen Li, Martin Lövdén, Florian Schmiedek und Ursula Staudinger für hilfreiche Gespräche über die Inhalte dieses Beitrags. Er dankt außerdem den Mitgliedern der Leopoldina-acatech-Arbeitsgruppe „Chancen und Probleme einer alternden Gesellschaft: Die Welt der Arbeit und des lebenslangen Lernens" für anregende Diskussionen. Teile des vorliegenden Beitrags basieren auf früheren Veröffentlichungen (Brehmer & Lindenberger, 2008; Lindenberger, 2007a; Lindenberger, Li, Lövdén & Schmiedek, 2007; Schmiedek & Lindenberger, 2007).

Fragestellung und den jeweiligen Hypothesen angepasste Kombination verschiedener Strategien, um zu gehaltvollen und ausreichend abgesicherten inhaltlichen Interpretationen von Forschungsergebnissen zu gelangen. Diese Interpretationen müssen die Reflektion über das Ausmaß und die Dimensionen der Generalisierbarkeit der Befunde, das heißt umgekehrt ihre Bedingtheit durch den entwicklungsgeschichtlichen Kontext, von vornherein einschließen (Schmiedek & Lindenberger, 2007).

Vor dem Hintergrund dieser methodologischen Kautelen werde ich im Folgenden das Thema dieses Bandes, „Was ist Alter?", kognitionspsychologisch bearbeiten. Ich werde zunächst den Gegenstand der kognitiven Alternsforschung allgemein bestimmen und anschließend ausgewählte aktuelle Trends der aktuellen Forschung näher darstellen.

II. Kognitives Altern: Zur Bestimmung eines Forschungsgegenstands

Personen stehen durch ihr Verhalten in Wechselwirkung mit ihrer sozialen und physischen Umwelt (siehe Abb. 1; vgl. Lindenberger, Li & Bäckman, 2006). Einerseits

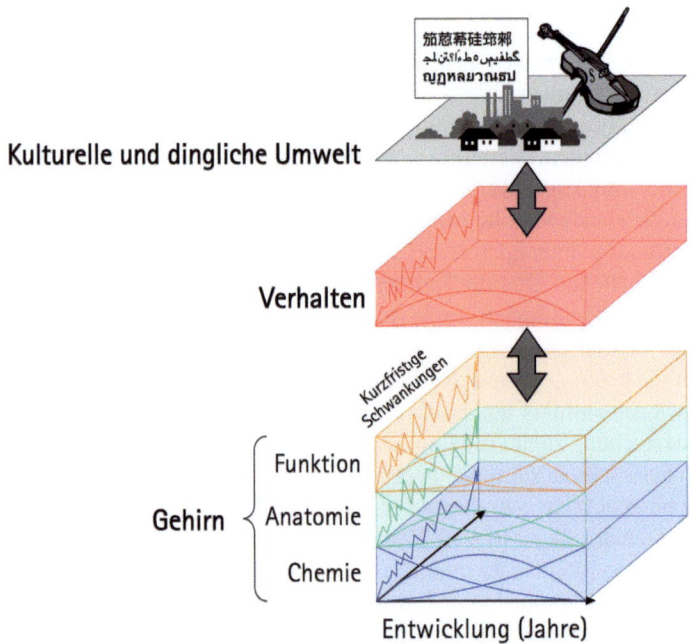

Abb. 1. *Umwelt und Gehirn als Ursachen und Wirkungen kurzfristiger und langfristiger Veränderungen in Verhaltensmustern.*
Veränderungen der Beziehungen zwischen Gehirn und Verhalten reflektieren Wechselwirkungen zwischen Reifung, Lernen und Seneszenz. Die Bestimmung zentraler Mechanismen dieser Wechselwirkungen erfordert Theorien und empirische Methoden zur Integration der Befunde über Inhaltsbereiche, Zeitskalen und Analyseebenen. Nach Lindenberger, Li und Bäckman (2006).

bestimmen sowohl die physikalische und kulturelle Umwelt als auch das Gehirn die Verhaltensentwicklung. Andererseits verändern Individuen durch ihr Verhalten sowohl ihre Umwelt als auch ihr Gehirn. Umwelt und Gehirn sind demnach Ursachen, aber auch Folgen kurz- und langfristiger Veränderungen in Verhaltensmustern. Die Komponenten dieses Systems – Umwelt / Verhalten / Gehirn – sind gekoppelt, nicht aufeinander reduzierbar und bestimmen durch rekursive Selbstregulation die Entwicklung der Person.

Wie die Entwicklungspsychologie insgesamt verfolgt auch die kognitive Alternsforschung das Ziel, Invarianz und Variabilität, Stabilität und Veränderung von Verhaltensrepertoires im Lebensverlauf zu erklären (Molenaar, in Druck; Nesselroade, Gerstorf, Hardy & Ram, 2007). Im eigentlichen Sinne entwicklungspsychologisch sind die Erklärungen dann, wenn sie Mechanismen und Organisationsformen anführen, die innerhalb der Person wirksam sind. So rufen die Frühverrentung oder ein schöner Frühlingstag psychische Wirkungen hervor (die sich von Person zu Person unterscheiden können), stellen aber selbst keine psychologischen Mechanismen oder Erklärungen dar.

Zur näheren Bestimmung altersbezogener Verhaltensänderungen ist es sinnvoll, zwischen drei Klassen von Mechanismen zu unterscheiden: *Reifung, Lernen* und *Seneszenz*. Reifung und Seneszenz erstrecken sich über die gesamte Lebensspanne, sind jedoch in der frühen beziehungsweise späten Ontogenese in besonders starkem Maße wirksam. Lernen bezieht sich auf Veränderungen in der Folge von Interaktionen zwischen Verhalten und Umwelt. Es ist offensichtlich, dass Reifung nicht ohne Lernen und Lernen nicht ohne Reifung stattfinden können. Auch hängt die Art und Weise, in der sich Einflüsse der Seneszenz im Verhalten bemerkbar machen, von der gegenwärtigen und vergangenen Lern- und Reifungsbiographie ab. Schließlich beschränkt sich die Wirkung von Reifungsprozessen nicht auf die Kindheit, und Anzeichen von Seneszenz lassen sich nicht auf das hohe Alter begrenzen. So sind Synaptogenese und Neurogenese bis ins hohe Alter nachweisbar (Kempermann, 2005; vgl. auch Kempermann in diesem Band), und das Nachlassen der dopaminergen Neuromodulation, das zu den wichtigsten Merkmalen der kognitiven Alterung gehört, beginnt bereits im frühen Erwachsenenalter (Bäckman, Nyberg, Lindenberger, Li & Farde, 2006).

Es wäre also abwegig, Reifung mit Kindheit und Seneszenz mit Alter gleichzusetzen. Vielmehr bereichern und begrenzen Reifung, Seneszenz und Lernen einander über die gesamte Lebensspanne und sind als interagierende Kräfte im Gehirn–Verhalten–Umwelt-System wirksam. Beim Versuch, diese Interaktionen zu verstehen, nehmen Verhaltenwissenschaftler im allgemeinen und Entwicklungspsychologen im besonderen eine zentrale Stellung ein, da sie über ein reichhaltiges Repertoire an Methoden und experimentellen Zugängen verfügen, die Veränderungen in der Organisation des Verhaltens beschreiben.

Dabei steht die kognitive Alternsforschung aus Sicht der Psychologie der Lebensspanne (vgl. Baltes, Lindenberger & Staudinger, 2006) vor drei konzeptuellen und empirischen Integrationsleistungen (Lindenberger et al., 2007):

Erstens kommt es darauf an, verschiedene Funktionsbereiche und Aspekte des Verhaltens wie Kognition und Sensomotorik oder Kognition, Affekt und Motivation von vornherein aufeinander zu beziehen und nicht erst im Nachhinein durch Zusatzannahmen miteinander zu verknüpfen. So hängen, wie weiter unten noch im Einzelnen gezeigt wird, sensomotorische und kognitive Funktionsbereiche im hohen Alter enger miteinander zusammen als im mittleren Erwachsenenalter, so dass Altersveränderungen in beiden Bereichen besser verstanden werden können, wenn man deren Wechselwirkungen von vornherein berücksichtigt (Schaefer, Huxhold & Lindenberger, 2006). Ähnliches gilt für die Entwicklung von Kognition und sozialer Interaktion sowie für die Entwicklung von Emotion und Motivation.

Zweitens bedarf es Theorien und Methoden, welche die für Veränderungen relevanten Mechanismen miteinander in Beziehung setzen und zwar besonders hinsichtlich unterschiedlicher Zeitskalen (Li, Huxhold & Schmiedek, 2004). Kurzfristige Schwankungen im Verhalten, die sich auf momentane Verhaltensäußerungen (Items), Tage oder Wochen beziehen, sind eher vorübergehend und reversibel, Veränderungen, die sich auf Monate, Jahre oder Jahrzehnte beziehen, eher kumulativ und kaum rückgängig zu machen. Das Auffinden von Verbindungen zwischen Veränderungen auf unterschiedlichen Zeitskalen ist von heuristischem Wert, weil sich Mechanismen über kürzere Zeiträume in der Regel besser beobachten lassen als über längere Zeiträume. So postuliert eine Reihe von Theorien des kognitiven Alterns, dass dysfunktionale Schwankungen im Verhalten und in der neuronalen Signalverarbeitung (z. B. bei der Bearbeitungsgeschwindigkeit einer Wahlreaktionszeitsaufgabe) ein zentrales Kennzeichen seneszenzbedingter Defizite darstellen, bei dem genannten Beispiel in der Zuverlässigkeit der Informationsverarbeitung. Anhand von Daten der Berliner Altersstudie konnte im Einklang mit dieser Hypothese nachgewiesen werden, dass ältere Personen, die bei der Bewältigung von Aufgaben an einem bestimmten Tag stärkere Schwankungen hatten, im Laufe der folgenden Jahre auch einen stärkeren Abbau ihrer kognitiven Leistungen zeigten als Personen mit geringeren Schwankungen (Lövdén, Li, Shing & Lindenberger, 2007; siehe Abb. 2).[1]

Drittens geht es der kognitiven Alternsforschung darum, neuronale und kognitive Mechanismen altersbezogener Veränderungen miteinander zu verknüpfen. Durch den Einsatz moderner neurowissenschaftlicher Verfahren können die neurofunktionalen, neurochemischen und neuroanatomischen Manifestationen von Alterungsprozessen und ihre Beziehungen zum Verhalten besser bestimmt werden als je zuvor. Die Beziehungen zwischen neuronaler und behavioraler Analyseebene sind zwischen und innerhalb von Personen variabel und verändern sich selbst im Laufe des Lebens (Li, 2003; Li & Lindenberger, 2002). Altersbezogene Veränderungen im Verhaltensrepertoire gehen folglich mit kontinuierlichen, mehr oder minder reversiblen Veränderungen der Beziehungen zwischen Verhaltens- und Gehirnzuständen einher. Einige dieser Veränderungen sind relativ universell, andere wiederum reflektieren genetische Unterschiede, Besonderheiten der Lerngeschichte sowie die Pfadabhängigkeit von Ent-

---

[1] Dies bedeutet nicht, dass kurzfristige Schwankungen generell dysfunktional und durchweg als frühe Indikatoren biologischer Abbauprozesse anzusehen sind. Zum Beispiel können Schwankungen, wenn sie während der Bearbeitung neuartiger und schwieriger Aufgaben auftreten, die Suche nach geeigneten Strategien anzeigen und späteren Lernerfolg positiv vorhersagen (vgl. Allaire & Marsiske, 2005; Siegler, 1994).

Was ist kognitives Altern?

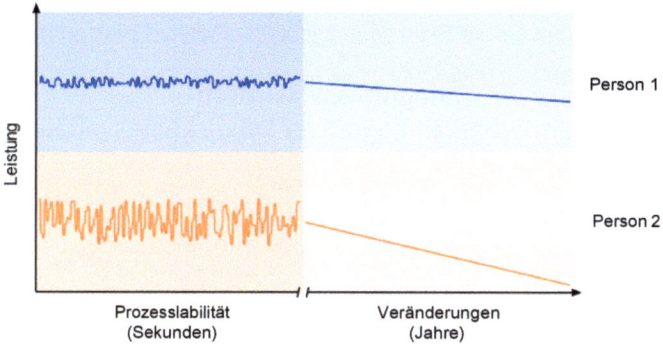

Abb. 2. *Beispiel zur Kopplung kurzfristiger Fluktuationen und langfristiger Veränderungen.*
Ältere Erwachsene mit größeren momentanen Leistungsschwankungen zeigen über den Zeitraum mehrerer Jahre einen stärkeren Abbau kognitiver Fähigkeiten als ältere Erwachsene mit geringeren Leistungsschwankungen. Die empirischen Befunde stimmen mit dieser Annahme überein (Lövdén et al., 2007; MacDonald, Hultsch & Dixon, 2003). Modifiziert nach Lindenberger, Li & Bäckman (2006).

wicklungsprozessen (Molenaar, Boomsma & Dolan, 1991). Im Ergebnis ergibt sich ein vielschichtiges Bild, das auf der einen Seite die Vielfalt und Formbarkeit von Entwicklungswegen verdeutlicht, auf der anderen Seite aber auch die Grenzen aufzeigt, die Reifung und Alterung, allgemeine Gesetze der neuronalen Organisation sowie kulturelle und physikalische Gesetzmäßigkeiten der Umwelt der menschlichen Entwicklung setzen (Baltes et al., 2006).

Die Forschung zu kognitiven Prozessen im Alter ist gemäß dieser Gegenstandsbestimmung besonders dann erfolgversprechend, wenn sie Inhaltsbereiche, Zeitskalen und Analyseebenen integriert. Bestimmte Forschungsmethoden unterstützen diese Integrationsanforderungen in besonderer Weise. So sind in statistischer Hinsicht sogenannte Mehrebenenmodelle beziehungsweise latente Wachstumsmodelle besonders gut dazu geeignet, mehrdimensionale und zeitlich geschichtete Datensätze zu strukturieren. Dynamische Varianten dieser Modelle (McArdle & Hamagami, 2001) erlauben die Erkundung gerichteter Veränderungsbeziehungen (siehe z. B. Ghisletta & Lindenberger, 2003, 2004; Lövdén, Ghisletta & Lindenberger, 2005).

In konzeptueller Hinsicht sind neuronale Netzwerkmodelle zu einem zentralen Werkzeug der Integration neuronaler und behavioraler Theoriebildung avanciert. Ein prominentes Beispiel ist die von Shu-Chen Li und anderen vorgeschlagene Theorie des kognitiven Alterns über das Nachlassen der dopaminergen Neuromodulation und dessen Folgen (Li & Lindenberger, 1999; Li, Lindenberger & Sikström, 2001; Li, von Oertzen & Lindenberger, 2006).

III. Ausgewählte Trends der kognitiven Alternsforschung

Vor dem Hintergrund der vorhergehenden Überlegungen erscheinen einige aktuelle Trends der kognitiven Alternsforschung besonders relevant. Zwar sind Fragestellungen, die diese Trends motivieren, zumeist nicht neu; die Fortschritte in empirischen

Methoden der *life sciences*, in statistischen Verfahren sowie in integrativen Konzepten haben die Möglichkeiten ihrer Erforschung jedoch erheblich gesteigert.

1. Kognitive Plastizität: Die Veränderbarkeit kognitiver Entwicklungsverläufe

Das kognitive Potential von Menschen ist nicht festgelegt, sondern durch günstige oder ungünstige Kontexte und das eigene Handeln beeinflussbar; es ist das gemeinsame Produkt biologischer und kulturell-sozialer Bedingungen und zugleich ein Motor für die Veränderung dieser Bedingungen. Der Alternsforscher Paul Baltes brachte dies unter dem Stichwort des „bio-kulturellen Ko-Konstruktivismus" zum Ausdruck (Baltes, Reuter-Lorenz & Rösler, 2006). Die kognitive Alternsforschung erkundet mit Trainingsstudien Altersunterschiede in der Plastizität des Verhaltens sowie deren Verbindung zu neuronalen Mechanismen.

Die bisherigen Forschungsergebnisse zur kognitiven Plastizität im Alter ergeben ein gemischtes Bild. Einerseits zeigt sich, mit gewissen Ausnahmen im sehr hohen Alter (vgl. Singer, Lindenberger & Baltes, 2003), dass geistig gesunde ältere Erwachsene in der Lage sind, ihre Leistungen in instruierten und anschließend frei geübten oder unter Anleitung trainierten Aufgaben zu steigern (z. B. Brehmer, Li, Müller, von Oertzen & Lindenberger, 2007). Dies dokumentiert den Erhalt der Verhaltensplastizität im Alter. Andererseits fanden sich weder in Trainingsstudien zur abstrakten Problemlösefähigkeit (fluide Intelligenz) noch in Trainingsstudien zum episodischen Gedächtnis Hinweise darauf, dass kognitive Interventionen im Erwachsenenalter eine generelle Verbesserung jener Fähigkeiten bewirken, denen die trainierte Aufgabe zugeordnet ist. Wenn ältere Erwachsene also eine Fertigkeit zum seriellen Einprägen und Erinnern von Wörtern erlernen, so haben sie guten Grund zu der Hoffnung, sich künftig Wörter besser in der richtigen Reihenfolge merken zu können (es sei denn, sie scheuen den kognitiven Mehraufwand, der mit der Anwendung dieser Fertigkeit einhergeht). Sie können sich aber vor dem Hintergrund der gegenwärtigen Befundlage keine großen Hoffnungen darauf machen, dass sich ihre Gedächtnisleistungen in Folge des Erwerbs dieser Fertigkeit allgemein verbessern. So wird es den Probanden vermutlich nach Abschluss des Trainings nicht leichter fallen als früher, neue Namen mit neuen Gesichtern zu verknüpfen oder sich daran zu erinnern, was sie am letzten Donnerstagabend getan haben.[2]

Zugleich geben zwei Forschungszweige Anlass zu der Hoffnung, dass bestimmte, auf kognitive Prozesse bezogene Interventionen über den Erwerb eng umgrenzter Fertigkeiten hinaus mit einer übergreifenden Verbesserung kognitiver Leistungen einhergehen und so den Entwicklungsgang der Mechanik der Kognition positiv verändern könnten. Zu diesen Interventionen gehören das Trainieren von Mehrfachaufgaben

---

[2] Daraus lässt sich nicht ohne weiteres ableiten, dass Interventionen, die sich mit im Alltag kaum nutzbaren Gedächtnistechniken befassen, aus angewandter Perspektive obsolet sind. Vielmehr gibt es empirische Hinweise darauf, dass Trainingsprogramme zu Steigerungen des Erlebens intellektueller Kompetenz führen, die positive Wirkungen auf die subjektive Befindlichkeit und das Erleben des eigenen Handlungspotentials haben (Dittmann-Kohli, Lachman, Kliegl & Baltes, 1991; vgl. Staudinger & Pasupathi, 2000).

und die Verbesserung der körperlichen Fitness. In beiden Fällen gibt es Hinweise auf Transfer, das heißt, neben der Leistung auf den trainierten Aufgaben kommt es auf verwandten, aber nicht direkt trainierten Aufgaben ebenfalls zu einer Leistungssteigerung.

Kognitive Trainingsstudien mit älteren Erwachsenen umfassten bislang selten mehr als 10 Sitzungen (siehe aber Baltes & Kliegl, 1992). Angesichts der kumulierten Lebenserfahrung älterer Menschen handelt es sich bei diesen wenigen Stunden im Labor um eine eher zu vernachlässigende Größe. Da viele ältere Personen großes Interesse an einem kognitiv und körperlich aktiven Lebensstil haben, erscheint es nicht nur wünschenswert, sondern auch praktisch möglich, zukünftige Interventionsstudien stärker in den Alltag zu integrieren und das Ausmaß des Trainings, und damit womöglich dessen physiologische Auswirkungen auf das Gehirn, um einige Größenordnungen zu steigern. So wird am Max-Planck-Institut für Bildungsforschung gegenwärtig eine Interventionsstudie in den Bereichen Arbeitsgedächtnis, episodisches Gedächtnis und Wahrnehmungsgeschwindigkeit durchgeführt, bei der 100 junge und 100 ältere Erwachsene über einen Zeitraum von über 100 Sitzungen trainiert werden (siehe auch Lindenberger et al., 2007). Zusätzlich zu der Erfassung des Verhaltens, die neben kognitiven und körperlichen auch motivationale und persönlichkeitsbezogene Bereiche abdecken sollte, sollten in umfangreichen Interventionsstudien dieser Art zu Beginn, am Ende und zu späteren Zeitpunkten auch neurostrukturelle und neurofunktionale Maße erfasst werden, um Altersunterschiede im Ausmaß und Verhältnis der Plastizität von Verhalten und Gehirn zu erhellen und zu individuell abgestimmten Empfehlungen für geeignete Interventionen zu gelangen.

2. Optimales, normales und pathologisches kognitives Altern

Die an der normalen kognitiven Alterung beteiligten Prozesse sind den Prozessen, die am Auftreten dementieller Erkrankungen beteiligt sind, oft erstaunlich ähnlich; eine klare Trennungslinie lässt sich insbesondere im hohen Alter nicht ziehen. Deswegen bedürfen Forschungsergebnisse zum normalen Altern und zum pathologischen kognitiven Altern einer vergleichenden Betrachtung und Deutung. So zeigen jüngste Forschungsergebnisse, dass die aktive Teilhabe am sozialen Leben den alterungsbedingten Rückgang kognitiver Leistungen im Normalbereich abzuschwächen vermag (Lövdén et al., 2005). Zugleich gibt es Hinweise darauf, dass soziale Teilhabe auch das Auftreten einer Demenz hinauszögern kann (Fratiglioni, Paillard-Borg & Winblad, 2004). Die Forschung darf sich nicht ausschließlich darauf konzentrieren, Wege zur Vermeidung besonders negativer kognitiver Alterungsverläufe zu finden, denn dies könnte dazu führen, dass Mechanismen, die besonders positive Verläufe ermöglichen, übersehen werden. Ähnlichkeiten und Unterschiede der Mechanismen im unteren und oberen Leistungsbereich sind gleichermaßen von Belang.

3. Die Berücksichtigung persönlicher Wissensbestände bei der Gestaltung flexibel unterstützender Umwelten

Um den Nutzen der kognitiven Alternsforschung für die Lebenspraxis älterer Menschen zu steigern, ist es erforderlich, die persönlich geprägten, jeweils unterschiedlichen Wissensbestände älterer Personen stärker zu berücksichtigen. Kognitive Fähigkeiten altern nicht einheitlich; die biologische Alterung steht in einem dynamischen Austausch mit den Früchten des lebenslangen Lernens. Immer dann, wenn biographisch erworbene Wissensbestände im Vordergrund stehen und entscheidend zu kognitiven Leistungen beitragen, können Personen mit zunehmendem Alter gleichbleibend hohe oder sogar ansteigende Leistungen zeigen. Diese Wissensbestände sind nicht immer leicht zu erfassen, und sie lassen sich nur eingeschränkt zwischen verschiedenen Personen vergleichen, da sie dem besonderen Erfahrungshintergrund jeder einzelnen Person entsprechen (Staudinger & Pasupathi, 2000).

Die Berücksichtigung persönlichen Wissens, zu dem auch implizite (unbewusste) Angewohnheiten und Vorlieben gehören, können zum Beispiel dem Einsatz von Technologie im Alter neue Perspektiven eröffnen (vgl. Lindenberger, 2007a). Gegenwärtig entsteht bisweilen der Eindruck, ältere Menschen sollten sich an die Erfordernisse der Technik anpassen. Häufig jedoch ist das Gegenteil sinnvoll und mittlerweile auch technisch möglich. Demnach könnten Ingenieure und Psychologen ältere Personen als „Experten ihres eigenen Lebens" begreifen, die ein reichhaltiges Wissen über ihre persönlichen Vorlieben, Gewohnheiten und Besonderheiten besitzen. Zugleich fällt es älteren Personen bisweilen schwerer, ihr Wissen an Ort und Stelle einzusetzen – etwa wenn sie müde sind, sie abgelenkt werden oder mehrere Ziele gleichzeitig verfolgt werden sollen oder wenn ihre Sinne und ihr Körper die kognitiven Ressourcen auf sich ziehen (s. nächster Abschnitt). Maßgeschneiderte technische Hilfen können in solchen Fällen äußere Hinweisreize (*cues*) anbieten, die ältere Erwachsene darin unterstützen, ihre Ziele nicht aus den Augen zu verlieren und beabsichtigte Handlungen auch tatsächlich durchzuführen. Voraussetzung für eine solche, flexibel und individuell unterstützende Technologie wäre, dass die Technik zunächst die Gewohnheiten und Vorlieben ihrer Nutzer erlernt.

IV. Das Altern von Sensomotorik und Kognition: Ein Überblick

Wie bereits weiter oben gefordert wurde, bedürfen die altersbezogenen Veränderungen in verschiedenen Funktionsbereichen der gemeinsamen Betrachtung und Erforschung, um zu einem systemischen (ganzheitlichen) Verständnis des Alterns zu gelangen. Dies soll abschließend an einem weiteren Gegenstand der aktuellen Forschung, dem Verhältnis zwischen Kognition und Sensomotorik im Alter, beispielhaft dargestellt werden. Ausgangspunkt der Überlegungen zum Verhältnis zwischen Sensomotorik und Kognition im Alter ist der Gedanke, dass der Aufmerksamkeitsbedarf sensomotorischer Anforderungen im Laufe des Erwachsenenalters deutlich zunimmt. Man denke zum Beispiel daran, wieviel Aufmerksamkeit es einen 20-Jährigen und einen 85-Jährigen kostet, eine belebte Autostraße als Fußgänger zu überqueren, womöglich bei tiefstehender Sonne im Gegenlicht. „Körper" ist also mit fortschreitendem Alter immer mehr auf „Geist" angewiesen, dessen relevante Aspekte selbst wiederum von der Alterung betroffen sind. Im Folgenden sei summarisch dargestellt, wie kognitive, sensorische und sensomotorische Funktionen im Laufe des Erwachsenenalters nachlassen und wie diese Leistungseinbußen miteinander in Wechselwirkung stehen (s. a. Schaefer et al., 2006).

1. Kognition

Das Verhalten von Menschen steht nicht unter der direkten Kontrolle von Sinnesreizen, sondern wird, mehr als bei jedem anderen Lebewesen, durch interne Repräsentationen von Handlungszielen und Handlungsmitteln bestimmt. Deswegen erfolgt die Regulation von Wahrnehmen, Handeln und Denken zu einem großen Teil „top down" statt „bottom up" und erfordert bewusste geistige Anstrengung oder *kontrollierte Aufmerksamkeit* (vgl. Lövdén & Lindenberger, 2007). Die Auswirkungen alterungsbedingter Einbußen in der kontrollierten Aufmerksamkeit oder der Fähigkeit, gemäß unseren Intentionen und Plänen zu handeln, treten je nach Aufgabe und Kontext mehr oder minder deutlich zutage. Wenn Aufgaben klar strukturiert sind und ablenkende Reize fehlen, so sind sowohl die Kontrollanforderungen als auch die Alterseinbußen gering. Wenn hingegen mehrere Aufgaben gleichzeitig bearbeitet werden oder wenn Handlungsziele mit der Wahrnehmung in Konflikt geraten, dann sind die Kontrollanforderungen hoch, und die alterungsbedingten Einbußen ebenfalls.

Das *Arbeitsgedächtnis* dient der kontrollierten Aufmerksamkeit und bezeichnet die Fähigkeit, Informationen in der Aufmerksamkeit aktiv zu halten und sie gleichzeitig zu bearbeiten. Im Arbeitsgedächtnis werden Handlungsziele verändert und koordiniert, wenn mehrere oder komplexe Aufgaben bearbeitet werden. Auch bei Aufgaben, die das Arbeitsgedächtnis belasten, sind deutliche Leistungseinbußen die Norm.

Schließlich ist die Assoziationsbildung (*binding*) im Alter beeinträchtigt; der Ort, die Zeit und der Inhalt von Ereignissen werden weniger zuverlässig aneinander gebunden als im Kindes- und Erwachsenenalter. Außerdem greifen die Bindungsprozesse beim Wahrnehmen, Einprägen und Erinnern nicht so gut ineinander, so dass die Repräsentationen verschiedener Ereignisse weniger gut voneinander unterschieden werden können. Neue Assoziationen werden weniger leicht gebildet und gefestigt, und bereits vorhandene Assoziationen werden weniger leicht abgerufen. Gedächtnis und Lernen sind von diesen Einbußen insbesondere dann betroffen, (a) wenn die Inhalte neu und assoziativ komplex sind, (b) wenn sie der Gewohnheit und dem bereits vorhandenen Wissen zuwiderlaufen und (c) wenn die Umwelt keine Hinweise bietet, die das Einprägen oder Erinnern erleichtern.

2. Sehen

Wie alle anderen Sinnesleistungen lässt der Sehsinn mit dem Alter nach. Bereits im mittleren Erwachsenenalter nimmt die Anpassung der Sehschärfe im Nahbereich ab (Nagel, Werkle-Bergner, Li & Lindenberger, 2007). Auch die Sehschärfe, die Kontrastwahrnehmung und das Farbensehen verändern sich. Später kommen die Zunahme der Blendempfindlichkeit sowie Schwierigkeiten bei der Anpassung an Helligkeitsunterschiede hinzu. Ab etwa 60 Jahren lässt sich bei den meisten Personen eine Abnahme des Sehfeldes nachweisen. Im Vergleich zu jungen Erwachsenen müssen Reize länger, mit mehr Kontrast und näher am Zentrum des Sehfeldes dargeboten werden, um wahrgenommen zu werden.

3. Hören

Nach den Kriterien der Weltgesundheitsorganisation lässt sich bei 20% der 40- bis 50-jährigen Erwachsenen eine Hörbeeinträchtigung nachweisen. Bei den 70- bis 80-Jährigen steigt dieser Anteil auf 75%. Insbesondere hohe Töne werden weniger gut wahrgenommen. Schwierigkeiten im Verständnis gesprochener Sprache sind die wichtigste Folge alterungsbedingter Höreinbußen. Die meisten Personen über 80 Jahre verstehen etwa 25% der Wörter einer Unterhaltung nicht richtig. Durch die gleichzeitige Abnahme der kontrollierten Aufmerksamkeit fällt es vielen älteren Erwachsenen schwer, sich an Unterhaltungen in lauten Umgebungen wie Restaurants und Bars zu beteiligen. Das Sprachverständnis leidet besonders dann, wenn die Umgebung laut ist, wenn schnell gesprochen wird, wenn mehrere Personen am Gespräch teilnehmen oder wenn der Gegenstand des Gesprächs komplex und neu ist. Wie auch beim Sehsinn lassen sich Einbußen in Hörleistungen am besten als Wechselwirkung zwischen sensorischen Veränderungen wie dem Verlust von Haarzellen im Innenohr und kognitiven Veränderungen wie dem nachlassenden Arbeitsgedächtnis begreifen.

4. Gleichgewichtskontrolle

Die Gleichgewichtskontrolle baut auf vielen Sinnesleistungen auf; sein Gleichgewicht zu halten erfordert das koordinierte Zusammenspiel visueller, auditorischer, vestibulärer und propriozeptiver Sinnesleistungen. Alle diese Sinne nehmen im Alter ab. Der Alterungsprozess führt zu weniger zuverlässigen sensorischen Informationen, einer ungenaueren Integration dieser Informationen und zu weniger effizienten Ausgleichsbewegungen zum Erhalt des Gleichgewichts. Insbesondere das Gehen ist von diesen Veränderungen betroffen. Die Zunahme von Stürzen im Alter ist das folgenreichste Anzeichen für alterungsbedingte Schwierigkeiten in der Gleichgewichtskontrolle.

5. Das Zusammenwirken von Kognition, Sensorik und Sensomotorik im Alter

Wie bereits in den vergangenen Abschnitten deutlich wurde, verändert sich auch das Zusammenwirken von Kognition, Sensorik und Sensomotorik im Laufe des Erwachsenenalters. Junge Erwachsene müssen nur einen geringen Anteil ihrer kognitiven Ressourcen in das Sehen, das Hören oder die Gleichgewichtskontrolle investieren, da diese sensorischen und sensomotorischen Funktionen weitgehend automatisch reguliert werden. Im Alter ändert sich dieses Bild: Sehen, Hören und Gleichgewichtskontrolle sind zunehmend auf den Einsatz kognitiver Ressourcen angewiesen. Leider nehmen aber genau jene kognitiven Ressourcen, die dazu besonders vonnöten sind, nämlich die kontrollierte Aufmerksamkeit, das Arbeitsgedächtnis und die Assoziationsbildung, ebenfalls besonders deutlich mit dem Alter ab. Der biologische Alterungsprozess führt also in ein Dilemma, weil zunehmend benötigte Ressourcen selbst im Abnehmen begriffen sind (Lindenberger, Marsiske & Baltes, 2000). Ein Hauptzweck des Einsatzes von Technologie im Alter könnte darin bestehen, diesem Dilemma die Spitze zu nehmen.

Die Ergebnisse einer altersvergleichenden experimentellen Studie sollen exemplarisch verdeutlichen, dass das Gehen mit zunehmendem Alter die Aufmerksamkeit tatsächlich immer stärker beansprucht (Lindenberger et al., 2000). Die jungen und älteren Erwachsenen, die an dieser Studie teilnahmen, wurden zunächst im Sitzen in einer Gedächtnistechnik instruiert und trainiert. Am Ende des Trainings waren alle Erwachsene, die älteren ebenso wie die jungen, in der Lage, sich im Durchschnitt an je 10–12 von insgesamt 16 Wörtern einer Wortliste in der richtigen Reihenfolge zu erinnern. Nach dem Training wurden die Bedingungen variiert, in denen sich die Probanden die Wortlisten einprägen sollten – im Sitzen, im Stehen, beim Laufen einer einfachen Wegstrecke oder beim Laufen einer komplexen Wegstrecke.

Sowohl die negativen Auswirkungen des gleichzeitigen Gehens auf die Gedächtnisleistung als auch die negativen Auswirkungen des gleichzeitigen Einprägens von Wörtern auf die Schnelligkeit und Genauigkeit des Gehens nahmen mit dem Alter zu. Bei der Gedächtnisleistung war die Zunahme dieser sogenannten Doppelaufgabenkosten besonders ausgeprägt (Abb. 3). Hier zeigten bereits Personen im mittleren Erwachsenenalter größere Leistungseinbußen als junge Erwachsene. Außerdem waren die Kosten bei der komplexen Wegstrecke generell größer als die Kosten bei der einfachen Wegstrecke – ein weiterer Hinweis dafür, dass die Leistungseinbußen im Gedächtnisbereich mit einem Mehrbedarf an kontrollierter Aufmerksamkeit für das Gehen einhergehen. Offensichtlich beanspruchte das Gehen bei den älteren Probanden einen größeren Anteil an kognitiven Ressourcen als bei den jüngeren, die dann beim Bearbeiten der Gedächtnisaufgabe fehlten.

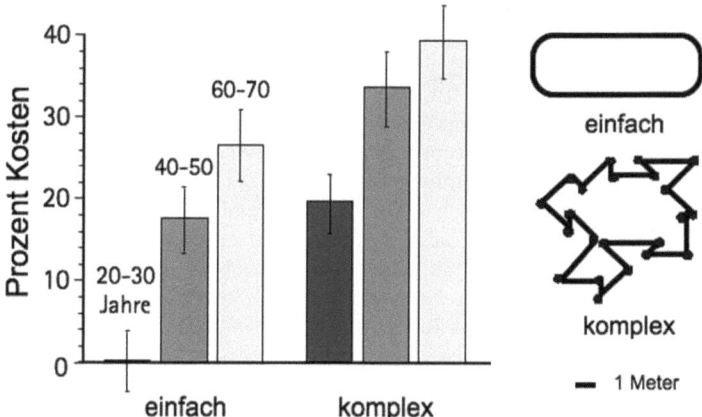

Abb. 3. *Der Aufmerksamkeitsbedarf des Gehens nimmt im Laufe des Erwachsenenalters zu.* Dargestellt sind die Auswirkungen des Gehens auf die Gedächtnisleistung. Die gezeigten Doppelaufgabenkosten beziehen sich auf die Abnahme der Gedächtnisleistung beim Gehen auf einer ovalen und einer unregelmäßigen Wegstrecke im Vergleich zur Gedächtnisleistung beim Sitzen und Stehen. Personen im mittleren und höheren Erwachsenenalter zeigen deutlich größere Doppelaufgabenkosten als junge Erwachsene. Der Grundriss der beiden Wegstrecken ist unter dem Säulendiagramm aufgetragen. Modifiziert nach Lindenberger, Marsiske und Baltes (2000).

V. Ausblick

Die Erforschung der Plastizität menschlichen Verhaltens gestattet Einblicke in die menschliche Entwicklung, die sowohl aus grundlagenwissenschaftlicher als auch aus gesellschaftlicher Perspektive von besonderem Interesse sind. Um hinsichtlich Ursachen und Bandbreite von Entwicklungsverläufen zu einem besseren Verständnis zu gelangen, ist die Bestimmung neuronaler und psychischer Mechanismen, die „Veränderungen in Veränderungen" ermöglichen, mit ihnen einhergehen und ihnen folgen, zentral. Aus diesem Grund wird ein Schwerpunkt der künftigen kognitiven Alternsforschung in der Verknüpfung von kognitiven Trainingsprogrammen und längsschnittlichen Beobachtungen (vgl. Schaie & Willis, 1986; Singer et al., 2003) unter Einbezug neurochemischer, neurofunktionaler und neuroanatomischer Maße liegen (Lindenberger et al., 2007).

Aus angewandter Sicht wird die Frage forschungsleitend sein, welche Konstellationen von Verhaltensweisen und Lebensstilen das Überhandnehmen chronischer kognitiver Einschränkungen, die eine selbständige Lebensführung gefährden und schließlich unmöglich machen, möglichst weit hinausschieben. Die Fragen „Was ist Altern?" und „Was könnte Altern sein?" sind in diesem Sinne untrennbar miteinander verknüpft (vgl. Baltes, 1987; Lindenberger, 2007b; Tetens, 1777).

Literatur

Allaire, J. C. & Marsiske, M. (2005). Intraindividual variability may not always indicate vulnerability in elders' cognitive performance. *Psychology and Aging, 20*, 390–401.

Bäckman, L., Nyberg, L., Lindenberger, U., Li, S.-C. & Farde, L. (2006). The correlative triad among aging, dopamine, and cognition: Current status and future projects. *Neuroscience and Biobehavioral Reviews, 30*, 791–807.

Baltes, P. B. (1987). Theoretical propositions of life-span developmental psychology: On the dynamics between growth and decline. *Developmental Psychology, 23*, 611–626.

Baltes, P. B. & Kliegl, R. (1992). Further testing of limits of cognitive plasticity: Negative age differences in a mnemonic skill are robust. *Developmental Psychology, 28*, 121–125.

Baltes, P. B., Lindenberger, U. & Staudinger, U. M. (2006). Life span theory in developmental psychology. In W. Damon & R. M. Lerner (Eds.), *Handbook of child psychology: Vol. 1. Theoretical models of human development* (6th ed., pp. 569–664). New York: Wiley.

Baltes, P. B., Reuter-Lorenz, P. A. & Rösler, F. (Eds.) (2006). *Lifespan development and the brain: The perspective of biocultural co-constructivism.* New York: Cambridge University Press.

Brehmer, Y., Li, S.-C., Müller, V., Oertzen, T. von & Lindenberger, U. (2007). Memory plasticity across the lifespan: Uncovering children's latent potential. *Developmental Psychology, 43*, 465–478.

Brehmer, Y. & Lindenberger, U. (2008). Kognitive Leistungsreserven im höheren Erwachsenenalter: Befunde der Interventionsforschung. In F. Petermann & W. Schneider (Hrsg.) *Enzyklopädie der Psychologie: C, V, Bd. 7. Angewandte Entwicklungspsychologie* (S. 917–947). Göttingen: Hogrefe.

Dittmann-Kohli, F., Lachman, M. E., Kliegl, R. & Baltes, P. B. (1991). Effects of cognitive training and testing on intellectual efficacy beliefs in elderly adults. *Journal of Gerontology: Psychological Sciences, 46*, P162–P164.

Fratiglioni, L., Paillard-Borg, S. & Winblad, B. (2004). An active and socially integrated lifestyle in late life might protect against dementia. *Lancet Neurology, 3*, 343–353.

Ghisletta, P. & Lindenberger, U. (2003). Age-based structural dynamics between perceptual speed and knowledge in the Berlin Aging Study: Direct evidence for ability dedifferentiation in old age. *Psychology and Aging, 18*, 696–713.

Ghisletta, P. & Lindenberger, U. (2004). Static and dynamic longitudinal structural analyses of cognitive changes in old age. *Gerontology, 50*, 12–16.

Kempermann, G. (2005). *Adult neurogenesis: Stem cells and neuronal development in the adult brain*. Oxford, UK: Oxford University Press.

Li, S.-C. (2003). Biocultural orchestration of developmental plasticity across levels: The interplay of biology and culture in shaping the mind and behavior across the life span. *Psychological Bulletin, 129*, 171–194.

Li, S.-C., Huxhold, O. & Schmiedek, F. (2004). Aging and processing robustness: Evidence from cognitive and sensorimotor functioning. *Gerontology, 50*, 28–34.

Li, S.-C. & Lindenberger, U. (1999). Cross-level unification: A computational exploration of the link between deterioration of neurotransmitter systems and dedifferentiation of cognitive abilities in old age. In L.-G. Nilsson & H. J. Markowitsch (Eds.), *Cognitive neuroscience of memory* (pp. 103–146). Seattle, WA: Hogrefe & Huber.

Li, S.-C. & Lindenberger, U. (2002). Co-constructed functionality instead of functional normality [Invited commentary]. *Behavioral and Brain Sciences, 25*, 761–762.

Li, S.-C., Lindenberger, U. & Sikström, S. (2001). Aging cognition: From neuromodulation to representation. *Trends in Cognitive Sciences, 5*, 479–486.

Li, S.-C., Oertzen, T. von & Lindenberger, U. (2006). A neurocomputational model of stochastic resonance and aging. *Neurocomputing, 69*, 1553–1560.

Lindenberger, U. (2007a). Technologie im Alter: Chancen aus Sicht der Verhaltenswissenschaften. In P. Gruss (Hrsg.), *Die Zukunft des Alterns: Die Antwort der Wissenschaft* (S. 221–239). München: C. H. Beck.

Lindenberger, U. (2007b). Historische Grundlagen: Johann Nicolaus Tetens als Wegbereiter des Lebensspannen-Ansatzes in der Entwicklungspsychologie. In J. Brandtstädter & U. Lindenberger (Hrsg.), *Entwicklungspsychologie der Lebensspanne: Ein Lehrbuch* (S. 9–33). Stuttgart: Kohlhammer.

Lindenberger, U., Li, S.-C. & Bäckman, L. (Eds.) (2006). Methodological and conceptual advances in the study of brain–behavior dynamics: A multivariate lifespan perspective [Special issue]. *Neuroscience and Biobehavioral Reviews, 30* (6).

Lindenberger, U., Li, S.-C., Lövdén, M. & Schmiedek, F. (2007). The Center for Lifespan Psychology at the Max Planck Institute for Human Development: Overview of conceptual agenda and illustration of research activities. *International Journal of Psychology, 42*, 229–242.

Lindenberger, U., Marsiske, M. & Baltes, P. B. (2000). Memorizing while walking: Increase in dual-task costs from young adulthood to old age. *Psychology and Aging, 15*, 417–436.

Lövdén, M., Ghisletta, P. & Lindenberger, U. (2005). Social participation attenuates cognitive decline in perceptual speed in old and very old age. *Psychology and Aging, 20*, 423–434.

Lövdén, M., Li, S.-C., Shing, Y. L. & Lindenberger, U. (2007). Within-person trial-to-trial variability precedes and predicts cognitive decline in old and very old age: Longitudinal data from the Berlin Aging Study. *Neuropsychologia, 45*, 2827–2838.

Lövdén, M. & Lindenberger, U. (2007). Intelligence. In J. E. Birren (Ed.), *Encyclopedia of gerontology: Age, aging, and the aged* (2nd ed., Vol. 1, pp. 763–770). Amsterdam: Elsevier.

MacDonald, S. W. S., Hultsch, D. F. & Dixon, R. A. (2003). Performance variability is related to change in cognition: Evidence from the Victoria Longitudinal Study. *Psychology and Aging, 18*, 510–523.

McArdle, J. J. & Hamagami, F. (2001). Latent difference score structural models for linear dynamic analyses with incomplete longitudinal data. In L. M. Collins & A. G. Sayer (Eds.), *New methods for the analysis of change* (pp. 137–176). Washington, DC: American Psychological Association.

Molenaar, P. C. M. (in press). The nonequivalence of structures of inter- and intra-individual variation associated with nonergodic psychological processes. *Current Directions in Psychological Science.*

Molenaar, P. C. M., Boomsma, D. I. & Dolan, C. V. (1991). Genetic and environmental factors in a developmental perspective. In D. Magnusson, L. R. Bergman, G. Rudinger & B. Törestad (Eds.), *Problems and methods in longitudinal research: Stability and change* (pp. 250–273). Cambridge, UK: Cambridge University Press.

Nagel, I. E., Werkle-Bergner, M., Li, S.-C. & Lindenberger, U. (2007). Perception. In J. E. Birren (Ed.), *Encyclopedia of gerontology: Age, aging, and the aged* (2nd ed., Vol. 2, pp. 334–342). Amsterdam: Elsevier.

Nesselroade, J. R., Gerstorf, D., Hardy, S. A. & Ram, N. (2007). Idiographic filters for psychological constructs. *Measurement: Interdisciplinary Research and Perspectives, 5*, 217–235.

Schaefer, S., Huxhold, O. & Lindenberger, U. (2006). Healthy mind in healthy body? A review of sensorimotor-cognitive interdependencies in old age. *European Review of Aging and Physical Activity, 3*, 45–54.

Schaie, K. W. & Willis, S. L. (1986). Can adult intellectual decline be reversed? *Developmental Psychology, 22*, 223–232.

Schmiedek, F. & Lindenberger, U. (2007). Methodologische Grundlagen. In J. Brandtstädter & U. Lindenberger (Hrsg.), *Entwicklungspsychologie der Lebensspanne: Ein Lehrbuch* (S. 67–96). Stuttgart: Kohlhammer.

Siegler, R. S. (1994). Cognitive variability: A key to understanding cognitive development. *Current Directions in Psychological Science, 3*, 1–5.

Singer, T., Lindenberger, U. & Baltes, P. B. (2003). Plasticity of memory for new learning in very old age: A story of major loss? *Psychology and Aging, 18*, 306–317.

Staudinger, U. M. & Pasupathi, M. (2000). Life-span perspectives on self, personality and social cognition. In F. I. M. Craik & T. A. Salthouse (Eds.), *The handbook of aging and cognition* (pp. 633–688). Mahwah, NJ: Erlbaum.

Tetens, J. N. (1777). *Philosophische Versuche über die menschliche Natur und ihre Entwicklung.* Leipzig: Weismanns Erben und Reich (Nachdruck der Kantgesellschaft 1913, Bd. 1. Berlin: Reuther und Reichard).

Wohlwill, J. F. (1970). Methodology and research strategy in the study of developmental change. In L. R. Goulet & P. B. Baltes (Eds.), *Life-span developmental psychology: Research and theory* (pp. 150–193). New York: Academic Press.

Was ist das Alter(n) der Persönlichkeit?
Eine Antwort aus verhaltenswissenschaftlicher Sicht

Ursula M. Staudinger

Im nachfolgenden Kapitel möchte ich der scheinbar einfachen Frage „Was ist Alter(n)?" nachgehen, indem ich mich aus verhaltenswissenschaftlicher Perspektive mit dem Altern (oder auch der Entwicklung) der Persönlichkeit beschäftige. Es stellt sich die Frage, ob die landläufige Meinung zutrifft, dass wir etwa mit dem 30. Lebensjahr unsere Persönlichkeit ausgebildet haben und uns dann nicht mehr verändern. Für diese Ansicht gibt es durchaus auch wissenschaftliche Befürworter (z. B. Costa & McCrae, 1994). Die Antwort auf die Ausgangsfrage ‚Was ist Altern?' wäre dann: Altern ist Stabilität. Wenn es um Altern geht, beschäftigt sich die verhaltenswissenschaftliche Persönlichkeitsforschung aber auch mit der Frage, wie wir mit den Veränderungen fertig werden, die das Altern sowohl im biologischen als auch im sozialen Bereich mit sich bringt. Wie lässt es sich erklären, dass wir mit zunehmendem Alter nicht weniger zufrieden, sondern -wenn überhaupt- eher mehr zufrieden werden (z. B. Staudinger, 2000). Aber bevor wir solchen Fragen auf den Grund gehen können, müssen zunächst zumindest zwei Begriffe geklärt werden: ‚Altern' und ‚Persönlichkeit'.

I. Die Mechanik und Pragmatik der Entwicklung/des Alterns der Persönlichkeit

Die Entwicklungspsychologie der Lebensspanne (Baltes, Lindenberger & Staudinger, 2006) gibt eine, für viele vielleicht verblüffende Definition nämlich: Altern ist Entwicklung und Entwicklung ist Altern. Drei zentrale Annahmen liegen dieser scheinbar widersprüchlichen Gleichsetzung zugrunde:

(1) Entwicklung ist nicht nur Wachstum und Altern nicht nur Abbau, wie es der klassische biologische Altersbegriff nahelegt (für die moderne Biologie trifft diese Annahme übrigens auch nicht mehr zu). Vielmehr verzeichnen wir zu jedem Zeitpunkt unserer Entwicklung Gewinne und Verluste, allerdings verändert sich im Laufe des Lebens das Verhältnis zuungunsten der Gewinne.

(2) Neben den primär biologischen Prozessen der Reifung und der Seneszenz (vgl. auch Behl & Moosmann, Ho, Wagner & Eckstein oder Dichgans, in diesem Band) sind das Lernen und die persönliche Handlungsentscheidung zwei weitere wichtige Prozesse menschlicher Entwicklung. Mit anderen Worten menschliche Entwicklung und Altern speisen sich aus biologischen, kulturellen und individuellen Quellen.

Die Entwicklung menschlichen Verhaltens lässt sich entsprechend in zwei Phänomenbereiche unterteilen: die Lebensmechanik und die Lebenspragmatik (Staudinger

& Pasupathi, 2000; Schindler & Staudinger, 2005). Unter *Lebensmechanik* versteht man die biologisch fundierten Muster der Wahrnehmung, der Informationsverarbeitung sowie des emotionalen Erlebens und der motivationalen Grundtendenzen (z. B. physiologische Indikatoren von Informationsverarbeitung, Arbeitsgedächtnis, Annäherung/Vermeidung, Positivität/Negativität). Die *Lebenspragmatik* umfasst die in Interaktion mit Lebenskontexten gewonnene Erfahrung mit sich selbst und der Welt sowie deren Wechselwirkung (z. B. Erfahrungswissen, berufliche Expertise, Weisheit, Persönlichkeitseigenschaften, Selbstkonzept, Selbstregulation).

(3) Begreift man Entwicklung/Altern als Ergebnis einer kontinuierlichen Interaktion zwischen Biologie, Kultur und Person, so ist Entwicklung nicht determiniert, sondern veränderbar. Menschliche Entwicklung/Altern besitzt beträchtliche Plastizität. Diese Plastizität ist bestimmt durch die dem Individuum zur Verfügung stehenden biologischen, kulturellen und psychischen Ressourcen (Staudinger, Marsiske & Baltes, 1995). Die Lebensmechanik und -pragmatik sind natürlich nicht unabhängig voneinander, sondern stehen in enger Wechselbeziehung. Die Trennung dient primär heuristischen Zwecken.

In der Definition von Lebensmechanik und -pragmatik ist auch schon die hier verwendete Konzeptualisierung von Persönlichkeit enthalten. Es sollen unter Persönlichkeit sowohl die strukturellen Aspekte wie Persönlichkeitseigenschaften (Big Five sensu Costa & McCrae) und das Selbstkonzept wie auch die prozessualen Aspekte der Selbst- und Entwicklungsregulation verstanden werden (vgl. auch Baltes et al., 2006).

Da es uns in diesem Kapitel um die Entwicklung/das Altern der Persönlichkeit geht, spitzt sich die Betrachtung der Lebensmechanik und -pragmatik auf die biologisch fundierten emotionalen und motivationalen Grundtendenzen auf Seiten der Mechanik und auf die Persönlichkeitsstruktur und -regulation auf Seiten der Pragmatik zu. Zu diesen Aspekten werde ich im Folgenden empirische Befunde zur Entwicklung im Erwachsenenalter, sowie im Anschluss daran – soweit vorhanden – zu ihrer Plastizität vorstellen.

II. Mechanik der Persönlichkeitsentwicklung: Empirische Evidenz

Auf der Suche nach Indikatoren der Persönlichkeitsmechanik stößt man sehr schnell auf das Problem, dass es im strengen Sinne keine „reinen" Indikatoren der Mechanik gibt, da jeder Mensch von der Konzeption an in Interaktion mit dem jeweiligen Kontext steht. Es verbietet sich denn auch zur Erfassung der Persönlichkeitsmechanik Selbstberichte zu nutzen, da diese stark durch die Pragmatik, also unsere Erfahrungen, überformt sind. Es gibt bisher nur wenige biologische Indikatoren die mit emotionalen und motivationalen Prozessen in Verbindung gebracht wurden und die mit aller Vorsicht (angesichts der vorliegenden Evidenz) als Reflektionen der Persönlichkeitsmechanik verstanden werden können. Zwei physiologische Indikatoren, die hier genutzt werden können sind die autonome Reaktivität und die asymmetrische Gehirnaktivität. Darüber hinaus könnte man sich mit der Amygdala sowie einer Reihe von Neurotransmittern (Dopamine, Norepinephrine, Cortisol) beschäftigen (vgl. auch Lindenberger, in diesem Band). Darauf muss jedoch aus Platzgründen verzichtet werden.

Die parasympathischen und sympathischen Anteile des vegetativen Nervensystems beeinflussen die Herzrate, ihre Variabilität und Reaktivität. Es scheint insgesamt weniger die absolute Herzrate zu sein, die systematische Zusammenhänge mit Annäherung- oder Vermeidungstendenzen oder vorwiegend positiver oder negativer emotionaler Tönung zeigt; vielmehr scheint die Variabilität in der Reaktivität das zentrale Merkmal zu sein. Höhere sympathische sowie schwächere parasympathische Reaktivität wurden empirisch mit Verhaltenshemmung (d.h. Rückzug, Vermeidung) in Verbindung gebracht (z. B. Kagan, 1998; Pirges & Doussard-Roosevelt, 1997). Demgegenüber zeigen sich im Kindesalter empirische Zusammenhänge zwischen höherer Herzratenvariabilität aber auch besserer Herzratenmodulation und Annäherungstendenzen (Doussard-Roosevelt, McClenny, & Porges, 2001; Fox, 1989). Hinsichtlich der Veränderung dieser physiologischen Parameter mit dem Alter lässt sich festhalten, dass sich die Herzrate in Ruhe eher wenig verändert, dagegen die Reaktivität abnimmt (bei solchen Untersuchungen wird altersbedingte Herz-Kreislaufmedikation natürlich in Rechnung gestellt; z. B. Baltissen, 2006) und die Modulation (Refraktärzeiten) verlangsamt ist (z. B. Finch & Seeman, 1999). Inwieweit diese Veränderungen mit Veränderungen in der Persönlichkeitspragmatik wie beispielsweise der Veränderungen im emotionalen Erleben und der Emotionsregulation (siehe unten) in Zusammenhang stehen ist allerdings noch eine offene Frage.

Ein zweiter interessanter Indikator für die Mechanik der Persönlichkeitsentwicklung scheint nach neueren Untersuchungen die asymmetrische Aktivierung des präfrontalen Cortex zu sein. Diese Asymmetrie wurde mit dem Annäherungs-/Interessesystem einerseits und dem Vermeidungs-/Inhibitionssystem andererseits in Verbindung gebracht (z. B. Gray, 1981, Davidson, 1984). Das Annäherungssystem steht in Zusammenhang mit positiven Affekten und größerer linksseitiger präfrontaler Aktivierung. Umgekehrt scheint das Vermeidungssystem mit negativen Emotionen und größerer rechtsseitiger Aktivierung in Zusammenhang zu stehen. Diese Zusammenhänge sind für die frühe und spätere Kindheit gut dokumentiert. Es fehlen jedoch umfassende Daten zur Weiterentwicklung der Asymmetrie im Erwachsenenalter und Alter. Es gibt Hinweise aus einer Studie zur Geruchswahrnehmung die zeigt, dass im Alter die Gehirnreaktivität auf negative und neutrale Gerüche nicht mehr unterscheidbar ist (Kline, Blackhart, Woodward, Williams, & Schwartz, 2000). Es lässt sich spekulieren, dass dies im Zusammenhang mit den stärkeren altersgebundenen Veränderungen im rechten präfrontalen Cortex stehen könnte. In der Tat wurde der Verlust der ausgeprägten Hemisphärenasymmetrie im Alter in Zusammenhang gebracht mit altersabhängigen Veränderungen im Gehirn, die ausgeglichen werden müssen (Cabeza, 2002).

Auf der nächsten Ebene der Beobachtung kann man sich basale Verhaltensindikatoren der Persönlichkeitsmechanik ansehen, wie etwa die Ausprägung von Annäherungs- und Vermeidungstendenzen und die Ausgestaltung des Emotionshaushalts im Alter. Hier lässt sich feststellen, dass die Ziele, die auf die Vermeidung und den Erhalt von Zuständen gerichtet sind, mit dem Alter zunehmen (z. B. Ebner &

Freund, 2003; Heckhausen, 1997; Ogilvie, Rose & Heppen, 2001). Gleichzeitig werden aber nach wie vor Ziele berichtet, die auf Annäherung, im Sinne von Zunahme und Wachstum, gerichtet sind (z. B. Ogilvie, Rose & Heppen, 2001). Interessant ist allerdings auch, dass Vermeidungsziele mit zunehmendem Alter ihre Dysfunktionalität, die sie in früheren Lebensabschnitten aufweisen, verlieren (Ebner, Freund & Baltes, 2006).

Was den Emotionshaushalt angeht, so muss man zunächst präzisieren, dass es nicht ausreicht, sich für die Valenz der Emotionen (positiv, negativ) zu interessieren, sondern dass es auch wichtig ist, das Ausmaß der Aktivierung (hoch, niedrig) in Betracht zu ziehen. Diese Unterteilung in vier Arten von Emotionen erlaubt es dann, konsistente Befunde zu berichten. Es lassen sich mit dem Alter positive Altersdifferenzen in den positiven, niedrig aktivierten Emotionen feststellen und keine Altersunterschiede für die positiv, hoch aktivierten Emotionen. Beide Arten von negativen Emotionen zeigen negative Altersdifferenzen (Kessler & Staudinger, 2007). Wie lässt sich nun dieser Befund interpretieren? Nimmt man die Perspektive Lebenspragmatik ein, lässt sich argumentieren, dass wir mit zunehmendem Alter gelernt haben, negative Emotionen auf vielfältige Weise zu kontrollieren (z. B. Senkung des Anspruchsniveaus, Veränderung des Vergleichsmaßstabs, Veränderung der Zielsetzungen; vgl. Staudinger, 2000) oder dass wir auch schon Situationen vermeiden, die zu negativen Emotionen führen könnten. Es gibt auch die weitere These, dass wir deshalb im höheren Alter weniger negative Emotionen und mehr positive Emotionen erleben, weil wir im Angesicht der immer weniger werdenden verbleibenden Lebenszeit negative Emotionen vermeiden (Carstensen & Mikels, 2005). Aus der Sicht der Lebensmechanik lässt sich anführen, dass es aber auch altersgebundene Veränderungen in der Gehirnphysiologie sein könnten (s. oben), die zu diesem Befund führen.

Ein weiterer basaler Befund zum Emotionshaushalt besagt, dass im höheren Alter im Vergleich zum mittleren und jüngeren Erwachsenenalter die Wahrscheinlichkeit des gleichzeitigen Erlebens von positiven und negativen Emotionen erhöht ist (Carstensen et al., 2000). Auch hier wiederum kann eine pragmatische Interpretation angeboten werden, die besagt, dass wir im Alter die Ambivalenz des Lebens erkannt und sie ertragen gelernt haben und sich dies in der Dialektik unseres Emotionserlebens widerspiegelt. Die Interpretation aus der Sicht der Veränderungen in der Persönlichkeitsmechanik würde jedoch alternativ oder ergänzend nahelegen, dass verlängerte Refraktärzeiten notgedrungen dazu führen, dass wir häufiger gleichzeitig positive und negative Emotionen erleben.

Zusammenfassend lässt sich festhalten, dass die Befundlage zur Mechanik der Persönlichkeitsentwicklung noch unterentwickelt ist, besonders auch was das Erwachsenenalter und das höhere Alter angeht. Es gibt jedoch erste Hinweise darauf, dass es sehr sinnvoll sein könnte die Veränderungen in der Persönlichkeitsmechanik bei der Interpretation von Veränderungen in der Persönlichkeitspragmatik im Blick zu haben und solche Veränderungen als alternative oder ergänzende Interpretationen von Befunden auf der Verhaltensebene einzubeziehen.

III. Pragmatik der Persönlichkeitsentwicklung: Empirische Evidenz

Wendet man sich der Pragmatik der Persönlichkeitsentwicklung zu, so ist die empirische Evidenz wesentlich reichhaltiger. Es gibt sowohl Quer- als auch Längsschnittstudien zur Veränderung der Persönlichkeitseigenschaften als auch zumindest querschnittliche Befunde zu den Altersunterschieden in der Selbstregulation. Beginnen möchte ich mit den Befunden zur Entwicklung von Persönlichkeitseigenschaften.

1. Persönlichkeitsstruktur

Die empirische Evidenz basiert zumeist auf dem sogenannten der Modell der Big Five Persönlichkeitseigenschaften (z. B. Costa & McCrae, 1980; oder auch John & Srivastava, 1999). Über viele querschnittliche und längsschnittliche auch kultur- und kohortenvergleichende Studien hinweg hat sich folgendes Muster herauskristallisiert: Neurotizismus und Offenheit für neue Erfahrungen nehmen ab, Umgänglichkeit und Zuverlässigkeit nehmen zu und bei der Extraversion müssen zwei Unterfacetten, soziale Vitalität und soziale Dominanz, unterschieden werden. Erstere nimmt ab und zweitere nimmt mit dem Alter zu (vgl. Staudinger, 2005). In einer interessanten querschnittichen Studie, in der Erwachsene zwischen 14 und 83 Jahren aus Korea, Portugal, Italien, Deutschland, der tschechischen Republik und der Türkei miteinander verglichen wurden, zeigten sich in den verschiedenen Ländern sehr ähnliche Altersunterschiede in den Big Five (McCrae et al., 2000). Die Autoren interpretierten diese Ähnlichkeiten als Hinweis darauf, dass die Altersunterschiede aufgrund der großen Unterschiede zwischen den Ländern wohl keine Kohortenunterschiede, sondern eher biologisch determinierte Entwicklungsunterschiede seien. Im Unterschied dazu sehen andere Autoren diese Ähnlichkeiten als das Ergebnis der Ähnlichkeit in den grundlegenden Entwicklungsaufgaben des Erwachsenenalters an (z. B. Helson & Kwan, 2000; Srivastava, John, Gosling & Potter, 2003; Staudinger, 2005). Im Laufe des Lebens sind wir mit Herausforderungen konfrontiert, die sich über historische Zeiten und Kulturen hinweg sehr gleichen, wie etwa einen Platz in der Erwachsenenwelt zu finden, eine Familie zu gründen und Nachkommen zu erziehen oder auf andere Arten produktiv zu sein und zum Gemeinwesen beizutragen und schließlich die Herausforderung, mit unserer eigenen Endlichkeit fertig zu werden und sie zu akzeptieren.

Dieses unterschiedlichen Ursachen zugeschriebene Veränderungsmuster (Neurotizismus nimmt ab, Umgänglichkeit und Verlässlichkeit nehmen zu) lassen sich nun einerseits als eine Zunahme an sozialer Kompetenz interpretieren. Wir werden mit zunehmendem Alter im Durchschnitt besser in der Bewältigung unserer Aufgaben, besonders hinsichtlich jener, die das soziale Miteinander betreffen. Andererseits muss die Abnahme der Offenheit für neue Erfahrungen mit einer abnehmenden Chance auf persönliche Reife gesehen werden (Staudinger, 2005). Pointiert gesprochen, könnte man sagen, es reicht nicht aus, älter zu werden, um weiser zu werden.

Auch Befunde zur Persönlichkeitsentwicklung jenseits des Modells der Big Five, wie sie beispielsweise mit Hilfe des Fragebogens von Carol Ryff (1989) zum psychologischen Wohlbefinden gesammelt wurden, zeigen ein ähnliches Muster. Alltagsbewältigung, Selbstakzeptanz, Autonomie und positive Beziehungen zeigen eine altersgebundene Zunahme im Erwachsenenalter und entsprechen dem oben identifizierten Wachstum an sozialer Kompetenz. Hingegen zeigen persönliches Wachstum und Lebenssinn mit dem Alter Abfall und entsprechen der oben beschriebenen abnehmenden Wahrscheinlichkeit für Persönlichkeitswachstum im Sinne von Reife und Weisheit (z. B. Ryff & Keyes, 1995). Dieser zweite Befund spiegelt sich auch in den altersvergleichenden Ergebnissen zu direkten Indikatoren von Persönlichkeitsreife und Weisheit. Erhebt man selbstbezogene Weisheit (Mickler & Staudinger, 2007), Selbstkonzeptreife (Dörner & Staudinger, 2007) oder Ich-Entwicklung (Westenberg et al., 1998) zeigen sich mit dem Alter entweder Stabilität oder sogar Abbau.

Zusammenfassend lässt sich feststellen, dass unsere Persönlichkeitsstruktur mit dem Alter zum einen sozial kompetenter und anpassungsfähiger wird und uns unterstützt, die Entwicklungsaufgaben des Erwachsenenalters zu bewältigen. Zum anderen müssen wir aber auch feststellen, dass die Wahrscheinlichkeit, weiser und reifer zu werden im Durchschnitt nicht zunimmt.

2. Persönlichkeitsregulation

Altersvergleichende Untersuchungen im Bereich der Persönlichkeitsregulation erbringen das konsistente Ergebnis, dass wir mit zunehmendem Alter widerstandsfähiger, resilienter werden (z. B. Brandtstädter & Greve, 1994; Greve & Staudinger, 2006; Filipp, 2006; Staudinger, 2000). Was verbirgt sich hinter diesem Befund? Das subjektive Wohlbefinden bleibt auch in der zweiten Lebenshälfte stabil (z. B. Diener & Suh, 1998), obwohl es objektiv eine Menge Gründe gäbe, weniger zufrieden zu sein. Angesichts dieser Sachlage wird der Befund des stabilen Wohlbefindens auch als Wohlbefindensparadox bezeichnet (z. B. Staudinger, 2000; siehe auch Welsch, in diesem Band). Es wurde eine Reihe von Regulationsprozessen identifiziert, die zu dieser „scheinbaren" Stabilität beitragen (z. B. Greve & Staudinger, 2006; Kunzmann, Little, & Smith, 2000; Staudinger, Marsiske & Baltes, 1995). Beispielsweise wurde gezeigt, dass wir mit dem Alter besser in der Lage sind, uns mit Verlusten und negativen Ereignissen zu arrangieren, etwa durch die Ablösung von unerreichbaren Zielen (z. B. Wrosch, Scheier, Carver, & Schulz, 2003), die Readjustierung des eigenen Anspruchsniveaus (z. B. Rothermund & Brandtstädter, 2003) oder die Transformation des Selbstkonzepts (z. B. Freund & Smith, 1999).

Insgesamt zeigen die Befunde zur Persönlichkeitsregulation, dass wir sehr gut in der Lage sind, mit den Herausforderungen des Älterwerdens fertig zu werden. Hier liegt also aus persönlichkeitspsychologischer Sicht eine klare Stärke des Alter(n)s.

IV. Plastizität der Persönlichkeitsentwicklung im Erwachsenenalter und Alter

Leider sind die Befunde zur Plastizität der Persönlichkeit noch sehr rar (vgl. Baltes, Lindenberger & Staudinger, 2006). Es gab und gibt eine Scheu, sich dieser Frage zu nähern, da im Unterschied zur Plastizität der Kognition, die Frage des Kriteriums strittiger zu sein scheint: In welche Richtung soll Persönlichkeit verändert werden?

Was ist wünschbare Persönlichkeitsveränderung? Diese Fragen scheinen uneindeutiger als die Frage „Ist schneller denken besser als langsamer" und „Ist mehr Worte erinnern, besser als weniger". Schließt man sich der oben angebotenen Interpretation der im Durchschnitt beobachteten Veränderungsmuster an, so scheint es einfacher. Ein Mehr an sozialer Kompetenz und ein Mehr an persönlicher Reife sind erwünscht, aber lassen sie sich auch herbeiführen?

1. Plastizität der Big Five und von Indikatoren der Persönlichkeitsreife durch natürliche oder experimentelle Interventionen

Lassen sich Abweichungen vom durchschnittlich beobachteten Entwicklungsprofil der Big Five nachweisen? Hierzu gibt es nahezu keine Evidenz. Zu den Ausnahmen zählt die Duke Longitudinal Studie. In dieser Längsschnittstudie wurden die Teilnehmer alle sieben Jahre u.a. auch zu ihren Persönlichkeitseigenschaften befragt. In einer Analyse dieser Daten konnte gezeigt werden, dass wenn im Zeitraum der sieben Jahre ein/e Teilnehmer/in eine Scheidung erlebt hatte, dies in Zusammenhang mit einer Zunahme des Neurotizismus und einer Abnahme der Extraversion bei Männern und dem umgekehrten Muster bei Frauen stand (Costa, Herbst, McCrae & Siegler, 2000). Wir sehen an diesem Befund, dass einschneidende Veränderungen des Lebenskontexts in der Tat Zusammenhänge mit unserer Persönlichkeitsstruktur aufweisen. Es wäre aus einer evolutionären Perspektive auch schwer nachvollziehbar (vgl. z. B. Asendorpf, 1996), dass unsere Persönlichkeitsstruktur sich unempfindlich gegenüber einschneidenden Kontextveränderungen zeigen sollte. Man würde sich wünschen, dass es mehr systematische Untersuchungen solcher Veränderungsreaktionen etwa quasiexperimenteller Art geben würde. Dazu würde sich beispielsweise die Untersuchung der Auswirkungen von lebensbedrohlichen Krankheiten eignen oder der Folgen eines Wechsels von Arbeitsplatz oder Wohnort. Ansätze zu solchen Studien gibt es im Bereich der posttraumatischen Belastungs- bzw. Wachstumsforschung (z. B. Bonanno, 2004). Allerdings gibt es hier häufig insofern ein Messproblem, als die Veränderungen erst posthoc durch subjektive Einschätzung erfasst werden und dadurch der möglichen Verzerrung durch soziale Erwünschtheit unterliegen: Wer glaubt nicht, durch schwere Krisen gereift zu sein.

Es gibt jedoch m.E. eine solche Studie, die gezeigt hat, dass eine der Big Five Dimensionen, nämlich die Offenheit für neue Erfahrungen, die mit dem Alter abnimmt, durch systematische Veränderungen des Kontextes beeinflussbar ist. In dieser quasiexperimentellen Untersuchung wurden bürgerschaftlich engagierte Personen im Alter von 55 Jahren aufwärts, die gleichzeitig an einem Trainingsprogramm (3 × 3 Tage) zur Förderung von für die Freiwilligentätigkeit nötigen Kompetenzen teilnahmen, verglichen mit Freiwilligen, die bürgerschaftlich aktiv waren, aber nicht an diesem Training teilnahmen. Die beiden Gruppen wurden über 15 Monate hinweg dreimal untersucht. Es zeigte sich, dass sich bei bürgerschaftlich Engagierten, die auch an dem Training teilnahmen und vom eigenen Einfluss auf ihr Leben überzeugt waren (internale Kontrollüberzeugung über Median), die Offenheit für neue Erfahrungen über den Beobachtungszeitraum hinweg kontinuierlich zunahm, wohingegen die Vergleichsgruppe der Freiwilligen ohne Training Stabilität aufwies (Mühlig-

Versen & Staudinger, 2007). Man sieht an diesem Befund, dass die Beeinflussung der Persönlichkeitsveränderung durch Kontextveränderung mit der Stärkung nötiger Ressourcen einhergehen sollte, um sicher zu gehen, dass sich positive Veränderungen zeigen. Besonders solche bürgerschaftlich Engagierten konnten von dem Kompetenztraining profitieren, die auf die weitere Ressource der internalen Kontrollüberzeugung zurückgreifen konnten. Sie brachten die erlebte Meisterung neuer Situationen in der Freiwilligentätigkeit (aufgrund der erworbenen Kompetenzen) mit der eigenen Person in Verbindung und entwickelten daraus das Interesse und den Mut, immer wieder neue Situationen aufzusuchen.

Weitere Evidenz zur Plastizität der Persönlichkeitseigenschaften gibt es aus dem Bereich des Persönlichkeitswachstums und der Weisheit. Hier wurde in einer Interventionsstudie gezeigt, dass sich die persönliche Weisheit im Alter durch eine Intervention zur Lebensreflektion, also eine Anleitung dazu, wie man über erlebte Ereignisse nachdenkt und daraus Einsichten gewinnen kann, signifikant erhöhen ließ (Staudinger, 2007).

2. Plastizität der Persönlichkeitsregulation durch experimentelle Intervention

Auch im Bereich der Persönlichkeitsregulation ist die Untersuchung der bewusst angeregten Veränderbarkeit noch in den Anfängen. Die Adjustierung der Regulation in Anbetracht der mit dem Alter anfallenden Verlusterlebnisse hingegen ist, wie oben ausgeführt, recht gut untersucht.

In einer Interventionsstudie wurden beispielsweise die Effekte von altersheterogener Interaktion (Jugendliche, Ältere) auf die psychische Funktionsfähigkeit untersucht (Kessler & Staudinger, 2007). Es zeigte sich, dass ältere Personen nach einem 20minütigen Gespräch mit einem Jugendlichen, beide kannten sich vorher nicht, über ein schwieriges Lebensproblem eine erhöhte Komplexität ihrer Emotionsregulation aufwiesen. Gegenwärtig untersuchen wir in einer 12-monatigen Längsschnittstudie, ob sich die Emotionsregulation im Alter durch eine auf die Kognition abzielende Fitnessintervention (siehe auch Lindenberger, in diesem Band) verändert (Staudinger, Voelcker-Rehage & Godde, 2007).

V. Was ist Alter(n) aus der Sicht der Persönlichkeitsentwicklung? Eine Zusammenfassung

Die Antwort auf die anfangs gestellte Frage, ob wir uns nach dem Alter 30 noch verändern, kann klar mit Ja beantwortet werden. Die Antwort sieht im Detail jedoch unterschiedlich aus, je nach dem ob man sich der Mechanik oder der Pragmatik der Persönlichkeit zuwendet.

Zunächst zur Pragmatik: Es gibt normativ (im Sinne von normalerweise) beobachtete Veränderungsmuster, die eine zunehmende soziale Passungsfähigkeit zeigen. Es zeigen sich aber auch Stabilität (also Nicht-Veränderung) und Verlust an persönlicher Reife und Weisheit. Aus persönlichkeitspsychologischer Sicht ist Altern deshalb Wachstum, Stabilität und Verlust zugleich. Es lohnt sich also, genau hinzusehen, wenn wir uns ein Urteil bilden wollen über das Altern der Persönlichkeit. Ebenso zeigten Befunde zum Altern der Persönlichkeitsregulation, dass ein genauer Blick lohnt, denn hier verbirgt sich hinter der scheinbaren Stabilität des subjektiven Wohlbefindens eine beträchtliche und bewundernswerte Anpassungsleistung unseres regulativen Systems.

Betrachten wir die Befunde zur Mechanik der Persönlichkeitsentwicklung ist die Evidenz spärlicher, und die Operationalisierungen sind uneindeutig. Aber trotz dieser Einschränkungen zeigt sich für die Herzrate mit dem Alter eine verringerte Reaktivität und Modulationsfähigkeit. Dies kann in Zusammenhang gesehen werden mit der Ausprägung und Funktionalität von Vermeidungstendenzen sowie der gleichzeitigen Aktivierung von positiven und negativen Emotionen. Der andere beschriebene Indikator der Persönlichkeitsmechanik war die Reduktion der rechtsseitigen Aktivierung des präfrontalen Cortex (verminderte Asymmetrie der Aktivierung), die in Zusammenhang mit dem verminderten Erleben von negativen Emotionen gesehen werden kann. Diese Assoziationen sind aber gegenwärtig noch weitgehend spekulativ und erwarten ihre empirische Überprüfung.

Was nun die Beeinflussbarkeit dieser gegenwärtig normativ zu beobachtenden Altersveränderungen angeht, weist die bisher noch eher spärlich vorhandene Evidenz im Bereich der Persönlichkeitspragmatik darauf hin, dass sich sowohl die Persönlichkeitsstruktur als auch die Regulationsprozesse positiv verändern lassen. Auch wenn sich an den gegenwärtig alternden Kohorten Verluste an Offenheit für neue Erfahrungen beobachten lassen, so gibt es in der Tat erste Hinweise darauf, dass dies kein Naturgesetz ist, auch wenn es so plausibel klingt und mit einem negativ geprägten Altersstereotyp in Einklang steht (siehe auch Ehmer, in diesem Band). Im Bereich der Persönlichkeitsmechanik stehen die Ergebnisse einer ersten Studie zur Plastizität noch aus.

Auch im Bereich des Alterns/der Entwicklung der Persönlichkeit gilt, Altern ist das, was jeder daraus macht. Es kommt darauf an, sich im Laufe des Lebens interne wie externe Ressourcen zu erwerben, die uns erlauben, den Widrigkeiten Stand zu halten, aber auch uns ein Leben lang als Persönlichkeit weiterzuentwickeln. Sozialen und materiellen Kontexten kommt dabei eine herausragende Bedeutung zu.

Literatur

Asendorpf, J. B. (1996). Die Natur der Persönlichkeit: Eine koevolutionäre Perspektive. *Zeitschrift für Psychologie, 204*, 97–115.

Baltes, P. B., Lindenberger, U., & Staudinger, U. M. (2006). Lifespan theory in developmental psychology. In R. M. Lerner (Ed.), *Handbook of Child Psychology* (6th edn.), Vol. 1, pp. 569–664.

Baltes, P. B., Reuter-Lorenz, P. A., & Rösler, F. (2006). *Lifespan development and the brain: the perspective of biocultural co-constructivism.* New York: Cambridge University Press.

Baltissen, R. (2006). Psychophysiologische Aspekte des mittleren und höheren Erwachsenenalters [Psychophysiological aspects of middle and late adulthood]. In S.-H. Filipp & U. M. Staudinger (Eds.), *Entwicklungspsychologie des mittleren und höheren Erwachsenenalters. Enzyklopädie der Psychologie,* 123–160. Göttingen: Hogrefe.

Bonanno, G. A. (2004). Loss, Trauma, and Human Resilience. *American Psychologist, 59,* (1), 20–28.
Brandtstädter, J. & Greve, W. (1994). The aging self: Stabilizing and protective processes. *Developmental Review, 14,* 52–80.
Cabeza, R. (2002). Hemispheric asymmetry reductioning older adults: The HAROLD Model. *Psychology and Aging, 17,* 85–100.
Carstensen, L., & Mikels, J. (2005). At the intersection of emotion and cognition. *Current Directions in Psychological Science, 14* (3), 117–121.
Carstensen, L., Pasupathi, M., Mayr, U. & Nesselroade, J. R. (2000). Emotional experience in everyday life across the adult life span. *Journal of Personality and Social Psychology, 79,* 644–655.
Costa, P. T., Jr., & McCrae, R. R. (1980). Still stable after all these years: Personality as a key to some issues in adulthood and old age. In P. B. Baltes & J. O. G. Brim (Eds.), *Life-span development and behavior,* Vol. 3, pp. 66–102. New York: Academic Press.
Costa, P. T. & McCrae, R. R. (1994). Set like plaster? Evidence for the stability of adult personality. In T. F. Heatherton & J. L. Weinberger (Eds.), *Can personality change?* pp. 21–40. Washington, DC: American Psychological Association.
Costa, P.-T., Herbst, J. H., McCrae, R. R., & Siegler, I. C. (2000). Personality at midlife: Stability, intrinsic maturation, and response to life events. *Assessment, 7,* 365–378.
Davidson, R. J. (1984). Affect, cognition, and hemispheric specialization. In C. E. Izard, J. Kagan & R. Zajonc (Eds.), *Emotion, cognition, and behavior,* pp. 320–365. New York: Cambridge University Press.
Diener, E. & Suh, E. (1998). Subjective well-being and age: An international analysis. *Annual Review of Gerontology and Geriatrics, 17,* 304–324.
Doerner, J. & Staudinger, U. M. (2007). Self-Concept Maturity – A new measure of personality growth: Validation, age effects, and first processual explorations. *Manuscript in preparation.*
Doussard-Roosevelt, J. A., McClenny, B. D. & Porges, S. W. (2001). Neonatal cardiac vagal tone and school-age development outcome in very low birth weight infants. *Developmental Psychology, 38,* 56–66.
Ebner, N. C. & Freund, A. M. (2003). *Win or don't lose: Age differences in personal goal focus:* Poster presented at the 111th Meeting of the American Psychological Association, Toronto, Canada.
Ebner, N. C., Freund, A. M. & Baltes, P. B. (2006). Developmental changes in personal goal orientation from young to late adulthood: from striving for gains to maintenance and prevention of losses. *Psychology and Aging, 21,* (4), 664–678.
Filipp, S. H. & Mayer, A. K. (2005). Selbstkonzept-Entwicklung. In J. B. Asendorpf & H. Rauh (Eds.), *Soziale, emotionale und Persönlichkeitsentwicklung. Enzyklopädie der Psychologie,* S. 259–314. Göttingen: Hogrefe.
Finch, C. E. & Seeman, T. E. (1999). Stress theories of aging. In V. L. Bengtson & K. W. Schaie (Eds.), *Handbook of Theories of Aging,* pp. 81–97. New York: Springer.
Freund, A. & Smith, J. (1999). Content and function of the self-definition in old and very old age. *Journals of Gerontology, 54B,* 55–67.
Fox, N. A. (1989). Psychophysiological correlates of emotional reactivity during the first year of life. *Developmental Psychology, 25,* 364–372.
Gray, J. A. (1981). A critique of Eysenck's theory of personality. In H. J. Eysenck (Ed.), *A model of personality,* pp. 246–276. Berlin: Springer.
Greve, W. & Staudinger, U. M. (2006). Resilience in later adulthood and old age: Resources and potentials for successful aging. In D. Cicchetti & A. Cohen (Eds.), *Developmental Psychopathology* (2nd edn.), pp. 796–840. New York: Wiley.

Heckhausen, J. (1997). Developmental regulation across adulthood: Primary and secondary control of age-related challenges. *Developmental Psychology, 33*, 176–187.

Helson, R., & Kwan, V. S. Y. (2000). Personality development in adulthood: The broad picture and processes in one longitudinal sample. In S. Hampson (Ed.), *Advances in personality psychology*, Vol. 1, pp. 77–106. London: Routledge.

John, O. P. & Srivastava, S. (1999). The Big Five trait taxonomy: History, measurement, and theoretical perspectives. In L. A. Pervin & O. P. John (Eds.), *Handbook of personality: Theory and research* (2nd edn.) 102–138. New York: Guilford.

Kagan, J. (1998). *Three seductive ideas*. Cambridge, MA: Harvard University Press.

Kessler, E.-M. & Staudinger, U. M. (2007). Intergenerational potential: Effects of social interaction between older adults and adolescents. *Psychology and Aging, 22,* 690–704.

Kline, J. P., Blackhart, G. C., Woodward, K. M., Williams, S. R. & Schwartz, G. E. R. (2000). Anterior electroencephalographic asymmetry changes in elderly women in response to a pleasant and an unpleasant odor. *Biological Psychology, 52*, 241–250.

Kunzmann, U., Little, T. D. & Smith, J. (2000). Is age-related stability of subjective well-being a paradox? Cross-sectional and longitudinal evidence from the Berlin Aging Study. *Psychology and Aging, 15*, 511–526.

McCrae, R. R., Costa, P. T., Ostendorf, F., Angleitner, A., Hrebickova, M., Avia, M. D., et al. (2000). Nature over nurture: Temperament, personality, and life span development. *Journal of Personality and Social Psychology, 78*, 173–186.

Mickler, C. & Staudinger, U. M. (2007). *Self-related wisdom: Measurement, validation and age differences*. Submitted Manuscript.

Mühlig-Versen, A. & Staudinger, U. M. (2007). *Personality change in later adulthood: The role of learning and activation*. Manuscript in preparation.

Ogilvie, D. M., Rose, K. M. & Heppen, J. B. (2001). A comparison of personal project motives in three age groups. *Basic and Applied Social Psychology, 23*, 207–215.

Porges, S. W. & Doussard-Roosevelt, J. (1997). The psychophysiology of temperament. In J. D. Noshpitz (Ed.), *The handbook of child and adolescent psychiatry*, pp. 250–268. New York: Wiley.

Rothermund, K. & Brandtstädter, J. (2003). Coping with deficits and losses in later life: From compensatory action to accommodation. *Psychology & Aging, 18*, 896–905.

Ryff, C. D. (1989). Happiness is everything, or is it? Explorations on the meaning of psychological well-being. *Journal of Personality and Social Psychology, 57*, 1069–1081.

Ryff, C. D. & Keyes, C. L. M. (1995). The structure of psychological well-being revisited. *Journal of Personality and Social Psychology, 69,* (4), 719–727.

Schindler, I. & Staudinger, U. M. (2005). Lifespan perspectives on self and personality: The dynamics between the mechanics and pragmatics of life. In W. Greve, K. Rothermund & D. Wentura (Eds.), *The Adaptive Self: Personal Continuity and Intentional Self-Development*, pp. 3–31. Cambridge, MA: Hogrefe & Huber Publishers.

Srivastava, S., John, O. P., Gosling, S. D. & Potter, J. (2003). Development of personality in early and middle adulthood: Set like plaster or persistent change? *Journal of Personality and Social Psychology, 84*, 1041–1053.

Staudinger, U. M. (2000). Viele Gründe sprechen dagegen und trotzdem fühlen viele Menschen sich wohl: Das Paradox des subjektiven Wohlbefindens. *Psychologische Rundschau, 51*, 185–197.

Staudinger, U. M. (2005). Personality and aging. In M. Johnson, V. L. Bengtson, P. G. Coleman & T. Kirkwood (Eds.), *Cambridge handbook of age and ageing*, pp. 237–244. Cambridge, UK: Cambridge University Press.

Staudinger, U. M. (2007). *Facilitating personal wisdom: The sample case of life reflection.* Manuscript in preparation.

Staudinger, U. M., Marsiske, M. & Baltes, P. B. (1995). Resilience and reserve capacity in later adulthood: Potentials and limits of development across the life span. In D. Cicchetti & D. Cohen (Eds.), *Developmental psychopathology,* Vol. 2: Risk, disorder, and adaptation, pp. 801–847. New York: Wiley.

Staudinger, U. M. & Pasupathi, M. (2000). Life-span perspectives on self, personality and social cognition. In T. Salthouse & F. Craik (Eds.), *Handbook of cognition and aging,* pp. 633–688. Hillsdale, NJ: Erlbaum.

Staudinger, U. M., Voelcker-Rehage, C. & Godde, B. (2007). The effects of a fitness intervention on emotion regulation in old age. Manuscript in preparation.

Westenberg, P. M., Blasi, A., & Cohn, L. D. (Eds.). (1998). *Personality development: theoretical, empirical, and clinical investigations of Loevinger's conception of ego development.* Mahwah, New Jersey: Lawrence Erlbaum Associates, Inc.

Wrosch, C., Scheier, M. F., Carver, C. S. & Schulz, R. (2003). The importance of goal disengagement in adaptive self-regulation: When giving up is beneficial. *Self and Identity, 2,* 1–20.

Teil 3

Was ist Alter(n):
Gesellschaft und Politik

Was ist demographische Alterung?
Der Beitrag der Veränderungen der demographischen Parameter zur demographischen Alterung in den alten Bundesländern seit 1950

Reiner H. Dinkel

I. Demographische Alterung: Die Suche nach einer operationalen Definition

Das Wissen über die erwarteten Folgen der demographischen Alterung erreichte in den letzten Jahren die Populärliteratur und wird von dort aus medienwirksam verbreitet. In Deutschland „altert" die Bevölkerung spätestens seit dem Ende des Ersten Weltkriegs, was in der Zwischenkriegszeit intensiv öffentlich diskutiert wurde. Demographische Alterung ist kein spezifisch deutsches Phänomen. In Frankreich wurde bereits im gesamten Verlauf des 19. Jahrhunderts eine für diese Zeit ungewöhnlich niedrige Fertilität realisiert. Dort muss man den Beginn der „demographischen Alterung" bis in die erste Hälfte des 19. Jahrhunderts rückdatieren. Jahrzehntelang dominierte die Furcht vor einer „Bevölkerungsexplosion" das öffentliche Denken und den Ländern der „Dritten Welt" gegenüber wurde deshalb ein Abbremsen des Bevölkerungswachstums eingefordert, dessen unvermeidliche Kehrseite die demographische Alterung ist. In der ersten Hälfte des 20. Jahrhunderts erlebten viele europäische Bevölkerungen längst demographische Alterung, während sich andere Populationen in Afrika, Asien oder Lateinamerika „verjüngten".

Seit dem Jahr 1970 ist die demographische Alterung aber – von allerdings sehr unterschiedlichen Niveaus aus – ein nahezu universelles Phänomen. In wenigen Jahrzehnten werden viele Populationen in Asien oder Lateinamerika, die darauf im Moment noch gar nicht vorbereitet sind, gleichartige Erfahrungen machen, die in Europa über ein Jahrhundert gestreckt graduell entstanden und damit Zeit für Anpassungen in Gesellschaft und Politik boten. Mit diesem Argument wird klar, dass es neben dem Stand der demographischen Alterung auch auf das Tempo dieses Prozesses ankommt. Wo diese Entwicklungen besonders schnell ablaufen, haben die betroffenen Gesellschaften weniger Zeit, sich darauf einzustellen.

Demographische Alterung wird nahezu reflexartig mit einem negativen Vorzeichen besetzt. Die damit beschriebenen Entwicklungen sind allerdings per se weder „eine Last, unter der die davon betroffenen Länder zusammenbrechen müssten" noch eine „schleichende Gefahr", wie manchmal martialisch formuliert wird. In der deutschsprachigen Literatur wurde in diesem Zusammenhang noch vor einigen Jahrzehnten von „Überalterung" gesprochen. Die Termini „demographische Alterung" und ihr logischer Gegenpart „demographische Verjüngung" sollen nur dazu dienen, Veränderungen der Strukturen von Bevölkerungsgesamtheiten zu beschreiben, die für sich betrachtet grundsätzlich weder positiv noch negativ sind (vgl. auch Kaufmann, in diesem Band).

Was genau ist demographische Alterung? Dem Wortsinn nach muss es dabei um Veränderungen von Zuständen zwischen Zeitpunkten gehen. Auch der Wortkern „Alter" ist in seiner Bedeutung nicht feststehend. Biologen sind gewohnt, Alter in funktionalen Kategorien zu messen (vgl. auch Behl et al. oder Lindenberger, in diesem Band). „Alt" ist, wer bestimmte Aufgaben nicht mehr (voll) erfüllen kann. So sinnvoll eine funktionale Altersskala für bestimmte Fragestellungen erscheinen mag, würde ihre Anwendung für Bevölkerungsgesamtheiten zwangsläufig daran scheitern, dass funktionale Charakteristika des Alters nicht für Gesamtheiten gewonnen werden können. Zur Definition von „demographischer Alterung" ist man deshalb zwangsläufig auf die chronologische Altersmessung festgelegt.

Für Bevölkerungen als Gesamtheit kann „Alterung" nicht das beschreiben, was ein Buchtitel als Kennzeichnung von individuellem Erleben prägnant formuliert: „Aging from birth to death" (Riley, 1979). Individuell ist Alterung ein Kennzeichen für jeden Organismus, im Zeitablauf ein als ansteigendes, chronologisches Alter zu erfahren. Im Zusammenhang mit der individuellen Alterung, die im Mittelpunkt medizinischer oder psychologischer Forschung steht (vgl. Ho et al. oder Staudinger, in diesem Band), treten manche auch demographisch wichtige Fragen auf. Dazu gehört etwa jene Frage, ob es so etwas wie eine unveränderliche maximale Lebensspanne gibt, wo dieses Maximum liegt und von welchen (möglicherweise genetischen) Faktoren die maximale Lebensspanne (im Falle ihres Existierens) der Spezies Homo Sapiens gelenkt wird und ob sie möglicherweise in der Zukunft verändert werden könnte (als Überblick Austad, 1997). Nur ein kleiner Bruchteil aller Lebenden erreicht die Nähe der denkbaren biologischen Altersgrenze, die nach heutigen Erfahrungen irgendwo in der Nähe oder knapp oberhalb von Alter 120 liegen muss (vgl. Behl et al., in diesem Band).

Dem Ausdruck Alterung das Beiwort „demographisch" beizufügen soll zum Ausdruck bringen, dass es nicht um individuelle Alterung geht. Bei der demographischen Alterung geht es um die Quantifizierung von relativen Veränderungen in der Alterszusammensetzung von Bevölkerungen, wobei die Betonung auf relativ liegen muss. Dabei spielen absolute Kopfzahlen keine Rolle. Hat Population A auf allen Altersstufen und bei beiden Geschlechtern stets doppelt so viele Mitglieder wie Population B, kann bzw. will man nicht davon sprechen, Population B sei „älter" oder „jünger" als Population A. In diesem Fall hat Population A doppelt so viele Mitglieder wie B.

Im Hinblick auf die Definition von demographischer Alterung gibt es in der Literatur zwei deutlich unterschiedliche (häufig nicht explizit gemachte) Auffassungen. Bei einer Variante (a) muss zuerst festgelegt werden, welche Individuen in einer Bevölkerung die definierte Eigenschaft „alt" aufweisen. Anschließend geht es darum festzustellen, wie häufig diese Eigenschaft in einer Bevölkerung vorkommt. „Alterung" tritt dann auf, wenn sich die Zahl oder der Anteil der Merkmalsträger mit der Eigenschaft „alt" erhöhen. Die Eigenschaft „alt" kann dabei in unterschiedlichen Ausprägungen auftreten. Würde man beispielsweise festlegen, eine Person oberhalb von Alter 65 als „alt" zu verstehen, ist es durchaus denkbar, eine Person oberhalb von Alter 80 möglicherweise als „älter" zu bezeichnen als eine Person im Alter 70. Eine Person im Alter 55 hingegen wäre ebenso wie eine Person im Alter 20 „nicht alt" und damit nicht Gegenstand der Fragestellung. Messkonzepte wie „Seniorenanteil" oder „Alterslastquote" sind unmittelbarer Ausfluss von Definition (a).

Bei Variante (b) geht es nicht um ausgewählte Individuen mit spezifischen Eigenschaften, sondern um die Gesamtheit der Alterszusammensetzung einer Population. Demographische Alterung oder ihr Gegenpart demographische Verjüngung finden danach statt, wenn sich die Altersverteilung der Population zwischen zwei Zeitpunkten verändert. Relevante relative Veränderungen von Bevölkerungsrelationen können im Sinne von Definition (b) zum einen auf allen Altersstufen gemeinsam – durchaus auch in verschiedene Richtungen gehend – auftreten, wenn beispielsweise ein Anstieg des Anteils der Personen oberhalb von Alter 70, ein leichter Rückgang des Anteils der Altersstufen zwischen Alter 30 und 50 und ein starker Rückgang der Altersstufen unterhalb von Alter 20 beobachtet wird. Sie können sich aber auch auf einzelne Teilsegmente der Altersstruktur beschränken, wenn beispielsweise ein absoluter Rückgang der Besetzung nur in den Altersstufen 0–5 konstatiert wird.

Welche der beiden Definitionen sollte vorgezogen werden? Zur Beantwortung hilft uns ein Blick auf die möglichen Ursachen demographischer Alterung. Anders als bei der Definition von demographischer Alterung gibt es in der Literatur keinen Dissens darüber, wie demographische Alterung oder Verjüngung entstehen. Wenn die relevanten demographischen Parameter Fertilität und Mortalität dauerhaft konstant wären und keine Migration stattfände, würde von jeder denkbaren und noch so irregulären Ausgangslage aus nach spätestens 150 Jahren eine stabile Bevölkerung entstehen, die (je nach den Werten von Fertilität und Mortalität) stabil wachsend, stationär oder stabil schrumpfend sein würde. Jede stabile Bevölkerung hat stets eine unveränderte Altersstruktur und somit auch ein zeitlich konstantes Durchschnittsalter oder weist konstante Relationen zwischen allen denkbaren Altersgruppen auf. In allen stabilen Bevölkerungen (gleich ob sie wachsend, stationär oder schrumpfend sind) findet weder demographische Alterung noch Verjüngung statt. Bei gegebener Mortalität besitzt eine stabil wachsende Bevölkerung ein niedriges, eine stabil schrumpfende Bevölkerung ein höheres Durchschnittsalter bzw. einen niedrigeren oder höheren Anteil von Personen mit der Eigenschaft „alt" als die entsprechende stationäre Bevölkerung mit der gleichen Sterblichkeit. Das angesichts der herrschenden demographischen Parameter entstehende Durchschnittsalter der jeweiligen resultierenden stabilen Bevölkerung oder jeder andere Parameter wie etwa der Anteil der „Alten" würde sich aber bei konstanten demographischen Parametern im Zeitverlauf *nicht* verändern.

Demographische Alterung oder Verjüngung kann somit nur auf Grund von Veränderungen der relevanten demographischen Parameter gegenüber dem jeweils gewählten Startpunkt der Betrachtung entstehen. Ändert eine stabile Bevölkerung ihre demographischen Parameter zeitweise oder dauerhaft, muss zwingend zumindest zeitweise Alterung oder Verjüngung folgen. Viele Autoren haben in der Vergangenheit betont, die mit Abstand wichtigste Ursache für demographische Alterung sei ein Fertilitätsrückgang (vgl. Coale, 1956; UN, 1954). Eine Bevölkerung, die ihre Fertilität von einem hohen Fertilitätsniveau aus auf stationäre Raten heruntergebremst und von dann ab wieder dauerhaft konstante demographische Parameter realisiert, wächst in der absoluten Kopfzahl noch bis zu 100 Jahre nach dem Übergang auf die neuen stabilen Raten weiter. Im Sinne von Definition (a) würde sich die *Zahl* und der *Anteil* der Individuen mit der Eigenschaft „alt" im Verlauf eines Fertilitätsrückgangs über mehrere Jahrzehnte nicht oder nur marginal verändern. Die Veränderungen in der *Bevölkerungsstruktur* aufgrund des Fertilitätsrückgangs (demographische Alterung im Sinne von Definition (b)) setzen allerdings zwingend sofort nach der ersten Parametervariation ein, wenn zuerst der Besetzungsanteil der Nulljährigen sinkt, ein Jahr später sowohl der Null- als auch der Einjährigen.

Im Sinne von Definition (b), der wir hier uneingeschränkt folgen, muss man deshalb bei dem Begriffspaar „Alterung" und „Verjüngung" stets eine Veränderung der gesamten Altersstruktur im Auge haben. Änderungen bei den Anteilen der Kinder können ebenso wichtig sein wie Veränderungen im Alter Sechzig oder Neunzig. Es ist somit nicht sinnvoll, demographische Alterung alleine als einen Anstieg des Anteils der Personen mit der Eigenschaft „alt" zu bezeichnen (Rosset, 1964). Entsprechend müsste man dann demographische Verjüngung als einen Anstieg des Anteils der Kinder und Jugendlichen definieren. Calot & Sardon (1999) weisen zu recht darauf hin, dass in einem solchen Fall in einem gegebenen Jahr für eine Bevölkerung zugleich demographische Alterung und demographische Verjüngung auftreten könnte.

Um die Gesamtheit der Veränderungen der Altersstruktur im Zeitablauf darzustellen und bewerten zu können, benötigt man eine Maßzahl, in der sich die relativen Veränderungen der Alterszusammensetzung auf verschiedenen oder im Grenzfall auf allen Altersstufen niederschlagen (können). Damit müssen bei jeder denkbaren Maßzahl divergierende Entwicklungen bei unterschiedlichen Alterssegmenten zwangsläufig in einer Gesamtbewertung ausgedrückt werden. Eine für die Festlegung von demographischer Alterung gewählte Maßzahl sollte mehrere Eigenschaften besitzen. Sie sollte zum einen möglichst einfach berechenbar sein, d. h. keine zu komplexen Informationen zur Voraussetzung haben, was ihre Anwendbarkeit verhindern würde. Das gewählte Maß sollte in der Lage sein, stets ein Urteil fällen zu können und das Ergebnis sollte eindeutig und widerspruchsfrei interpretierbar zu sein. Wenn die gewählte Maßzahl sich verändert (steigt oder sinkt), sollte entweder demographische Alterung oder Verjüngung folgen oder umgekehrt. Eine weitere bereits aus der bisherigen Argumentation folgende geforderte Eigenschaft ist, dass die gewählte Maßzahl für demographische Alterung die gesamte Altersstruktur einer Bevölkerung in die Betrachtung einbeziehen muss (so auch Kii, 1982) und sich nicht auf Teilsegmente beschränkt.

Im deutlichen Gegensatz zu den zahlreichen internationalen Veröffentlichungen zum Thema demographische Alterung mit Beiträgen aus den verschiedensten Wissenschaftsdisziplinen gibt es nur wenige systematisierende Studien, die sich mit der Frage beschäftigen, wie man dieses Phänomen sinnvoll definieren und messen sollte (Dinkel, 1989, in Druck; Kaufmann, 1960; United Nations, 1956; Rosset, 1964; Schimany, 2003). Eine vergleichende Bewertung solcher Parameter kann an dieser Stelle nicht geleistet werden. In vielen Veröffentlichungen zur Charakterisierung der demographischen Alterung oder Verjüngung im Sinne der Definition (b) wird der Parameter

„Durchschnittsalter der Lebenden" vorgeschlagen. Wenn wir z als das höchste in einer Population vorkommende Alter und als $k(x)$ den Anteil von Altersstufe x an der Gesamtbevölkerung bezeichnen, gilt für diesen Parameter:

$$\bar{x} = \sum_{x=0}^{z} k(x) \cdot x \quad \text{bzw.:} \quad \bar{x} = \sum_{x=0}^{z} k(x) \cdot (x + 0{,}5).$$

Obwohl es noch einige wenige andere geeignete Messkonzepte gibt (zum Vergleich Dinkel, in Druck), wollen wir uns festlegen: Im Sinne des Messkonzepts Durchschnittsalter tritt demographische Alterung ein, wenn das Durchschnittsalter der Bevölkerung im Zeitablauf ansteigt und demographische Verjüngung findet statt, wenn das Durchschnittsalter einer Population zwischen zwei Zeitpunkten sinkt:

$d\bar{x}/dt > 0$ demographische Alterung

$d\bar{x}/dt < 0$ demographische Verjüngung

Das Durchschnittsalter gewichtet eine Person, die um eine gleiche Zahl von Jahren oberhalb und unterhalb des Durchschnittsalters liegt, in einem Fall um den gleichen Betrag erhöhend, im anderen Fall um den gleichen Betrag senkend. Kommt bei einem Durchschnittsalter von 40 Jahren je eine Person im Alter 30 und 50 hinzu, verändert er das Durchschnittsalter nicht. Diese Symmetrie der Bewertung in beide Richtungen in Abhängigkeit von der Distanz eines Beobachtungswertes zum jeweiligen Mittelwert wird häufig kritisiert (so bereits Schnapper-Arndt, 1912). Eine nur zwischen Alter 40 und 50 gleich verteilte Population hat das gleiche Durchschnittsalter von 45 Jahren wie eine Bevölkerung, bei der die eine Hälfte der Bevölkerung zwischen Alter 20 und 25, die andere zwischen Alter 65 und 70 gleich verteilt ist. Im Sinne von Alterungsdefinition (a) wäre dies ein schwerwiegender Defekt, da nur in der Population zwischen Alter 65 und 70 überhaupt Individuen mit der Eigenschaft „alt" enthalten sind. Im Sinne der von uns gewählten Definition (b) folgt ein solches negatives Urteil allerdings nicht automatisch.

II. Eine Systematisierung möglicher Ursachen demographischer Alterung

Wir wollen in diesem Beitrag untersuchen, welche der bereits angesprochenen Ursachen in der Bundesrepublik seit dem Jahresende 1950 welchen quantitativen Beitrag zur beobachteten demographischen Alterung der Wohnbevölkerung geleistet hat. Diese Frage wurde für andere Länder bereits gestellt, so etwa für die USA und Schweden durch Preston und andere (1989) oder für Frankreich und Italien von Caselli & Vallin (1990). In beiden Fällen versuchten die Autoren die gestellte Frage auf der Basis einer eher theoretischen Argumentation zu beantworten. Im Weiteren werden zur Quantifizierung konkrete Modellrechnungen unter Nutzung eines ausdifferenzierten Prognosemodells herangezogen. Wir gehen dabei zum Jahresendbestand der Wohnbevölkerung des Jahres 1950 zurück und berechnen die Bevölkerungsbestände und das resultierende Durchschnittsalter der jeweiligen Jahresendbestände, die bis zum Jahr 2000 oder dem Jahr 2004 bei den verschiedenen Parameterkonstellationen resultieren würden. Demographische Alterung findet in Deutschland nicht erst seit 1950 statt. Für den Zeitraum vor 1950 fehlen aber ausreichend exakte demographische Daten.

Die Basis der Berechnungen ist der Jahresendbestand der Einzelalter beider Geschlechter in den alten Bundesländern, wie er durch Rückwärtskorrektur der Volkszählungsergebnisse von 1950 durch die Wohnungsstättenzählung von 1956/57 (zum Abgleich zwischen den Ergebnissen der beiden Zählungen vgl. Fürst et al., 1957) ermittelt wurde. Dabei sind vom Jahresende 1950 ab die Bevölkerungsbestände des Saarlands und Westberlins mit einbezogen, die ursprünglich nicht Teil der Bundesrepublik waren. Die korrigierten Daten wurden vom Statistischen Bundesamt berechnet und zur Verfügung gestellt. Besonders auffällig an der resultierenden Alterspyramide ist beispielsweise, dass am Jahresende 1950 der Frauenüberschuss bereits im Alter 25 begann, der normalerweise erst oberhalb von Alter 50 oder 60 eintritt. Verantwortlich dafür waren die Auswirkungen der beiden Weltkriege, die überwiegend Männer betrafen und dazu führten, dass oberhalb von Alter 25 oder 30 bis in die höchsten Altersstufen deutlich weniger Männer am Leben waren, als dies ansonsten der Fall gewesen wäre. Auch der zwischen Alter 30 und 35 sichtbare Einbruch der Bestände beider Geschlechter geht auf den 1. Weltkrieg zurück, wo zwischen 1915 und 1918 besonders wenige Lebendgeburten stattfanden. Auch das Ende des 2. Weltkriegs führte zu einem kurzzeitigen Geburteneinbruch, der am Jahresende 1950 im Alter Fünf sichtbar ist. Vom 1. Weltkrieg waren schwerpunktmäßig die männlichen Geburtsjahrgänge 1880 bis 1900 betroffen, die im Jahr 1950 zwischen 50 und 70 Jahre alt gewesen wären. Die Opfer des 2. Weltkriegs konzentrierten sich schwerpunktmäßig auf die Geburtsjahrgänge zwischen 1905 und 1925, die am Jahresende 1950 zwischen Alter 25 und 45 gewesen wären.

Die Jahresendbevölkerung der alten Bundesländer kann letztmals für das Jahresende 2000 berechnet werden. Anschließend veränderte das Land Berlin seine Bezirksgrenzen in einer Form, dass nicht mehr zwischen dem früheren Ost- und Westberlin getrennt werden kann. Seither kann der Bevölkerungsbestand der alten Länder ohne Westberlin und jener der neuen Länder ohne Ostberlin gemessen werden. Die konkreten Berechnungen zeigen aber, dass im Hinblick auf das Durchschnittsalter der Wohnbevölkerung im Zeitraum 2000 bis 2004 die Ergebnisse für die alten Bundesländer ohne Westberlin durchaus vergleichbar sind mit den vorangegangenen Werten für die alten Bundesländer einschließlich Westberlin.

In den alten Bundesländern erfolgte seit dem Jahr 1950 bei beiden Geschlechtern ein mehr oder weniger kontinuierlicher Anstieg des Durchschnittsalters der Wohnbevölkerung. Lag der Wert am Jahresende 1950 für beide Geschlechter gemeinsam noch bei 34,76 Jahren, stieg er bis zum Jahresende 2000 auf 40,88 Jahre und bis zum Jahresende 2004 (für die beiden Geschlechter in den alten Ländern ohne Westberlin gemeinsam) auf 41,7 Jahre an. Von kurzen Unterberechnungen abgesehen fand damit in den alten Bundesländern im Beobachtungszeitraum eine erhebliche demographische Alterung statt.

Grundsätzlich gibt es vier mögliche Ursachen (Schwarz, 1997), die eine demographische Alterung der Wohnbevölkerung in den alten Bundesländern zwischen dem Jahresende 1950 und 2004 bewirkt haben können:

1. Auswirkungen von bereits am Beginn der Betrachtung (dem Jahresende 1950) bestehenden Besonderheiten in der Altersstruktur.
2. Auswirkungen von Veränderungen der Fertilität im Beobachtungszeitraum. Im Beobachtungszeitraum fanden in Periodenmessung erhebliche Umbrüche (in der Summe der altersspezifischen Fertilitätsraten) statt.
3. Auswirkungen von Mortalitätsentwicklungen im Beobachtungszeitraum. Seit den Werten der Sterbetafel 1949/51 sank die Sterblichkeit der Frauen in den alten Ländern bis heute systematisch und der Parameter „Lebenserwartung bei Geburt" stieg auf Werte bis zu oberhalb von 80 Jahren an. Bei den Männern trat in den 50er und 60er Jahren vor allem in den mittleren Altersstufen eine zeitweise Stagnation der Sterblichkeit ein.
4. Auswirkungen der grenzüberschreitenden Migration im Beobachtungszeitraum. Die grenzüberschreitenden Zu- und Fortzüge aus dem oder in das Gebiet der späteren alten Bundesländer waren in den Jahren unmittelbar nach dem Ende des 2. Weltkriegs besonders groß. Millionen von vorher erzwungen auf dem Gebiet des Deutschen Reichs lebender Personen kehrten in ihre Herkunftsgebiete zurück und eine erhebliche Millionenzahl von Flüchtlingen und Vertriebenen strömte in das Gebiet der vier Besatzungszonen. Diese Personen waren überwiegend weiblich und im Durchschnitt jünger als die einheimische Bevölkerung. Die von diesen Wanderungen ausgelösten kurz- oder langfristigen demographischen Verjüngungseffekte sind allerdings nicht Gegenstand der nachfolgenden Analyse, da alle vorher stattgefundenen Wanderungen in der Altersstruktur des Jahresendes 1950 bereits (vollständig) enthalten sind und unter anderem dafür sorgten, dass die gesamte Wohnbevölkerung der alten Länder nach dem Kriegsende trotz der vielen Kriegsopfer im Durchschnitt jünger war als sie ohne diese Wanderungen gewesen wäre (ohne dass wir dies exakt quantifizieren könnten).

Im Hinblick auf die Auswirkungen der verschiedenen Ursachen auf das Ausmaß der demographischen Alterung bestehen zahlreiche Vorerwartungen. Sowohl für die Fertilitäts- als auch für die Mortalitätsentwicklung erscheint es plausibel, dass beide Faktoren für sich betrachtet im Beobachtungszeitraum demographische Alterung auslösten, auch wenn das quantitative Niveau bislang noch nicht errechnet wurde. Erhebliche Bewertungsunterschiede existieren aber im Hinblick auf die vermuteten Auswirkungen der grenzüberschreitenden Wanderungen. In einer Welt mit gleichzeitigen Zu- und Fortzügen, die jeweils eine unterschiedliche Altersstruktur aufweisen, können die Altersstrukturwirkungen der Migration nicht einfach an der Höhe des Wanderungssaldos abgelesen werden. So kann Migration in einer bestimmten Zahl und Struktur das Durchschnittsalter der einheimischen Bevölkerung je nach Alters- und Geschlechtsstruktur grundsätzlich sowohl reduzieren als auch erhöhen.

Die bevölkerungsdynamischen Auswirkungen von Migration bestehen zum einen aus der Summe der hinzugekommenen und überlebenden Zuwanderer als auch der

Summe der fehlenden und ansonsten noch im Inland lebenden Abwanderer. Der Saldo aus der positiven (hinzukommenden) Personengesamtheit und der negativen (fehlenden) Personengesamtheit aufgrund eines zeitlichen Stroms von Zu- und Abwanderung kann insgesamt größer oder kleiner als Null sein und sich dabei auf den einzelnen Altersstufen noch einmal völlig unterschiedlich zusammensetzen. Diese Population der aktuellen und überlebenden früheren Wanderer wollen wir im Weiteren vereinfacht als Population B bezeichnen.

Sobald sich unter den Zuwanderern auch Frauen vor und in den reproduktiven Altersstufen befinden, folgen aus der Zuwanderung im Lebensabschnitt zwischen der Zuwanderung und dem Ende der reproduktiven Lebensphase auch Geburten im Inland, die es ohne die vorherige Zuwanderung von Frauen jedenfalls nicht im Inland gegeben hätte. Aus diesen zusätzlichen Geburten folgen nach einer Generation Enkel und nach einer weiteren Generation Urenkel. Gleichzeitig nimmt jede Frau, die vor oder während des reproduktiven Lebensabschnitts abwandert, nicht nur alle ihre eigenen zukünftigen Geburten mit sich, die sie ansonsten im Inland realisiert hätte. Auch die aus diesen Geburten ansonsten im Inland folgenden zukünftigen Generationen werden nun wegen der heutigen Abwanderung in der Zukunft nicht mehr im Inland stattfinden. Die im Zeitablauf aus immer mehr Generationen bestehende Population der Kinder und Kindeskinder sowie der (mit negativen Vorzeichen versehenen) fehlenden Kinder und Kindeskinder ehemaliger Migranten bildet eine Population C.

Beide Populationen B und C zusammen machen die bevölkerungsdynamischen Auswirkungen von Migration für eine Bevölkerung aus. Wie groß die Bevölkerungen B und C im Bestand und ihrer Altersstruktur im Zeitablauf sind, hängt von einer großen Zahl von Parametern ab, deren komplexes Zusammenwirken an dieser Stelle nicht behandelt werden kann (vgl. ausführlich Dinkel, in Druck). Die größten Auswirkungen hat die Wanderung von weiblichen Jugendlichen in der Nähe von Alter Fünfzehn, bei denen alle Geburten noch bevorstehen, aber ein Großteil der Mortalitätsrisiken bereits überwunden sind, die beispielsweise bei einer weiblichen Neugeborenen der zukünftigen Fertilität noch im Wege stehen. Auf der anderen Seite hat Wanderung von Frauen oberhalb von Alter 45 keine bevölkerungsdynamischen Konsequenzen mehr. Als Folge einer spezifischen Zusammensetzung der Alters- und Geschlechtsstruktur der Zu- und Fortzüge kann sogar ein dauerhaft negativer Wanderungssaldo positive bevölkerungsdynamische Wirkungen für eine Bevölkerung auslösen (Dinkel, 1990), ebenso wie das Gegenteil möglich ist, dass ein dauerhaft positiver Wanderungssaldo die Bevölkerungsentwicklung negativ beeinflusst.

Je länger der Zeitraum ist, der in eine Betrachtung eingeht, desto größer kann und wird die Bedeutung der Population C und deren Altersstruktur sein. Vor allem die (positive oder negative) Bevölkerung der Nachkommen benötigt zu ihrer Entstehung Zeit. In den ersten Jahren nach Beginn eines Wanderungsstroms ist nahezu ausschließlich die Population B relevant, fünfzig Jahre später kann die Population C insgesamt größer sein als die Population B. Die Altersstrukturen der beiden (Teil)Populationen B und C unterscheiden sich zudem systematisch. Im konkreten Fall werden wir deren Auswirkungen anschließend behandeln können.

Unter dem Stichwort „auch Zuwanderer altern" herrscht in der demographischen Literatur mehrheitlich die Auffassung vor (vgl. dazu Höhn, 1999; Lesthaege, Surkyn und Page, 1991; Schimany, 2003; Steinmann, 1991), Zuwanderung könne auch unter den Bedingungen der Bundesrepublik keinen Beitrag zur Vermeidung der demographischen Alterung leisten. Solche Schlussfolgerungen sind ein Reflex einer Übertragung angelsächsischer Denkmuster auf die Bundesrepublik. In den USA bestehen „Migrationswirkungen" grundsätzlich nur aus den Migranten (der Population B) selbst, wobei in der Literatur überwiegend nur Zuwanderer betrachtet werden. Bevölkerungsdynamisch betrachtet können die Zuwanderer selbst tatsächlich in der Folgezeit (wie gleichaltrige Einheimische auch) nichts anderes tun, als älter zu werden und schließlich zu sterben. Die von Migranten geborenen Nachkommen (die Population C) zählen in angelsächsischer Logik nicht zur Migration, sondern sind „normaler" Teil der Bevölkerung mit amerikanischer Staatsangehörigkeit. Selbstverständlich wären aber diese Kinder oder Enkel von Zuwanderinnen nicht (oder zumindest nicht im Inland) geboren worden, wenn nicht vorher ihre Mutter oder Großmutter zugewandert wären und sind damit eine Konsequenz von Zu- und Abwanderung.

Kehren wir von den eher theoretischen Argumenten zurück zu einer konkreten Suche nach einer empirischen Antwort zurück. Welche Auswirkungen auf die demographische Alterung der alten Bundesrepublik hatte die Entwicklung der einzelnen demographischen Parameter? Wir wollen dazu die Auswirkungen der einzelnen möglichen Ursachen der Reihe nach behandeln und dabei jeweils deren Beitrag quantifizieren.

III. Die Auswirkungen von bereits im Jahr 1950 bestehenden Irregularitäten in der Alterszusammensetzung

Vergleichsweise einfach lässt sich berechnen, welche Auswirkungen die bereits am Jahresende 1950 vorgefundenen Unregelmäßigkeiten oder Besonderheiten der Alterszusammensetzung auf die zeitliche Entwicklung des Durchschnittsalters der Wohnbevölkerung in den alten Ländern hatten und in der Zukunft haben werden. Zu diesem Zweck berechnen wir das Durchschnittsalter der Wohnbevölkerung der alten Bundesländer, wenn – ausgehend von der Altersstruktur am Jahresende 1950 – Fertilität und Mortalität des Jahres 1950 konstant bleiben und in der Folgezeit keine grenzüberschreitenden Wanderungen stattfinden würden. In diesem Fall entstünde nach rund 150 Jahren ein konstanter Wert des Durchschnittsalters von 38,12 Jahren, der deutlich höher liegt als der am Jahresende 1950 tatsächlich gemessene Wert. Die demographische Entwicklung seit dem letzten Drittel des 19. Jahrhunderts führte dazu, dass die Wohnbevölkerung der alten Bundesländer am Jahresende 1950 demographisch deutlich jünger war, als sie es bei dauerhaft konstanten demographischen Parameter des Jahres 1950 gewesen wäre. Allerdings ging die öffentliche Diskussion dieser Zeit keinesfalls davon aus, die bundesdeutsche Bevölkerung würde zu diesem Zeitpunkt eine „günstige" Altersstruktur aufweisen. Ganz im Gegenteil wurde damals betont, dass vor allem die vorangegangenen Kriegsverluste und das Fehlen der als besonders wichtig erachteten mittleren Altersstufen den zukünftigen Wiederaufbau wesentlich beeinträchtigten würden.

Am Jahresende 2004 wäre bei konstanten Parametern und Nullwanderung das Durchschnittsalter der Wohnbevölkerung bei 37,92 Jahren gelegen und hätte seinen

„stabilen" Wert noch nicht erreicht gehabt. Noch im Jahr 2004 wirken somit in der stattfindenden Veränderung des Durchschnittsalters Entwicklungen nach, die bereits aus der Zeit vor 1950 stammen. Die kriegsbedingten Unregelmäßigkeiten in der Altersstruktur des Jahres 1950 wachsen langsam und schrittweise nach oben aus der Altersstruktur hinaus. Auf Grund der Sterblichkeit des 2. Weltkrieges im Jahr 1950 fehlende 40jährige Männer wären im Jahr 1980 im Alter 70 und im Jahr 2000 im Alter Neunzig. Im Jahr 2010 werden sie nicht mehr fehlen, da sie auch ansonsten alle gestorben wären.

Wir können auch ein hypothetisches Durchschnittsalter berechnen, das in der stationären Sterbetafelbevölkerung der beiden Sterbetafeln 1949/51 für beide Geschlechter entstehen würde. Das gemeinsame Durchschnittsalter der Lebenden in der Sterbetafelbevölkerung würde bei „nur" 37,18 Jahren liegen. Wenn bei dauerhafter Konstanz der demographischen Parameter des Jahres 1950 im stationären Zustand der höhere stabile Wert von 38,12 Jahren resultieren würde, ist mit anderen Worten ausgesagt, dass die demographischen Parameter des Jahres 1950 bei dauerhafter Konstanz eine schrumpfende Bevölkerung (mit $R_0 = 0,96$) erzeugt hätten.

Die Entwicklung des Durchschnittsalters, wie sie in den Folgejahrzehnten zwangsläufig alleine aufgrund der Wirkungen der bereits im Jahr 1950 existierenden Altersstruktur entstanden wäre, soll als Referenz für die weiteren Betrachtungen dienen. Auswirkungen von Veränderungen der demographischen Parameter Fertilität, Mortalität oder Migration erbringen jeweils Änderungen im Durchschnittsalter gegenüber dieser Referenzentwicklung. Durch die gemeinsamen Auswirkungen der Veränderungen aller drei demographischen Parameter seit Jahresbeginn 1951 zusammen müssen jene Veränderungen im Durchschnittsalter der Bevölkerung entstanden sein, die in Abbildung 1 als Differenz zwischen der tatsächlichen und der Referenzentwicklung sichtbar werden. Danach wirkte die Gesamtheit der im Beobachtungszeitraum stattgefundenen Parametervariationen bis zum Jahr 1976 verjüngend, löste in der Folgezeit aber erhebliche demographische Alterung aus.

IV. Die Auswirkungen von Fertilitäts- und Mortalitätsentwicklungen seit 1950

Die Fertilität blieb in den alten Ländern sowohl in ihrer Alterszusammensetzung als auch im Niveau nicht auf dem Stand des Jahres 1950. Die Summe der altersspezifischen Fertilitätsraten von je 1000 Frauen im Alter zwischen 15 und 45 stieg in den alten Ländern in den 50er und 60er Jahren bis zu einem Wert von 2500 Lebendgeburten an, ging dann aber rasch und deutlich zurück und schwankt seither auf einem Niveau zwischen 1280 und 1350 Lebendgeburten pro 1000 Frauen in den reproduktiven Altersstufen. Bei einer Kohortenbetrachtung ist allerdings über das gesamte 20. Jahrhundert hinweg ein Rückgang in den endgültigen Kinderzahlen von Frauenjahrgängen festzustellen. Weder die am Beginn des 20. Jahrhunderts geborenen Frauenjahrgänge, die einen erheblichen Teil ihrer reproduktiven Lebensphase im Dritten Reich verbrachten, noch die nach dem Jahr 1940 geborenen Frauen, die für den so genannten „Babyboom" der 60er Jahre verantwortlich waren, erreichten auch nur annähernd „bestandserhaltende" Kinderzahlen. Auch jene Jahrgänge, die im Mo-

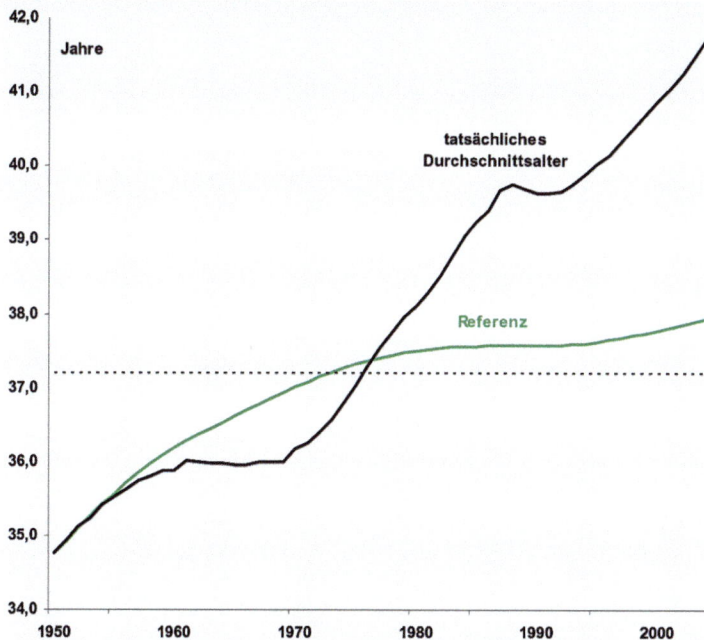

Abb. 1. Entwicklung des tatsächlich beobachteten Durchschnittsalters für beide Geschlecher und des Wertes in der Referenzpopulation (aL)

ment im reproduktiven Alter sind, werden das inzwischen bei nur noch 2,08 Kindern pro Frau liegende Niveau der Bestandserhaltung deutlich verfehlen. Zum einen steigt seit Jahrzehnten der Anteil lebenslang kinderloser Frauen, gleichzeitig sinkt ebenso systematisch der Anteil der Frauen mit drei oder mehr Lebendgeborenen. Sollen im Durchschnitt rund 2,1 Kinder pro Frau geboren werden, müsste für jene Frauen, die eine Partnerschaft eingehen und Nachkommen realisieren, die Dreikinder-Familie zur Norm werden. Dies liegt im Moment außerhalb jeder realistischen Betrachtung.

Um die Auswirkungen der Veränderung in der tatsächlichen Fertilität gegenüber den Werten von 1950 auf das Durchschnittsalter der Jahresendbevölkerung zu quantifizieren, berechnen wir das Durchschnittsalter einer Bevölkerung, die ausgehend vom Jahresendbestand 1950 entstanden wäre, wenn es im gesamten Folgezeitraum *keine* Wanderungen und eine *konstante Sterblichkeit* wie in der Sterbetafel 1949/51 gegeben hätte, wenn aber die Fertilität die in den alten Ländern tatsächlich beobachtete Entwicklung genommen hätte. Das resultierende Ergebnis für das Durchschnittsalter dieser hypothetischen Bevölkerung ist in Abbildung 2 dargestellt.

Bei Konstanz aller anderen Parameter hätte die tatsächliche Fertilitätsentwicklung in den alten Ländern für die ersten Jahrzehnte nach 1950 eine Wohnbevölkerung mit einem Durchschnittsalter entstehen lassen, das geringfügig unterhalb des Durchschnittsalters für die Referenzpopulation gelegen wäre. In der Folgezeit aber wäre einer Bevölkerung mit einem deutlich steigenden Durchschnittsalter entstanden. Im Jahr 2004 würde das Durchschnittsalter der Wohnbevölkerung in der Referenzpo-

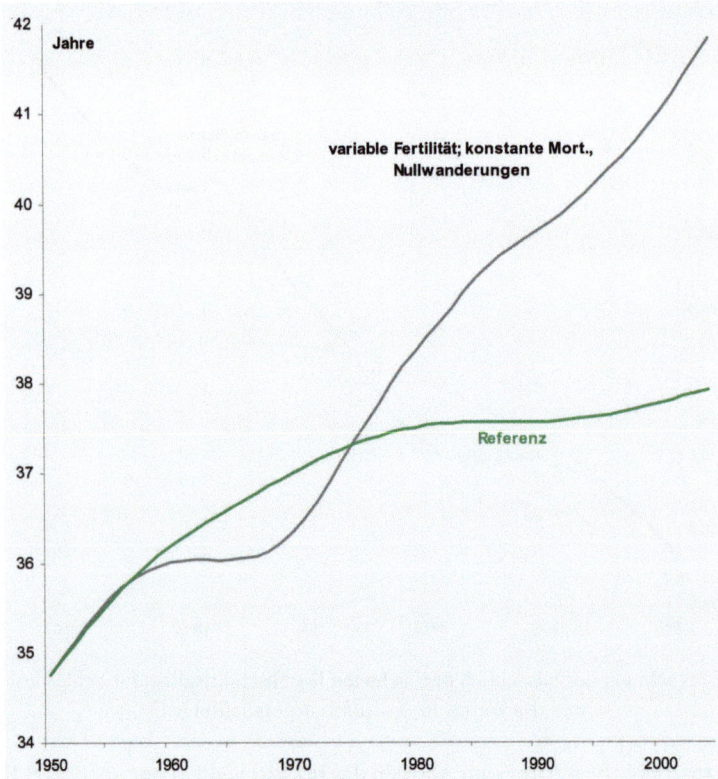

Abb. 2. Entwicklung des Durchschnittsalters für beide Geschlechter bei variabler Fertilität und des Wertes in der Referenzpopulation (aL)

pulation bei 37,9 Jahren liegen. Bei einer Fertilitätsentwicklung, wie sie tatsächlich beobachtet wurde, wäre das Durchschnittsalter der Wohnbevölkerung bis zum Jahr 2004 stattdessen auf 41,84 Jahre gestiegen.

Die Besetzungszahlen von Abbildung 3 stammen aus Periodensterbetafeln, die in dieser Form für tatsächlich Lebende nicht auftreten. Jeder Sterblichkeitsfortschritt in allen darunter liegenden Altersstufen erhöht auch in den realen Bevölkerungen nach einer bestimmten Zeit die Besetzungszahl in allen darüber liegenden Altersstufen und besonders stark die Zahl der überlebenden Hochbetagten. Sinkt beispielsweise im Jahr 1930 die Säuglingssterblichkeit, steigt im Jahr 1960 die Zahl der überlebenden Dreißigjährigen, im Jahr 1990 die Zahl der Sechzig- und im Jahr 2010 die Zahl der überlebenden Achtzigjährigen. Treten ähnliche Überlebensfortschritte mehr oder weniger stark auf allen darunter liegenden Altersstufen auf, muss sich früher oder später die kumulierte Bestandserhöhung der zusätzlich Überlebenden in den obersten Altersstufen am stärksten auswirken. Auch wenn es im Alter 80 selbst keinen Sterblichkeitsfortschritt mehr gegeben hätte, würde die Zahl der Achtzigjährigen mit einer Zeitverzögerung weiterhin relativ stärker steigen als die der Fünfzig- oder Sechzigjährigen.

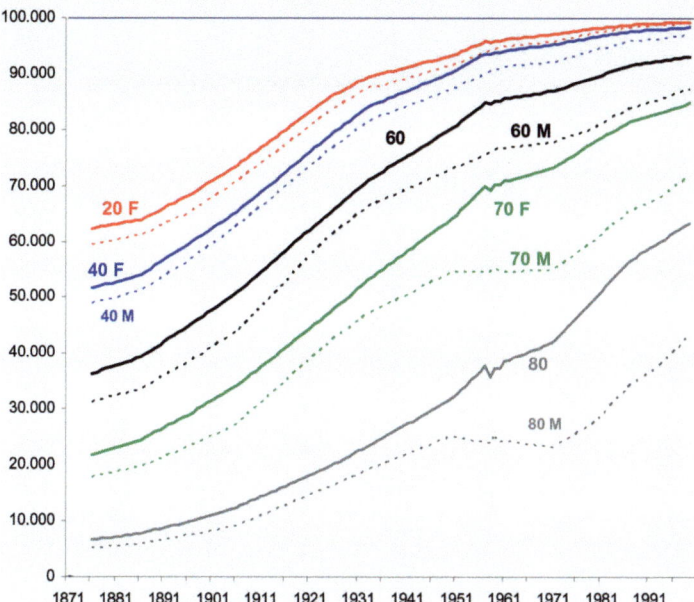

Abb. 3. Von je 100 000 lebendgeborenen Mädchen (*F*) und Jungen (*M*) erleben gemäss Sterbetafel des Deutschen Reichs und der Bundesrepublik (*aL*) das aus dieser Abbildung ersichtliche Alter

In den oberen Altersstufen waren die Überlebensfortschritte vor allem bei den Männern in den ersten Nachkriegsjahrzehnten gering (vgl. Abb. 3). Seit etwa 1970 sinkt aber auch die Sterblichkeit der Männer. Verantwortlich dafür ist in erster Linie die Sterblichkeit an Kreislauferkrankungen, der numerisch wichtigsten Todesursachengruppe. Bei beiden Geschlechtern hat sich seit 1970 die kardiovaskuläre Mortalität mehr als halbiert, während sie vorher in altersstandardisierter Betrachtung stagnierte (Frauen) oder sogar angestiegen war (Männer). Bemerkenswert ist, dass ein gleichartiger schneller Rückgang in vielen anderen Ländern (von Australien bis Finnland) ebenfalls stattfand (Uemura & Pisa, 1988). Die Krebssterblichkeit, zweitwichtigste Todesursachengruppe, sinkt seit einer Reihe von Jahren ebenfalls, aber mit deutlich geringerem Tempo. Der in den ersten Nachkriegsjahrzehnten starke Rückgang an allen anderen Todesursachen gemeinsam hat sich dagegen bei beiden Geschlechtern in den letzten Jahren deutlich reduziert.

Um den isolierten Einfluss der stattgefundenen Mortalitätsentwicklung auf das Durchschnittsalter der Wohnbevölkerung zu quantifizieren, berechnen wir das Durchschnittsalter einer hypothetischen Bevölkerung, die ausgehend vom Bevölkerungsbestand des Jahres 1950 entstanden wäre, wenn es seither keinerlei Wanderungen gegeben hätte und die Fertilität dauerhaft auf dem Niveau von 1950 verblieben wäre. Alleine die Mortalität soll sich entwickelt haben, wie in den verschiedenen Periodensterbetafeln seit 1949/51 gemessen wurde. In der dabei entstehenden hypothetischen Population wären im ersten Jahrzehnt nach Beobachtungsbeginn nur geringe

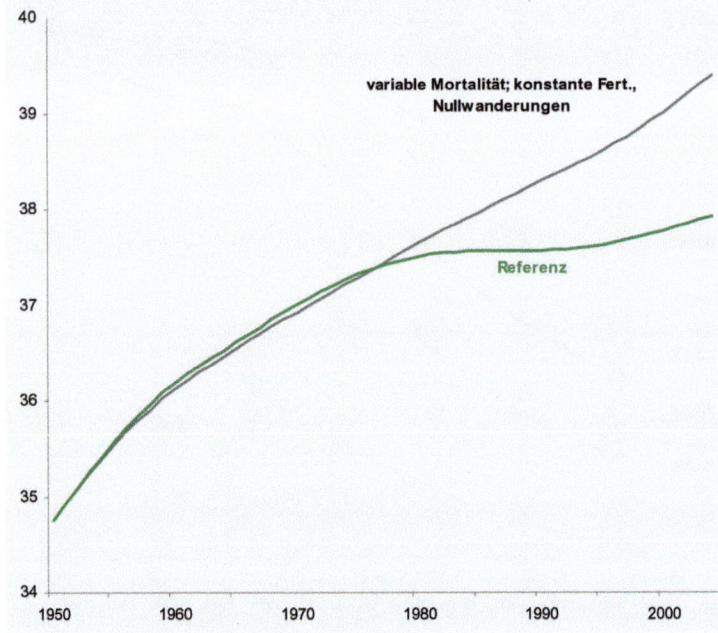

Abb. 4. Entwicklung des Durchschnittsalters für beide Geschlechter bei variabler Mortalität und des Wertes in der Referenzpopulation (*aL*)

Veränderungen des Durchschnittsalters im Vergleich zur Referenzpopulation entstanden. Vom Jahr 1960 ab wäre aber ein zunehmender Anstieg des Durchschnittsalters gegenüber den jeweiligen Werten in der Referenzpopulation eingetreten. Alleine aufgrund der Mortalitätsentwicklung seit 1950 wäre danach das Durchschnittsalter der Wohnbevölkerung bis zum Jahresende 2004 auf einen Wert von 39,4 Jahren angestiegen (Abb. 4).

In den Abbildungen 2 und 4 wurden die Auswirkungen von Fertilitäts- und von Mortalitätsvariationen auf die Entwicklung des Durchschnittsalters der Bevölkerung jeweils isoliert betrachtet. Tatsächlich veränderte sich sowohl die Fertilität als auch die Mortalität. Die Auswirkungen einer gemeinsamen Veränderung dieser beiden Parameter sind in der Regel nicht identisch mit der Summe der beiden isolierten Auswirkungen. In der anschließend dargestellten Abbildung 5 berechnen wir als Verlauf a das Durchschnittsalter der hypothetischen Bevölkerung, die ausgehend vom Jahresendbestand 1950 ohne Wanderungen unter Berücksichtigung der tatsächlichen Fertilitäts- und Mortalitätsentwicklung entstanden wäre. Auch im Fall einer kombinierten Veränderung von Fertilität und Mortalität wäre für einige Jahrzehnte in den alten Bundesländern demographische Verjüngung eingetreten. Etwa seit dem Jahr 1975 hätten die gemeinsamen Auswirkungen von Fertilität und Mortalität eine beschleunigte demographische Alterung ausgelöst und das Durchschnittsalter der Bevölkerung wäre bis zum Jahr 2004 auf 43,5 Jahre angestiegen, einer Veränderung gegenüber der Referenzentwicklung von 5,53 Jahren.

V. Die Auswirkung von grenzüberschreitenden Wanderungen im Beobachtungszeitraum

Seit dem Jahresende 1950 erlebten die alten Bundesländer erhebliche Wanderungen mit Maximalwerten in den Jahren 1989 bis 1992. In einigen Jahren fand Nettoabwanderung statt, überwiegend wurde aber bei beiden Geschlechtern Nettozuwanderung beobachtet. Typisch für die Struktur der Migration war und ist, dass a) die Zuwanderer im Durchschnitt jünger als die Abwanderer sind, und b) der Anteil jüngerer Frauen vor und während der reproduktiven Lebensphase unter den Zuzügen höher ist als unter den Fortzügen. Insgesamt lässt sich konstatieren, dass die Alters- und Geschlechtszusammensetzung der Zu- und Fortzüge in den letzten Jahrzehnten im Hinblick auf deren bevölkerungsdynamischen Konsequenzen besonders „günstig" war (vgl. dazu Dinkel, in press, 1).

Um die Auswirkungen dieser Wanderungen auf das Durchschnittsalter der Bevölkerung zu quantifizieren, müssen einige Vorüberlegungen vorangestellt werden. Zwar kennen wir nicht exakt die Fertilitäts- und Mortalitätsraten jener Bevölkerungsgruppen, die nach 1950 in das Gebiet der alten Bundesländer zuzogen und noch hier leben, da die amtliche Statistik die demographischen Ereignisse nicht nach Migranten und „Einheimischen" trennen kann. Aus den Daten über die Wohnbevölkerung mit nicht-deutscher Staatsangehörigkeit wissen wir aber, dass die Fertilitätsraten dieser Bevölkerungsgruppe in der Vergangenheit wesentlich höher waren und sind als die der Bevölkerung mit deutscher Staatsangehörigkeit (zu denen ebenfalls Migranten gehören). Auch bei der Sterblichkeit wird häufig ein Unterschied konstatiert (als „Healthy Migrant Effekt" bezeichnet), der mit den Daten der amtlichen Statistik aber nicht überprüfbar ist. Deshalb wollen wir darauf verzichten, für Migranten eine unterschiedliche Sterblichkeit zu modellieren. Wir nehmen an, die Sterblichkeit der zugewanderten Personen würde den Werten der Gesamtbevölkerung entsprechen bzw. die Abwanderer hätten (wären sie hier geblieben) ebenfalls die gleiche Sterblichkeit erlebt.

Bei der Fertilität müssen wir aber den Tatbestand berücksichtigen, dass ohne die tatsächlich erlebte Nettozuwanderung im Beobachtungszeitraum die Fertilität in den alten Ländern deutlich unterhalb der tatsächlich gemessenen Werte gelegen hätte. Für eine Reihe von Jahren lag der Anteil der Lebendgeborenen von Müttern mit nicht-deutscher Staatsangehörigkeit deutlich oberhalb von 10 Prozent. Die Fertilität bestimmter Zuwanderergruppen lag im gleichen Zeitraum auf einem bis zum doppelten Wert höheren Niveau. Eine exakte Quantifizierung der Veränderungen, die durch die Gesamtheit der Wanderungen über die Grenzen der alten Länder auf die Höhe der altersspezifischen Fertilitätsraten stattfanden, ist allerdings mangels Datenbasis nicht möglich. Wir wollen deshalb annehmen, ohne Zuwanderung wären die Fertilitätsraten in den alten Bundesländern nur bis zum Jahr 1956 auf dem tatsächlich beobachteten Niveau gelegen. Von diesem Jahr ab wollen wir annehmen, dass die Summe der altersspezifischen Fertilitätsraten der „einheimischen" Bevölkerung bis zum Jahr 1965 schrittweise sinkend bis zu nur noch 90 Prozent der tatsächlich beobachteten Werte (und von 1965 ab konstant auf diesem Anteilswert) gelegen hätte.

Damit entsteht natürlich auch für die Auswirkungen der kombinierten Fertilitäts- und Mortalitätsentwicklung ohne Migration für das Durchschnittsalter der resultierenden hypothetischen Population ein verändertes Ergebnis. Wären die Fertilitätsraten der einheimischen Bevölkerung ohne Migration um bis zu 10 Prozent niedriger gewesen, wäre die demographische Alterung aufgrund der kombinierten Fertilitäts- und Mortalitätsentwicklung stärker ausgefallen als ohne Berücksichtigung der reduzierten Fertilität. Wir berechnen deshalb in Abbildung 5 als Verlauf b das resultierende Durchschnittsalter der Bevölkerung der alten Länder neu, wenn die Fertilität im Fall von Nullwanderung niedriger, die Mortalität aber unverändert auf dem tatsächlich beobachteten Niveau gelegen hätte. Zusätzlich ist als Verlauf a die Auswirkung der „alten" kombinierten Fertilitäts- und Mortalitätsentwicklung mit eingetragen. Verlauf b ist jener Verlauf des Durchschnittsalters der hypothetischen Wohnbevölkerung, der sich für die Population ohne Migration im Beobachtungszeitraum bei tatsächlicher Mortalität und bei einer in diesem Fall gleichzeitig ab dem Jahr 1956 bis zum Jahr 1965 schrittweise um bis zu 10 Prozent reduzierten Fertilität in der Folgezeit ergeben hätte. In diesem Fall wäre eine Bevölkerung entstanden, deren Durchschnittsalter bis zum Jahresende 2004 auf 44,87 Jahre angestiegen wäre und damit zu diesem Zeitpunkt um 6,94 Jahre höher als in der Referenzpopulation liegen würde.

Die zentrale Frage aber ist: Wie haben die durch Zuzüge hinzu kommenden und durch Fortzüge seit dem Jahresbeginn 1951 fehlenden Personen (die Populationen B

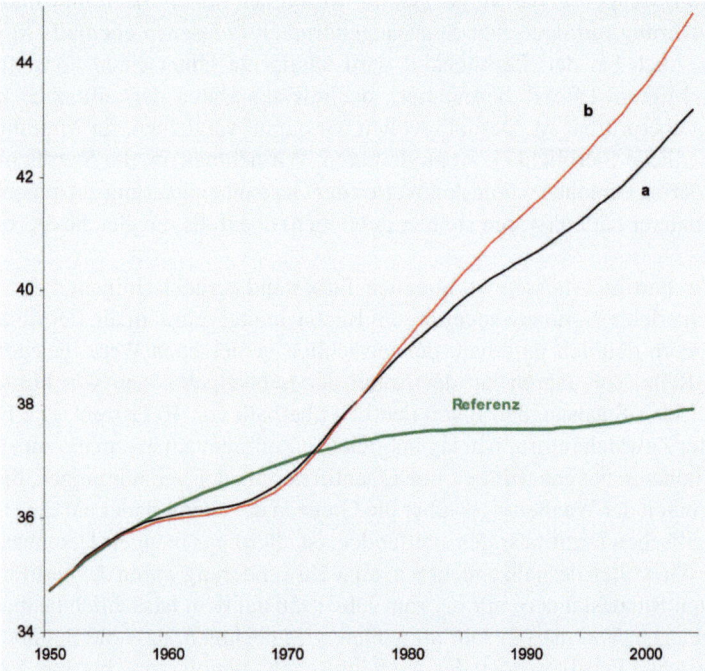

Abb. 5. Kombinierte Auswirkung von Mortalitäts- und Fertilitätsvariation nach 1950 auf das Durchschnittsalter der Wohnbevölkerung (Variante *a* und *b*)

und C) das Durchschnittsalter der Wohnbevölkerung der alten Länder verändert? Alle Unterschiede zwischen der zeitlichen Entwicklung des Durchschnittsalters in Verlauf b von Abbildung 6 und dem tatsächlich beobachteten Durchschnittsalter der Wohnbevölkerung müssen auf Auswirkungen zurückgehen, die durch die kurz- und langfristigen Effekte der Zu- und Fortzüge über die Grenzen der alten Bundesländer ausgelöst wurden. Erinnert sei noch einmal daran, dass die Auswirkungen von Migration auf das Durchschnittsalter der Wohnbevölkerung nicht nur aus den grenzüberschreitenden Migranten selbst bestehen. Je länger der Beobachtungshorizont, desto wichtiger werden für das Ergebnis die von Zuwanderern geborenen und bei Abwanderern fehlenden Kinder und Kindeskinder.

Auch wenn die als Folge von Migration ab 1951 entstandene Population B + C im Zeitablauf einen hohen positiven Bevölkerungsbestand erreicht hat, ist der Bestand dieser Bevölkerung damit nicht automatisch in jedem einzelnen Alter positiv. Auch bei insgesamt hohen positiven Wanderungssalden weisen vor allem in den oberen Altersstufen (oberhalb von Alter 40 oder 50) einzelne oder mehrere Einzelalter einen negativen Saldo auf. Erlebte mehrere Jahre hintereinander ein Jahrgang, der im Jahr 1980 im Alter 40 und 1990 im Alter 50 war, mehrere Jahre hintereinander einen negativen Wanderungssaldo, kann in der Population B (die aus den heutigen und früheren Zu- und Fortzügen selbst besteht) im Jahr 2000 das Alter 60 durchaus negativ besetzt sein. Die Population C dagegen besteht nur aus den Nachkommen

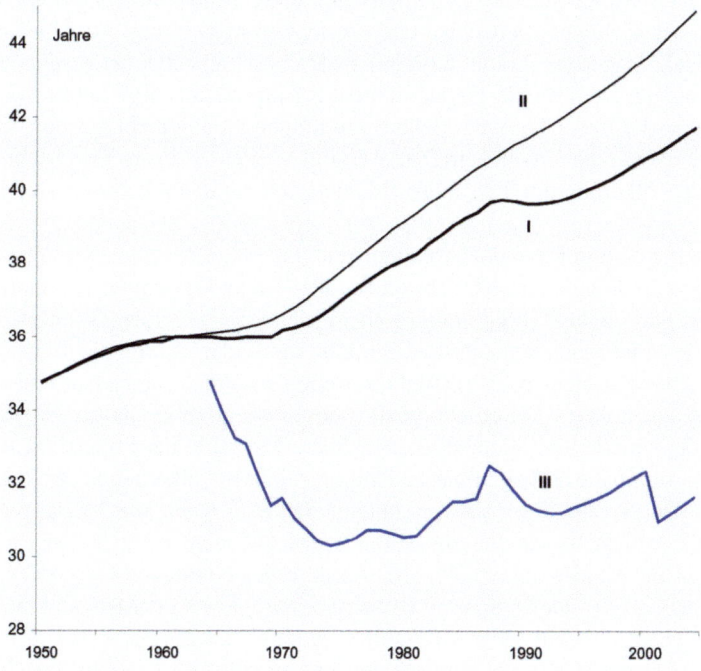

Abb. 6. Durchschnittsalter der tatsächlichen Wohnbevölkerung ohne jede Migration (*II*) und der Migrantenpopulation (B+C) (*III*)

von Migranten. Diese Bevölkerung kann im ersten Jahr ihres Bestehens nur aus (wenigen) Mitgliedern im Alter Null bestehen, ein Jahr später aus einer größeren Zahl neuer Nulljähriger und wenigen Einjährigen. Zwanzig Jahre nach Beginn der Wanderungsströme hat die Bevölkerung C immer noch keine Mitglieder oberhalb von Alter 20 und fünfzig Jahre später noch keine Mitglieder oberhalb von Alter 50. Eventuell bestehende negative Bestände in Population B in den oberen Altersstufen können somit (noch) jahrzehntelang nicht von den von unten heranwachsenden Mitgliedern der Bevölkerung C ausgeglichen werden.

Vor allem in den ersten Jahren nach 1950 waren relativ viele Altersstufen in der Population B + C noch negativ besetzt, auch wenn diese Bevölkerung insgesamt bereits anwuchs. Zur Berechnung eines Wertes für das Durchschnittsalter einer Bevölkerung müssen aber alle Altersstufen positiv besetzt sein. Erst vom Jahr 1964 ab ist deshalb eine Berechnung des Durchschnittsalters der durch grenzüberschreitende Wanderungen seit dem Jahr 1951 entstandenen Population B + C möglich (Abb. 6). Das Ergebnis ist aber erstaunlich eindeutig. Die seit dem Jahr 1951 beobachteten Wanderungsströme über die Grenzen der alten Länder haben für eine zusätzliche Bevölkerung gesorgt, deren Durchschnittsalter am Jahresende 2000 bei nur 32,3 Jahren lag und im Zeitablauf nicht anstieg. Zwar werden auch Migranten älter. Dies muss aber nicht bedeuten, dass auch die gesamte Bevölkerung der Migranten und ihrer Nachkommen altert. Vor allem die im Zeitablauf neu entstehende Population C wirkte einem möglichen Anstieg im Durchschnittsalter der Bevölkerung B + C entgegen.

Das Durchschnittsalter der hypothetischen Jahresendbevölkerung ohne Migration (und bei tatsächlicher Fertilitäts- und Mortalitätsentwicklung) wäre im Jahr 2000 bei 43,65 Jahren gelegen. Da das tatsächliche Durchschnittsalter der gesamten Wohnbevölkerung der alten Bundesländer zu diesem Zeitpunkt bei 40,8 Jahren lag, hat die Migration in der in der konkret erlebten Zusammensetzung nicht nur den absoluten Bevölkerungsbestand um rund ein Drittel erhöht, sondern auch das Durchschnittsalter der Wohnbevölkerung um 2,85 Jahre reduziert und hat damit erkennbar verjüngend gewirkt.

In der Population B kann in Abhängigkeit von vielen Annahmen im Detail unter realistischen Bedingungen ein Durchschnittsalter zustande kommen, das ähnlich hoch oder sogar noch höher ist als in der einheimischen Bevölkerung. Würden Zu- und Fortzüge in immer gleicher Zahl und Struktur stattfinden, würde die Teilpopulation B im übrigen spätestens nach 100 Jahren stationär werden, in diesem Fall aber auf jeden Fall ein höheres Durchschnittsalter erreichen als eine „normale" stationäre Sterbetafelpopulation bei gleicher Sterblichkeit. Mit Hilfe der Population B alleine könnte Migration die demographische Alterung einer Bevölkerung in der Regel nicht aufhalten. Der Schlüssel für das Verständnis der Wirkungen von Migration auf die Altersstruktur liegt bei der häufig genug überhaupt nicht betrachteten Population der Kinder und Kindeskinder. Die Altersstruktur der Population C ist zwangsläufig völlig anders als die der Population B. In einer normalen Altersstruktur sind – mehr oder weniger regelmäßig – alle Altersstufen vertreten. Da die Population C im ersten Jahr ihres Bestehens nur aus Nulljährigen und im zweiten Jahr nur aus Null- und Einjährigen besteht, beginnt sie mit einem sehr niedrigen Durchschnittsalter, das im Zeitverlauf nur langsam ansteigt. Es liegt auch nach 50 Jahren noch deutlich unterhalb von zwanzig Jahren, da im Zeitablauf in der Population C (mit wachsenden Beständen in der weiblichen Population B) immer mehr neue Nulljährige der Folgegenerationen hinzukommen. Die Geburt der jeweils nächsten Generation von Nachkommen, die wieder von unten her aufbauend stattfindet, dämpft den Anstieg im Durchschnittsalter der gesamten Population C weiter.

Das Ergebnis von Abbildung 6 müssen wir uns deshalb folgendermaßen erklären: In den ersten Jahren nach 1951 (für die wir allerdings wegen der vielen negativen Bestände einzelner Altersstufen ein Durchschnittsalter nicht berechnen können) würde die nur aus Mitgliedern der Population B bestehende Population B + C ein langsam steigendes Durchschnittsalter erfahren. Je mehr Mitglieder von Population C hinzukommen, desto stärker wird das Durchschnittsalter der gemeinsamen Population B + C reduziert. Die verjüngenden Wirkungen der Migration über die Grenzen der alten Länder im Zeitraum zwischen 1951 und 2000 reichten natürlich nicht aus, die durch Fertilität und Mortalität ausgelöste demographische Alterung vollständig zu kompensieren. Der Beitrag der Migration seit dem Jahr 1951 (ganz zu schweigen von der Migration in den Jahren vorher) zur tatsächlichen Verlangsamung der demographischen Alterung war nichts desto weniger erheblich.

VI. Schlussfolgerungen

Wenn wir das Durchschnittsalter einer Bevölkerung und dessen Änderungen als Maß für die Charakterisierung demographischer Alterung akzeptieren, fand seit dem Jahresende 1950 in den alten Ländern der Bundesrepublik eine mehr oder weniger kontinuierliche demographische Alterung statt. Die tatsächlich resultierende Veränderung des Durchschnittsalters kann man quantitativ in seine Ursachenkomponenten zerlegen. Dabei stellt sich heraus, dass die bereits im Jahr 1950 bestehenden „Unregelmäßigkeiten" in der Altersstruktur der alten Bundesländer in den Folgejahrzehnten für sich alleine betrachtet einen Anstieg des Durchschnittsalters um 3,17 Jahre gegenüber dem am Jahresende 1950 gemessenen Wert verursacht hätten. Die vorangegangenen politischen Umwälzungen und die früheren demographischen Entwicklungen hatten am Jahresende 1950 eine Bevölkerung auf dem Gebiet der alten Bundesrepublik hinterlassen, die zu diesem Zeitpunkt demographisch jünger war als es die korrespondierende stabile Bevölkerung gewesen wäre.

Die nach dem Jahr 1950 eingetretenen Veränderungen in Fertilität und Mortalität in den alten Bundesländern haben jeweils für sich betrachtet und noch stärker kombiniert erhebliche demographische Alterung ausgelöst. Die mit Abstand wichtigste Schlussfolgerung der vorangestellten Berechnungen ist allerdings, dass die Zahl und Struktur der Zu- und Fortzüge über die Grenzen der alten Bundesländer und deren langfristige demographische Konsequenzen nicht nur den Bevölkerungsbestand vergrößerten. Sie führten für sich betrachtet vor allem auch zu einer demographischen Verjüngung. Ohne die Bremswirkungen der Migration wäre die ohnehin beobachtete demographische Alterung wesentlich stärker und schneller vorangeschritten. Die konkret beobachtete Migration hat die demographische Alterung nicht verhindern können, hat sie aber deutlich abgemildert.

Zu keinem Zeitpunkt in der Vergangenheit fand eine aktive Steuerung der Migration im Hinblick auf das Ziel „Stabilisierung der Altersstruktur" oder „Abbremsen der demographischen Alterung" statt. Nichts desto weniger wurde ein solches Ziel faktisch realisiert. Mit diesem Ergebnis ist auch ohne eine detaillierte und möglicherweise für den demographischen Laien nur schwer verständliche theoretische Argumentation gezeigt, dass Migration grundsätzlich geeignet sein kann, zur Erfüllung des Ziels beizutragen, die zukünftige demographische Alterung abzubremsen. Allerdings muss klar sein, dass mit jährlichen Zahlen von 100 000 oder 200 000 Nettozuwanderern grundsätzlich (und vor allem nicht sofort) jene Probleme nicht vollständig gelöst werden können (und vor allem nicht sofort), die von einer demographisch schnell alternden Bevölkerung mit 82 Millionen Menschen verursacht werden.

Von allen zur Verfügung stehenden demographischen Instrumenten ist die Akzeptanz und Förderung von Zuwanderung (die in vielen Ländern auch im Hinblick auf deren bevölkerungsdynamische Wirkungen und Integrationsfähigkeit ausgestaltet wird) die einzige realistische Alternative. Einen dauerhaften und schnellen Anstieg der durchschnittlichen Kinderzahlen werden wir bei Beachtung der Regeln unserer freiheitlich demokratischen Grundordnung nicht erreichen können und eine weitere Verlängerung der durchschnittlichen Lebensspanne werden wir nicht verhindern wollen.

Literatur

Austad, S. N. (1997). *Why We Age*. New York.
Basu, A. & Basu, K. (1987). The greying of populations: concepts and measurement. *Demography India, 16*, 79–89.
Calot, G. & Sardon, J.-P. (1999). Les facteurs du vieillissement demographique. *Population, 54*, 509–552.
Caselli, G. & Vallin, J. (1990). Mortality and population aging. *European Journal of Population, 6*, 1–25.
Coale, A. J. (1956). The effects of changes in mortality and fertility on age composition. *Milbank Memorial Fund Quarterly, 34*, 79–114.
Dinkel, R. H. (1989). Demographie. Band 1: Bevölkerungsdynamik. München.
Dinkel, R. H. (1990). Der Einfluß von Wanderungen auf die langfristige Bevölkerungsdynamik. *Acta Demographica, 1*, 47–62.
Dinkel, R. H. (in press, 1). Demographische Alterung. Messkonzepte, Ursachen und ausgewählte Konsequenzen der Verschiebungen von Bevölkerungsrelationen in der Bundesrepublik und im internationalen Vergleich.
Dinkel, R. H. (in press, 2). Demographie. Band 2: Demographie der Migration.
Fürst, G. et al. (1957). Die Bevölkerungszahl der Bundesrepublik Deutschland. Nach den Ergebnissen der Wohnungsstatistik 1956/57 und nach den bisherigen Fortschreibungsergebnissen. *Wirtschaft und Statistik*, Heft 9, 466–472.
Höhn, Ch. (1999). Die demographische Alterung – Bestimmungsgründe und wesentliche Entwicklungen. In E. Grünheid & Ch. Höhn (Hrsg.), Demographische Alterung und Wirtschaftswachstum. *Schriftenreihe des Bundesinstituts für Bevölkerungsforschung,* Bd. 29, 9–32.
Kaufmann, F. X. (1960). *Die Überalterung, Ursache, Verlauf, wirtschaftliche und soziale Auswirkungen des demographischen Alterungsprozesses*. Zürich.
Keyfitz, N. (1977). *Applied Mathematical Demography*. New York.

Kii, T. (1982). A New Index for Measuring Demographic Aging. *The Gerontologist, 22*, 438–442.

Lesthaeghe, R., Page, H. & Surkyn, J. (1991). Sind Einwanderer ein Ersatz für Geburten? *Zeitschrift für Bevölkerungswissenschaft, 17*, 281–314.

Preston, S. H., Himes, C. & Eggers, M. (1989). Demographic conditions responsible for population aging. *Demography, 26*, 691–704.

Riley, M. W. (Ed.) (1979). *Aging from Birth to Death.* Boulder, USA.

Rosset, E. (1964). *Aging Process of Population.* (Übersetzt aus dem Polnischen). New York.

Schimany, P. (2003). *Die Alterung der Gesellschaft.* Frankfurt a. M.

Schnapper-Arndt, G. (1912). *Sozialstatistik. Vorlesungen über Bevölkerungslehre, Wirtschafts- und Moralstatistik.* Leipzig.

Schwarz, K. (1997). Bestimmungsgründe der Alterung einer Bevölkerung – Das deutsche Beispiel. *Zeitschrift für Bevölkerungswissenschaft, 22*, 347–359.

Steinmann, G. (1991). Immigration as a Remedy for Birth Dearth: The Case of West Germany. In W. Lutz (Ed.), *Future Demographic Trends in Europe and North America*, pp. 337–357. London.

Uemura, K. & Pisa, Z. (1988). Trends in Cardiovascular Disease Mortality In Industrialized Countries Since 1950. *World Health Statistics Quarterly, 41*, 155–178.

United Nations (Eds.) (1954). The cause of the aging of populations: declining mortality or declining fertility? *Population Bulletin of the United Nations, 4*, New York.

United Nations (Eds.) (1956). *The Aging of Populations and Its Social and Economic Implications.* New York.

Was meint Alter?
Was bewirkt demographisches Altern?
Soziologische Perspektiven

Franz-Xaver Kaufmann

Die „scheinbar einfache Frage: Was ist Alter?" wird heute gestellt vor dem Hintergrund der Zunahme der Population alter Menschen und der Verlängerung der Lebensspanne in den letzten 200 Jahren, und absehbar auch in den kommenden Jahrzehnten. Als Soziologe sehe ich in diesem Zusammenhang eine doppelte Aufgabe: Einerseits die Behandlung des Themas „Alter" durch die Sozialwissenschaften zu skizzieren, und andererseits auch den spezifischen sozialen Kontext zu reflektieren, in dem wir heute über das Alter sprechen (vgl. auch Ehmer; Kocka; in diesem Band). In diesem Zusammenhang ist auch zu fragen, was von der massiven relativen Zunahme alter Menschen zu halten ist, die als demographisches Altern, gelegentlich auch als „Überalterung" angesprochen wird.

Das Lebensalter und die gesellschaftlichen Kontexte des Alterns sind seit den 1960er Jahren ein wenig beackertes Feld der deutschen Soziologie. Vieles, was hierzulande dazu verhandelt wird, beruht auf angelsächsischen Überlegungen und empirischen Untersuchungen. Es sei hier nicht versucht, einen Überblick über den Forschungsstand zu geben (vgl. hierzu Backes, 2002; Kohli, 1992); vielmehr seien einige Grundsachverhalte angesprochen, welche unser gegenwärtiges Verständnis von Altern und Alter sowie die Fragwürdigkeit und Unbestimmtheit dieses Verständnisses betreffen. Viele Irritationen und Ängste gehen von gesellschaftlich verbreiteten Vorstellungen aus, die einer wissenschaftlichen Prüfung nicht standhalten.

I. Alter und Zeitordnung

Schon aus biologischer und psychologischer Sicht sind Altern und Alter keine eindeutigen Tatbestände. Dabei handelt es sich nicht bloß um ein Messproblem. Denn sobald es um den Menschen geht, nehmen auch die Problemstellungen der Naturwissenschaften auf gesellschaftliche Vorverständnisse Bezug, und die sind alles andere als eindeutig. Zwar ist unbestreitbar, dass zwischen Geburt und Tod der Zahn der Zeit an jedem Lebewesen nagt, sodass es relativ leicht fällt, mit naturwissenschaftlichen Methoden ältere von jüngeren Exemplaren einer Spezies zu unterscheiden. Aber beim Menschen hängt es doch sehr von der Perspektive ab, ob und ab wann wir einen Menschen als „alt" bezeichnen.

Was Alter *gesellschaftlich* bedeutet, hängt stets mit grundlegenden Kategorien sozialer Ordnung zusammen. In so genannten Stammesgesellschaften orientiert sich soziale Ordnung an leicht erkennbaren Merkmalen wie Abstammung, Geschlecht und Lebensalter. Altern wird dabei verstanden als Sequenz von Lebensphasen, die typischerweise primär an physisch definierten Merkmalen wie Pubertät und Menarche, Vater- und Mutterschaft, Tod des Familienoberhauptes u.ä. festgemacht werden. Der Übergang von einer Lebensphase in eine neue erscheint soziologisch als Wechsel des sozialen Status, und die Statuspassage wird oft durch Passageriten überhöht. Unter Status verstehen wir dabei eine mit bestimmten Namen bezeichnete Position im sozialen Ordnungsgefüge, die mit gewissen Rechten und Pflichten ausgestattet ist.

Bereits in Stammesgesellschaften tendieren die Ordnungsvorstellungen dazu, sich von den ursprünglichen natürlichen Vorgaben zu emanzipieren. So treten neben die Blutsverwandtschaft andere Prinzipien der sozialen Verbundenheit, die sich häufig einer verwandtschaftlichen Semantik bedienen. Wir finden – aus unserer Sicht – höchst artifizielle Verwandtschaftsordnungen, die so mit Normen des Eheschlusses verknüpft sind, dass mit hoher Wahrscheinlichkeit die allgemeinen Ordnungsmuster der Gesellschaft über die Generationen hinweg reproduziert werden. So gelten beispielsweise häufig nur die Verwandten der väterlichen Linie als „verwandt", deren Frauen somit auch für Geschlechtsbeziehungen tabuisiert; die weiblichen Verwandten der mütterlichen Linie dagegen gelten als Pool potentieller Ehefrauen. Auch dient das Alter in Gesellschaften mit so genannten Altersklassen unmittelbar als soziales Strukturierungskriterium (vgl. Elwert, Kohli & Müller, 1990). Für unseren Fragezusammenhang entscheidend ist die Beobachtung, dass in Stammesgesellschaften der geschlechtsspezifische und lebensphasenbezogene Status *gleichzeitig* ein wesentliches Strukturelement der *gesamt*gesellschaftlichen Ordnung darstellt.

Was die Stellung der Älteren betrifft, so scheint schon auf dieser Entwicklungsstufe die Wirtschaftsweise einen grundlegenden Unterschied zu machen. In sesshaften, agrarischen Gesellschaften kommt den Älteren häufig ein herausgehobener Status zu; die nomadische Lebensweise dagegen bietet den Älteren schlechte Überlebenschancen, wenn ihre Kräfte schwinden. Im Zuge der „Höher"entwicklung menschlicher Vergesellschaftungsformen wird die Rolle des Lebensalters überwiegend auf den Bereich der Verwandtschaft beschränkt. In dem Maße also, als andere soziale Strukturen neben oder an die Stelle von Verwandtschaft treten, tritt das Lebensalter als gesellschaftliches Strukturierungskriterium zurück. Das ist auch nicht verwunderlich, denn eine chronologische Altersvorstellung gab es in älteren Kulturen kaum, sodass der altersspezifische Status nur durch die Abstammungsordnung Halt bekam.

Zu den grundlegenden kulturellen Voraussetzungen unseres *heutigen* Sprechens über das Alter gehört dagegen die *Zeitrechnung*. Hier können wir eine analoge Entwicklung beobachten wie beim Altersverständnis: Frühe Konzeptualisierungen von Zeit orientierten sich an der Beobachtung natürlicher Zyklen: Von Tag und Nacht, der Mondphasen und der Jahreszeiten. Auch in diesem Zusammenhang fand eine allmähliche Distanzierung von den natürlichen Vorgaben statt, und schon früh finden sich Ansätze zu einer verallgemeinernden Zeitmessung: Sanduhren und Wasseruhren gab es im Vorderen Orient schon um 1500 v. Chr., aber erst im 14. Jh. n. Chr. wurde die Zeitmessung so perfektioniert, dass mit ihr arithmetische Operationen möglich wurden. In Verbindung mit dem Julianischen Kalender entstand damals ein durchgängiges, von konkreten Ereignissen unabhängiges Zeitgerüst aus Jahren, Monaten, Tagen, Stunden, Minuten und Sekunden (vgl. Goody, 1968). *Diese gesell-*

schaftliche Ordnung der Zeit wurde bald zur zeitlichen Ordnung der Gesellschaft. Sie verbindet heute die individuellen Lebensbiographien mit dem Geschehen einer bestimmten Gesellschaft, und zwar nicht nur alltagspraktisch, sondern auch administrativ und geschichtlich.

Alter meint deshalb heute *gesellschaftlich* vor allem *chronologisches* Alter, definiert durch den Zeitpunkt der Geburt in einem bestimmten Jahr unserer Zeitrechnung. Das Alter wird dadurch zu einem numerischen Phänomen, mit dem sich *rechnen* lässt. Obwohl Alltagserfahrung und Psychologie uns lehren, dass sich in den ersten Lebensjahrzehnten weit mehr biografisch Relevantes ereignet, bezeichnen wir einen Sechzigjährigen als doppelt so alt wie einen Dreißigjährigen. Das subjektive Alter löst sich so vom gesellschaftlich kodierten Alter, wie auch das subjektive Zeiterleben von der Norm der physikalischen Zeit. Das ist wohl der grundlegende Sachverhalt für die verbreitete *Irritation über den Begriff des Alters*.

Die Soziologie macht sich zum Anwalt des gesellschaftlichen, chronologischen Zeitbegriffs. Er besitzt die in ihrer Bedeutung kaum zu überschätzende Qualität, unser aller Leben auf einen gemeinsamen Nenner zu bringen, genau so, wie das Geld dies mit Bezug auf unsere wirtschaftlichen Zusammenhänge ermöglicht. Dadurch werden unsere Lebenszusammenhänge vereinfacht und rationalisiert. Unser Geburtsdatum wird zum weltweit anerkannten Identitätsmerkmal, das uns gleichzeitig mit der Weltgeschichte verbindet, selbst wenn wir nicht am 11. September 2001 geboren sind (vgl. Kohli, 1985). Und unser Lebensalter bestimmt sich ebenso nach unserem Geburtsdatum, mit dem wir amtlich registriert sind. Trotz aller Vorbehalte, die gegen gewisse Folgen dieser vereinfachenden Standardisierung vorgebracht werden können, bleibt der Sachverhalt für unser Altersverständnis fundamental.

II. Generationen und die Institutionalisierung des Lebenslaufs

Das chronologische Altersverständnis bestimmt sämtliche administrativen Routinen, von denen unsere Lebensbedingungen abhängen. Das gilt insbesondere für die Bevölkerungsstatistik und die wohlfahrtsstaatlichen Einrichtungen. Staatliche Vorschriften mit konkretem Altersbezug normieren unser Leben: Vom Schuleintrittsalter über die variablen Altersgrenzen im Jugendschutz, über die verschiedenen Mündigkeitsschwellen, bis zu den Altersgrenzen der Erwerbstätigkeit. Die Soziologie spricht in diesem Zusammenhang von einer „Institutionalisierung des Lebenslaufs" (Kohli, 1985; siehe auch Mayer & Müller, 1989). Noch gibt es in Deutschland keine Altersbeschränkungen für den Anspruch auf bestimmte kostspielige medizinische Leistungen. Sollten sie aber eingeführt werden, so würde man um eine chronologische Bestimmung nicht herumkommen. Das wäre für die Mediziner deprimierend, aber justiziabel wären andere Kriterien kaum. Es ist vor allem die Rechtsordnung, die sich des chronologischen Altersbegriffs bedient, um die Vielfalt der individuellen Lebensformen und Lebensverhältnisse auf für sie handhabbare Typisierungen zu bringen.

Die Institutionalisierung des Lebenslaufs in der Moderne besagt, dass durch kollektive, meist in Gesetzen fundierte Definitionen Personen ein sich mit dem Alter verändernder Fundamentalstatus zugesprochen wird. Besonders einschneidend sind dabei die Mündigkeits- und die Ruhestandsregelungen. Sie definieren die drei großen Altersgruppen der „Kinder und Jugendlichen", der „Erwachsenen im Erwerbsalter" und der „Alten" bzw. Personen im Ruhestandsalter (zur Entstehung des Ruhestandes vgl. Ehmer, 1990; siehe auch Ehmer, in diesem Band). Diese drei großen „Altersgruppen" bilden den Ausgangspunkt unserer sozialpolitischen Auseinandersetzungen: Durch das Verbot der Kinderarbeit und den Jugendschutz einerseits, und durch die Einführung von Altersrenten und Ruhestandsgrenzen andererseits, hat sich der Sozialstaat von der demographischen Entwicklung abhängig gemacht (vgl. Kaufmann, 2005/1986), wie sich aktuell an der Auseinandersetzung um eine Heraufsetzung der Ruhestandsgrenze in der Gesetzlichen Rentenversicherung beobachten lässt. Man kann sich fragen, ob dieses an den industriellen Lebensbedingungen orientierte Zeitregime für die immer deutlicher dominierende Dienstleistungs- und Wissensgesellschaft noch angemessen ist. Eine „Entstandardisierung des Lebenslaufs" durch Verzicht auf staatliche Altersvorgaben mit der Begründung, die Freiheit der Individuen und die Variabilität der individuellen Bedürfnisse sei damit nicht vereinbar, würde allerdings in weiten Teilen der Bevölkerung als Verunsicherung erfahren (vgl. Leisering, 2002; zur weiterhin starken Bejahung wohlfahrtsstaatlicher Regelungen vgl. Andreß, Heien & Hofäcker, 2001). Solche Verunsicherung bringt aber mittlerweile schon die massenhafte Verbreitung von Arbeitslosigkeit mit sich.

Bezogen auf die Individuen lässt sich die chronologische Zeitordnung in zwei Dimensionen entfalten, die bereits in den Grundunterscheidungen der Zeittheorie angelegt sind: Zeit lässt sich entweder als Sequenz von Ereignissen oder aber als Dauer operationalisieren (Fraisse, 1968). Ordnet man Individuen einer bestimmten Generation zu, so thematisiert man ihren Ort im historischen Zeitablauf; ordnet man sie bestimmten Altersgruppen zu, denkt man in der Dimension ahistorischer Dauer.

Auch der *Generationsbegriff* hat seinen Ursprung in der natürlichen Anschauung der Abstammungsverhältnisse, bezieht sich heute aber im Anschluss an Karl Mannheim (1964/1928) allgemeiner auf soziale Lagerungen im Horizont von Zeit. Als Generationen werden die Angehörigen benachbarter Geburtskohorten bezeichnet, die im Laufe ihres Lebens mit jeweils ähnlichen Zeitumständen in bestimmten Lebensaltern konfrontiert wurden. Häufig wird angenommen, dass sie deshalb auch durch ähnliche Erfahrungen geprägt und daher durch ähnliche Einstellungen zu charakterisieren seien. Ein aktuelles Beispiel sind die „wohlfahrtsstaatlichen Generationen" (Leisering, 2000), welche infolge variabler Wirtschaftsbedingungen und Gesetzeslagen recht unterschiedliche Chancen auf eine ausreichende staatliche Alterssicherung haben.

Auf die Diskrepanz zwischen den aktuellen, einmalig günstigen Lebensbedingungen der Alten in den letzten Jahrzehnten und der aufgrund demographischer, ökologischer und finanzwirtschaftlicher Engpässe befürchteten Einschränkungen der Lebensführung in den kommenden Jahrzehnten beziehen sich auch die aktuellen Diskussionen um *Generationengerechtigkeit* (vgl. Grieswelle, 2002; Nullmeier, 2004). Dagegen bezieht sich die politische Metapher des *Generationenvertrags* primär auf das Verhältnis zwischen Erwerbstätigen und Rentnern und damit auf eine Beziehung zwischen unterschiedlichen Altersgruppen, unabhängig von ihrem Geburtsjahr. Und wenn neuerdings von einem „Drei-Generationen-Vertrag" die Rede ist, so wird auch noch die Altersgruppe der Kinder und Jugendlichen in Betracht gezogen. Angesichts der seit 1975 sehr niedrigen Fertilität der deutschen Bevölkerung sind es vor allem die schwachen Bestände dieser nachwachsenden Jahrgänge, welche „den Generationenvertrag in Frage stellen" (vgl. Kaufmann, 2005, S. 201ff.). Hier werden also die Bestände von Jungen, Erwachsenen und Alten in synchroner Weise in Betracht gezogen, während sie gemäß dem Mannheim'schen Generationenkonzept in diachroner Weise aufeinander bezogen werden.

III. Alter als gesellschaftliche Konstruktion und als soziale Zuschreibung

Unterschiedliche Lebensalter erscheinen somit aus soziologischer Sicht nicht primär als an individuellen Merkmalen fest zu machende Sachverhalte, sondern als *gesellschaftliche Konstruktionen*. Das gilt gleichermaßen für archaische Stammesgesellschaften wie für moderne industrielle Gesellschaften. „Lebensalter" ist wie „Geschlecht" eine Kategorie des sozialen Status, durch den als natürlich angenomme Eigenschaften der Individuen und die kollektive Ordnung sinnhaft miteinander verknüpft werden. Indem menschlichen Lebewesen ein sozialer Status zugesprochen wird, werden sie in einen Sozialverband aufgenommen, gelten sie ihm als zugehörig. Jeder Status ist mit Rechten und Pflichten verbunden, und diese können sehr unterschiedlich sein. Zugehörigkeit zu einem Sozialverband bedeutet keineswegs Gleichheit. Selbst in unseren demokratischen Vergesellschaftungsformen haben „Bürger" und „Ausländer" unterschiedliche Rechte und Pflichten. Beiden aber wird der Status von „(Rechts-) Personen" zuerkannt, der beispielsweise im altrömischen Recht den Sklaven verweigert worden war.

In der vormodernen *europäischen* Gesellschaft war die Statusdimension des Alters kaum ausgeprägt. Rechte und Pflichten orientierten sich an anderen sozialen Merkmalen, insbesondere an der Stellung im Rahmen eines Haushaltes. *Erst der moderne Staat hat das chronologische Alter als Ordnung stiftendes Merkmal entdeckt und eingesetzt:* So schon früh im Preußischen Regulativ über die Beschäftigung jugendlicher Arbeiter in Fabriken vom 9. März 1839, welches in § 1 bestimmt: *„Vor zurückgelegtem neuntem Lebensjahre darf niemand in einer Fabrik oder bei Berg-Hütten- und Pochwerken zu einer regelmäßigen Beschäftigung angenommen werden."* Dadurch wurde den Eltern die in der Dritten Welt bis heute selbstverständliche Arbeitskraft ihrer Kinder entzogen. Das gilt uns zweifellos als sozialer Fortschritt, aber der kommt der Allgemeinheit, und nicht den Eltern zugute.

In dem Maße, als durch Personenstandsregister und altersorientierte Rechtsnormen das chronologische Lebensalter zum Identitätsmerkmal geworden ist, haben sich zusätzlich „weichere" kollektive Altersnormen entwickelt. Eltern sagen: „Mit zehn Jahren tut man so etwas nicht mehr". Und Personalchefs sagen: „Wer über 45 ist, hat bei uns keine Chance". Dahinter stehen bestimmte Vorstellungen über altersgemäße Eigenschaften oder Verhaltensweisen, die den Individuen sozial *zugeschrieben* werden (vgl. Ehmer, in diesem Band). Diese kollektiven Vorstellungen brauchen in einer Gesellschaft nicht einheitlich zu sein und nicht von allen geteilt zu werden. Sie stehen aber als *vorgeformte Deutungsmuster* zur Verfügung, derer sich Personen bei Bedarf bedienen können. Infolge der Zentralität der Ökonomie für die zeitgenössischen Lebensverhältnisse spielen derartige Altersstereotype besonders mit Bezug auf den Zugang zu bezahlter Arbeit eine Rolle. So werden insbesondere ältere Arbeitnehmer, die – aus welchen Gründen auch immer – ihren bisherigen Arbeitsplatz verloren haben, von den Arbeitsbehörden als „schwer vermittelbar" eingestuft. Und dem entsprechend sind unter den Langzeitarbeitslosen die Älteren überrepräsentiert (vgl. Kocka, in diesem Band).

Was die im herrschenden Sinne „Alten" – oder neuerdings „Senioren" – betrifft, so haben sich im Laufe des 20. Jahrhunderts die Ruhestandsgrenzen so weitgehend verallgemeinert, dass von ihnen entgeltliche Arbeit nicht mehr kollektiv erwartet, in Zeiten hoher Arbeitslosigkeit sogar vielfach als unerwünscht angesehen wird. *Allerdings sind Ruhestandsgrenzen auch politisch und faktisch veränderbar.* In Deutschland haben etwa die Jahrgänge ab 1950 von einer Bildungsexpansion profitiert, die einem wachsenden Anteil dieser Kohorten auch ein längeres Erwerbsleben zumutbar macht. Denn es gibt einen deutlichen Zusammenhang zwischen Bildungsniveau und Gesundheitszustand im fortgeschrittenen Lebensalter.

Altersstereotype und ihre Zuschreibung treffen selbstverständlich nicht überall auf Zustimmung. Angesichts der mit dem Lebensalter zunehmenden Variabilität von Gesundheitszustand und Leistungsfähigkeit darf sogar vermutet werden, dass sie zwischen 40 und 70, ja vielleicht schon bald 80 Jahren weit weniger zutreffen als bei Jüngeren und Älteren. Diese Inkongruenz zwischen kollektiven Altersstereotypen und alltäglichen wie auch wissenschaftlichen Erfahrungen und der Variabilität individueller Alterserscheinungen ist eine wichtige Ursache für die Irritationen, die das Thema „Altern" heute auslöst.

IV. Die gesellschaftliche Altersproblematik

Generell ist festzuhalten, dass die säkulare Wohlstandssteigerung seit dem Zweiten Weltkrieg den alten Menschen in besonderer Weise zugute gekommen ist. Sozialgeschichtlich gesprochen ist es den alten Menschen materiell, gesundheitlich und rechtlich im Durchschnitt noch nie so gut gegangen wie in den letzten Jahrzehnten (Hardach, 2006). Maßgeblich hierfür war die wohlfahrtsstaatliche Entwicklung, die in der kollektiven wirtschaftlichen Absicherung des Alters eine international anerkannte Kernaufgabe gefunden hat. Allerdings sind die Ausgestaltung der Alterssicherung und ihr Stellenwert von Land zu Land verschieden (vgl. Johnson, Conrad & Thomson, 1989; Kaufmann, 2003). In Deutschland, wo die „Arbeiterfrage" die sozialpolitische Entwicklung bestimmt hat, haben vor allem die männlichen Arbeitnehmer von der Entwicklung der Gesetzlichen Rentenversicherung profitiert.

Die gelegentlich beklagte Lockerung der familiären Bande als Folge der wohlfahrtsstaatlichen Entwicklung ist differenziert zu beurteilen. Zum einen erweist sich, dass das praktische Verschwinden von Mehrgenerationen-Haushalten keine Auflösung der familiären Bindungen anzeigt. Die Möglichkeit der unabhängigen Lebensführung im Alter ist vielmehr ein Wohlstandsphänomen. Auch scheinen die Kontakte und Austauschbeziehungen zwischen den Generationen im engeren Familienverband nach wie vor lebendig (vgl. Attias-Donfut, 2000; Bengtson & Schütze,

1992). Hans Bertram (2000) spricht sogar von einer „Multilokalen Mehrgenerationenfamilie" als herrschendem Familientypus in Deutschland.

Zum anderen ist zu vermuten, dass die großzügige Entwicklung der kollektiven Alterssicherungssysteme eine wichtige Bedingung für die sich ausbreitende *Ehe- und Kinderlosigkeit* in den nachwachsenden Generationen darstellt. Das gilt in besonderem Maße für Deutschland, wo einerseits die Vorteile einer ununterbrochenen Erwerbstätigkeit für die Alterssicherung offenkundig sind, und Beeinträchtigungen der Erwerbschancen von Müttern durch das Halbtagsschulsystem und den geringen Ausbau frühkindlicher Betreuung sich kaum bestreiten lassen. Während unter den Frauen der Geburtsjahrgänge um 1935 nur jede zehnte kinderlos geblieben ist, wird bei den nach 1970 Geborenen etwa jede dritte lebenslang keine Kinder haben. Wir beobachten in Deutschland somit die *Polarisierung der jüngeren Jahrgänge* in sich ausbreitende Sektoren kinderloser Lebensformen einerseits und einen vergleichsweise traditional verfassten Familiensektor andererseits (Kaufmann, 2005, S. 122ff., 141ff.). Weil die niedrigen Geburtenraten die volkswirtschaftlichen Kosten für den Nachwuchs sofort reduziert haben, der Kostenanstieg für den wachsenden Altenanteil jedoch erst etwa 40 Jahre später zu Buche schlägt (vgl. Abbildung 1), hat die Generation der heute 50 bis 80-Jährigen in der besten aller Welten gelebt: Sie konnte in Zeiten weitgehender Vollbeschäftigung Sicherungsansprüche aufbauen, welche von den nachfolgenden Generationen honoriert werden müssen, die ihrerseits kaum mehr

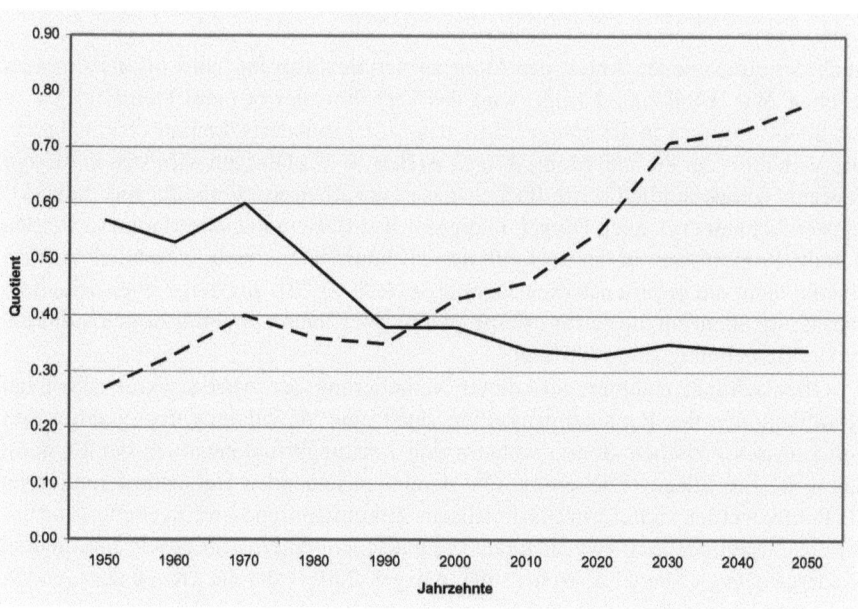

——— Jugendquotient: 0–20 / 20–60   – – – Altenquotient: 60+ / 20–60

Abb. 1. *Deutschland: Entwicklung der Jugend- und Altenquotienten 1950–2050.*
Quelle: 1950–2000: Statistisches Jahrbuch;
2010–2050: 10. Koordinierte Bevölkerungsvorausberechnung, Variante 5.

vergleichbare (arbeits-)lebenslange Beschäftigungs- und den bisherigen Lebensstandard sichernde Verrentungsverhältnisse erwarten können.

Die wirtschaftlichen Perspektiven für die Alten von morgen sind also deutlich ungünstiger als für die Alten von heute. Die Älteren werden anteilmäßig stark zunehmen und noch länger leben, aber kaum einen größeren Anteil am Volkseinkommen für sich in Anspruch nehmen können. Zudem muss mit einem deutlich bescheideneren Wachstum des Volkseinkommens gerechnet werden, als bisher. Wahrscheinlich wird die sozio-ökonomische Ungleichheit unter den Alten wachsen, nicht zuletzt auch infolge der höchst ungleichen Erbschaften, deren ökonomisches Gewicht zunimmt. Als Folge der Polarisierung der privaten Lebensformen in solche mit Kindern und in Kinderlose ist vor allem für letztere mit einer Ausdünnung familialer Netzwerke zu rechnen. Inwieweit diese durch auch in Zeiten von Krankheit und Pflegebedürftigkeit tragfähige andere soziale Beziehungen ersetzt werden können, steht dahin. Eine besondere Ambivalenz mit Bezug auf unser Verständnis vom Alter resultiert somit aus einer *kognitiven Spannung zwischen Gegenwart und Zukunft*. Eigentlich haben wir *derzeit* kaum kollektiv relevante Altersprobleme. Aber die absehbare Zukunft lässt eine deutliche Zunahme der Probleme alter Menschen erwarten, wenigstens wenn wir die Zukunft mit der aktuellen Lage vergleichen und die heutigen Bedingungen ohne nachhaltige kreative Veränderungen fortschreiben.

V. Demographisches Altern und die politische Willensbildung

Auch der zunehmende Anteil der Alten an der Bevölkerung wird oft als Problem gesehen. Wie Abbildung 2 zeigt, wird das Verhältnis der 60- und Mehrjährigen zu den 20–60-Jährigen in der ersten Hälfte des 21. Jahrhunderts dramatisch zunehmen. Das Verhältnis der 80- und Mehrjährigen zu den 20–60-Jährigen wird sich in diesem Zeitraum voraussichtlich verfünffachen; das ist vor allem eine Folge der sinkenden Alterssterblichkeit (vgl. auch Dinkel, in diesem Band). Bemerkenswerterweise werden sich die Proportionen in der 2. Hälfte des 21. Jahrhunderts nicht wesentlich ändern, obwohl dann die geburtenstarken Jahrgänge (1950–1970) aus dem Leben scheiden. Dies ist vor allem auf die geringe Fertilität von 1,4. Kindern pro Frau zurückzuführen, die der Berechnung zugrunde liegt.[1]

Offensichtlich resultiert aus dieser Veränderung der Altersstruktur selbst bei Modifikationen des Rentenzugangsalters auch eine Veränderung des quantitativen Verhältnisses zwischen Beitragszahlern und Leistungsempfängern in der Renten-, Kranken- und Pflegeversicherung. Die daraus entstehenden Herausforderungen an die Politik werden vielfach in pessimistische Zukunftsprognosen eingebettet, und dabei ein Zusammenhang zwischen demographischem Altern und gesellschaftlichem Niedergang (vgl. Miegel & Wahl, 1994; Miegel, 2003) oder ein „Krieg der Generationen" (Schirrmacher, 2004, S. 54ff.) suggeriert.

---

[1] Abbildung 1 und 2 gehen von Annahmen aus, die in etwa die Trends von Fertilität und Mortalität in den letzten drei Jahrzehnten sowie den Durchschnitt der (stark schwankenden) jährlichen Zuwanderungssalden fortschreiben.

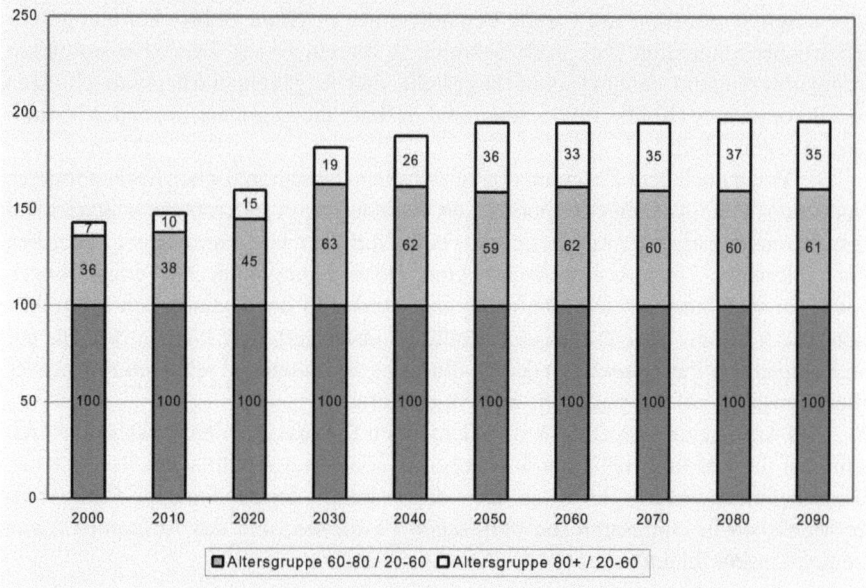

Abb. 2. *Prospektive demographische Alterslast 2000–2090.*
Quelle für 2000: Statistisches Bundesamt; für 2010–2080: Birg u. a. 1998: Variante 5, S. A21

Alte Menschen gelten als konservativer, rigider, weniger lernbereit und lernfähig. Es wird ihnen eine stärkere Gegenwartsorientierung und geringere Zukunftsorientierung zugesprochen (vgl. Lindenberger; Staudinger, in diesem Band). Die Zunahme des Anteils alter Menschen wird mit einer Zunahme an Altenmacht gleichgesetzt, manche befürchten eine Gerontokratie. Umgekehrt wird das Ausbleiben der Jungen, die Reduktion der nachwachsenden Generationen, als Risiko für die Innovationsfähigkeit Deutschlands gedeutet. Deutschland, so geht die Befürchtung, wird in etwa einem Jahrzehnt die politischen Potentiale für Reformen verlieren, da dann der Medianwähler mehr an die Rente als an den Nachwuchs denkt. So behauptete kürzlich Kurt Biedenkopf:

„Die geburtenstarken Jahrgänge wurden zwischen Anfang der fünfziger und Ende der sechziger Jahre geboren. Bleibt es beim Eintritt ins Rentenalter mit 65 Jahren, dann werden die ersten Jahrgänge um 2015 in Rente gehen, die letzten um 2030. Schon wesentlich früher wird sich jedoch ihr Zeithorizont verengen. Ihre Interessen werden sich zunehmend auf die Gegenwart und die Probleme konzentrieren, die sie ihnen bereitet. Ihre Bereitschaft wird abnehmen, Einschränkungen in der Gegenwart zugunsten der Zukunft zu akzeptieren. Die Zeit in der es möglich sein wird, in ihrer Generation Mehrheiten für eine Politik der Zukunftssicherung zu finden, wird deshalb schon zwischen 2015 und 2020, also in zehn bis fünfzehn Jahren, zu Ende gehen. Danach wird sich das Fenster politischer Gestaltungsmöglichkeiten langsam schließen."

(Biedenkopf, 2006, S. 44)

Die politische Publizistik schließt somit aus Veränderungen der demographischen Altersstruktur, bzw. der in ihr zum Ausdruck kommenden Häufigkeit individueller

Eigenarten, *unmittelbar* auf soziale Veränderungen im Sinne politischer und gesellschaftlicher Stagnation (vgl. auch Schmidt, in diesem Band). Das ist soziologisch wenig überzeugend, denn wie oben dargestellt, sind die gängigen Altersvorstellungen sozial konstruiert (Kohli, 1998). Aber sind deshalb die zugrunde liegenden Vermutungen schon falsch?

Die Frage nach dem Zusammenhang zwischen demographischen Veränderungen einerseits, ökonomischen oder politischen Veränderungen andererseits ließe sich auf korrelationsstatistische Weise bestenfalls beim Vorliegen jahrzehntelanger Zeitreihen aus zahlreichen Ländern empirisch prüfen. Denn demographische Veränderungen operieren sehr langsam und langfristig und werden in den statistischen Zeitreihen stets durch mittel- oder kurzfristige Einflüsse überlagert. Wir können deshalb nur im Rahmen von Partialanalysen den Einfluss des absoluten und relativen Zuwachses alter Menschen auf das politische System erörtern.

Drei Argumente suggerieren vor allem einen Einfluss des demographischen Alterns auf die Leistungsfähigkeit von Politik – genauer des politischen Teilsystems: Die zunehmende Macht der Alten unter den Wählern, der zunehmende Einfluss alter Menschen in einflussreichen politischen Positionen, und das Aufkommen von Generationskonflikten in der politischen Auseinandersetzung.[2]

1. Das Altern des Elektorats

Was das Altern der Wahlbevölkerung betrifft, so ist die Wirkung des demographischen Alterns nicht zu bestreiten. Es fehlt hier an selektiven Schranken, wie z.B. Altersgrenzen, welche den Zutritt der Älteren bzw. deren politische Teilhabe begrenzen könnten. Mehr noch: Die Untersuchung des Wahlverhaltens zeigt schon heute eine i.d.R. stärkere Beteiligung der älteren als der jüngeren Wahlberechtigten, sowie deren höheres Interesse an Politik. Darin schlägt sich nicht zuletzt der verbesserte Gesundheitszustand der jenseits des Erwerbsalters Stehenden nieder. Der weitere Rückgang der Alterssterblichkeit wird das quantitative Gewicht der Ruheständler weiter vergrößern. Die soziologisch interessante Frage ist nun, ob und auf welche Weise mit einer Transformation der Menge alter Menschen in politische Macht zu rechnen ist. Erst dann stellt sich überhaupt die Frage, ob und wie deren Eigenschaften oder Interessen einen politischen Unterschied machen (hierzu Alber 1994; Kohli, Neckel & Wolf, 1999). Offensichtlich unzureichend ist die Vorstellung, dass die quantitative Zunahme des Anteils der Wahlberechtigten oder selbst der Wähler jenseits eines bestimmten chronologischen Alters bereits einen politischen Unterschied mache. Zum mindesten in streng repräsentativen Demokratien wie der deutschen sind die Entscheidungsmöglichkeiten der Wähler auf die Wahl von Repräsentanten beschränkt, in der Regel sogar auf die Wahl zwischen wenigen Parteien mit jeweils komplexen Wahlprogrammen. Von eindeutig altersspezifischen politischen Interessen kann nur mit Bezug auf wenige Themenfelder gesprochen werden, wie der Alterssicherungspolitik und – ausschnitthaft – der Gesundheitspolitik. Aber selbst in Rentenfragen korrelieren

---

[2] Erst nach Abschluss des Manuskripts ist der Beitrag von Streeck (2007) erschienen. Streeck kommt anhand von im Wesentlichen US-amerikanischer Literatur zu sehr ähnlichen Ergebnissen wie die nachfolgenden Überlegungen.

die politischen Auffassungen nur schwach mit dem Alter (Kohli, 1994). Die Wahlforschung zeigt für die heutigen Generationen der Älteren eine stärkere Bindung an diejenigen Parteien oder weltanschaulichen Strömungen, denen sie schon in früherem Lebensalter zugeneigt haben. Das Altern des Elektorats könnte also höchstens den politischen Machtgewinn *neuer* Parteien und sozialer Bewegungen etwas bremsen, aber zweifellos sind andere Faktoren wie die mediale Resonanz hier von weit größerem Einfluss.

Auch in politischen Systemen, welche die Bürger an Sachentscheidungen direkt beteiligen, zeigt die Empirie, dass dem Lebensalter für das Abstimmungsverhalten in der Regel nur eine untergeordnete Bedeutung zukommt. Schließlich zeigt die Meinungsforschung, dass „fortschrittliche" Einstellungen keineswegs immer bei den Jüngeren dominieren. So war beispielsweise der Anteil derjenigen Schweizer Männer, welche seinerzeit das Frauenstimmrecht auf Bundesebene befürworteten, unter den 60- und Mehrjährigen fast doppelt so hoch wie unter den 20- bis 30-Jährigen (Kaufmann, 1960, S. 437).

All dies schließt aber nicht aus, dass das Lebensalter unter bestimmten Voraussetzungen politischen Einfluss gewinnt. Die hierfür wichtigste Voraussetzung ist die mediale und politische *Thematisierung des Alters als relevanter Größe*, beispielsweise durch die Verbreitung von Stereotypen wie dasjenige der „geizigen" Alten" oder der „gefährdeten (oder auch gefährlichen) Jugend". Eine radikalere Profilierung bestimmter Lebensalter oder Generationen kann die Form politischer oder sozialer Bewegungen annehmen. So versuchten zum Beispiel die „Grauen Panther", alte Menschen für ihre spezifischen Belange zu mobilisieren. In abgeschwächter Form geschieht dies auch durch die ausdrückliche Repräsentanz der Senioren im Rahmen der etablierten Parteien. Im Ausland gibt es zahlreiche Beispiele der institutionalisierten Beteiligung Älterer an für sie besonders relevanten Fragen, insbesondere auf kommunaler Ebene. Auch wenn der jeweilige Mobilisierungsgrad alter Menschen primär sicher von anderen Faktoren abhängt, ist nicht zu übersehen, dass das Mobilisierungspotential auch eine demographische Komponente haben kann. Solcher Einfluss wäre allerdings sehr indirekt und wahrscheinlich nur sporadisch. Insgesamt gilt:

„Die politischen Parteien altern, aber ihre älteren Mitglieder haben deshalb nicht automatisch einen stärkeren Einfluss. Betrachtet man die Mitwirkung Älterer in politisch wirksamen Organisationen und Verbänden insgesamt, so zeigt sich, dass überall die Mitgliedschaft überwiegend aufrechterhalten bleibt, die aktive Partizipation jedoch zurückgeht."
(Kohli, Neckel & Wolf, 1999, S. 483)

Am einflussreichsten erscheint die Thematisierung einer Zunahme der Alten im „inneren Zirkel" wahlabhängiger politischer Entscheidungsträger. Insoweit diese *vermuten*, dass die politischen Sympathien älterer Wähler von der Bedienung ihrer altersspezifischen Interessen abhängen, werden sie wenig geneigt sein, Reformen durchzuführen, welche die Senioren offensichtlich oder nach ihrer Meinung benachteiligen. In diesem Sinne spricht Martin Kohli von einer „latenten Altenmacht". Die Veränderung der demographischen Altersstruktur wirkt hier aber nicht unmittelbar, sondern *nur über die Vorstellungswelt der Politiker.* Es kommt somit gar nicht auf die tatsächlichen Einstellungen im Wahlvolk an, sondern nur auf die wirksamen Stereotypen.

2. Altern der politischen Eliten?

Eine Gerontokratie als direkte Folge des demographischen Alterns könnte in Demokratien nur entstehen, wenn ältere Wähler mehr geneigt wären, ältere als jüngere Politiker zu wählen. Dafür gibt es bisher keinerlei empirische Evidenz. Man könnte aber auch argumentieren, dass die Verlängerung der Lebensspanne im Alter, insbesondere die Verbreitung des „Dritten Lebensalters" dazu führe, dass sich ältere Menschen verstärkt politisch engagieren. Auch könnten sie infolge ihrer längeren Lebensdauer länger in politisch einflussreichen Positionen verbleiben.

Die Empirie legt eher das Gegenteil nahe: In den entscheidenden politischen Gremien wie Bundestag oder Landtage sind die Älteren immer seltener anzutreffen. „Auch in den Spitzenpositionen der Politik gibt es einen Trend zum frühen Ruhestand." (Kohli, Neckel & Wolf, 1999, S. 485). Die Verlängerung der Lebenserwartung wird allerdings im Falle von auf Lebenszeit zugesprochenen Positionen wirksam; sie sind aber selbst in der katholischen Kirche bis auf den Papst mittlerweile abgeschafft. Es ist also mit vergleichsweise einfachen Regeln (Altersgrenzen, Amtszeitbeschränkungen) möglich, den politischen Einfluss Hochaltriger auszuschalten, und derartige Regeln sind in Demokratien weit verbreitet. Manche bewerten dies sogar als einen Ausschlussmechanismus für die Senioren.

Etwas anders stellt sich das Problem innerhalb hierarchischer Organisationen dar. Auch wenn das Zugehörigkeitsalter durch Ruhestandsgrenzen nach oben abgeschnitten wird, bringen typische Aufstiegsmuster und das Senioritätsprinzip es vielfach mit sich, dass die Führungspositionen vornehmlich mit vergleichsweise alten Personen besetzt werden, und dies gilt für den öffentlichen Dienst in besonderem Maße. Während in der ersten Hälfte des 20. Jahrhunderts der Sterblichkeitsrückgang im Alter der Erwerbstätigkeit noch erheblich war, und daher auch die Aufstiegschancen Jüngerer beeinträchtigte, ist dieser Faktor für die Zukunft zu vernachlässigen; denn mittlerweile ist die Sterblichkeit in diesen Lebensaltern bereits so niedrig, dass weitere Lebensgewinne statistisch nicht mehr ins Gewicht fallen. Die Aufstiegschancen Jüngerer werden aber durch die Zunahme oder Abnahme der Häufigkeit von Führungspositionen beeinflusst. Wenn das Personal einer Organisation schrumpft, so reduzieren sich auch die Aufstiegschancen der Jüngeren (Kaufmann, 1960, S. 460ff.). Wenn die Bevölkerung langfristig zurückgeht, so könnten auch Schrumpfungs- oder Fusionsprozesse von Organisationen die Regel werden.

3. Generationskonflikte?

Grundsätzlich kann die Wahrscheinlichkeit einer Polarisierung der Generationen durch das demographische Altern begünstigt werden. Das gilt insbesondere bei einer zur Verlängerung der Lebensspanne parallelen Nachwuchsschwäche, wie sie für Deutschland und zahlreiche weitere europäische Länder absehbar ist. Die überproportionale Zunahme der Alten kann dann zur wirtschaftlichen und sozialen Belastung werden und politische Auseinandersetzungen nach sich ziehen, welche erkennbar altersspezifische Interessenlagen betreffen (Krüger, 1996). Ob sich diese allerdings zu Generationskonflikten verdichten, ist von gesellschaftlichen Definitionsprozessen abhängig (Kohli, 2002). Eine entsprechende mediale Mobilisierung könnte vor allem die quantitativ schwächeren nachwachsenden Generationen ansprechen. Die statistische Zunahme des Altenanteils oder auch der weiteren Lebenserwartung eignen sich als Konstruktionsmaterial für manifeste Konflikte.[3]

Wesentlich wahrscheinlicher ist allerdings, dass die schon heute absehbaren Interessengegensätze zwischen den Angehörigen unterschiedlicher Altersgruppen *auf latente Weise ausgetragen* werden. Ein wesentliches Feld der Auseinandersetzung dürfte dabei das Gesundheitswesen und der Umgang mit Pflegebedürftigen und Hochaltrigen werden. Empirisch gilt für Deutschland bis jetzt: „Von einer zunehmenden Polarisierung zwischen Alt und Jung ist also nichts zu finden; sie ist ganz im Gegenteil zurückgegangen" (Alber, 1994, S. 507). *Alles in allem scheint es recht unwahrscheinlich, dass die Leistungsfähigkeit des politischen Systems durch die Zunahme des Bevölkerungsanteils alter Menschen wesentlich in Mitleidenschaft gezogen wird.* Das gilt wenigstens für den unmittelbaren Zusammenhang. Wie nunmehr zu zeigen sein wird, ist das Wirtschaftssystem wesentlich abhängiger von der demographischen Entwicklung. Wenn infolge geringeren Wirtschaftswachstums auch die Spielräume der öffentlichen Finanzwirtschaft eingeengt werden, sind mittelbare Auswirkungen auf das politische Teilsystem nicht auszuschließen und zunehmende Verteilungskonflikte zu erwarten.

VI. Demographisches Altern und gesellschaftliche Stagnation

Das demographische Altern, also die Zunahme des Anteils alter Menschen, ist einerseits eine Folge der steigenden Lebenserwartung, andererseits eine Folge der sinkenden Geburtenhäufigkeit.[4] Der Sterblichkeitsrückgang bewirkt das Überleben eines immer größeren Teils der Geborenen oder Zugewanderten bis ins hohe Alter. Für die wirtschaftlichen Perspektiven ist aber weniger die Zunahme der Senioren von Bedeutung als der Rückgang des Nachwuchses. Wir haben es in Deutschland und anderswo in Europa nicht mit einer „Überalterung", sondern mit einer „Unterjüngung" der Bevölkerung zu tun (Lehr, 2003, S. 3). In Deutschland ersetzen die Geburten die Generation ihrer Eltern seit über drei Jahrzehnten nur noch zu etwa zwei Dritteln. Das bedeutet modellartig: 1000 Frauen um 1980 hatten 667 Töchter, welche um 2010

---

[3] Eine der Altersdiskriminierung förderliche Konstellation scheint sich schon heute in wirtschaftlich benachteiligten Gebieten Ostdeutschlands zu entwickeln: Eine starke Abwanderung, vor allem jüngerer qualifizierter Frauen lässt hier die alternden Menschen mit überwiegend männlichen, zunehmend partner- und familienlosen jungen Menschen ohne Arbeit zurück. Vgl. hierzu klarsichtig Frank Schirrmacher: Nackte Äste. FAZ 20. 9. 2006, S. 35.

[4] Bis zur Mitte des 20. Jahrhunderts ging vor allem die Säuglings- und Kindersterblichkeit zurück; dadurch wurde die alternde Wirkung des Geburtenrückgangs abgemildert. In den letzten Jahrzehnten sinkt jedoch die Alterssterblichkeit stärker als die Sterblichkeit in den übrigen Lebensaltern und trägt somit zum demographischen Altern bei.

noch 444 Töchtern bzw. Enkelinnen zur Welt bringen. Und wenn sich nichts ändert, würde die Urenkelgeneration um 2040 nur noch 296 Mädchen umfassen.

Für die wirtschaftliche Produktivität kommt es allerdings weniger auf die Quantität als auf die Qualität des Nachwuchses an. Diese wird als *Humankapital* thematisiert, worunter „das in ausgebildeten und lernfähigen Individuen repräsentierte Leistungspotential einer Bevölkerung" zu verstehen ist. „Es ist eine personengebundene Größe, deren Wert sich über Zeit verändern kann, auch in Abhängigkeit von Veränderungen im Umfeld des Humankapitaleinsatzes." (Clar, Doré & Mohr, 1997, S. VI)

Aus soziologischer Sicht dürfen die Leistungspotentiale dabei nicht auf marktgängige Fähigkeiten reduziert werden. Vielmehr sind die Leistungspotentiale für die Tätigkeiten in Familien und Verwandtschaftsnetzwerken, in sozialen Vereinigungen und politischen Parteien ebenso relevant, deshalb ist der Begriff „Humanvermögen" sprechender. Wohlfahrtsproduktion ist nicht auf marktvermittelte Transaktionen zu reduzieren, sondern umfasst den ganzen Bereich der Nutzen für Dritte stiftenden Transaktionen (Kaufmann, 2005/1994). Um die *Bedeutung des demographischen Wandels für das Humanvermögen eines Landes* zu schätzen, scheint es sinnvoll, von den privaten und öffentlichen Aufwendungen für das Aufbringen des Nachwuchses auszugehen. In diesem Sinne konnte die durch den Geburtenausfall zwischen 1970 und 2000 in der (alten) Bundesrepublik entstandene „Investitionslücke" auf 2500 Mrd.€ geschätzt werden (Kaufmann, 2005, S. 77ff.). Diese Schätzung beruhte auf „statischen" Annahmen mit dem Basisjahr 1990/92; wichtig wäre die Überführung der Kalkulation von Beständen in eine Rechnung mit Strömungsgrößen, unter Berücksichtigung des Schwundes von Humanvermögen im Zuge des Alterns (vgl. hierzu grundsätzlich Doré & Clar, 1997; sowie empirisch Ewerhart, 2003; Pfeiffer, 1997).

Erste Schätzungen des in formalen Bildungsabschlüssen inkorporierten Netto-Bildungskapitals und seiner Entwicklung von 1992–1999 hat Ewerhart (2003) publiziert. Obwohl die aus dem Arbeitsleben derzeit Ausscheidenden eine deutlich niedrigere Qualifikationsstruktur aufweisen als die neu ins Erwerbsleben tretenden Kohorten, zeigt sich für den Untersuchungszeitraum nur ein äußerst bescheidener jährlicher Zuwachs des Netto-Humankapitals von 0,4 %. Wenn die geburtenstarken Jahrgänge um 1960 aus dem Erwerbsleben ausscheiden und quantitativ kleinere Kohorten nachrücken, wird ohne eine wesentliche Steigerung der Bildungsanstrengungen spätestens ab 2015 das Humanvermögen sich kontinuierlich reduzieren: Die Zahl der Erwerbstätigen wird nach einer Prognose des IAB von 38 Mio. (2015) auf 26 Mio. (2040) zurückgehen, mit anschließend weiter sinkender Tendenz. Angesichts der gleichzeitig zu erwartenden Veränderungen der nachgefragten Qualifikationen – Rückgang bei den Lehrberufen, Zunahme bei den Hochschulabsolventen – wird die Humankapitallücke noch breiter ausfallen als die demographische Lücke (Meyer & Wolter, 2007).

Vom Rückgang des Humankapitals sind nachhaltige Beeinträchtigungen des Wirtschaftswachstums zu erwarten. Axel Börsch-Supan (2004, S. 83ff.) rechnet mit einem Rückgang des Wachstumspotentials der Produktivität um 0,45–0,6 Prozentpunkte jährlich. Geht man von der durchschnittlichen Steigerung der Arbeitsproduktivität in der jüngeren Vergangenheit (1,5 %) aus, so könnte die Arbeitsproduktivität in Zukunft noch um 1 % jährlich steigen. Selbst dies ist eine optimistische Annahme, denn in Zukunft wird sich die Erneuerungsgeschwindigkeit der aktiven Bevölkerung reduzieren. Während um 1980 der jährliche Zugang von Berufseinsteigern ca. 3 % der erwerbstätigen Bevölkerung betrug, wird er bis 2020 auf ca. 2 % sinken. Technische und soziale Innovationen werden jedoch vor allem von den nachwachsenden Generationen getragen. Weil Produktivitätsfortschritte auch mit der Wachstumsrate einer Branche zusammen hängen und die Binnennachfrage sich einem fortgesetzten Bevölkerungsrückgang kaum entziehen kann, ist zum mindesten für die von ihr abhängigen Wirtschaftszweige auch aus diesem Grund mit einem geringeren Produktivitätsforstschritt zu rechnen.

Alles in allem wird der Rückgang der Bevölkerung im erwerbstätigen Alter die volkswirtschaftlichen Wachstumspotentiale deutlich reduzieren. Ökonomen empfehlen, das fehlende Humankapital durch Sachkapital zu substituieren Es ist jedoch fraglich, in wie weit dies gerade in den wachstumsintensivsten Bereichen der Dienstleistungs- und Wissensgesellschaft gelingen kann. Weil alle anderen Gesellschaftsbereiche von der Leistungsfähigkeit des Wirtschaftssystems wenigstens indirekt abhängen, ist vom Nachlassen der wirtschaftlichen Dynamik auch eine Dämpfung in den übrigen Gesellschaftsbereichen zu erwarten. Ein weiteres kommt hinzu: Der Bevölkerungsrückgang, und erst recht der Rückgang des Nachwuchses, reduziert die Rekrutierungspotentiale nicht nur der Wirtschaft, sondern aller Gesellschaftsbereiche. Der Einfluss demographischer Veränderungen operiert zwar sehr langsam und allmählich, sodass grundsätzlich durchaus Anpassungszeiten bestehen. Aber der Bevölkerungsrückgang operiert auch umfassend und in gleichsinniger Weise. *Alle Folgen des absehbaren demographischen Wandels erscheinen tendenziell problemerzeugend, und es muss damit gerechnet werden, dass sie sich wechselseitig verstärken.* Wachsende Anpassungszwänge stoßen im Falle schrumpfender Bevölkerungen auf sinkende Anpassungsfähigkeit. Konflikte tendieren dazu, sich zu verfestigen, anstatt innovative Lösungen zu generieren (Vgl. Kaufmann, 2005, S. 110ff.).

Entgegen markttheoretischen Vermutungen, nach denen die Verknappung des Nachwuchses ihm günstigere Aufstiegschancen sichert, ist angesichts sinkender wirtschaftlicher Wachstumsraten und zunehmender Verknappung der öffentlichen Haushalte mit umfangreichen Stellenkürzungen zu rechnen, sodass hierarchisch höhere Stellen seltener frei werden. Dagegen begünstigt die organisatorische Expansion den Aufstieg jüngerer Kräfte. Nur eine systematische Frühpensionierung älterer Führungskräfte, wie sie insbesondere von den Finanzinstituten und der Großindustrie in den letzten Jahrzehnten bereits praktiziert worden ist, könnte die Aufstiegschancen der Jüngeren verbessern. Aber die demographische Entwicklung erfordert nicht nur die Abschaffung derartiger Frühpensionierungen, sondern auch die Verlängerung der Lebensarbeitszeit. Sollte dies gelingen, so wäre es jedenfalls der Innovationskraft von Wirtschaft und Politik nicht förderlich. Es bedürfte schon tief greifender Umorientierungen in der Personalpolitik, die auch vor Statusverlust älterer Mitarbeiter nicht zurückschreckt, wollte man die Aufstiegschancen der Jüngeren im Kontext schrumpfender Belegschaften verbessern.

Gesellschaftliche Stagnation ist nicht nur auf Grund einer rigidisierenden Wechselwirkung zwischen gesellschaftlichen Teilsystemen zu erwarten, sondern auch von

Mentalitätsveränderungen, welche die Legitimität fortgesetzten Wandels in Frage stellen. Sozialpolitische Veränderungen unter zunehmenden ökonomischen Restriktionen sind wesentlich schwieriger als im Kontext einer munter wachsenden Wirtschaft. Die Verteilungskonflikte werden schärfer und Situationen allseitigen Gewinns seltener. Die beengenden wirtschaftlichen und sozialen Perspektiven fördern weder die optimistische Veränderungsbereitschaft noch die Bereitschaft zur Konkurrenz.

Sollten sich Mentalitätsveränderungen durchsetzen, welche wirtschaftlichen und sozialen Wandel ablehnen, so wäre dies aus soziologischer Sicht nicht primär auf die Zunahme alter Menschen zurück zu führen. Die Veränderung der Opportunitätsstrukturen ist erklärungskräftiger. Unter sonst gleichen Bedingungen fördert z. B. das Bevölkerungswachstum den Zustrom junger Menschen auf den Arbeitsmarkt, die als Außenseiter den Eingesessenen Konkurrenz machen und sich deshalb auch auf neue Produktionsformen und sonstige Chancen gerne (oder zum mindesten nolens volens) einlassen. Fehlt es an der Konkurrenz von Außenseitern, so ist von den bereits Etablierten weit weniger Bereitschaft zur Innovation zu erwarten. Dies hat sich empirisch auch im Falle Frankreichs bestätigt, das zwischen 1890 und 1940 eine lange Phase demographischer Stagnation durchmachte (Kaufmann, 1960, S. 409ff.). Nach 1945 setzte sich zwar das demographische Altern fort, aber die Fertilität begann in der Folge einer natalistischen Familienpolitik erneut zu steigen. Unterstützt durch die weiter zunehmende Lebenserwartung und eine kontinuierliche Zuwanderung wuchs und alterte die französische Bevölkerung nunmehr gleichzeitig. Das hat die Modernisierung Frankreichs und die Überwindung seiner Stagnation nach dem 2. Weltkrieg sehr erleichtert.

Alle bisherige Erfahrung spricht dafür, dass ein nachhaltiger Bevölkerungsrückgang lähmend auf die wirtschaftliche und soziale Entwicklung eines Landes oder einer Region wirkt. *Sollte dies im deutschen Fall zu beobachten sein, so wäre nicht die Zunahme der alten Menschen, sondern das Fehlen ausreichenden Nachwuchses hierfür verantwortlich.* Ein weiteres demographisches Altern ist unvermeidlich, denn die Senioren des 21. Jahrhunderts sind größtenteils bereits geboren. Wie gut oder wie schlecht es ihnen gehen wird, ist von der zukünftigen Wirtschaftsentwicklung abhängig. Diese wiederum beruht auf den bisherigen und in Zukunft zu bildenden Humanvermögen, die einerseits vom Umfang des Nachwuchses und andererseits von seiner Qualifikation abhängig sind. Würde es gelingen, die Qualifikation auch der sozial Benachteiligten in Deutschland auf ein arbeitsmarkttaugliches Niveau zu bringen und die Grundsätze des lebenslangen Lernens auch unter den Älteren zu verbreiten, so ließen sich die demographischen Defizite in erheblichem Umfange kompensieren.

VII. Die kollektive Unbestimmtheit des Alters

Abschließend sei auf einen Aspekt der Altersproblematik hingewiesen, der wieder stärker zur Leitfrage „Was *ist* Alter?" zurückführt. Es ist nämlich nicht nur der Wissenschaft, sondern auch den gesellschaftlichen Akteuren weithin unklar, welche *Erwartungen und Leitbilder* heute für die älteren Menschen relevant sind. Leitbilder insbesondere für diejenigen, die aus dem Erwerbsleben bei verhältnismäßig guter Gesundheit ausgeschieden sind und die nunmehr noch etwa 10–20 Jahre der Rüstigkeit vor sich haben. Wie groß diese Verlegenheit ist, wird nicht zuletzt an dem kürzlichen Verkaufserfolg eines Buches mit dem Titel „Das Methusalem Komplott" sichtbar, das mit großer rhetorischer Emphase, aber in m.E. wenig schlüssiger Weise, die Probleme des sogenannten Dritten Lebensalters beschreibt (Schirrmacher, 2004). Offensichtlich passen die früheren Altersbilder, welche Alter mit einem Verfall der Kräfte und zunehmender Immobilität assoziierten, für diese wachsende Population der „jungen Alten" überhaupt nicht. Allerdings ist diese Population selbst keineswegs homogen; vielmehr sind ihre Lebensläufe durch eine zunehmende Individualisierung geprägt. Ob und wie es möglich ist, ihre nützliche Beteiligung am gesellschaftlichen Leben zu verstärken, bildet einen praktischen Hintergrund für die Frage „Was ist das Alter?" Zu fragen bleibt allerdings, ob die Lösung in neuartigen Altersbildern bestehen kann, oder ob es nicht eher darum geht, diese „jungen Alten" vom Stereotyp des Alters zu befreien, nach dem Motto: „Wir sind keine Alten, sondern Menschen, die einfach älter werden." Das gilt bereits für Säuglinge! Für Menschen im „Vierten Lebensalter", die mit nachhaltigen Einschränkungen ihrer Handlungsmöglichkeiten und der Perspektive des Sterbens konfrontiert sind, stellt sich dagegen vor allem die Frage, inwieweit der verbreitete Wunsch nach einem selbst bestimmten Tod sich rechtlich und praktisch sichern lässt (vgl. Baltes, 2007, S. 33f.)

Zusammenfassend ergibt sich, dass das Interesse am Thema „Alter" durch soziale Ambivalenzen und Irritationen stimuliert wird. Dazu gehört erstens die Spannung zwischen der herrschenden chronologischen Zeitordnung und der hohen Variabilität subjektiver Alterserfahrungen. Zweitens die Unschärfe unseres Konzeptes von Generationen, worunter bald diachron verschiedene Geburtskohorten mit zeitspezifisch unterschiedlichen Lebensumständen, bald synchron die zu einem gegebenen Zeitpunkt Alten, Erwachsenen im Erwerbsalter und Kinder bzw. Jugendlichen verstanden werden. Drittens wächst das Unbehagen an verbreiteten stereotypen Vorstellungen über unterschiedliche Lebensalter, wobei die Vorurteile hinsichtlich der Untauglichkeit älterer Arbeitskräfte gesellschaftspolitisch besonders brisant sind. Viertens irritiert uns die Spannung zwischen der aktuell besonders günstigen Lage der älteren Generationen im Verhältnis zur absehbaren Verschlechterung oder zum mindesten größeren Ungleichheit in den zukünftigen Generationen der Senioren. Und schließlich fühlen sich viele durch die absolute und relative Zunahme alter Menschen politisch herausgefordert, wenn nicht gar bedroht. Zwar gibt die demographische Entwicklung in Deutschland durchaus zu Sorgen Anlass, nicht zuletzt für die alten Menschen selbst. *Problematisch ist aber nicht die Zunahme der alten Menschen, sondern das Fehlen an ausreichendem qualifiziertem Nachwuchs.*

Diese wissenssoziologische Situierung unseres Themas soll verdeutlichen, warum es so schwer fällt, die Frage „Was ist Alter?" in eindeutiger Weise zu beantworten. Solche Ambivalenzen und Irritationen werden auch in Zukunft die Altersforschung begleiten. Diese bestimmt jedoch ihren Gegenstand nicht über den Begriff des Alters, sondern primär über disziplinäre Problemstellungen. Die Unschärfe unserer alltäglichen Altersvorstellungen mag dabei sogar als Stimulans nützlich sein, um die Ergebnisse der verschiedenen Disziplinen der Altersforschung stärker miteinander zu verschränken.

Literatur

Alber, J. (1994). Soziale Integration und politische Repräsentation von Senioren. In G. Verheugen (Hg.), *60plus. Die wachsende Macht der Älteren*, 145–168. Köln.

Andreß, H. J., Heien, T. &. Hofäcker, D. (2001). *Wozu brauchen wir noch den Sozialstaat? Der deutsche Sozialstaat im Urteil seiner Bürger*. Wiesbaden.

Attias-Donfut, C. (2000). Familialer Austausch und soziale Sicherung. In: M. Kohli & M. Szydlick (Hg.), *Generationen in Familie und Gesellschaft*, 222–237. Opladen.

Backes, G. M. (2002). Alter(n)sforschung und Gesellschaftsanalyse – konzeptionelle Überlegungen. In U. Dallinger & K. R. Schroeter (Hg.), *Theoretische Beiträge zur Alternssoziologie*, 61–78, Opladen.

Baltes, P. B. (2007). Alter(n) als Balanceakt: Im Schnittpunkt von Fortschritt und Würde. In P. Gruss (Hg.), *Die Zukunft des Alterns*, 15–34. München.

Bengtson, V. L. & Schütze, Y. (1992). Altern und Generationenbeziehungen: Aussichten für das kommende Jahrhundert. In P. B. Baltes & J. Mittelstraß (Hg.), *Zukunft des Alterns und gesellschaftliche Entwicklung*, 492–517. Berlin.

Bertram, H. (2000). Die verborgenen Familienbeziehungen in Deutschland: Die multilokale Mehrgenerationenfamilie. In M. Kohli & M. Szydlick (Hg.), *Generationen in Familie und Gesellschaft*, 97–121. Opladen.

Biedenkopf, K. (2006). *Die Ausbeutung der Enkel*. Berlin.

Birg, H., Flöthmann, E.-J., u. a. (1998). Simulationsrechnungen zur Bevölkerungsentwicklung in den alten und neuen Bundesländern im 21. Jahrhundert. Materialien des Instituts für Bevölkerungsforschung und Sozialpolitik (IBS) der Universität Bielefeld, Band 45. Bielefeld.

Börsch-Supan, A. (2004). Aus der Not eine Tugend. Zukunftsperspektiven einer alternden Gesellschaft. In Herbert-Quandt-Stiftung (Hg.), *Gesellschaft ohne Zukunft? Bevölkerungsrückgang und Überalterung als politische Herausforderung*, 81–91. Bad Homburg.

Clar, G., Doré, J. & Mohr, H. (Hg.) (1997). *Humankapital und Wissen. Grundlagen einer nachhaltigen Entwicklung*. Berlin.

Doré, Julia u. Günter Clar (1997): Die Bedeutung von Humankapital, in: dies. u. Hans Mohr (Hg.): *Humankapital und Wissen. Grundlagen einer nachhaltigen Entwicklung*. Berlin u. Heidelberg, 159–174.

Ehmer, J. (1990). *Sozialgeschichte des Alters*. Frankfurt a. M.

Elwert, G., Kohli, M. & Müller, H. K. (1990). (Hg.) *Im Lauf der Zeit. Ethnographische Studien zur gesellschaftlichen Konstruktion von Lebensaltern*. Saarbrücken.

Ewerhart, G. (2002). Bildungsinvestitionen, brutto und netto. Eine makroökonomische Perspektive. In S. Hartard u. C. Stahmer (Hg.), *Magische Dreiecke, Band 3*: Sozio-ökonomische Berichtsysteme, 217–246. Marburg.

Ewerhart, G. (2003). Ausreichende Bildungsinvestitionen in Deutschland? In *Beiträge zur Arbeitsmarkt- und Berufsforschung, 266*, Nürnberg.

Fraisse, P. (1968). Time: Psychological Aspects. In *International Encyclopedia of the Social Sciences, 16*, 25–30.

Goody, J. (1968). Time: Social Organization. In *International Encyclopedia of the Social Sciences, 16*, 30–42.

Grieswelle, D. (2002). *Gerechtigkeit zwischen den Generationen*. (Abhandlungen zur Sozialethik, 47). Paderborn.

Hardach, G. (2006). *Der Generationenvertrag. Lebenslauf und Lebenseinkommen in Deutschland in zwei Jahrhunderten*. Berlin.

Johnson, P., Conrad, C. & Thomson, D. (Eds.). (1989). *Workers Versus Pensioners: Intergenerational Justice in an Ageing World.* Manchester.

Kaufmann, F.-X. (1960). *Die Überalterung. Ursachen, Verlauf, wirtschaftliche und soziale Auswirkungen des demographischen Alterungsprozesses.* Zürich.

Kaufmann, F.-X. (1986/2005). Sozialpolitik und Bevölkerungsprozeß. In F.-X. Kaufmann, *Sozialpolitik und Sozialstaat: Soziologische Analysen*, (2. erw. Aufl.). 145–160. Wiesbaden.

Kaufmann, F.-X. (2003). *Varianten des Wohlfahrtsstaats – Der deutsche Sozialstaat im internationalen Vergleich.* Frankfurt a. M.

Kaufmann, F.-X. (2005). *Schrumpfende Gesellschaft. Vom Bevölkerungsrückgang und seinen Folgen.* Frankfurt a. M.

Kaufmann, F.-X. (2005). Staat und Wohlfahrtsproduktion. In F.-X. Kaufmann, *Sozialpolitik und Sozialstaat: Soziologische Analysen*, (2. erw. Aufl.), 219–242. Wiesbaden.

Kohli, M. (1985). Die Institutionalisierung des Lebenslaufs. In *Kölner Zeitschrift für Soziologie und Sozialpsychologie, 37*, 1–29.

Kohli, M. (1986). Gesellschaftszeit und Lebenszeit – Der Lebenslauf im Strukturwandel der Moderne. In J. Berger (Hg.), *Die Moderne – Kontinuitäten und Zäsuren. Soziale Welt*, Sonderband 4, 183–208. Göttingen.

Kohli, M. (1992). Altern in soziologischer Perspektive. In P. B. Baltes & J. Mittelstraß (Hg.), *Zukunft des Alterns und gesellschaftliche Entwicklung*, 231–259. Berlin.

Kohli, M. (1994). Von Solidarität zu Konflikt? Der Generationenvertrag und die Interessenorganisation der Älteren. In G. Verheugen (Hg.), *60plus. Die wachsende Macht der Älteren*, 61–74. Köln.

Kohli, M. (1998). Altern und Altern der Gesellschaft. In B. Schäfers & W. Zapf (Hg.), *Handwörterbuch zur Gesellschaft Deutschlands.* Opladen.

Kohli, M. (2002). Generationen in der Gesellschaft. In *Mitteilungen des Sonderforschungsbereichs, 580,* Nr. 9, 9–18.

Kohli, M., Neckel, S. & Wolf, J. (1999). Krieg der Generationen? Die politische Macht der Älteren. In A. Niederfranke u. a. (Hg.), *Funkkolleg Altern, 2,* 479–514. Opladen.

Krüger, J. (1996). Generationensolidarität oder Altenmacht – Was trägt (künftig) den Generationenvertrag? *Zeitschrift für Sozialreform, 42,* 625–656.

Lehr, U. (2003). Die Jugend von gestern – und die Senioren von morgen. *Aus Politik und Zeitgeschichte, B 30 / 2003,* 3–5.

Leisering, L. (2000). Wohlfahrtsstaatliche Generationen. In M. Kohli & M. Szydlick (Hg.), *Generationen in Familie und Gesellschaft,* 59–76. Opladen.

Leisering, L. (2002). Entgrenzung und Remoralisierung – Alterssicherung und Generationenbeziehungen im globalisierten Wohlfahrtskapitalismus. In *Zeitschrift für Gerontologie und Geriatrie, 35,* 343–354.

Mannheim, K. (1928/1964). Das Problem der Generationen. In K. Mannheim, *Wissenssoziologie – Auswahl aus dem Werk,* 501–565. Neuwied.

Mayer, K. U. & Müller, W. (1989). Lebensverläufe im Wohlfahrtsstaat. In A. Weymann (Hg.), *Handlungsspielräume. Untersuchungen zur Individualisierung und Institutionalisierung von Lebensverläufen in der Moderne,* 41–60. Stuttgart.

Meyer, B. & Wolter, M. I. (2007). Demographische Entwicklung und wirtschaftlicher Strukturwandel – Auswirkungen auf die Qualifikationsstruktur am Arbeitsmarkt. In Statistisches Bundesamt (Hg.), *Neue Wege statistischer Berichterstattung – Mikro- und Makrodaten als Grundlage sozioökonomischer Modellierung,* 70–96. Wiesbaden.

Miegel, M. & Wahl, S. (1994). *Das Ende des Individualismus. Die Kultur des Westens zerstört sich selbst.* München.

Miegel, M. (2003). *Die deformierte Gesellschaft. Wie die Deutschen ihre Wirklichkeit verdrängen.* München.

Nullmeier, F. (2004). Der Diskurs der Generationengerechtigkeit in Wissenschaft und Politik. In K. Burmeister & B. Böhning (Hg.), *Generationen und Gerechtigkeit*, 62–75. Hamburg.

Pfeiffer, F. (1997). Humankapitalbildung im Lebenszyklus. In G. Clar, J. Doré & H. Mohr (Hg.): *Humankapital und Wissen. Grundlagen einer nachhaltigen Entwicklung*, 175–195. Berlin.

Schirrmacher, F. (2004). *Das Methusalem-Komplott.* München.

Streeck, W. (2007). Politik in einer alternden Gesellschaft: Vom Generationenvertrag zum Generationenkonflikt? In P. Gruss (Hg.), *Die Zukunft des Alterns*, 279–304. München.

Was ist Alter?
Die Perspektive der Politikwissenschaft

Manfred G. Schmidt

I. Alter, Alterung der Gesellschaft und Politik

Die Frage „Was ist Alter?" wird unterschiedlich beantwortet. Die Vorschläge reichen von einer biologischen Definition von Alter über die Lehre vom Zusammenspiel biologischer, kultureller und individueller Quellen bis zur These, dass Alter wesentlich gesellschaftlich konstruiert sei. Dem fügt die Politische Wissenschaft zwei weitere Blickwinkel hinzu: Es ist letztendlich die Politik, die Altersgruppen erzeugt, und zwar durch die verbindliche Festlegung von Altersgrenzen, beispielsweise zwischen Volljährigkeit und Nichtvolljährigkeit, Wahlrecht und Ausschluss vom Wählen und vor allem durch die Festlegung von erwerbsfähigem Alter und Altersruhestand. Aus dem Zusammenwirken von Alter und Alterung der Gesellschaft wächst in einer Demokratie ein weiterer, an Bedeutung zunehmender Faktor im großen Kampf um die politische Macht. Mit ihm verschieben sich die Kräftekonstellationen im „Streben nach Machtanteil oder nach Beeinflussung der Machtverteilung", so Max Webers Definition von Politik, in grundlegender Weise.[1]

Die Bedeutung des Alters und der Alterung für den Kampf um Macht wird erst dann in vollem Umfang sichtbar, wenn die Wirkungen zweier politischer Altersgrenzziehungen bedacht werden: die des gesetzlichen Rentenalters und die des Wahlalters.

Das normale gesetzliche Rentenalter in den Mitgliedsstaaten der Organisation für wirtschaftliche Zusammenarbeit und Entwicklung variiert zwischen 60 Jahren (in Korea und der Türkei) und 67 Jahren (in Island, Norwegen, den USA und zukünftig auch in Deutschland) und erreicht im Durchschnitt einen Wert von rund 65 Jahren. Etwas niedrigere Altersgrenzen sind vielerorts für Frauen vorgesehen. Zudem ermöglichen Frühverrentungsarrangements in vielen Ländern den vorzeitigen Übergang in den Altersruhestand, am frühesten in Australien, Korea und Portugal (55 Jahre). In Deutschland liegt das gesetzliche Rentenalter derzeit bei 65 Jahren und wird ab 2012 schrittweise auf 67 Jahre angehoben werden (OECD, 2005).[2] Die gesetzliche Altersgrenze ist, der historische Vergleich lehrt es, im Trend jedenfalls bis Ende des 20. Jahrhunderts abgesenkt worden – in Deutschland lag sie von der Gründung der reichsweiten Alterssicherung bis 1918 bei 70 Jahren (vgl. auch Kocka, in diesem Band). Das Niveau und die Absenkung des gesetzlichen Rentenalters aber haben im Zusammenspiel mit der demographischen Alterung der Gesellschaft – und das wird politisch folgen-

---
[1] Weber, 1988, S. 506.
[2] FAZ 15.12.2006, S. 16.

reich – die Zahl der Altersrentner und ihre Bedeutung als Wählergruppe substantiell vergrößert. Allerdings ist der zahlenmäßige Anteil der Altersrentner an der gesamten Wählerschaft durch einen gegenläufigen Trend bei der Festlegung des Wahlalters abgemildert worden: Das Wahlalter wurde, wie der historische Vergleich ebenfalls zeigt, schrittweise herabgesetzt und auf zuvor ausgeschlossene Bevölkerungsschichten ausgedehnt (Kohl, 1982; Nohlen, 2007). Wahlberechtigt waren im Deutschen Reich von 1871 bis 1918 nur Männer. Erst in der Weimarer Republik waren alle Staatsbürger ab einer bestimmten Altersstufe stimmberechtigt, gleichviel ob Mann oder Frau, ob arm oder reich. So regelt es auch das Wahlrecht in der Bundesrepublik Deutschland für Bundestags-, Landtags-, Kommunal- und Europawahlen. Doch die Altersstufe, ab der ein Bürger als politisch teilhabeberechtigt und -fähig zählt, wurde ebenfalls unterschiedlich geregelt. Im Deutschen Reich von 1871 war das Wahlalter bis 1918 auf 25 Jahre festgesetzt. In der Weimarer Republik hingegen lag es beim aktiven Wahlrecht bei 20 und beim passiven Wahlrecht, der Wählbarkeit in ein öffentliches Amt, bei 25 Jahren. In der Bundesrepublik Deutschland hatte der Gesetzgeber das Mindestalter für das aktive Wahlrecht bei Bundestagswahlen zunächst auf 21 Jahre festgeschrieben und für das passive Wahlrecht auf 25. Im Jahre 1970 setzte die sozial-liberale Koalition auf dem Wege einer Verfassungsänderung mit den Stimmen der Opposition das Wahlalter herab. Seither ist wahlberechtigt und wählbar, wer das 18. Lebensjahr vollendet hat. Ähnlich oder identisch wird das Wahlalter in den meisten anderen Demokratien geregelt (Rose, 2000) – Österreich ist mit der von der schwarz-roten Koalition 2007 beschlossenen und 2008 in Kraft getretenen Absenkung auf 16 Jahre bislang eine Ausnahme.

II. Folgen der Altersgrenzenpolitik: die neue Großgruppe der wahlberechtigten Senioren

Im Endergebnis haben die Alterung der Gesellschaft und die Altersgrenzenpolitik direkt bzw. mittelbar zur Herausbildung einer neuen, tendenziell weiter wachsenden sozialen Großgruppe beigetragen: die Gruppe der wahlberechtigten Senioren.[3] Das ist nicht nur in quantitativer Hinsicht bemerkenswert, sondern auch im Hinblick auf ihren potenziellen politischen Einfluss. Man nehme als Beispiel die Wahl zum Deutschen Bundestag vom 18. September 2005. Zu diesem Zeitpunkt betrug der Anteil der älteren Bevölkerung (gemessen an den mindestens 60-Jährigen) an der Bevölkerung Deutschlands 24,9 Prozent (Statistisches Bundesamt, 2006, S. 31). Erheblich größer war naturgemäß der Anteil der wahlberechtigten Senioren an der stimmberechtigten Bevölkerung. Er belief sich 2005 auf 32 Prozent (Forschungsgruppe Wahlen, 2005). Ein Gedankenexperiment gibt Aufschluss über die potenzielle wahlpolitische Durchschlagskraft dieser 32 Prozent. Bei homogener Stimmabgabe der Senioren würden sie die stärkste politische Partei hervorbringen. Würden sich alle mindestens 60-Jährigen beispielsweise für eine Altenpartei entscheiden und läge die Wahlbeteiligung bei 100 Prozent, bekäme diese Partei 32 Prozent der Stimmen. Berücksichtigt man die

---

[3] Vgl. die Projektionen der Altersschichtung der OECD-Länder bis 2050 in Immergut, Anderson & Schulze, 2006.

überdurchschnittliche Wahlbeteiligung der Älteren, läge dieser Anteil sogar über der 32-Prozent-Marke. In diesem Fall und unter sonst gleichen Bedingungen hätte die CDU/CSU nicht 35,2 Prozent der Zweitstimmen gewonnen, wie bei der Bundestagswahl von 2005, sondern nur noch rund 21 Prozent, und der Stimmenanteil der SPD wäre bei 22 Prozent gelegen, nicht bei den 34,2 Prozent von 2005.[4]

III. Hohe Markt-, Verbands- und Staatsmacht der Älteren, aber heterogenes Wahlverhalten

Gewiss: Die wahlberechtigten Senioren haben weder bei der letzten Bundestagswahl in nennenswertem Umfang für eine Altenpartei gestimmt noch bei vorangehenden Parlamentswahlen im Bund und in den Ländern. Doch dass sie dies nicht getan haben, ist überhaupt nicht selbstverständlich. Denn die über 60-Jährigen sind nicht nur eine besonders große Gruppe auf dem Stimmenmarkt, sondern auch eine sehr einflussreiche, die mit großer Markt-, Verbands- und Staatsmacht aufwarten könnte: Marktmacht als Konsumenten, Verbandsmacht in Gestalt großer Interessenverbände und Staatsmacht in Form ihrer Wählerstimmen. Mehr noch: Die große Mehrheit der mindestens 60-jährigen Wähler ist, gemessen an der vorrangigen Finanzierungsgrundlage ihres Lebensunterhaltes aus Sozialleistungen, Mitglied einer sozialen Klasse, nämlich der „Versorgungsklasse".[5]

Wie bei allen sozialen Klassen ist die Vermutung plausibel, dass sich die Klassenzugehörigkeit in einem vergleichsweise homogenen politischen Verhalten äußert, insbesondere in homogenem Wahlverhalten. Doch die Stimmen der Älteren in Deutschland sind nicht bei einer Partei konzentriert, schon gar nicht bei einer Partei der Älteren. Vielmehr verteilen sich ihre Stimmen auf mehrere Parteien, wenngleich mit Schwerpunkten bei den beiden großen Sozialstaatsparteien SPD und CDU/CSU. So votierten bei der Bundestagswahl 2005 von den mindestens 60-jährigen Wählern 43 Prozent für die Unionsparteien, 34 für die SPD, 9 für die FDP, 7 für die Linkspartei, 5 für die Grünen und 2 Prozent für sonstige Parteien.[6]

Ähnliche Tendenzen sind von anderen Bundestagswahlen zu berichten.[7] In anderen mit Deutschland vergleichbaren Demokratien ist die Lage nicht grundsätzlich anders (vgl. Niedermayer, Stöss & Haas, 2006; Woldendorp, Keman & Budge, 2000).

---

[4] Eigene Schätzungen auf der Basis der Daten der Forschungsgruppe Wahlen, 2005.

[5] „Versorgungsklasse" ist ein von Rainer Lepsius}idxLepsius, Rainer in Weiterführung von Max Webers Unterscheidung von Besitz- und Erwerbsklassen geprägter Begriff für eine soziale Klasse, der dem großen Einfluss der Sozialpolitik und der Staatsintervention insgesamt auf die individuelle Lebenslage und die Klassenstruktur in fortgeschrittenen Industriegesellschaften Rechnung trägt. Die Versorgungsklasse ist insoweit eine Klasse, „als Unterschiede in sozialpolitischen Transfereinkommen und Unterschiede in der Zugänglichkeit zu öffentlichen Gütern und Dienstleistungen die Klassenlage, d. h. die Güterversorgung, die äußere Lebensstellung und das innere Lebensschicksal bestimmen" (Lepsius, 1979, S. 179).

[6] Forschungsgruppe Wahlen, 2005.

[7] Vgl. für andere Forschungsgruppe Wahlen, 2002.

Nirgendwo ist eine größere stabile Partei der Älteren in Sicht. Die wenigen Altenparteien, die in ein nationales Parlament einzogen, beispielsweise die AOV (*Algemeen Ouderen Verbond*) und die *Union 55+* bei der der Wahl zum Parlament der Niederlande, der *Tweede Kamer*, vom 3. Mai 1994 (Lucardie & Voerman, 1995; 1999), konnten sich nur eine Legislaturperiode lang halten. Auch das ist bemerkenswert. Die objektiven Spannungen zwischen Alt und Jung, die in unterschiedlichen Lebenslagen und Finanzierungsquellen des Lebensunterhalts wurzeln und obendrein durch auseinanderstrebende politische Ziele, Werte und Präferenzen von Alt und Jung gestärkt werden, machen sich im Feld der Parteipolitik kaum bemerkbar. Die objektiven Spannungen zwischen Alt und Jung äußern sich nicht in Gestalt eines offenen Konfliktes oder einer dauerhaften Koalition der Jungen und der Alten mit jeweils einer bestimmten Partei. Der objektive soziale Konflikt zwischen Alt und Jung wird nicht ins Politische übersetzt, obwohl die Älteren in ihrer Mehrheit im Wesentlichen aus den in dem Umlageverfahren erhobenen Beiträgen der Jüngeren und zum Teil aus Steuern finanziert werden und einen leidlich gesicherten Status haben, während ein beträchtlicher Anteil der Jüngeren in mitunter unsicheren Verhältnissen lebt und hinsichtlich der eigenen Absicherung im Alter mit vielen Ungewissheiten rechnen muss.

IV. Warum wird der Konflikt zwischen Jung und Alt nicht ins Politische übersetzt?

Warum wird der Konflikt zwischen Jung und Alt nicht ins Politische übersetzt? Dafür sind viele Gründe verantwortlich. Einer liegt in den Einstellungen, den Werten und den Gepflogenheiten des Miteinanders. Zwischen Alt und Jung herrscht in Deutschland und auch in anderen entwickelten Demokratien kein „Krieg der Generationen". Im Gegenteil: die Solidarität zwischen den Generationen ist groß – vor allem in den Familien und in Verwandtschaftsbeziehungen. Die intergenerationelle Solidarität schließt eine beachtliche Zahlungsbereitschaft der Jüngeren zugunsten der Älteren ein und, Studien aus den 1990er Jahren zufolge, sogar die Bereitschaft, mehr für die Älteren aufzuwenden als bislang (vgl. Kohli, 2001). Unter Umständen wird die intergenerationelle Solidarität mit zunehmender Alterung der Gesellschaft sogar größer, einmal wegen der zahlenmäßig größeren Chance des zwischengenerationellen Miteinanders, zum Anderen weil zwischen den Älteren von heute und den Lebenslagen und -stilen der Jüngeren eine größere „Passungsfähigkeit" besteht.[8]

Ein zweiter Faktor liegt im mittelbaren wirtschaftlichen Wert von Leistungen vieler Älterer, im produktiven Altern: Viele Ältere erbringen ein beachtliches Maß an unentgeltlichen, aber wirtschaftlich wichtigen Leistungen. Beispiele sind Hilfen im Familienverband wie Betreuung der Enkelkinder oder ehrenamtliche Tätigkeiten. Der wirtschaftliche Wert dieser Leistungen wird auf ein Viertel bis ein Drittel des wirtschaftlichen Wertes geschätzt, den die Erwerbstätigen schöpfen (vgl. Kohli, 2001, S. 8).

Hinzu kommt – drittens – ein Angebotsfaktor. Das Angebot der politischen Parteien in Deutschland war bislang hinreichend tragfähig, um auseinanderstrebende

---

[8] So Ursula M. Staudinger in ihrem Vortrag auf der in diesem Band dokumentierten Tagung.

Sonderinteressen unter dem Dach einer oder mehrerer politischer Parteien zu vereinen. Das gilt auch mit Blick auf die Interessen von Alt und Jung. Und auch die Gewerkschaften spielen hierbei eine Rolle. Dass sie bei ihrer Interessenvertretung traditionell auch rentenpolitische Belange vertreten, vermindert den Anreiz für eine separate Interessenvertretung der Älteren noch weiter.

Ein vierter Grund ist die Heterogenität der Seniorenschaft. Zwar bilden ihre Mitglieder eine „Versorgungsklasse", doch deren innere Schichtung ist groß: Die Höhe des Alterseinkommens beispielsweise ist höchst unterschiedlich, ebenso der Ausbildungsstand, die Wertorientierung, die Anzahl der Kinder oder die Zahl der Haushaltsmitglieder. Obendrein hat die Mehrheit der Senioren eine relativ hohe und relativ stabile Parteiidentifikation. Dies ist eine der Ursachen der konstanten Neigung der meisten älteren Wähler zu den Unionsparteien oder der SPD.

Fünftens dämpft die Zweiwertigkeit der Alterssicherungspolitik den objektiven Konflikt zwischen Alt und Jung. Einerseits erzeugt die Alterssicherungspolitik erst die Altersgrenze zwischen Erwerbsleben und Ruhestand. Doch andererseits entschärft die Sozialpolitik diese Altersgrenzen dadurch, dass sie der älteren Bevölkerung eine leidlich gesicherte ökonomische Existenz gewährleistet. Das ist von überragender Bedeutung. Denn bis zur Einführung einer leistungsfähigen Alterssicherung herrschte in der Arbeiterschaft und bis weit in die Kreise der Angestellten hinein eine geradezu „panische Angst" (Hockerts, 1983, S. 311) vor dem Alter. Diese speiste sich aus der Furcht vor einem steilen wirtschaftlichen Abstieg nach dem Ende des Erwerbslebens, der bis zur materiellen Verelendung führen konnte.

Zudem differenziert die Sozialpolitik die Höhe und Reichweite der Alterssicherungsleistungen und sorgt damit für weitere Unterschiedlichkeit unter den Senioren. Insoweit wirkt der Sozialstaat mit seiner Alterssicherungspolitik im Konflikt zwischen Jung und Alt wie ein „Problemzerstäuber"[9]. Er zerlegt die Spannung zwischen Alt und Jung in miteinander verträgliche Teilchen und entschärft somit den Konflikt zwischen Jung und Alt entscheidend.

V. Vom Preis der Problemlösung

Das wirft die Frage auf, welcher Preis für diese Problemlösung zu entrichten ist. Der Preis, so könnte man im Anschluss an Tocquevilles scharfsichtige Demokratiekritik vermuten, ist die verminderte Zukunftsfähigkeit, insbesondere eine Politik, die zwar die Bedürfnisse des Augenblicks bedient, die Belange zukünftiger Generationen aber hintanstellt (Tocqueville, 1984, S. 258). Ist der Verlust an Zukunftsfähigkeit aber wirklich unausweichlich? Die Antwort lautet, so lehrt der internationale Vergleich: nicht notwendigerweise (vgl. Schmidt, 2005). Die Zukunftsfähigkeit kann geschädigt werden, aber es gibt kein Naturgesetz, das dies zum unausweichlichen Schicksal macht. Gleichwohl fördert der internationale Vergleich einen Befund zutage, der für Deutschland beunruhigend ist. Hierzulande besteht ein auffälliges Ungleichgewicht zwischen der Alterssicherung sowie anderen Sozialleistungen für die ältere Bevölkerung, die ehrgeizig konzipiert sind und aufwendig finanziert werden, und der

---
[9] Das Bild hat Roland Czada geprägt, vgl. Czada, 1995.

meist nur mittelmäßigen Finanzausstattung anderer wichtiger zukunftsorientierter Politikbereiche, wie Bildung, Forschung und öffentliche Investitionen (Schmidt, 2007). Die Problemlösung – die Entschärfung des Konflikts zwischen Alt und Jung durch die Sozialpolitik – hat demnach einen hohen Preis. Eine Aufgabe der zukünftigen Politik besteht darin, für eine bessere Balancierung beider Anliegen zu sorgen: auch weiterhin Entschärfung des Jung-Alt-Konfliktes, aber eine stärker zukunftsorientierte Verteilung der Finanzmittel zwischen der Sozialpolitik und anderen wichtigen Politikbereichen.

Literatur

Czada, R. (1995). Der Kampf um die Finanzierung der deutschen Einheit. In G. Lehmbruch (Hg.), *Einigung und Zerfall. Deutschland und Europa nach dem Ende des Ost-West-Konflikts*. 19. Wissenschaftlicher Kongreß der Deutschen Vereinigung für Politische Wissenschaft, S. 73–102. Opladen: Leske + Budrich.

Forschungsgruppe Wahlen (2002). Bundestagswahl. Eine Analyse der Wahl vom 22. September 2002. Mannheim.

Forschungsgruppe Wahlen (2005). Bundestagswahl. Eine Analyse der Wahl vom 18. September 2005. Mannheim.

Hockerts, H. G. (1983). Sicherung im Alter. Kontinuität und Wandel der gesetzlichen Rentenversicherung 1889–1979. In W. Conze & R. M. Lepsius (Hg.), *Sozialgeschichte der Bundesrepublik Deutschland*, S. 296–323. Stuttgart: Klett & Cotta.

Immergut, E. M., Anderson, K. M. & Schulze, I. (Hg.) (2006). *The Handbook of West European Pension Politics*. Oxford: Oxford University Press.

Kohl, J. (1982). Zur langfristigen Entwicklung der politischen Partizipation in Westeuropa. In P. Steinbach (Hg.), *Probleme politischer Partizipation im Modernisierungsprozeß*, S. 473–503. Stuttgart: Klett & Cotta.

Kohli, M. (2001). Alter und Alterung der Gesellschaft. In B. Schäfers & W. Zapf (Hg.), *Handwörterbuch zur Gesellschaft Deutschlands*, 2. Aufl., S. 1–11. Opladen: Leske + Budrich.

Lepsius, M. R. (1979). Soziale Ungleichheit und Klassenstrukturen in der Bundesrepublik Deutschland. In H.-U. Wehler (Hg.), *Klassen in der europäischen Sozialgeschichte*, S. 166–209. Göttingen: Vandenhoeck & Ruprecht.

Lucardie, P. & Voerman, G. (1995). The Netherlands. In *European Journal of Political Research, 28*, S. 427–436.

Lucardie, P. & Voerman, G. (1999). The Netherlands. In *European Journal of Political Research, 36*, S. 465–471.

Niedermayer, O., Stöss, R. & Haas, M. (Hg.) (2006). *Die Parteiensysteme Westeuropas*. Wiesbaden: VS Verlag für Sozialwissenschaften.

Nohlen, D. (2007). *Wahlrecht und Parteiensystem. Zur Theorie der Wahlsysteme*. 5. Aufl. Opladen: Verlag Barbara Budrich.

OECD (2005). Pensions at a Glance. Public Policies across OECD Countries. Paris: OECD.

Rose, R. (Hg.) (2000). *International Encyclopedia of Elections*. Washington, D. C.: CQ Press.

Schmidt, M. G. (2005). Zur Zukunftsfähigkeit der Demokratie – Befunde des internationalen Vergleichs. In A. Kaiser & W. Leidhold (Hg.), *Demokratie – Chancen und Herausforderungen im 21. Jahrhundert*, S. 70–91. Münster: Lit-Verlag.

Schmidt, M. G. (2007). Testing the Retrenchment Hypothesis: The Case of Public and Private Expenditure on Education in 21 OECD Countries (1960–2002). In F. G. Castles (ed.), *The Disappearing State?* S. 159–183. Ashgate: Edgar Elgar.

Statistisches Bundesamt in Kooperation mit WZB und ZUMA (Hg.) (2006). Datenreport 2006: Zahlen und Fakten über die Bundesrepublik Deutschland. Bonn: Bundeszentrale für politische Bildung.

Tocqueville de, A. (1984). *Über die Demokratie in Amerika.* 2. Aufl. (E. A. 1835/1840). München: dtv.

Weber, M. (1988). Politik als Beruf. In: M. Weber, *Gesammelte Politische Schriften*, hg. v. J. Winckelmann. 5. Aufl., S. 505–560. Tübingen: Mohr (Siebeck).

Woldendorp, J., Keman, H. & Budge, I. (2000). *Party Government in 48 Democracies (1945–1998). Composition – Duration – Personnel.* Dordrecht–Boston–London: Kluwer Academic Publishers.

Teil 4

Was ist Alter(n):
Kultur und Bedeutungskonstruktion

Das Alter in Geschichte und Geschichtswissenschaft

Josef Ehmer

Das Thema des Alters und Alterns beschäftigt die Menschen seit urdenklichen Zeiten. Während die Götter der antiken Welt als zeitlos, ewig jung und unsterblich erschienen, waren und sind Altern und Tod das Schicksal des Menschengeschlechts. Das Vergehen der Lebenszeit ist eine elementare Erfahrung und eine existentielle Grundsituation jedes einzelnen Menschen, ein Bestandteil der conditio humana (vgl. Welsch, in diesem Band). Trotzdem ist der Prozess des Alterns nicht einfach ein biologischer Sachverhalt und auch keine anthropologische Konstante (vgl. Lindenberger, Staudinger, in diesem Band). Er wird vielmehr modelliert von den gesellschaftlichen Verhältnissen und den Lebensweisen, von den Wahrnehmungen und Deutungsmustern der einzelnen Epochen. Zu altern ist eine historisch bedingte und variable Dimension des menschlichen Lebens. Dies trifft noch mehr auf das Alter zu. Ob und wie im kontinuierlichen und in weitgefächerter individueller Vielfalt verlaufenden Prozess des Alterns eine Lebensphase des „Alters" abgegrenzt wird, wo und auf welche Weise Zäsuren im Lebenslauf gesetzt werden, ist ein Ergebnis kultureller Übereinkunft und sozialer Regelung. In diesem Sinne erscheint das Alter, auch wenn es an die biologischen Grundlagen des Alterns gebunden bleibt, als kulturelle und soziale, dem historischen Wandel unterworfene „Konstruktion". Die Art und Weise, wie das Alter im Lauf der Geschichte „konstruiert" wurde, ist der Gegenstand der folgenden Ausführungen.

I. Forschungsansätze

Die historische Forschung hat sich dem Alter von zwei Seiten her angenähert. Die *Kulturgeschichte des Alters* analysiert Wahrnehmungen und Bewertungen des Alters, Altersrollen, Bilder und Stereotypen, und – zunehmend – auch individuelle biographische Verarbeitungen des Alterns. Die *Sozialgeschichte des Alters* untersucht Lebensformen und Lebenslagen, Praktiken alter Menschen in Familie und Gesellschaft und Institutionen, die Rahmenbedingungen für das Leben im Alter setzen (Mitterauer, 1982). In enger Verbindung mit der Sozialgeschichte rekonstruiert die Historische Demographie Sterblichkeit, Lebenserwartung und Altenanteile in den einzelnen Epochen. Die kulturelle und die soziale Dimension des Alters sind nicht unabhängig voneinander. Ideale, Zuschreibungen und Bewertungen setzen Normen und definieren soziale Rollen, die Selbsterfahrungen prägen, das Verhalten der Alten wie der Jungen ihnen gegenüber beeinflussen, und Handlungsspielräume begrenzen. Umgekehrt bedienen sich die sozialen Akteure aus dem kulturellen Repertoire, wenn sie ihre

Ziele verfolgen. Dementsprechend bemühen sich viele Historiker des Alters um „Verknüpfungen zwischen Kultur- und Sozialgeschichte jenseits einer sterilen Dichotomie von Kultur und Gesellschaft" (Conrad & Kondratowitz, 1993, S. 2). Auf der anderen Seite darf diese Verknüpfung aber auch nicht zu eng gesehen werden. Soziale Praktiken werden von Bildern und Stereotypen nicht determiniert, und kulturelle Muster reagieren nicht nur auf gesellschaftliche Anforderungen und Bedürfnisse, sondern folgen im Lauf der Geschichte auch ihrer eigenen Logik und ihren eigenen Traditionen. Es empfiehlt sich, von einem engen, aber zugleich spannungsvollen Verhältnis zwischen den kulturellen und den sozialen Dimensionen des Alters auszugehen.

Zwei mittlerweile klassische Studien der neueren Forschung mögen dies illustrieren: Georges Minois stützt seine „Histoire de la vieillesse", eine Kulturgeschichte des Alters, überwiegend auf literarische Quellen und beschränkt sie auf die Periode „De l'Antiquité à la Renaissance", wie der Untertitel lautet. Diese zeitliche Begrenzung ist eine bewusste Entscheidung, weil mit dem 17. Jahrhundert eine neue und „andere Welt" empirischer Evidenz beginnt (Minois, 1987, S. 19). Ab der Renaissance gibt es eine zunehmende Fülle von Quellen, die einen direkten Zugang zu den realen Lebensverhältnissen im Alter erlauben, seien es Bevölkerungsverzeichnisse, Steueraufnahmen, Gerichtsakten und dergleichen mehr. Peter Laslett, der englische Pionier der sozialhistorischen Altersforschung, stützt sich auf dieses Material. Er führt seine „Historische Soziologie des Alterns" vom 17. bis zum Ende des 20. Jahrhunderts und legt den Schwerpunkt auf die Stellung alter Menschen in der Familie und in der Gesellschaft sowie auf demographische Entwicklungen (Laslett, 1989).

Die unterschiedlichen Forschungsansätze zur Geschichte des Alters, die sich in den letzten Jahrzehnten herausgebildet haben, weisen aber auch gemeinsame Grundlagen und Ziele auf. Dazu gehört die bereits erwähnte Überzeugung, dass „das Alter" keine naturgegebene Erscheinung sei, sondern eine kulturelle und soziale Konstruktion (Schmitz, 2003, S. 18f.). Dazu gehört im Weiteren die Revision eines – unter dem Einfluss der Modernisierungstheorie – bis in die 1960er-Jahre im historischen und sozialwissenschaftlichen Denken vorherrschenden Paradigmas, das der amerikanische Soziologe Ernest W. Burgess auf dem 5. Weltkongress der "International Association for Gerontology" (1960) in folgende klassische Formulierung fasste: „In allen historischen Gesellschaften vor der Industriellen Revolution, fast ohne Ausnahme, erfreuten sich die alternden Menschen einer vorteilhaften Position. Ihre ökonomische Sicherheit und ihr sozialer Status wurden durch ihre Rolle und durch ihren Platz in der Großfamilie garantiert. Die Großfamilie war mitunter eine wirtschaftliche Produktionseinheit, häufig eine Einheit der Haushaltsführung, und immer eine dichte Einheit sozialer Beziehungen und reziproker Dienste zwischen den Generationen. Aber das Vorrecht über Eigentum, Macht und Entscheidungen stand den Älteren zu. Dieses Goldene Zeitalter des Lebens der älteren Personen wurde gestört und untergraben durch die Industrielle Revolution. In allen Ländern der westlichen Kultur wurde dieser ältere patriarchalische Typus von Familienstrukturen und Verwandtschaftsbeziehungen durch Industrialisierung und Urbanisierung grundlegend verändert." (Burgess, 1962, S. 350; Übersetzung ins Deutsche vom Verfasser, J. E.; vgl. auch Fischer, 1978, S. 238).

Die Vorstellung, dass es irgendwann einmal ein „goldenes Zeitalter der Alten" gegeben habe, ist von allen neueren Forschungsansätzen zurückgewiesen worden. Die Sichtweise der Industriellen Revolution als entscheidender historischer Wasserscheide und die Annahme einer Dichotomie zwischen Vormoderne und Moderne wurden von einer differenzierteren Diskussion der Kontinuitäten und des Wandels abgelöst (Fischer, 1978, S. 239ff.). In den vergangenen Jahren wurde vielmehr der Begriff der „Ambivalenz" zu einem Schlüsselbegriff der historischen – wie auch der sozialwissenschaftlichen und der sozialanthropologischen – Altersforschung aller Epochen (Cohen, 1994, S. 143f.). Ambivalenz bezeichnet die Koexistenz von gegensätzlichen Gefühlen, Einstellungen, Handlungen und sozialen Beziehungen und ebenso die Gleichzeitigkeit von polaren psychischen, sozialen oder kulturellen Strukturen (vgl. Pillemer & Lüscher, 2004, S. 4ff.; zur Anwendung in der historischen Forschung Ehmer, 2000, S. 30ff.; mit Bezug auf die Antike Hermann-Otto, 2004).[1] Die Kulturgeschichte hat sichtbar gemacht, dass Altersbilder und -stereotypen ebenso wie Einstellungen zum Alter zeitübergreifend ein Arsenal von vielfältigen, auch entgegengesetzten Positionen umfassen, die Verteidigung und Verdammung, Verehrung und Verachtung einschließen. Jede positive Wahrnehmung und Bewertung des Alters wird von einer negativen konterkariert – und umgekehrt. Für manche Kulturhistoriker ist diese „fundamentale Ambivalenz" in der Sache selbst – dem Prozess des Alterns – begründet und eben deshalb durch die ganze Geschichte hindurch prägend (Minois, 1987, S. 37; Cole, 1992, S. 239). Die Sozialgeschichte des Alters hat die Ambivalenz von Solidarität und Konflikt vor allem an den familialen Generationenbeziehungen festgemacht (Ehmer, 2000, S. 30ff.). Darüber hinaus hat die Sozialgeschichte die Vielfalt von historischen Familienformen und Generationenbeziehungen nachgewiesen und gezeigt, dass in vielen Regionen und Epochen der europäischen Geschichte – vom antiken Griechenland bis zum frühneuzeitlichen Westeuropa – Großfamilien die Ausnahme waren und dem Kernfamilienhaushalt und der räumlichen Trennung der Generationen die Dominanz zukam. (Laslett, 1989, 107–121; Wagner-Hasel, in Druck). Von allen Forschungsansätzen wurde auch das Verhältnis von Rhetorik und realen Lebensverhältnissen problematisiert. Während in vielen – wenn auch keineswegs in allen – historischen Epochen eine gerontokratische Rhetorik verbreitet war, lagen Macht und Besitz in der Regel doch in den Händen der mittleren Generation (Thomas, 1976).

Die folgende Darstellung ist von den skizzierten Forschungstraditionen geprägt. Die Überlegungen zur alten Geschichte sowie zur Kulturgeschichte beruhen ganz überwiegend auf Sekundärliteratur, während sich die Aussagen zur Sozialgeschichte der Neuzeit auch auf eigene Forschungen stützen.[2] Die Darstellung von Forschungsergebnissen wird im Folgenden mit der Reflexion über offene Fragen und

---

[1] In der deutschsprachigen Literatur wird fast ausnahmslos der Begriff der Ambivalenz verwendet; im Englischen neben ambivalence auch ambiguity; im Französischen auch ambiguïté.

[2] Wesentliche Anregungen zur Geschichte des Alters in der griechisch-römischen Antike verdanke ich Wagner-Hasel (in Druck). Anregungen zur Diskursgeschichte des Alters verdanke ich vor allem den Arbeiten Gerd Göckenjans, insbesondere Göckenjan, 2000a. Zur Sozialgeschichte des Alters vgl. Ehmer, 1990.

über den wissenschaftlichen Diskussionsstand verknüpft. Der Rahmen einer – wenn auch räumlich weit verstandenen – europäischen Geschichte wird dabei nur wenig überschritten.

II. Kulturgeschichte des Alters

Auch innerhalb der Kulturgeschichte des Alters lassen sich unterschiedliche Forschungsansätze identifizieren. Die Ideen- und Geistesgeschichte hat sich seit mehr als einem Jahrhundert mit dem Aufspüren und der Interpretation von Aussagen über Altern und Alter befasst (vgl. etwa Boll, 1913). Dies stellt ein interdisziplinäres Unterfangen dar, an dem nicht nur Fachhistoriker im engeren Sinn, sondern Vertreter aller geistes- und kulturwissenschaftlichen Fächer beteiligt sind, insbesondere Philosophen, Soziologen, Kunsthistoriker, Sprachwissenschaftler und Literaturhistoriker. Sie haben aus einer Fülle schriftlicher und bildlicher Quellen Altersbilder, Einstellungen und Bewertungen rekonstruiert. Dies gehört zu den am besten untersuchten und am weitesten zurückreichenden Themen der historischen Altersforschung. Von den Hochkulturen des Nahen Ostens über das antike Griechenland bis zum beginnenden 21. Jahrhundert reicht eine Kette der Überlieferung, die unser gegenwärtiges Denken nachhaltig prägt.

Neuere Forschungsansätze verstehen sich explizit in Absetzung von Geistes- und Ideengeschichte als Diskursgeschichte (Göckenjan, 2000a, S. 32). Erst im Diskurs wird – über die fast unendliche Vielfalt individuellen Alterns hinweg – ein homogenisierender Sachverhalt „Alter" geschaffen. Diskurse werden dabei verstanden als Regeln, nach denen über ein bestimmtes Thema gedacht und gesprochen wird. Diskurse stecken den Rahmen des Denkbaren und des Sagbaren ab (Eder, 2006, S. 11). Dieser Ansatz versucht, die Strukturen von Altersdiskursen zu entschlüsseln und ihren gesellschaftlichen Kontext zu rekonstruieren. Damit wird auch die Frage nach den gesellschaftlichen Funktionen und nach dem sozialen und individuellen Nutzen von Altersdiskursen gestellt. Diskursgeschichte betont den Charakter des Denkens, Schreibens und Sprechens als Akte der Kommunikation (Göckenjan, 2000a, S. 24ff.) und trägt deshalb an die Aussagen über das Alter die Frage heran, wer hier zu wem, in welcher Absicht spricht – auch wenn derartige Fragen in der empirischen historischen Forschung meist schwer und oft auch gar nicht zu beantworten sind.

1. Die langen Kontinuitäten von Altersdiskursen in der europäischen Geschichte

Die Strukturen und die Themen von Altersdiskursen in der europäischen Geschichte weisen eine erstaunliche Länge auf. Als Beginn der schriftlichen Überlieferung wird häufig ein vor etwa 4300 Jahren verfasster Text des ägyptischen Dichters und Philosophen Ptahhotep genannt, vielleicht das älteste größere und vollständig überlieferte literarische Werk der – im weitesten Sinne – europäischen Geschichte. Ptahhotep war ein hoher Beamter des Pharaonen Asosi/Isesi (2388–2356) aus der 5. Dynastie (Minois, 1987, S. 31f.). Der Text ist eine praktische Instruktion und zugleich eine Weisheits- und Morallehre und richtet sich an junge Männer der ägyptischen Oberschicht, die am Beginn einer Ämterkarriere standen. In der Vorrede beklagt Ptahhotep das qualvolle Ende des Greises: seine Kräfte schwinden, seine Sinnesorgane funktionieren nicht mehr, seine geistigen Fähigkeiten nehmen ab. Er kommt zu dem Schluss: „Was das Alter dem Menschen antut: Schlecht geht es in jeder Hinsicht." (Hornung, 1996). Oder wie übersetzt bei Beauvoir (2004, S. 116): „Das Alter ist das schlimmste Unglück, das einem Menschen widerfahren kann."

Weitere Fundstücke zur Geschichte von Altersdiskursen finden sich im 2. Jahrtausend vor Christus in der sumerischen und etwas später in der assyrisch-babylonischen Literatur. Im Gilgamesch-Epos, das seit dem 18. Jahrhundert vor Christus in Mesopotamien schriftlich überliefert ist, wird das Thema der Langlebigkeit diskutiert (Der neue Pauly Bd. 4, 1998, S. 1072; Minois, 1987, S. 35ff.). Bis in das 9. Jahrhundert vor Christus reichen die Mythen und Berichte zurück, die im Alten Testament gesammelt wurden. In der jüdisch-biblischen Tradition spielt das Motiv der Altenehrung eine große Rolle. „Mein Sohn, wenn Dein Vater alt ist, nimm dich seiner an und betrübe ihn nicht, solange er lebt", heißt es etwa im Buch Jesus Sirach (Sirach 3,12; zit. nach Bibel, Einheitsübersetzung 1980, S. 755).

Eine zunehmend breiter werdende Überlieferung von Altersdiskursen setzt im antiken Griechenland ein.[3] Sie beginnt mit den Epen Homers im 8. Jahrhundert vor Christus, in denen der greise Nestor als Inbegriff der Weisheit erscheint, und setzt sich fort in der klassischen Philosophie, in der athenischen Komödie, in der ökonomischen und in der medizinischen Literatur. In der Geistes- und Ideengeschichte wird die Spannweite der Deutungen und Bewertungen des Alters in der griechischen Antike immer wieder anhand einer Reihe von Standardtexten diskutiert. Zu ihnen gehören Hesiods „Werke und Tage" (um 700) sowie verschiedene Schriften des athenischen Gesetzgebers und Staatsmannes Solon (um 600). Dazu gehört die attische dramatische Dichtung des fünften Jahrhunderts, seien es Komödien des Aristophanes, wie etwa die Acharner, oder Tragödien des Sophokles. Im Weiteren wird auf einzelne Passagen aus den Werken der großen Philosophen des vierten Jahrhunderts verwiesen, allen voran Platon (etwa aus der Politeia) und Aristoteles (etwa aus der Rhetorik und der Nikomachischen Ethik). Medizinische Altersdiskurse werden meist mit Beispielen aus dem sogenannten Corpus Hippocraticum, einer Sammlung medizinischer Texte vermutlich aus dem dritten vorchristlichen Jahrhundert, und aus dem Werk Galens (i.e. Galenos von Pergamon, ca. 129–216 nach Christus) illustriert.

Versucht man, die Fülle der in der wissenschaftlichen Literatur aufbereiteten Belege zu überblicken, gewinnt man den Eindruck, dass in der langen, mehr als 1000 Jahre umfassenden Geschichte des antiken Griechenland, von der archaischen Epoche bis zum Hellenismus, die Altersdiskurse der europäischen Geschichte in allen ihren Facetten begründet wurden. Wie es scheint, fehlt im Universum der griechischen Kultur, das ja eine Vielzahl ganz unterschiedlicher Gesellschaften umfasste, keine der – bis heute – denkbaren Aussagen über das Alter. Die Altersdiskurse der römischen Antike, des frühen und des spätantiken Christentums, des Mittelalters und der Neuzeit schließen an die griechische Überlieferung an; oft explizit und mit direkter Bezugnahme, wie in der römischen Philosophie und Dichtung, in der Renaissance, im Humanismus

---

[3] Die folgende Darstellung stützt sich überwiegend auf die in der Bibliographie angeführten Arbeiten zur Geschichte des Alters in der Antike, die hier nicht im Einzelnen zitiert werden.

und in der Aufklärung; oft auch unbewusst und implizit (vgl. ausführlicher Schäfer, 2004). „Die Ideen und Vorstellungen, die damals (i.e. in der Antike, J. E.) entstanden sind, haben die westliche Welt in den folgenden Jahrtausenden positiv wie negativ erheblich beeinflusst" (Parkin, 2006, S. 31).

Worin aber lag die langfristige Prägekraft der im Altertum entstandenen Diskurse, worin liegt die Gemeinsamkeit der Altersdiskurse unterschiedlicher historischer Epochen? Vermutlich in ihrer Vielfalt, ihrer Inhomogenität und ihrer Widersprüchlichkeit oder – in einer modernen Terminologie – eben in ihrer Ambivalenz. Die Ambivalenz der Altersdiskurse kann hier nur mit wenigen Sätzen beschrieben werden. In der griechischen Literatur finden wir vom 7. vorchristlichen Jahrhundert an Wortverknüpfungen wie „schlimmes Alter", „kränkliches Alter", „hässliches" oder gar „verhasstes Alter". Das Alter wurde gleichgesetzt mit Hinfälligkeit und Pflegebedürftigkeit oder als Rückfall in die Hilflosigkeit des Kindes betrachtet. Oft wurde das Alter als Krankheit beschrieben und mit den Symptomen der Arthritis, der Blindheit, der Demenz und der Impotenz verknüpft. Zugleich begegnen wir aber auch einem Bündel von positiven Bildern: Das Alter erscheint als Akkumulation von Erfahrung und der alte Mensch als Träger des gesellschaftlichen Gedächtnisses und als Speicher des in einem langen Leben erworbenen Wissens. Von ihm wird die Weitergabe dieses Wissens erwartet, sei es im öffentlichen Raum als Ratgeber für Herrscher oder als Kenner der Gesetze, sei es – und hier kommen auch Frauen ins Spiel – als Geschichtenerzählerin im Familienkreis (Wagner-Hasel, 2006a, S. 35). Dieser Topos zieht sich vom greisen Nestor in Homers Ilias bis zu den „Kinder- und Hausmärchen" der frühen Neuzeit und des 19. Jahrhunderts. Freilich gilt auch die Hochschätzung der akkumulierten Erfahrung der Alten nicht uneingeschränkt. Die wachsende Rolle der schriftlichen Überlieferung macht Wissensbestände unabhängig vom alternden Körper, und die Schrift wurde als Schutz vor der Vergesslichkeit der Alten gesehen.

Positiv wurde gewertet, dass das Alter frei von Begierden und Leidenschaften sei, und die Alten wegen ihre Reife und Nachdenklichkeit keine übereilten Handlungen setzten, ganz im Gegenteil zu den Jungen. Zugleich erscheint der Verlust sexueller Attraktivität als ein Dauerthema der sogenannten „Altersklagen", von den alten Griechen über Montaigne im 16. Jahrhundert bis zur modernen Belletristik. Die angenommene Besonnenheit der Alten wiederum kann auch als Feigheit und als Geiz erscheinen, und häufig werden alte Menschen auch als geschwätzig charakterisiert. Ganz allgemein stehen Körper und Geist im Altersdiskurs in einem spannungsvollen Verhältnis: Mitunter wird die Weisheit des Alters als Kompensation des körperlichen Verfalls gesehen, mitunter aber erscheinen Vergesslichkeit, Verwirrtheit oder Starrsinn als Attribute des physischen Niedergangs. In den bildlichen Darstellungen des Alters findet sich eine ähnliche Bandbreite. Alte Menschen werden mit den Insignien ihrer Hinfälligkeit charakterisiert, mit dem gebeugten Rücken, dem zahnlosen Mund, dem langen und grauen Haar (und bei Männern dem Bart) und – über die Jahrhunderte hinweg vielleicht das wichtigste Alterssymbol – mit dem Stock. Der Stock ist das Insignium des Alters von der griechischen Vasenmalerei bis zu den Sgraffiti mitteleuropäischer Bürgerhäuser des 16. Jahrhunderts. Es gab und gibt aber auch das Bild des „schönen Greises", den seine Runzeln und sein weißes Haar nicht entstellten, sondern ihm Würde verliehen (vgl. Thane, 2006).

Die Koexistenz von positiven und negativen Stereotypen und Einstellungen als zeitübergreifendes Merkmal von Altersdiskursen in der europäischen Geschichte scheint in der aktuellen historischen Forschung unbestritten zu sein. Diskutiert wird dagegen, ob das gesamte Repertoire in jeder Epoche gleichermaßen benutzt wurde oder ob in einzelnen Zeiten der Akzent stärker auf den freundlichen oder auf den feindseligen Bewertungen lag. Minois etwa vertritt ein zyklisches Modell der Abfolge positiver und negativer Einstellungen zum Alter und zu den Alten. Er sieht im 14. und 15. Jahrhundert (nach Chr.) eine „l'affirmation du vieillard", im 16. Jahrhundert dagegen einen „culte de la jeunesse, malédiction de la vieillesse" (Minois, 1987, S. 287, 340). Für Borscheid ist die Geschichte des Alters in Deutschland von 1350 bis 1648 ein „Tal der Verachtung", von 1648 bis 1800 die „Höhe des Ansehens" (Borscheid, 1987, S. 11, 105). Für die amerikanische Geschichte glaubt Fischer in den Jahren von 1770 bis 1820 den Übergang von einer „Gerontocratia" zu einer „Gerontophobia" zu erkennen (Fischer, 1978). Andere Autoren stehen aber dem Umschlagen von Altersverehrung in Altersverachtung und umgekehrt skeptisch gegenüber und betonen die Gleichzeitigkeit beider Pole (vgl. Ehmer, 1990; Göckenjan, 2000; Taunton, 2006).

2. Strukturen und Themen der Altersdiskurse

Historische Studien, die einer Diskursgeschichte des Alters verpflichtet sind, liegen noch nicht sehr zahlreich vor, und vieles an diesem Ansatz ist deshalb noch eher Forschungsprogramm als empirisch gesättigte Evidenz. Trotzdem lassen sich, bei aller gebotenen Vorsicht, aus den Ergebnissen einschlägiger Überlegungen und Forschungen zumindest drei grundlegende Strukturmerkmale von Altersdiskursen ableiten:

(1) Altersdiskurse sind Diskurse der Differenz. Sie konstruieren eine Lebensphase „Alter" im Gegensatz zu anderen Lebensphasen, vor allem dem vorhergehenden Erwachsenenalter, und statten das Alter mit spezifischen Merkmalen aus, die es von früheren Lebensphasen unterscheidbar macht.

(2) Altersdiskurse sind normative Diskurse. Ihre Funktion besteht nicht darin, Realität abzubilden oder individuelle Erfahrungen wiederzugeben. Sie formulieren vielmehr Erwartungen an die Alten wie auch an das Verhalten der Jungen den Alten gegenüber. In diesem Sinne sind Altersdiskurse Moraldiskurse.

(3) Altersdiskurse sind – darauf wurde schon hingewiesen – Diskurse der Ambivalenz. Sie weisen eine binäre oder sogar polare Struktur auf, in der positive und negative Bilder und Stereotypisierungen des Alters miteinander verknüpft sind und einander bedingen.

Von einigen Forschern wurde versucht, über diese Strukturmerkmale hinaus auch eine Typologie von Altersdiskursen zu entwickeln. Leopold Rosenmayr, der als einer der ersten Sozialwissenschaftler im deutschsprachigen Raum bestrebt war, sozialphilosophische, kulturgeschichtliche und soziologische Perspektiven auf das Alter zusammenzuführen, unterschied „drei Typen von Alterstheorien" in der europäischen Geschichte: „Altern als Verlustprozess", „Altern [...] als Lernprozess und Aufstieg" und schließlich Altern als Interaktion mit einem überzeitlichen Sein, als Möglichkeit von geistiger „Erneuerung und Wiedergeburt" (Rosenmayr, 1978, S. 24ff.). Die Ursprünge aller drei Typen macht Rosenmayr in der griechisch-römischen Antike fest, wobei die dritte vor allem vom spätantiken Christentum begründet und von der mittelalterlichen Mystik weiterentwickelt worden sei. Gerd Göckenjan geht – im Anschluss an Christian Gnilka (1971) davon aus, dass sich in den Altersdiskursen der europäischen Geschichte vier „Diskurstypen" identifizieren lassen: „Altersschelte und Alterslob, Altersklage und Alterstrost" (Göckenjan, 2000a, S. 42). Auch eine Reihe von Leitthemen lässt sich in den Altersdiskursen der europäischen Geschichte aufspüren, die man in Themengruppen zusammenfassen kann.[4]

2.1 Alter als Repräsentant der Endlichkeit des Lebens

Ein erstes Thema behandelt die Endlichkeit des menschlichen Lebens (vgl. auch Welsch in diesem Band). Das Alter erscheint als Repräsentant dieser Endlichkeit und als Vorstufe des Todes. In demographischer Sicht ist diese diskursive Verknüpfung fragwürdig, da vor dem 20. Jahrhundert auch in Europa die meisten Menschen nicht im Alter, sondern vor allem in der Kindheit, aber auch in der Jugend und im Erwachsenenalter starben. Nicht speziell im hohen Alter, sondern „mitten im Leben wir sind vom Tod umgeben", lautete in der frühen Neuzeit eine populäre – und realistische – Spruchweisheit. Andererseits galt auch in früheren Jahrhunderten, was Gerhart Hauptmann 1932 in seinem Schauspiel „Vor Sonnenuntergang" (gegen Ende des dritten Akts) so prägnant ausdrückte: „Die Jugend kann und das Alter muss sterben." "Young men may die, but old men must", schrieb allerdings schon um 1700 Increase Mather (1639–1723), eine der führenden Persönlichkeiten des puritanischen Massachusetts (vgl. Fischer, 1978, S. 249).

In der ambivalenten Struktur der Altersdiskurse wird auch das Alter als Vorstufe des Todes sowohl positiv wie auch negativ bewertet. Der Tod kann verabscheut und gefürchtet, aber auch weise akzeptiert und gelassen erwartet werden – oder, wie bei Seneca, nicht dem Zufall überlassen, sondern bewusst herbeigeführt werden. Selbsttötung war ein Thema des antiken Altersdiskurses und wurde erst im Christentum geächtet. In negativer Sichtweise wirft der Tod seine Schatten in Form von Krankheiten und körperlichem Verfall auf das Alter voraus, und gibt Anlass zur Frage, ob denn das Alter überhaupt noch Leben sei oder nicht vielmehr ein Dahinvegetieren. In positiver Sichtweise bringt die Todesnähe den Rückzug vom Getriebe der Welt mit sich, das Bewusstmachen der Endlichkeit des individuellen Lebens, die Vorbereitung auf das Jenseits.

Zu dieser Themengruppe gehört aber auch der Schutz vor dem Tod und dem körperlichen Verfall und die Verlängerung des Lebens, was vor allem in der medizinischen Literatur diskutiert wurde. Mäßigkeit in allen Lebensphasen, vor allem aber im Alter, könne den Tod hinausschieben und Gesundheit und Aktivität erhalten. Eine weniger mit Verhaltensanforderungen verbundene Utopie ist das Thema der Verjüngung, wie sie etwa im Motiv des Jungbrunnens zum Ausdruck kommt. Schon in der griechischen Mythologie vorhanden, erlebte dieses Motiv in der bildenden Kunst am

---

[4] Der folgende Versuch einer Gliederung der Themen von Altersdiskursen stützt sich überwiegend auf die in der Bibliographie angeführte Literatur zur Kulturgeschichte des Alters, ohne diese hier im Einzelnen zu zitieren.

Übergang vom Mittelalter zur Neuzeit weite Verbreitung. Letztlich ist hier auch die Faszination der Langlebigkeit anzuführen. Sie reicht von den mehrhundertjährigen Alten der antiken Mythologie über die im Alten Testament angeführten Lebenszeiten von bis zu 1000 Jahren bis zur frühen Neuzeit. Wer im 16. oder 17. Jahrhundert glaubhaft machen konnte, 150 oder 170 Jahre alt zu sein, wurde bestaunt, auf Fürstenhöfe eingeladen und führte dort ein prächtiges Leben.

2.2 Alter als Teil des Lebenslaufs

Altersdiskurse sind eng mit den Vorstellungen über die Gliederung des Lebenslaufs verknüpft. Ebenfalls aus dem antiken Denken stammen Altersstufenmodelle, die den Lebenslauf als Abfolge einzelner Phasen konzipieren, von denen eben eine – die letzte – das Alter sei. Die Vorstellung einer Lebensphase des Alters ist Teil eines in Phasen gegliederten Lebenslaufs. Häufig hatten Lebenslaufskonzepte einen zyklischen Charakter. In Analogie zu den Kreisläufen der Natur orientierten sie sich am Tagesablauf (Kindheit als Morgenröte, Alter als Lebens-Abend), oder am Zyklus der Jahreszeiten (Alter als Winter, im Unterschied zu den Jahreszeiten des Wachstums und der Ernte). In der griechischen Philosophie herrschte die Einteilung des (männlich gedachten) Lebenslaufs in drei oder vier Phasen vor: Kindheit, Mannesalter und Greisenalter, mitunter ergänzt um die Zwischenphase der Jugend. Diese Phasen beziehen sich nicht auf fixe Zeitspannen, sondern markieren eine Position in der Abfolge der Generationen (Wagner-Hasel, in Druck). „Alt" ist jeweils das letzte Glied in der Kette der Generationen.

Ebenfalls weit zurück reichen aber auch fixe numerische Einteilungen des Lebenslaufs. In Solons Alterselegie aus dem frühen 6. Jahrhundert v. Chr. ist von zehn Stufen zu sieben Jahren die Rede, wobei das neunte und zehnte „Jahrsieb" (also von 56 bis 70 Jahren) das Alter ausmachen. Sieben galt in der Antike als besondere Zahl, die im astronomischen, astrologischen und medizinischen Denken verankert war. Manche Lebensstufenmodelle unterschieden auch schon zwei Phasen des Alters, etwa in der späten römischen Republik zwischen *senior* (bei Varro vom 45. bis zum 60. Lebensjahr) und *senex* (vom 60. Jahr bis zum Tod). Das 60. Lebensjahr als Grenze des Greisenalters taucht in vielen Zusammenhängen auf. In der Neuzeit gewann die Einteilung des Lebenslaufs in Zehnjahresgruppen gegenüber konkurrierenden Modellen Dominanz, wohl als Ausdruck der Durchsetzung des Dezimalsystems. Auch in diesen Modellen erscheint das 60. Jahr als Beginn des Alters. Im deutschsprachigen Raum findet sich vom 15. und 16. Jahrhundert an in einer Fülle von Sprüchen oder Inschriften die Formulierung: „Sechszig Jahr gehet das Alter an."

Ein zeitübergreifendes Merkmal von Lebensaltersmodellen in der europäischen Geschichte besteht in der Konzeptualisierung des Lebenslaufs als Auf- und Abstieg, der im mittleren Alter den Höhepunkt erreicht. Besonders weite Verbreitung fand dieses Modell zwischen dem 17. und dem 19. Jahrhundert im Motiv der Doppeltreppe, einer bildlichen Darstellung des Lebenslaufs, in der fünf Stufen hinauf zum 50. Lebensjahr führen, und weitere fünf Stufen hinab zum Tod. Die Lebenstreppe ist eines der wenigen Bilder – im wörtlichen wie im übertragenen Sinne – des Lebenslaufs und des Alters in der europäischen Geschichte, von dem wir mit Sicherheit wissen, dass es auch in den mittleren und unteren Schichten populär und verbreitet war. Die großen Bildermanufakturen und -fabriken des 18. und 19. Jahrhunderts verbreiteten dieses Motiv in zahlreichen Varianten und riesigen Auflagen über die gesamte westliche Welt (Ehmer, 1996).

2.3 Alter und Generationenbeziehungen

Altersdiskurse hängen eng mit Generationenbeziehungen zusammen, unabhängig davon, ob diese Beziehungen explizit thematisiert werden oder nur implizit mitschwingen. Ein wesentlicher Teil der Altersdiskurse besteht allerdings in der expliziten Formulierung von Verhaltensnormen und wechselseitigen Verpflichtungen zwischen den Generationen, sowohl in der Familie wie in der Gesellschaft. Von den Jungen wird Ehrerbietung und Unterordnung verlangt, im familialen Kontext auch die Versorgung der Alten, wenn diese hilfsbedürftig seien. Im Gegenzug wird aber von den Alten der Rückzug von sozialen Positionen, von Macht und Besitz erwartet, um den Jüngeren Zugang zu diesen Ressourcen zu schaffen – ein Verzicht auf weltliche Güter und Positionen, der im Diskurs auch als Gewinn an „später Freiheit" (Leopold Rosenmayr) erscheint.

Diese wechselseitigen Verpflichtungen waren vor allem moralischer Art, oft wurden sie aber auch in Gesetzen niedergelegt. Gesetzliche Regelungen oder schriftlich fixierte Normen betrafen eher die Verpflichtungen der Jungen gegenüber den Alten: In athenischen Gesetzen des 5. und 4. Jahrhunderts v. Chr. wurde die Unterstützung und die gute Behandlung der Eltern gefordert, in der jüdisch-christlichen Tradition reicht die Verpflichtung, Vater und Mutter zu ehren, vom Alten Testament bis zur endgültigen Normierung der „Zehn Gebote" in den Katechismen des 16. Jahrhunderts (Parkin, 2006, S. 44f.; Thum, 2006, S. 17ff.). In geringerem Maße wurden auch Verpflichtungen der Älteren gegenüber den Jüngeren rechtlich fixiert, etwa im römischen Recht. Auch wenn die Machtposition des pater familias als Oberhaupt der Familie lebenslänglich konzipiert war, konnte er unter bestimmten Bedingungen, wenn er seine Aufgaben nicht mehr erfüllte, der Vormundschaft eines Sohnes unterstellt werden (Parkin, 2006, S. 46). In Athen wurde die Verpflichtung der Eltern gesetzlich festgeschrieben, ihren Söhnen eine Ausbildung zukommen zu lassen (Wagner-Hasel, in Druck).

Alles in allem war das vorherrschende Motiv im generationellen Altersdiskurs stärker von Reziprozität als von Hierarchie geprägt. Dies bezog sich schon in der Antike nicht nur auf familiale Generationenbeziehungen, sondern auch auf öffentliche. In den „Acharnern" des Aristophanes (425 vor Chr.) wird das Thema aufgeworfen, dass ältere Menschen, die – zum Beispiel als Krieger – für das Gemeinwesen Leistungen erbrachten, vom Staat versorgt werden sollten (Wagner-Hasel, in Druck). Im frühchristlichen Altersdiskurs wurde die Gemeinde für die Unterstützung verlassener Alter zuständig erklärt (Hermann-Otto, 2003, S. 202ff.).

Eine wichtige Rolle im Altersdiskurs spielt Kritik an realer oder potentieller Missachtung von wechselseitigen generationellen Verpflichtungen. In spätmittelalterlichen „*Maeren*" wurden Alte davor gewarnt, ihre Reichtümer zu früh an ihre Kinder zu übertragen und sich damit in deren Abhängigkeit zu begeben. In frühneuzeitlichen Erzählungen wurden erwachsene Söhne, die den hilfsbedürftigen Vater nicht am Familientisch versorgten, darauf hingewiesen, dass ihnen – wenn sich ihre Kinder an diesem Vorbild orientierten – im eigenen Alter dasselbe Schicksal drohe. Umgekehrt ist von den Komödien und Satiren der griechisch-römischen Antike an der geizige Alte, der sich nicht von seinem Besitz zu trennen vermag, bevorzugte Zielscheibe des Spotts. In diesen Zusammenhang gehört auch die Missachtung der Generationenfolge und die Überschreitung der Altersgrenzen in Liebesbeziehungen. Die Karikatur des oder der liebestollen Alten, die den Jungen auf dem Liebes- und Heiratsmarkt Konkurrenz macht, ist ein Motiv des Altersdiskurses von der Antike bis in die Neuzeit.

2.4 Altersdiskurse als Ordnungsdiskurse

Nicht immer geht es in Altersdiskursen um das Alter. Bewertungen des Alters und der Generationenbeziehungen dienen häufig als Projektionsflächen für politische Konflikte, als Metaphern für Gesellschaftskritik oder als Ordnungsdiskurse. Vor allem die Dichotomie alt/jung eignet sich, um politische Konflikte auszutragen. In der Antike wurde der Vorrang des Alters vor allem von Autoren betont, die in politischen Umbruchszeiten die bestehenden, traditionellen Verhältnisse verteidigen wollten. In Cäsars Schrift über die Gallischen Kriege (7. Buch, Kapitel 77) unterstellt er seinem Gegner Vercingetorix und dessen Heerführern den Plan, sich bei einer Einschließung durch die Römer notfalls vom „Fleische der durch ihr Alter zum Kriege Untauglichen" zu ernähren. Der Verweis auf diese Behandlung der Alten dient dazu, den barbarischen Charakter der Gallier nachzuweisen und die zivilisatorische Mission Roms hervorzuheben.

In der frühen Neuzeit waren Macht und Besitz vor allem in Händen der mittleren Generation. Ein gerontokratischer Altersdiskurs – "the young were to serve, the old were to rule" – trug zur Stabilisierung ihres Einflusses bei (Thomas, 1976, S. 207). Auch das vierte Gebot – „Du sollst Vater und Mutter ehren" –, das vom 15. Jahrhundert an in Druckgraphiken, Katechismen usw. weite Verbreitung fand, zielte nicht nur auf Verehrung und Versorgung der eigenen Eltern, sondern auf Gehorsam gegenüber der Obrigkeit, seien es Hausvater oder Hausmutter, Vorgesetzte oder Amtsinhaber (Thum, 2006, S. 165). Auf der anderen Seite wurde gerade in der Renaissance und am Beginn der Neuzeit Jugend zur Metapher für das Neue, für Fortschritt und Innovation, Alter zum Sinnbild des Abgelebten und des Vergangenen. Einen schönen Ausdruck fand dies etwa in den Titelbildern naturwissenschaftlicher Bücher des 17. Jahrhunderts. In Ausgaben von Galileis Schriften erscheinen Aristoteles als lahmer und Ptolemäus als blinder Greis, während der Begründer des modernen heliozentrischen Weltbildes, Kopernikus, als junger Mann dargestellt wird, der mit offenen Augen in die Welt blickt (Remmert, 2005, S. 62). Hier wurde in der Wissenschaftsgeschichte vorweggenommen, was dann vom späten 18. Jahrhundert an mit der Konstituierung der Jugend als „politischer Generation" gesamtgesellschaftlich wirksam wurde (Kondratowitz, 2007, S. 446).

3. Methodische Probleme einer Kulturgeschichte des Alters in der Vormoderne

Kulturgeschichtliche Ansätze nehmen alle historischen Epochen in den Blick (Thane, 2006), neben der Antike auch die frühe Neuzeit (Borscheid, 1987; Campbell, 2006), die beginnende Moderne und das 20. Jahrhundert (Göckenjan, 2000). Wenn sie auch für alle Epochen relevant sind, sind sie doch von besonderer Bedeutung für die Erforschung des Alters in vormodernen Gesellschaften. Zum einen entstanden in der Vormoderne, vor allem in der griechisch-römischen Antike, die wesentlichen Altersdiskurse der europäischen Geschichte. Zum anderen stehen bis zum Beginn der Neuzeit nur wenige historische Quellen zur Verfügung, die direkte Schlüsse auf die sozialen Positionen alter Menschen zulassen. Auch wenn sich Historiker der Antike – und des Mittelalters – um sozialgeschichtliche Perspektiven bemühen, können sie nicht davon absehen, dass ihre empirische Evidenz zum Großteil auf literarischen Quellen beruht (Parkin, 1998, S. 20).

Bei der Rekonstruktion von Altersdiskursen vor dem Beginn der Neuzeit steht die Ideen- und Geistesgeschichte zwei Schwierigkeiten gegenüber. Zum ersten wird über das Alter in der Regel nur nebenbei gesprochen. Die Forschung hat eine große Zahl von Belegen gesammelt, aber es handelt sich überwiegend um Fragmente oder um kleinere Textpassagen, eingestreut in Schriften, in denen es um anderes geht. Nur wenige Texte sind überliefert, in denen das Alter den Hauptgegenstand bildet, und auch sie haben im Schaffen der jeweiligen Autoren „eher marginalen Charakter" (Schmitz, 2003, S. 21). Gerade diese Texte wurden als Hauptzeugen vormoderner Altersdiskurse kanonisiert und über die Jahrhunderte hinweg immer wieder rezipiert und neu interpretiert, allen voran Ciceros „De senectute" (Cato der Ältere über das Alter, geschrieben 44 vor Christus im 62. Lebensjahr) oder Plutarchs Abhandlung zur Frage: „Soll ein Greis politisch tätig sein?". Es handelt sich um Bruchstücke, die nur aus der historischen Distanz das Konstrukt eines „Altersdiskurses" ergeben.

Zum Zweiten gehören die Sprecher im Altersdiskurs einer kleiner sozialen Gruppe an, der männlichen Elite. Es handelt sich um Philosophen, Künstler, Dichter, politische Amtsträger, Ärzte usw. Gegenstand des Diskurses ist der Lebenslauf dieser männlichen Elite, Frauen und Sklaven kommen nur am Rande vor (Finley, 1984, S. 392). Auch die soziale Reichweite der Altersdiskurse in der Antike lässt sich nur schwer abschätzen. Erst vom späten Mittelalter an und zunehmend in der frühen Neuzeit haben wir Zugang zu populären Altersdiskursen, die in Sprichwörtern, Märchen oder volkstümlichen Erzählungen zum Ausdruck kommen und überliefert sind.

III. Sozialgeschichte des Alters

Sozialhistorische Forschungen zur Geschichte des Alters haben erst in den 1960er-Jahren begonnen, also wesentlich später, als ideen- und geistesgeschichtliche Ansätze. Sie waren von Beginn an mit der Geschichte der Familie, der Arbeit und der Armut verknüpft (Mitterauer, 1982). Aus diesen Verbindungen ergab sich ein Katalog von Themen, die in der sozialhistorischen Altersforschung besonders intensiv bearbeitet wurden. Dazu gehören Familien- und Haushaltsstrukturen, in denen ältere Menschen lebten, mit besonderer Betonung der Frage nach dem Zusammenleben mit jüngeren Verwandten und insbesondere erwachsenen Kindern; dazu gehört die Frage nach dem Erhalt bzw. dem Rückgang von Autorität und Autonomie im Alter; und weiter die Frage nach der Unterstützung hilfsbedürftiger Älterer durch familiale Netzwerke oder öffentliche Einrichtungen (Laslett, 1989, S. 107ff.; Hareven, 1996, S. 6ff.).

Paul Johnson (1998, S. 2) fasst das Spektrum der sozialgeschichtlichen Forschung in drei Themengruppen zusammen: *Participation, Well-being* und *Status* (vgl.dazu auch Troyansky, 1998, S. 97). Zur Partizipation zählt vor allem die Teilnahme oder Nicht-Teilnahme an der Arbeitswelt bzw. am Arbeitsmarkt, also Beschäftigung und Ruhestand, und am Konsum; im Weiteren aber auch die Teilnahme an Politik und Zivilgesellschaft. Zum „Wohlergehen" gehören die ökonomische Sicherung des Alters durch eigene Mittel, durch die Familie und die verschiedensten historischen Formen der Sozialpolitik, aber auch soziale Integration, Betreuung und Pflege und nicht zuletzt das individuelle Befinden, etwa in Bezug auf Gesundheit und Krankheit. Der Begriff des Status schließlich verweist auf die sozialen Positionen älterer Menschen, die durch politische, rechtliche oder soziale Regelungen und Gewohnheiten bestimmt werden. Dabei kommt der Frage nach dem Erhalt bzw. der Weitergabe von Ämtern und Würden, von Machpositionen, Eigentum und Besitz, besondere Bedeutung zu.

Die Erforschung aller dieser Themen setzt spezifische historische Quellen voraus, die erst ab der beginnenden Neuzeit in größerem Umfang überliefert sind. Dazu gehören Bevölkerungsverzeichnisse der verschiedensten Art, die es ermöglichen, die Größe und Zusammensetzung von Haushalten und Familien im Zusammenhang mit dem Alter und der sozialen Stellung ihrer Mitglieder zu untersuchen. Dazu zählen seit dem 16. und 17. Jahrhundert Kirchenbücher (Tauf-, Heirats- und Sterbematriken), aus denen sich demographische Lebensläufe und Familiengeschichten rekonstruieren lassen. Eine im Zeitverlauf zunehmende Zahl von Quellen, wie etwa Testamente, Vermögensaufnahmen im Todesfall, Ausgedinge- oder Leibrentenverträge geben Auskunft über den Besitz älterer Menschen und über dessen Weitergabe im Generationentransfer. Viele dieser Quellen eignen sich für quantifizierende, sozialstatistische Auswertungen. Sie bieten schon für die frühe Neuzeit Daten, die dann im 19. und 20. Jahrhundert in zunehmender Dichte und Fülle von der staatlichen Statistik und von den Sozialwissenschaften bereitgestellt werden. Gerade die quantifizierbaren Quellen haben sozialgeschichtliche Forschungen zum Alter in enge Beziehungen zur Historischen Demographie gebracht, die zumindest vom 17. Jahrhundert an ziemlich präzise Aussagen über die soziale und regionale Differenzierung wie über den historischen Wandel von altersspezifischer Fertilität und Mortalität, von Krankheiten, Epidemien und Todesursachen, von Lebenserwartungen und Altersstrukturen ermöglicht.

In derartigen Quellen und Daten sehen viele Sozialhistoriker die Chance, Zugang zu den Lebenslagen und zum realen Verhalten von Menschen aller sozialen Gruppen zu finden, und nicht nur zu einer kleinen gesellschaftlichen Elite, wie dies in der Ideen- und Geistesgeschichte des Alters der Fall ist. Allerdings wurde auch in der Sozialgeschichte in den 1980er- und 1990er-Jahren ein Paradigmenwechsel vollzogen. In der ersten Phase der sozialhistorischen Altersforschung stand die Rekonstruktion von quantitativen Strukturen im Vordergrund, die dann mit mehr oder weniger differenzierten theoretischen Modellen erklärt wurden. Als Reaktion darauf wandte sich das Interesse in der folgenden Phase den historischen Akteuren zu, seien es soziale Gruppen, Familien oder einzelne Menschen. Interessen und Emotionen, Motive und Strategien, und deren Wandel im Lebenslauf rückten in den Blick (Hareven, 1996b; Hareven, 1997). All dies sind Themen, die besondere Bedeutung für die Analyse von Generationenbeziehungen haben. Mit diesem Paradigmenwechsel war eine

Annäherung der Sozialgeschichte an die Kulturgeschichte des Alters verbunden. Im Folgenden werden Forschungsergebnisse zu den wichtigsten dieser Themen vorgestellt.

1. Demographische Alterung

Auch in der Demographie änderte sich über lange Zeiträume hinweg sehr wenig. Von der Antike bis in das 18. Jahrhundert waren stets rund 5–10 Prozent der Bevölkerung über 60 Jahre alt. Das bedeutete erstens, dass das hohe Alter *nicht* die Erfahrung der Mehrheit der Bevölkerung war. Ein hohes Sterberisiko bestand vor allem für Säuglinge und Kleinkinder, aber auch in den mittleren Jahren. Die Nähe zum Tod war vor der Moderne nicht spezifisch für das hohe Alter. Ein Anteil an über 60-Jährigen von 5–10 Prozent bedeutete aber zugleich, dass es auch in den vormodernen Gesellschaften Europas stets eine Zahl alter Menschen gab. In manchen sozialen Gruppen finden wir hohe Anteile an 60–80-Jährigen, etwa bei den Päpsten des Mittelalters oder den Künstlern der Renaissance, von denen viele das 80. Lebensjahr überschritten (Minois, 1987, S. 331).

Erst vor kurzem, im 19. und 20. Jahrhundert, begannen sich die demographischen Verhältnisse radikal zu ändern (vgl. auch Dinkel, in diesem Band). Wenn man weltweit die Länder mit der jeweils höchsten Lebenserwartung zum Maßstab nimmt, dann ist die durchschnittliche Lebenserwartung bei der Geburt in den letzten 150 Jahren in jedem Jahrzehnt um 2,3 Jahre gestiegen, von etwa 48 Jahren auf nunmehr 83 (der aktuelle Wert für Frauen etwa in Frankreich, Spanien oder Schweden) (Oeppen & Vaupel, 2002). Im 19. Jahrhundert war der Anstieg der Lebenserwartung vor allem dem Rückgang der Säuglings- und Kindersterblichkeit und einer Verbesserung des Lebensstandards und der Hygiene geschuldet. Die Medizin spielte dabei noch eine geringe Rolle. Erst im 20. Jahrhundert wurden die Medizin und das Gesundheitssystem zum großen Schrittmacher der Steigerung der Lebenserwartung, die nun auch das hohe Alter immer mehr zu verlängern beginnt. Eine Achtzigjährige konnte in Deutschland um 1900 im Durchschnitt mit vier weiteren Jahren rechnen, um 2000 mit mehr als acht. Zusammengefasst: Erst im 20. Jahrhundert verlor das Erreichen eines hohen Alters den Charakter eines individuellen Zufalls oder eines sozialen Privilegs. Unsere gegenwärtigen Mortalitätsstrukturen zeigen eine sogenannte „rechteckige Überlebenskurve", das gemeinsame Altern und Sterben einer Geburtskohorte und die Konzentration des Todes auf das hohe Alter – ein völliges Novum in der Geschichte!

Im Verein mit dem Rückgang der Fertilität bewirkte dies einen radikalen Wandel der Altersverteilung. Bis zum Ersten Weltkrieg waren in Deutschland stets 6 bis 8 Prozent der Menschen über 60 Jahre alt, gegenwärtig liegt der Anteil der über 60-Jährigen bei 24 Prozent, die Prognosen für das Jahr 2040 sagen einen Anteil von 35 Prozent voraus. Ältere Menschen spielen in unserer Gegenwart und in der näheren Zukunft eine wesentlich größere und wichtigere Rolle als jemals zuvor in der menschlichen Geschichte (vgl. auch Kocka, in diesem Band).

Bei der Bewertung dieses Wandels sollte man allerdings nicht vergessen, dass die Festlegung des Beginns des Alters mit 60 ein Teil des Altersdiskurses ist und damit nicht mehr als eine Konvention. Dass es in den entwickelten Gesellschaften unserer

Gegenwart so viele über 60-Jährige gibt, hängt damit zusammen, dass diese sich eines höheren Lebensstandards und einer besseren Gesundheit erfreuen als gleichaltrige Menschen vor zwei- oder dreitausend Jahren. Dieser Entwicklung würde es besser gerecht, den chronologischen Beginn des Alters etwa bei 80 oder 85 zu verorten – was es schwerer machen würde, den demographischen Wandel als „Alterung" oder gar „Überalterung" zu interpretieren. In der Tat wird in den Sozialwissenschaften, und in geringerem Maß auch in der Öffentlichkeit, die Lebensphase über 60 zunehmend differenziert. Die Rede vom „Dritten Alter" im Unterschied zum „Vierten" als eigentlicher Vorstufe des Todes (vgl. Baltes, 1999, S. 395ff.), oder von den „jungen Alten" im Unterschied zu den „alten Alten" versucht, den geänderten Realitäten Rechnung zu tragen. Allerdings bleiben auch diese Terminologien den traditionellen Zäsuren verhaftet: Nicht das Erwachsenenalter wird verlängert, sondern das hohe Alter wird differenziert.

2. Familienbeziehungen und Formen des Zusammenlebens

Wie erwähnt, war die Revision des Bilds der vorindustriellen Großfamilie, die den alten Menschen materielle Sicherheit und emotionale Geborgenheit gegeben habe, ein wichtiges Anliegen der historischen Altersforschung. Wie viele ältere Menschen mit Kindern, anderen Familienmitgliedern und Verwandten zusammenlebten und damit zumindest potentiell auf familiale Unterstützung zurückgreifen konnten, lässt sich mit Hilfe von Bevölkerungsverzeichnissen, die für zahlreiche europäische Regionen vorliegen, darstellen. Dabei werden große Unterschiede zwischen ländlichen und städtischen Lebensformen sichtbar. In den größeren und kleineren Städten des frühneuzeitlichen Europa, von Italien über Mitteleuropa bis Frankreich und England, führte die überwältigende Mehrheit der Menschen auch im hohen Alter ihren eigenen Haushalt – in Zürich 1637 z.B. 92 Prozent aller über 60-Jährigen. Die selbständige Haushaltsführung nahm mit zunehmendem Alter ab, blieb aber auch für die höchsten Altersgruppen der über 70- oder 80-Jährigen die vorherrschende Lebensform. Manchmal lebten die älteren Menschen allein oder nur mit dem Ehepartner im eigenen Haushalt, mitunter mit nichtverwandten Mitbewohnern wie Dienstboten, Untermietern, Schlaf- und Kostgängern, mitunter mit Verwandten. Vorindustrielle Städte mit ihrem differenzierten Angebot an Wohnraum, an Arbeits- und Konsummöglichkeiten, an Dienstleistungen und karitativen Einrichtungen, begünstigten autonome Wohn- und Lebensformen.

In den ländlichen Regionen des vormodernen Europa ist das Bild weniger einheitlich. Hier wirkten sich die jeweils vorherrschenden sozialökonomischen Strukturen, die jeweiligen Familienformen, und auch die regionalen Erbrechte und -gewohnheiten differenzierend aus. In manchen Regionen Südwest- und Osteuropas lebten alte Menschen in komplexen und großen Familien, wobei die Männer bis zu ihrem Tod die Führung der Haushalte innehatten. In Nord- und Mitteleuropa, wo sich vom 16. Jahrhundert an die Form des Altenteils oder Ausgedinges verbreitete, finden wir ältere Männer und Frauen dagegen seltener an der Spitze eines Haushalts und häufiger als Mitbewohner, sei es bei ihren eigenen Nachkommen, bei Verwandten oder auch bei Fremden (Ehmer, 1990, S. 86–88).

In England, dem familiengeschichtlich am besten erforschten und dokumentierten Land des frühneuzeitlichen Europa, waren die Unterschiede zwischen Land und Stadt nur schwach ausgeprägt. Hier lebten im 17. und 18. Jahrhundert rund 60 Prozent der über 65-jährigen Männer und 40 Prozent der gleichaltrigen Frauen mit ihren Ehegatten zusammen, aber nur rund 50 Prozent der Männer und weniger als 40 Prozent der Frauen auch mit Kindern (Wall, 1995, S. 88ff.). Die zahlenmäßig wichtigste soziale Beziehung bildeten also die Ehepartner der älteren Männer und Frauen, erst an zweiter Stelle kamen eigene Kinder. Die Familie war aber auch im frühneuzeitlichen England keine universelle Einrichtung für alte Menschen. Rund 13 Prozent der Männer und 32 Prozent der Frauen lebten ganz allein oder nur mit nichtverwandten Personen zusammen.

Auch über die Haushaltsgrenzen hinweg bildete die Familie eine wichtige soziale Ressource, aber die Tragfähigkeit des verwandtschaftlichen Netzes darf nicht überschätzt werden. Wegen der hohen Sterblichkeit und der hohen Mobilität der vormodernen Gesellschaften konnten keineswegs alle älteren Menschen mit der Anwesenheit von Familienangehörigen rechnen. Der Rückgang der Mortalität im 20. Jahrhundert hat das verwandtschaftliche Netz älterer Menschen vergrößert und stabilisiert, womit ein Wandel von horizontaler Verwandtschaft zu vertikaler, also in die Generationentiefe, verbunden war (Laslett, 1984, S. 388). Erst in diesem Zusammenhang ist auch die Großelternrolle zu einer realen Massenerfahrung geworden, die zunehmend auch Urgroßelternschaft einschließt.

Zumindest in Nordwesteuropa scheinen ältere Menschen seit vielen Jahrhunderten ein unabhängiges, selbstbestimmtes Leben und eine räumliche Trennung der Generationen angestrebt zu haben. Das Altern im Kreise der Familie war weniger erwünscht und verbreitet, als romantische Familienbilder des 19. Jahrhunderts vermuten lassen. Die historische Entwicklung verlief aber nicht geradlinig. Am Übergang vom 19. zum 20. Jahrhundert war das Zusammenleben zwischen den Generationen stärker ausgeprägt als in der frühen Neuzeit. Entgegen allen Befürchtungen durch zeitgenössische Politiker und Sozialwissenschaftler hatten sich im Prozess der Industrialisierung und Urbanisierung Familienbeziehungen verdichtet, vor allem in der Arbeiterschaft der Industriestädte. Im Lauf des 20. Jahrhunderts hat sich dann die Tendenz zum Alleinleben von älteren Paaren oder verwitweten Personen wieder – nun weit über das vormoderne Niveau hinausgehend – verstärkt, sodass „Singularisierung" heute als eines der wesentlichen Elemente des Strukturwandels des Alters erscheint (Schimany, 2003, S. 383ff.). Zugleich ist die Familie für ältere Menschen eine wesentliche Quelle für soziale Kontakte und Hilfeleistung geblieben – eine Ambivalenz zwischen räumlicher Distanz und sozialer/emotionaler Nähe, die Leopold Rosenmayr als „Intimität auf Abstand" bezeichnet hat (Rosenmayr, 1992, S. 265). Aus der Sicht der Familie und des Zusammenlebens fällt es in Vergangenheit und Gegenwart schwer, im kontinuierlichen Wandel des Erwachsenenalters eine Altersphase abzugrenzen.

3. Alter und Arbeit

In allen Epochen vor der Moderne scheint es die Regel gewesen zu sein, bis ans Lebensende zu arbeiten, wenn dies die Kräfte zuließen. In manchen sozialen Milieus war das Interesse an der Fortsetzung der Tätigkeit oder des Berufs im hohen Alter besonders ausgeprägt, etwa bei den bildenden Künstlern der Renaissance, von denen viele (wie z.B. Tizian oder Michelangelo) weit über 80 Jahre alt wurden (Minois, 1987, S. 331). Für Frauen konnte das hohe Alter sogar einen Zugewinn an Autonomie und Autorität bedeuten, wenn sie etwa als Witwe die Geschäfte ihres Mannes weiterführten und nun allein ihrem Haushalt vorstanden (Thane, 2006, S. 103). Auf der anderen Seite finden wir aber auch das Modell des Rückzugs, auch wenn dies in der Regel nicht das völlige Ausscheiden aus der Arbeitswelt, sondern eher einen Wandel der Tätigkeit bedeutete. In der frühen Neuzeit kam der Begriff des „Ruhestands" für einen allmählichen Rückzug aus bestehenden sozialen Positionen und beruflichen Verpflichtungen in Gebrauch, am frühesten in England, wo man vom 17. Jahrhundert an von „retirement" sprach (Thomas, 1976, S. 236ff.). Der Ruhestand konnte aus persönlichen Gründen angestrebt werden, erzwungen durch eine Abnahme der Kräfte oder erwünscht wegen eines Bedürfnisses nach größerer Muße. Er wurde aber auch gewählt aufgrund von Verpflichtungen gegenüber der nachfolgenden Generation, als Besitz- oder Positionsweitergabe im Rahmen von Familienstrategien. Beispiele dafür sind das bäuerliche Ausgedinge oder die Besitzübertragung zu Lebzeiten (in Form von Aussteuer oder Heiratsgut) in ländlichen Regionen mit Erbteilung oder in städtisch-bürgerlichen Milieus.

Ruhestand bedeutete einen Wandel der sozialen Position, einen Rückzug von Macht, Besitz und Status und auch von Verantwortung. Der Begriff implizierte aber meist nicht das Ende der Arbeitstätigkeit. Alte Bauern im Ausgedinge hatten sich in aller Regel einen Anteil des Hofes vorbehalten, den sie selbst bewirtschafteten, oder sie unterstützten ihre Nachkommen. Auch von den höheren Schichten wurde der Ruhestand nicht als Untätigkeit verstanden. Als ideale Lebensform im Alter galt – nach dem Vorbild antiker Autoren – der Rückzug auf ein Landgut, um dieses zu leiten und sich zugleich mit Muße geistigen Bestrebungen zu widmen: zu lesen, zu denken oder zu schreiben. Sowohl die Fortführung der Arbeitstätigkeit im Alter wie auch der Ruhestand setzten wirtschaftliche Ressourcen voraus, über die Besitzende, aber auch selbständige Bauern und Handwerker verfügten. Für Angehörige der Unterschichten, die auf Arbeitseinkommen angewiesen waren, führte dagegen das Nachlassen der Arbeitsfähigkeit im Alter zu existentieller Bedrohung. Lohnabhängige waren im Alter oft auf die Kombination von gelegentlichem Lohn, Betteln, familiale und/oder institutionelle Unterstützung angewiesen.

Vom späten Mittelalter an bis hin zu den ersten staatlichen Armengesetzen galten alte Menschen als legitime Empfänger von Almosen. In der englischen Arbeits- und Vagabundengesetzgebung des 14.–16. Jahrhunderts waren über 60-Jährige vom Arbeitszwang befreit, und sie wurden nicht mehr wegen Vagabondage verfolgt, wenn sie auf der Suche nach Arbeit oder Almosen durch das Land zogen. Im späten 18. Jh. entstand im Zusammenhang mit den ersten Plänen für eine staatliche Alterspension für Arme die Idee, dass mit 60 die „Arbeit, wenigstens für die Sicherung des Allernotwendigsten, vorbei sein" solle, wie Thomas Paine in seinem Essay über die Menschenrechte 1791/92 schrieb. Schon ab 50 sollten die Angehörigen der unteren Schichten „nicht aus Gnade oder Gunst, sondern von Rechts wegen" eine staatliche Pension erhalten (Ehmer, 1990, S. 87f.). Die ersten Pensionssysteme im öffentlichen

Dienst im England des frühen 19. Jahrhunderts legten das 60. Lebensjahr als Antrittsalter fest, woran viele Beamtenpensionssysteme kontinentaleuropäischer Staaten anknüpften (Thomas, 1976, S. 242). Damit setzte jene Entwicklung ein, die vom späten 19. Jahrhundert an das Regelpensionsalter zur eigentlichen Alterszäsur und den Ruhestand zum wichtigsten sozialen Merkmal des Alters machte.

Erst vom späten 19. Jahrhundert an, also in den letzten 120 bis 150 Jahren, können wir allerdings den Trend hin zu einer tatsächlichen Trennung von Alter und Arbeit und einen Rückgang der Erwerbstätigkeit älterer Menschen beobachten, eine „Entberuflichung" des Alters. In der zweiten Hälfte des 20. Jahrhunderts beschleunigte sich dieser Trend. Die Erwerbstätigkeit von über 65-Jährigen ist in den letzten Jahrzehnten fast völlig zum Erliegen gekommen, und auch bei den 60–64-Jährigen drastisch gesunken. Seit den 1970er-Jahren scheiden auch die 55–60-Jährigen zunehmend aus dem Erwerbsleben aus, und in den ersten Ansätzen ist dies auch schon für die unter 55-Jährigen erkennbar. Sicherlich gibt es große Unterschiede zwischen den einzelnen Staaten, aber im Großen und Ganzen läuft die Entwicklung in der westlichen Welt in dieselbe Richtung. Wir können einen lang dauernden Prozess abnehmender Erwerbsbeteiligung im Alter konstatieren, der auf immer jüngere Altersgruppen übergreift. Dieser Trend hat – in Verbindung mit der steigenden Lebenserwartung – bekanntlich dazu geführt, dass in den westlichen Gesellschaften im Lauf des 20. Jahrhunderts eine lange Ruhestandsphase zum Massenphänomen und zum eigentlichen Kennzeichen des „Alters" geworden ist. Von der Mitte der 1990er-Jahre an begann – im Zusammenhang mit Reformen der öffentlichen Rentensysteme und arbeitsmarktpolitischen Maßnahmen in allen europäischen Staaten – der Trend uneinheitlicher zu werden. In manchen Ländern setzte er sich fort, in anderen stagnierte er, in einigen kehrte er sich um. Ob damit eine allgemeine und langfristige Trendwende eingeleitet wurde, kann noch nicht abschließend beurteilt werden (vgl. auch Kocka, in diesem Band).

Der langfristige Rückgang der Erwerbstätigkeit wurde in seinen Grundzügen von der Forschung – auch im internationalen Vergleich – beschrieben, er ist aber schwerer zu erklären, als es auf den ersten Blick erscheinen mag. Ohne Zweifel üben gut ausgebaute Rentensysteme im Verein mit freizeitorientierten Lebensstilen eine starke Sogwirkung in den Ruhestand aus – beides sind allerdings Phänomene, die erst in der zweiten Hälfte des 20. Jahrhunderts ihre Wirksamkeit entfalteten. Auf der anderen Seite sind schon seit dem Beginn der Industrialisierung Wettbewerbsnachteile älterer Menschen auf den Arbeitsmärkten zu beobachten, die umso stärker ins Gewicht vielen, je mehr selbständige Tätigkeiten an Bedeutung verloren und Lohnarbeit zur Norm wurde. Bei der Bewertung dieser beiden Faktoren, dem Push-Effekt von Arbeitsmärkten und dem Pull-Effekt von Rentensystemen, werden interessante Unterschiede zwischen der amerikanischen und der europäischen Historiographie sichtbar. Amerikanische Historiker – wie z. B. Tamara K. Hareven oder Thomas R. Cole – sahen schon in den 1970er-Jahren den entscheidenden – negativen – Faktor in industriell-kapitalistischen Arbeitsmärkten. In vorindustriellen Gesellschaften und noch im 19. Jahrhundert sei das Erwachsenenalter ein Kontinuum ohne scharfe Zäsuren gewesen. Erst mit Industrialisierung und Urbanisierung wären dann ältere Menschen aus der Arbeitswelt verdrängt worden. "Old age [... and ...] the emergence of the aged as a distinct social group" hätten in der städtischen Arbeiterklasse begonnen und allmählich die gesamte Gesellschaft erfasst (vgl. dazu Fischer, 1978, insbes. S. 259–264). Europäische – auch deutschsprachige – Historiker des Alters haben dagegen den Akzent auf die Entwicklung der staatlichen Rentenversicherung und ganz allgemein des Wohlfahrtsstaats gelegt und die Entwicklung zum allgemeinen Ruhestand freundlicher beurteilt (vgl. etwa schon Stearns, 1970, später Conrad, 1994; Ehmer, 1990).

Wettbewerbsnachteile von Älteren werden häufig mit wirtschaftlichen und rationalen Gründen erklärt, die aber in der Forschung umstritten sind. Dass ältere Arbeitnehmer teurer, krankheitsanfälliger und weniger leistungsfähig seien als jüngere, gilt für viele, aber nicht für alle. Die Arbeitskosten und die Leistungen älterer Menschen variieren sehr stark nach Beruf, Qualifikation, konkreten Aufgaben und individuellem Verhalten. Vielleicht geben weniger die realen Fähigkeiten der einzelnen älteren Menschen den Ausschlag als vielmehr Bilder und Stereotypen des defizitären Alters. Sie gehören seit Jahrtausenden den Altersdiskursen an, wurden aber in der Industriegesellschaft des 19. und 20. Jahrhunderts mit neuen Inhalten angereichert, wie z. B. Leistung, Innovationsfähigkeit oder Anpassung an den beschleunigten technischen Wandel. Allerdings nutzen Unternehmen Vorruhestandsregelungen oft auch nur, um die Zahl ihrer Mitarbeiter sozial verträglich zu verringern.

IV. Conclusio: Was ist das Alter?

In der Einleitung zu diesem Aufsatz wurde das Alter als „soziale und kulturelle Konstruktion" bezeichnet. Diese Aussage soll nun, zum Abschluss des vorhergegangenen Überblicks über die Forschungslandschaft, nochmals aufgegriffen werden. Dabei ist eine Begriffsklärung voranzustellen. Das Konzept der sozialen Konstruktion begann sich von den späten 1960er-Jahren an in den Geistes- und Sozialwissenschaften zu verbreiten. Nach Hacking (1999, S. 46) erschien 1966 das erste Buch, das diesen Begriff im Titel führte (Berger & Luckmann, 1966). Wachsende Popularität erzielte das Konzept vor allem bei gesellschaftskritischen Wissenschaftlern in den 1970er- und 1980er-Jahren. Es diente dazu, Phänomene, die bis dahin als natürliche oder biologische wahrgenommen worden waren, als gesellschaftlich gemachte zu denken. Dazu gehörten zunächst vor allem Geschlecht und Rasse, in zunehmendem Maß aber auch die verschiedenen Lebensphasen, von der Kindheit bis zum Alter. Die erste größere dem konstruktivistischen Paradigma – fast noch avant la lettre – verpflichtete Arbeit zur Geschichte des Alters war Simone de Beauvoirs großer Essay „La Vieillesse" (1970) das von der akademischen Geschichtswissenschaft allerdings kaum beachtet wurde. Die erste einer Lebensphase gewidmete Studie mit nachhaltigem Einfluss auf die Historiographie war wenig später Philippe Ariés „L'Enfant et la Vie familiale sous l'Ancien Régime" (1973). Dem Konzept der sozialen Konstruktion lag die Annahme zugrunde, dass derartige Klassifikationen nicht – oder zumindest nicht in erster Linie – biologisch bedingt seien, sondern auf kulturellen Praktiken und/oder auf sozialen Beziehungen beruhten. So argumentierten Fennell und Kollegen: "Implicit in this definition is a view that old age is a social rather than a biologically constructed status. In the light of this, we need to see many of the experiences affecting older people as a product of a particular division of labour and structured by inequality rather than a natural concomitant of the ageing process." (Fennell/Phillipson/Evers, 1988, S. 53). Damit erschien das Alter nicht als unveränderlich und unvermeidlich, sondern als historisch variabel, sozial differenziert und gestaltbar.

Bis in die 1980er-Jahre war dabei fast ausschließlich von „sozialer Konstruktion" oder schlicht von „Konstruktion" die Rede (Hacking, 1999, S. 68). Von den 1990er-Jahren an fanden dagegen – unter dem Einfluss des „cultural turn" in den Humanwissenschaften – der Begriff der „kulturellen Konstruktion" (z. B. Wagner-Hasel, 2000a, S. 18) und die Verknüpfung „soziale und kulturelle Konstruktion" Verbreitung. Damit war allerdings ein Wandel der Fragestellung verbunden. Das ursprüngliche Konzept der „sozialen Konstruktion" interessierte sich für die Grundlagen bzw. die Ursachen einer Klassifikation und warf die Frage auf, ob eine soziale Differenz naturgegeben oder gesellschaftlich konstruiert sei. Soziales und Kultur fungierten dabei gemeinsam als Gegenbegriffe zu Natur. Die neuere Forschung dagegen nimmt bereits als gegeben an, dass die untersuchten Phänomene, wie z. B. das Alter, konstruiert seien. Sie interessiert sich vielmehr dafür, wo, wie und auf welche Weise Differenzen konstruiert werden: auf der Ebene der Kultur im engeren Sinne von Bedeutung und symbolischer Ordnung oder auf der Ebene des Sozialen, also durch soziale Beziehungen, Institutionen, Gesetze usw. Soziales und Kultur wurden dabei zu Gegenbegriffen. Die Unterscheidung zwischen einer Kultur- und einer Sozialgeschichte des Alters ist ein Ausdruck dieser neuen Polarität (vgl. Conrad, 1994; Göckenjan, 2000a). Sie hat sichtbar gemacht, dass beide Dimensionen zur „Konstruktion des Alters" beitragen, wenn auch auf jeweils unterschiedliche Weise, in verschiedenen historischen Kontexten und in unterschiedlichem Ausmaß.

Die kulturelle Konstruktion erfolgt im Altersdiskurs. Dessen grundlegende Strukturmerkmale scheinen mir, wie oben ausgeführt, in Differenz, Normativität und Ambivalenz zu bestehen. Wichtig ist die Verschränkung dieser drei Merkmale: Auch positive Bewertungen des Alters setzen die Konstruktion von Differenz nicht außer Kraft, in der „das Alter" als etwas grundsätzlich anderes als das übrige Erwachsenenalter erscheint. Weiter setzen positive Bewertungen in aller Regel die Anpassung an Normen und an zugeschriebene Rollen voraus sowie das Akzeptieren der negativen Stereotypen und Bilder. Historische Altersdiskurse sind Diskurse der Ambivalenz, aber es handelt sich doch um eine Ambivalenz mit negativem Vorzeichen. Die Rückbindung der Diskurse an die biologischen Realitäten des Alterns mag dies erklären. Sie setzt aber nicht die Annahme außer Kraft, dass es im Diskurs eben nicht um die Reflexion individueller Erfahrungen des *Alterns* geht, sondern um die Konstruktion einer für alle verbindlichen Lebensphase des *Alters*.

In historischer Perspektive ist die lange Dauer der Grundstrukturen und des Themenspektrums von Altersdiskursen besonders auffallend. Sicherlich gibt es historische Variationen, auch wenn diese von der Forschung systematisch und epochenübergreifend noch viel zu wenig untersucht wurden. Im Lauf der Neuzeit etwa schob sich das Thema der Erwerbsarbeit stärker in den Vordergrund der Altersdiskurse, die Fähigkeit oder Unfähigkeit, sie auszuüben oder der Rückzug von ihr. Komplementär dazu gewannen auch sozialpolitische Rhetoriken einen größeren Stellenwert, und im 20. Jahrhundert – in Verbindung mit dem demographischen Wandel – das Thema der „Überalterung" als neuer Variante der Altersschelte. Möglicherweise führte dann auch die Verallgemeinerung der Ruhestandsphase seit den 1950er-Jahren zu einem grundsätzlichen Wandel der Altersdiskurse (so die These von Göckenjan, 2007, S. 141ff.). Trotz derartiger Variationen blieben die Grundmuster der Diskurse erstaunlich stabil. Die historische Altersforschung kann dazu beitragen, die langen – und oft unbewussten – Prägungen des westlichen Denkens über das Alter bewusst zu machen und damit Distanz zu ermöglichen.

Die soziale Konstruktion des Alters beruht auf dem Wechsel der ökonomischen, sozialen oder politischen Positionen älterer Menschen, setzt also einen realen Statuswechsel voraus (vgl. aber auch Behl & Moosmann, in diesem Band). Auch hier gibt es lange historische Wurzeln, wie etwa Entpflichtungen von den verschiedensten Aufgaben, Rückzug von Besitz oder politischer Macht oder deren Übergabe an die nachfolgende Generation. Derartige Praktiken konnten eine Altersphase hervorbringen, die sich vom vorhergegangenen Erwachsenenalter unterschied. Die oben behandelten Beispiele aus der Sozialgeschichte des Alters zeigen allerdings, dass es sich dabei um eine Option unter anderen handelte und, aufs Ganze gesehen, eher um Minderheitenprogramme. Autorität und Selbständigkeit, Autonomie der Haushaltsführung und Kontinuität der Arbeit wurden bis zum Lebensende angestrebt und – soweit man aus neuzeitlichen Quellen schließen kann – von der Mehrzahl der älteren Menschen auch realisiert. Erst die Ausbreitung der Lohnarbeit in der frühen Neuzeit, und dann vor allem die Industriegesellschaft des 19. und der Wohlfahrtsstaat des 20. Jahrhunderts haben in den entwickelten Industriestaaten für die große Mehrheit der Menschen das Verhältnis von Kontinuität und Zäsur in den späten Jahren neu gewichtet. Das Alter wurde ein Teil der „Institutionalisierung des Lebenslaufs" (Kohli, 1985), eines gesellschaftlichen Regelsystems, das den Lebenslauf in die drei Phasen der Ausbildung, der Erwerbstätigkeit und des Ruhestands gliedert. Damit wurde der Wechsel des beruflichen Status und eine einheitliche Altersphase für die große Mehrheit der Bevölkerung zur Realität. Dass das Alter als abgrenzbare Lebensphase zum Regelfall und zur Massenerfahrung wurde, ist also eine historisch späte und erst kurze Erscheinung.

Was also ist „das Alter"? Seit vielen Jahrhunderten und Jahrtausenden ist es ein Teil der symbolischen Ordnung des Lebens und der Gesellschaft, also eine kulturelle Konstruktion. Seit kurzem ist es aber auch für die große Mehrheit der Menschen eine Lebensphase und in diesem Sinne auch eine soziale Konstruktion.

Literatur

Baltes, P. (1999). Alter und Altern als unvollendete Architektur der Humanontogenese. In *Nova Acta Leopoldina, NF 81,* Nr. 314, 379–403.
Beauvoir de, S. (2004). *Das Alter* (2. Aufl., franz.: La Vieillesse, 1970). Reinbek: Rowohlt.
Berger, P. L. & Luckmann, T. (1966). *The Social Construction of Reality: A Treatise in the Sociology of Knowledge.* New York: Doubleday.
Bibel (1913/1980). *Altes und Neues Testament.* Einheitsübersetzung. Freiburg: Herder.
Boll, F. (1913). *Die Lebensalter.* Leipzig: Teubner.
Borscheid, P. (1987). *Geschichte des Alters. 16.–18. Jahrhundert.* Münster: F. Coppenrath.
Bourdelais, P. (1994). *L'Âge de la Vieillesse. Histoire du Vieillessement de la Population.* Paris: Editions Odile Jacob.

Brandt, H. (2002). *Wird auch silbern mein Haar. Eine Geschichte des Alters in der Antike.* München: H. C. Beck.

Burgess, E. W. (1962). Western European Experiences in Aging as Viewed by an American. In *Proceedings of the Fifth Congress of the International Association of Gerontology*: Aging around the World. New York.

Campbell, E. (Ed.) (2006). *Growing Old in Early Modern Europe. Cultural representations.* Ashgate: Aldershot.

Cohen, L. (1994). Old Age: Cultural and Critical Perspectives. In *Annual Review of Anthropology, 23*, 137–158.

Cole, T. R. (1992). *The Journey of Life: A Cultural History of Aging in America.* Cambridge: University Press.

Conrad, C. (1994). Vom Greis zum Rentner. Der Strukturwandel des Alters. In C. Conrad: *Deutschland zwischen 1830 und 1930.* Göttingen: Vandenhoeck & Ruprecht.

Conrad, C. & Kondratowitz, H. J. von (1993). Einleitung: Repräsentationen des Alters vor und nach der Moderne. In C. Conrad & H. J. von Kondratowitz (Hrsg.), *Zur Kulturgeschichte des Alterns/Toward a Cultural History of Aging.* (1–16). Berlin: Deutsches Zentrum für Altersfragen.

Der neue Pauly (1996). Enzyklopädie der Antike, hrsg. v. H. Cancik & H. Schneider. Stuttgart: Metzler.

Eder, F. X. (Hrsg.) (2006). *Historische Diskursanalysen. Genealogie, Theorie, Anwendungen.* Wiesbaden: Verlag für Sozialwissenschaften.

Ehmer, J. (1990). *Sozialgeschichte des Alters.* Frankfurt a. M.: Suhrkamp.

Ehmer, J. (1996). "The Life Stairs": Aging, Generational Relations and Small Commodity Production in Central Europe. In T. K. Hareven (1996a), 53–74.

Ehmer, J. (2000). Alter und Generationenbeziehungen im Spannungsfeld von öffentlichem und privatem Leben. In J. Ehmer & P. Gutschner (Hrsg.), *Das Alter im Spiel der Generationen. Historische und sozialwissenschaftliche Beiträge* (15–50). Wien: Böhlau.

Ehmer, J. (2004). *Bevölkerungsgeschichte und Historische Demografie 1800–2000.* München: Oldenbourg.

Ehmer, J., Hareven, T. K. & Wall, R. (Hrsg.) (1997). *Historische Familienforschung. Ergebnisse und Kontroversen.* Frankfurt a. M.: Campus.

Ehmer, J. & P. Gutschner (Hrsg.) (2000). *Das Alter im Spiel der Generationen. Historische und sozialwissenschaftliche Beiträge.* Wien: Böhlau.

Fennell, G., Phillipson, C. & Evers, H. (1988). *The sociology of old age.* Milton Keynes: Open University Press.

Finley, M. I. (1984). The Elderly in Classical Antiquity. In *Ageing and Society, 4*, 391–408.

Fischer, D. H. (1978). *Growing Old in America.* (2nd exp. edn.). Oxford: University Press.

Gnilka, C. (1971). Altersklage und Jenseitssehnsucht. In *Jahrbuch für Antike und Christentum, 14*, 1–17.

Göckenjan, G. (2000a). *Das Alter würdigen. Altersbilder und Bedeutungswandel des Alters.* Frankfurt a. M.: Suhrkamp.

Göckenjan, G. (2000b). Altersbilder und die Regulierung der Generationenbeziehungen. Einige systematische Überlegungen. In J. Ehmer & P. Gutschner, *Das Alter im Spiel der Generationen. Historische und sozialwissenschaftliche Beiträge*, 93–108.

Göckenjan, G. (2007). Zur Wandlung des Altersbildes seit den 1950er Jahren im Kontext und als Folge der Großen Rentenreform von 1957. In *Deutsche Rentenversicherung, 2–3*, 125–142.

Gutsfeld, A. & Schmitz, W. (Hrsg.) (2003). *Am schlimmen Rand des Lebens. Altersbilder in der Antike.* Köln: Böhlau.

Haber. C. (1983). *Beyond Sixty-Five. The Dilemma of Old Age in America's Past.* Cambridge: University Press.

Hacking, I. (2002). *Was heißt „soziale Konstruktion"? Zur Konjunktur einer Kampfvokabel in den Wissenschaften.* (3. Aufl. englisch, 1999: The Social Construction of What?). Frankfurt a. M.: Fischer.

Hardach, G. (2005). *Der Generationenvertrag. Lebenslauf und Lebenseinkommen in Deutschland in zwei Jahrhunderten.* Berlin: Duncker & Humblot.

Hareven, T. K. (Ed.) (1996a). *Aging and Generational Relations Over the Life Course. A Historical and Cross-Cultural Perspective.* Berlin: Walter de Gruyter.

Hareven, T. K. (1996b). Introduction: Aging and Generational Relations Over the Life Course. In T. K. Hareven (1996a), 1–12.

Hareven, T. K. (1997). Familie, Lebenslauf und Sozialgeschichte. In J. Ehmer, T. K. Hareven & R. Wall, *Historische Familienforschung. Ergebnisse und Kontroversen,* 17–38.

Hermann-Otto, E. (2003). Die ‚armen' Alten. Das neue Modell des Christentums? In A. Gutsfeld & W. Schmitz (Hrsg.), *Am schlimmen Rand des Lebens. Altersbilder in der Antike,* 181–208.

Hermann-Otto, E. (2004). Die Ambivalenz des Alters. Gesellschaftliche Stellung und politischer Einfluss der Alten in der Antike. In E. Hermann-Otto (Hrsg.), *Die Kultur des Alterns von der Antike bis zur Gegenwart,* 3–19. St. Ingbert: Röhrig Universitätsverlag.

Hornung, E. (1996). *Altägyptische Dichtung.* Stuttgart: Reclam.

Kaufmann, F. X. (2005). *Schrumpfende Gesellschaft. Vom Bevölkerungsrückgang und seinen Folgen.* Frankfurt a. M.: Suhrkamp.

Johnson (1998): Paul Johnson, Historical readings of old age and ageing. In P. Johnson & P. Thane (1998), 1–18.

Johnson, P. & Thane, P. (Eds.) (1998). *Old Age from Antiquity to Post-Modernity.* London: Routledge.

Kertzer, D. I. & Laslett, P. (Eds.) (1997). *Aging in the Past: Demography, Society, and Old Age.* Berkeley: University of California Press.

Kohli, M. (1985). Die Institutionalisierung des Lebenslaufs. In *Kölner Zeitschrift für Soziologie und Sozialpsychologie, 1,* 9, 15–17.

Kondratowitz, H. J. von (1999). Sozialanthropologie. In B. Jansen et al. (Eds.), *Soziale Gerontologie. Ein Handbuch für Lehre und Praxis,* 106–125. Weinheim: Beltz.

Kondratowitz, H. J. von (2006). „Generationen", „Generationenbewusstsein", „Generationenkonflikt". In *Enzyklopädie der Neuzeit,* Bd. 4, 443–453. Stuttgart: Metzler.

Laslett, P. (1984). The Significance of the Past in the Study of Ageing. In *Ageing and Society, 4,* 4, 379–389.

Laslett, P. (1989). *A Fresh Map of Life. The emergence of the Third age.* (Dt.: Das Dritte Alter. Historische Soziologie des Alterns, 1995). London: Weidenfeld & Nicolson.

Minois, G. (1987). *Histoire de la vieillesse de l'Antiquité à la renaissance.* Paris: Fayard.

Mitterauer, M. (1982). Problemfelder einer Sozialgeschichte des Alters. In H. Konrad (Hrsg.), *Der alte Mensch in der Geschichte,* 9–61. Wien: Verlag für Gesellschaftskritik.

Oeppen, J. & Vaupel, J. W. (2002). Demography. Broken limits to life expectancy. In *Science, 296,* 1029–1031.

Parkin, T. G. (1998). Ageing in antiquity: status and participation. In: P. Johnson & P. Thane, *Old Age from Antiquity to Post-Modernity,* 19–42.

Parkin, T. G. (2006). Das antike Griechenland und die römische Welt. Das Alter – Segen oder Fluch? In P. Thane (Ed.), *Das Alter. Eine Kulturgeschichte* (Engl.: The long history of old age, 2005), 31–69. Darmstadt: Primus.

Pillemer, K. & Lüscher, K. (2004). Introduction: Ambivalence in Parent-Child Relations in Later Life. In K. Pillemer & K. Lüscher (Eds.), *Intergenerational Ambivalences: New Perspectives on Parent-Child-relations in Later Life*, 1–22. Amsterdam: Elsevier.

Quadagno, J. (1982). Aging in Early Industrial Society: *Work, Family, and Social Policy in Nineteenth-Century*. England, New York: Academic.

Remmert, V. (2005). *Widmung, Welterklärung und Wissenschaftslegitimierung. Titelbilder und ihre Funktionen in der Wissenschaftlichen Revolution*. Wiesbaden: Harrassowitz.

Rosenmayr, L. (1978). Die menschlichen Lebensalter in Deutungsversuchen der europäischen Kulturgeschichte. In L. Rosenmayr (Hrsg.), *Die menschlichen Lebensalter*, 23–79. München: Piper.

Rosenmayr, L. (1979). Lebenszeit und Endzeit. Versuch einer Gegenüberstellung von antiken und christlichen Deutungsversuchen des Lebensablaufs. In: *Sozialphilosophie als Aufklärung*. Festschrift für Ernst Topisch, hrsg. v. K. Salamun, 275–296. Tübingen: J. C. B. Mohr.

Rosenmayr, L. (1992). *Die Schnüre vom Himmel*. Wien: Böhlau.

Rosenmayr, L. (2007). *Schöpferisch Altern*. Wien: Lit Verlag.

Schäfer, D. (2004). *Alter und Krankheit in der Frühen Neuzeit. Der ärztliche Blick auf die letzte Lebensphase*. Frankfurt a. M.: Campus.

Schimany, P. (2003). *Die Alterung der Gesellschaft. Ursachen und Folgen des demographischen Umbruchs*. Frankfurt/M.: Campus

Schmitz, W. (2003). Einleitung. In A. Gutsfeld & W. Schmitz (Hrsg.), *Am schlimmen Rand des Lebens. Altersbilder in der Antike*, 9–30. Köln: Böhlau.

Shahar, S. (1998). Old age in the high and late Middle Ages: images, expectations and status. In: P. Johnson & P. Thane (Eds.), *Old Age from Antiquity to Post-Modernity*, 43–63. London: Routledge.

Stearns, P. N. (1976). *Old Age in European Society. The Case of France*. New York: Homes & Meier.

Taunton, N. (2006). Time's Whirligig: Images of Old Age in Coriolanus, Francis Bacon, and Thomas Newton. In E. Campbell (Ed.), *Growing Old in Early Modern Europe. Cultural representations*, 21–38. Ashgate: Aldershot.

Thane, P. (2000). *Old Age in English History. Past Experiences, Present Issues*. Oxford: University Press.

Thane, P. (Hrsg.) (2006). *Das Alter. Eine Kulturgeschichte*. (English: The long history of old age, 2005). Darmstadt: Primus.

Thomas, K. (1976). Age and Authority in Early Modern England. In *Proceedings of the British Academy, LXII*, 205–248.

Thum, V. (2006). *Die Zehn Gebote für die ungelehrten Leut'. Der Dekalog in der Graphik des späten Mittelalters und der frühen Neuzeit*. München: Deutscher Kunstverlag.

Troyansky, D. G. (1998). Balancing social and cultural approaches to the history of old age and ageing in Europe: a review and an example from post-Revolutionary France. In P. Johnson & P. Thane (Eds.), *Old Age from Antiquity to Post-Modernity*, 96–109. London: Routledge.

Wagner-Hasel, B. (2006a). Alter, Wissen und Geschlecht. Überlegungen zum Altersdiskurs in der Antike. In *L'Homme, 17*, H. 1, 15–36.

Wagner-Hasel, B. (in Druck). Kulturgeschichte des Alters. Teil 1: Antike. In J. Ehmer, K. Strnad-Walsh & B. Wagner-Hasel, *Kulturgeschichte des Alters*. Stuttgart: Kröner.

Wall, R. (1995). Elderly Persons and Members of Their Households in England and Wales from Preindustrial Times to the Present. In D. I. Kertzer & P. Laslett. (Eds.), *Aging in the Past: Demography, Society, and Old Age*, 81–106. Berkeley: University of California Press.

Das Alter in der Literatur

Helmuth Kiesel

Die Darstellung des Alters in der Literatur ist kein neues Thema mehr. Im Gegenteil: Sie ist so umsichtig erforscht und reflektiert, daß es möglich zu sein scheint, in einem knappen Überblick sowohl durchgängige Tendenzen seit der Antike als auch epochale Differenzen zu benennen. Neben Einzelstudien und motivgeschichtlichen Artikeln sind hierfür vor allem zwei Werke hilfreich: Simone de Beauvoirs voluminöse Abhandlung *La Vieillesse* (1970) / *Das Alter* (1977), die weit ausgreifende und entsprechend materialreiche Abschnitte über die Darstellung des Alters in der Literatur enthält, und der 2005 von Pat Thane herausgegebene Aufsatz- und Bildband *The long history of old age / Das Alter: eine Kulturgeschichte*, der die historischen Kapitel von Beauvoirs Buch an Umsicht und Prägnanz übertrifft. Schwieriger wird es freilich bei der Frage nach der Reflexion des Alters in der Literatur der letzten Jahrzehnte. Hierzu liegen vergleichbare Studien noch nicht vor. Dennoch soll im zweiten Teil dieser Ausführungen versucht werden, auf der Basis einiger besonders symptomatischer Titel signifikante Modifikationen der Thematik zu erfassen.

Von der Antike bis zum 18. Jahrhundert ist die literarische Reflexion des Alters durch eine starke Kontinuität oder Traditionalität bestimmt und oszilliert zwischen der Verwerfung des Alters bei Aristoteles und seiner Wertschätzung bei Cicero. Aristoteles entfaltete bekanntlich in seiner *Rhetorik* (2.13) ein Register der typischen Verhaltensweisen des Alters, und dieses weist fast nur negative Bestimmungen auf. Das Alter ist demnach zaghaft, argwöhnisch, engstirnig und pessimistisch, weil ihm das Leben oft böse mitgespielt hat, dazuhin utilitaristisch, profitgierig, berechnend und schamlos in jeder Hinsicht. Realitätsgehalt und Anspruch dieses Katalogs sind allerdings auf erkennbare Weise fragwürdig: Die *Rhetorik* präferiert und idealisiert die mittlere Lebensphase, in der die menschlichen Kräfte oder Tugenden voll entwickelt sind, und setzt davon das Alter als defizitär und deformierend ab. Systemzwang und Wirkungsabsicht führten zu Einseitigkeiten und Übertreibungen.

Dies läßt sich auch in der poetischen oder „schönen" Literatur beobachten, wo es – von der Antike bis zum 18. Jahrhundert – Differenzen in der Altersdarstellung gibt, die weniger aus der Wahrnehmung der Wirklichkeit als vielmehr aus der Tradition der Gattungen und den mit ihnen verbundenen Wirkungsabsichten resultieren. Die Tragödie als die normativ hohe Gattung mit wichtigen Stoffen und vorbildlichen Haltungen kennt die Figur des weisen und prinzipienfesten alten Mannes oder Greises, der letzten Rat weiß und durch nichts mehr zu erschüttern ist; als prototypisch darf der Seher Teiresias des Sophokleischen *König Ödipus* gelten. Die Satire hingegen, die ihre normative Absicht per negationem verfolgt, zeigt das Alter vorwiegend so, wie Aristoteles es beschrieben hat. Hinzu kommt eine Differenz, die dem Geschlechterdiskurs folgt und der Geschlechterstereotypie verpflichtet ist: Es gibt zwar die Figur des weisen alten Mannes, nicht aber die der weisen alten Frau. Alte Frauen oder „Weiber" werden in aller Regel als mißgünstig, zänkisch, geizig und kupplerisch geschildert; daß sie für Geduld, Milde, Mitleid und Fürsorge gerühmt werden, geschieht viel seltener.

Gegen diese negative Darstellung des Alters gab es eine bedeutende Einrede: Ciceros Traktat *Cato der Ältere über das Alter*. Cicero führt zunächst vier Mängel des Alters an: Es hindert uns, etwas Großes zu leisten; es läßt unsere Körperkräfte schwinden; es nimmt uns fast jede Sinnenfreude, vor allem Geschlechtslust; es ist dem Tod nah. Aber dem hat Cicero einiges entgegenzusetzen: Er verweist auf Beispiele für große Leistungen auch im Alter. Den Verlust an Körperkraft sieht er durch Erfahrung kompensiert; die Befreiung von sinnlichen Gelüsten wertet er als Vorzug des Alters; dem Tod blickt er als Erlösung von der Mühsal des Alters freudig entgegen.

Durchsetzen konnte sich Ciceros Positivierung des Alters allerdings nicht. Bis gegen Ende des 18. Jahrhunderts blieb die Darstellung des Alters vorwiegend negativ, auch wenn gelegentlich alte Männer für ihre Weisheit und alte Frauen für ihre Geduld und Milde gerühmt wurden. Repräsentativ für die Einschätzung des Alters in der Literatur der frühen Neuzeit (vom Humanismus bis zur Aufklärung) ist die Figur des Pantalone, also die Hauptfigur der italienischen commedia dell'arte, die im 17. Jahrhundert über ganz Europa verbreitet wurde. Der Pantalone ist ein verdrießlicher und gebrechlicher älterer Mann, der aber jung wirken will, immer noch hinter jungen Frauen her ist und zu Hause ein kleinliches Regiment führt, obwohl er wohlhabend ist –: das Alter hat ihn griesgrämig und misanthropisch gemacht und läßt ihn lächerlich oder gar verächtlich werden. Sicher spiegelt sich darin gesellschaftliche Wirklichkeit, aber doch nicht umfassend, sondern vereinseitigend, tendenziös. Denn auch in den frühneuzeitlichen Jahrhunderten schlossen sich Alter und gesellschaftliches Ansehen nicht aus: Das Durchschnittsalter der Dogen von Venedig lag in diesen Jahrhunderten bei zweiundsiebzig Jahren.

Im 18. Jahrhundert kommt es zu einer Wende in der Darstellung des Alters, zu einer Positivierung im Sinne Ciceros, auf den vielfach zurückgegriffen wird. Das Alter wird nun nicht mehr vorzugsweise als defizitär beschrieben und lächerlich gemacht. Vielmehr wird betont, daß die Kreativität erhalten bleibt und die Erfahrung zunimmt, insgesamt also nicht von Verlust an Fähigkeiten zu reden ist, sondern von Steigerung. Als gesellschaftliches Ideal gilt das Zusammenwirken von Jungen und Alten. Noch augenfälliger als in der Literatur zeigt sich diese Positivierung des Alters in der bildlichen Darstellung: Die Tendenz zur Karikatur geht zurück zugunsten eines Bildes vom alten Menschen, das positive Seiten betont: Milde, Gelassenheit, Weisheit usw., ja, den alten Menschen auch als schön erscheinen läßt. Diese neue Tendenz setzt sich im 19. Jahrhundert fort: Im Werk Victor Hugos spielen, wie Simone de Beauvoir hervorgehoben hat, alte Menschen eine wichtige Rolle und wird das Alter gerühmt wie nie zuvor. Symptomatisch ist auch die Rede, die Jacob Grimm 1860 im Alter von fünfundsiebzig Jahren vor der Berliner Akademie der Wissenschaften hielt und die eine nachhaltige Resonanz fand.

Grimms Rede beginnt mit einer Berufung auf Cicero: „Wer hat nicht Cicero de senectute gelesen? sich nicht erhoben gefühlt durch alles was hier zu des alters gunsten,

gegen dessen verkennung oder herabsetzung gesagt wird?" (Grimm, 1965, S. 217)
Ciceros positive Bewertung des Alters wird dann bestätigt und fortgeführt: Die Natur, so Grimm, verfährt im Alter nicht böse mit den Menschen; sie gibt auch, wenn sie nimmt: Sinnenlust verschwindet; Verfeinerung setzt ein. Kräfte lassen nach; das Gefühl für Gesundheit steigt. Das äußere Leben verliert an Interesse; die Fähigkeit zur ruhigen und beständigen Arbeit nimmt zu. Die blitzende Schönheit der Jugend verschwindet; die Gesichtszüge veredeln sich. Grimms Fazit lautet: Das Alter stellt „nicht einen bloszen niederfal der virilität" dar, sondern „eine eigene macht", „die sich nach ihren besonderen gesetzen und bedingungen entfalte[t]; es ist die Zeit einer im vorausgegangenen leben noch nicht so dagewesenen ruhe und befriedigung, an welchem zustand dann auch eigenthümliche wirkungen vortreten müssen" (Grimm, 1965, S. 232). Die Auflistung der Vorzüge des Alters mündet in Betonung der geistigen Schaffenskraft, denn „seine rüstkammern stehen ja angefüllt, an erfahrungen hat es jahr aus jahr ein immer mehr in sie eingetragener, soll sein gesammelter schatz nur in fremde hände fallen? doch nicht blosz am vorrath zehren will es, es hat auch unaufhörlich fortgesonnen und seine ausbeute zu vertiefen getrachtet" (Grimm, 1965, S. 230). Über das Lob „ungetilgter arbeitsfähigkeit und unbetrübter forschungslust" hinaus, mündet Grimms Aufwertung des Alters in eine Rühmung der für alle wichtigen geistigen Freiheit, die man mit dem Alter gewinnt: „Je näher wir dem rande des grabes treten, desto ferner weichen von uns sollten scheu und bedenken, die wir früher hatten, die erkannte wahrheit, da wo es an uns kommt, auch kühn zu bekennen. auf ihrem verleugnen beruht der fortbestand und die verbreitung schädlicher und groszer irrthümer. nun ist uns in vielen verhältnissen gelegenheit geboten eine freie denkungsart zu bewähren, hauptsächlich aber zu äuszern hat sie sich in den beiden lagen, wo das menschliche leben am innersten erregt und ergriffen ist, in der beschaffenheit unseres glaubens und der einrichtung unseres öffentlichen wesens [...]" (Grimm, 1965, S. 230f.). Anders gesagt: Ein Vorzug des Alters besteht darin, daß es sich – den Blick schon aufs Jenseits gerichtet und der praktischen Verantwortung entbunden – in den heiklen Fragen der Religion und der Staatsform freier äußern kann, als dies in jüngeren Jahren möglich ist.

In der schönen Literatur des 19. Jahrhunderts findet sich insgesamt ein vielfältiges und differenziertes Bild des Alters. Simone de Beauvoir schreibt zusammenfassend:

„Insgesamt gesehen hat die Literatur des 19. Jahrhunderts das Alter auf eine sehr viel realistischere Weise betrachtet. Sie schildert Greise, die den oberen Klassen angehören; Adlige, Großbürger, Grundbesitzer, Industrielle; und sie interessiert sich auch für die [Alten] der ausgebeuteten Klassen. Das feudalistische Band zwischen Diener und Herr bleibt dem Bürgertum teuer; in Madame Bovary, in Ein einfaches Herz schildert Flaubert Dienerinnen, deren Leben nichts als eine lange Aufopferung war. Aber meistens werden die Alten als Subjekte ihrer eigenen Geschichte betrachtet. Bei Balzac, Zola, Dickens, bei den russischen Schriftstellern findet man fast nie alte Arbeiter, denn in Wahrheit wurde man im Proletariat nicht sehr alt. Aber wir haben bereits gesehen, daß die Gestalten von alten Bauern zahlreich sind. Und die Romanschriftsteller haben auch die Wirkungen des Alters in den verschiedenen sozialen Kategorien studiert: bei Soldaten, Angestellten, Ladenbesitzern usw."

(de Beauvoir, 1977, S. 177)

Über Beauvoir hinausgehend, sei hervorgehoben, daß das 19. Jahrhundert auch damit beginnt, das Alter als Opfer des Fortschritts und der modernen Zivilisation zu sehen. Im zweiten Teil von Goethes *Faust* (vollendet 1831, erschienen 1832) ist dies das Schicksal von Philemon und Baucis, dem Inbegriff eines glücklichen Alters. In den *Metamorphosen* beschreibt Ovid, wie Zeus und sein Sohn Hermes, die in Menschengestalt das Land durchwandern, in einer Stadt um Unterkunft bitten, aber von den Bewohnern barsch abgewiesen werden. Allein das alte Ehepaar, Philemon und Baucis, zeigt sich gastfreundlich gegenüber den Fremden und bewirtet sie mit allem, was an bescheidener Speise zur Verfügung steht. Als es seine Gäste als Götter erkennt, schämt es sich für das karge Gastmahl. Die Götter aber belohnen Philemon und Baucis, indem sie deren sehnlichsten Wunsch, gemeinsam sterben zu dürfen, erfüllen. In eine Linde und eine Eiche verwandelt, überdauern sie das Menschenleben.

Goethe setzt den antiken Mythos von Philemon und Baucis kontrastierend zu Faust-Figur ein: In seiner Bescheidenheit, Selbstzufriedenheit und Liebesfähigkeit bildet das alte Ehepaar das idyllische Gegenbild zu Faust in seinem Streben nach Weltherrschaft. Ehrgeizig, gottlos, raffgierig und selbstverliebt befiehlt er Mephistopheles, Philemon und Baucis umzusiedeln:

> *Die Alten droben sollten weichen*
> *Die Linden wünscht ich mir zum Sitz,*
> *Die wenig Bäume, nicht mein eigen,*
> *Verderben mir den Welt-Besitz.*
> *Dort wollt ich, weit umher zu schauen,*
> *Von Ast zu Ast Gerüste bauen,*
> *Dem Blick eröffnen weite Bahn,*
> *Zu sehn was alles ich getan,*
> *Zu überschaun mit einem Blick*
> *Des Menschengeistes Meisterstück,*
> *Bestätigend, mit klugem Sinn,*
> *Der Völker breiten Wohlgewinn.*
> (Goethe, 1994, S. 434)

Mephistopheles sekundiert Faust in dessen Plan, indem er den Gewaltakt, der mit der Umsiedlung verbunden ist, bagatellisiert und schönredet:

> *Man schafft sie fort und setzt sie nieder,*
> *Eh man sich umsieht, stehn sie wieder;*
> *Nach überstandener Gewalt*
> *Versöhnt ein schöner Aufenthalt.*
> (Goethe, 1994, S. 435)

Der Besitz von Philemon und Baucis wird jedoch niedergebrannt, Faust, wohl den Brandgeruch wahrnehmend, dem ungeheuerlichen Morden jedoch blind gegenüberstehend, da er die Verantwortung für die Umsetzung seines Willens Mephistopheles überlassen hat, gibt sich dem Traum einer gewaltlosen Umsiedung des alten Ehepaares hin und wird durch Mephistopheles' Bericht jäh mit der Realität konfrontiert:

Verzeiht! Es ging nicht gütlich ab.
Wir klopften an, wir pochten an,
Und immer ward nicht aufgetan;
Wir rüttelten, wir pochten fort,
Da lag die morsche Türe dort;
Wir riefen laut, wir drohten schwer,
Allein wir fanden kein Gehör.
Und wie's in solchen Fällen geschicht,
Sie hörten nicht, sie wollten nicht;
Wir haben aber nicht gesäumt,
Behende sie dir weggeräumt.
Das Paar hat sich nicht viel gequält
Vor Schrecken fielen sie entseelt.
          (Goethe, 1994, S. 437f.)

Drei Jahrzehnte nach dem Erscheinen von Goethes *Faust* zeigte Charles Baudelaire in einem Gedicht seiner Sammlung *Les Fleurs du Mal / Die Blumen des Bösen* (1857) das Alter als Opfer der modernen, großstädtischen Zivilisation. Das Gedicht, das nicht zufällig Victor Hugo gewidmet ist, trägt den Titel *Die Greisinnen*. Einige Strophen lauten:

In dieser alten Städte winkeligen Falten,
Wo alles, selbst das Grauen, ein Zauberwort umwittert,
Folg ich, von meinem bösen Wollen angehalten,
Seltsamen Wesen, so bezaubernd wie verwittert.
[...]
Im Frost der Lumpenpracht verschlissenen Kleids von Seide,
Sie schauern auf im Prall des Lärms der Reisewagen
Und pressen wie Reliquien an ihre Seite
Den blumenflorbestickten Beutel, den sie tragen!

Sie trippeln und sie gleichen dann den Spielpopanzen
Und schleppen sich gleich Wild, zerbissen von den Meuten,
Oder sie tanzen – ach! Sie wollen gar nicht tanzen! –
Ein arm Geschell, das gnadenlose Teufel läuten.

Sind auch zerbrochen sie, kann doch ihr Blickdurchbohren
Und leuchten wie der Bronn, drin Wasser schläft zur Nacht,
Und ihre Augen sind die Augen gottverloren
Des Kindes, das erstaunt und jedem Glänzen lacht.

Saht ihr es schon: der Sarg für eine Greisin Leiche
Ist manchmal fast so klein wie der von einem Kind!
Des Todes Wissen hüllt in dieser Bahren gleiche
Sinnbilder ein, die seltsam und bezwingend sind.

Und wenn ich sehe, wie so ein Gespenst gebrechlich
Durch dieser Stadt Paris Gewimmel langsam schreitet,
Scheint immer wieder mir, daß dies zerbrechlich
Geschöpf nun leise hin zu neuer Wiege gleitet.
[...]   (Baudelaire, 1975, S. 135f.)

In einundzwanzig Strophen, die in vier Gruppen untergliedert sind, beschreibt dieses Gedicht ausführlich den immer schwächer werdenden und zerbrechlichen, dabei aber anrührenden Reiz der einstmals schönen Frauen, in der vierten Strophengruppe auch die Demütigungen durch „betrunkene Gesellen" und „schnöde Kinder", denen sie ausgesetzt sind. Ihre „trippelnde" Fragilität kontrastiert mit der Wucht der großen Reisewagen, die um die Mitte des 19. Jahrhunderts über die gut ausgebauten Boulevards preschen, und mit dem turbulenten „Gewimmel" des großstädtischen Lebens. Gemäß dem Prinzip der „Malitätsflorifizierung", das in den *Blumen des Bösen* herrscht und eben auch das Negative noch schön schimmern läßt, zeigt sich der eigentümliche Reiz der Greisinnen gerade hier. Ebenso deutlich wird aber, daß die moderne, von Dynamik und Lärm erfüllte Großstadt für die alten Menschen so unwirtlich ist wie für Kinder.

In der realistischen Literatur des 19. Jahrhunderts wird das Alter weder verklärt noch verworfen. Als Musterbeispiel einer relativierenden Darstellung des Alters kann Theodor Fontanes *Stechlin* (1897/1899) gelten. Im Zentrum des doppeldeutig auch als „Altersroman" bezeichneten Werkes steht der siebenundsechzigjährige Dubslav von Stechlin, der als rüstig, humorvoll, ironisch, skeptisch und menschenfreundlich ausgewiesen ist. Dubslav von Stechlin zeichnet sich durch eine konservative Grundeinstellung aus, aber auch durch die Einsicht, daß der Fortschritt nicht mehr aufzuhalten ist. Gelassenheit und Souveränität sind ihm bis zu seinem Lebensende eigen und prägen auch seine Haltung gegenüber der sich einstellenden Erkrankung, die sich in Bein-Ödemen zeigt. Der Krankheitsverlauf wird ausführlich geschildert, das heißt auf immerhin sechzig von knapp vierhundertfünfzig Seiten, aber in versöhnlicher Form. Dies entsprach sowohl Fontanes Blick auf das Leben als auch seiner Auffassung von Kunst, wie er sie am 14. Juni 1883 anläßlich seiner Lektüre von Zolas *La fortune des Rougon* seiner Frau Emilie mitteilt: „So *ist* das Leben nicht, und wenn es so wäre, so müßte der verklärende Schönheitsschleier dazu geschaffen werden. Aber dies ‚erst schaffen' ist gar nicht nöthig; die Schönheit ist *da*, man muß nur ein Auge dafür haben oder es wenigstens nicht absichtlich verschließen. Der *ächte* Realismus wird auch immer schönheitsvoll sein, denn das Schöne, Gott sei Dank, gehört dem Leben gerade so gut an wie das Häßliche. Vielleicht ist es noch nicht einmal erwiesen, daß das Häßliche präponderirt. Die Beimischung von Kleinlichem und Selbstischen, die selbst unsere besten Empfindungen haben, schafft wohl die sogenannten ‚Menschlichkeiten' aber nicht die nackte Gesinnungs-Gemeinheit, deren Verkünder Zola ist." (Fontane & Fontane, 1998, *Ehebriefwechsel*, S. 309)

Stechlins Erkrankung wird nicht medizinisch begründet, sondern zeigt sich als direkte, spontane Reaktion auf den Verlust politisch-gesellschaftlicher und persönlich-sozialer Integration: Unmittelbar zuvor hat sich Stechlin zum Reichstagskandidaten für den Wahlkreis Rheinsberg-Wutz aufstellen lassen und die Wahl gegen einen sozialdemokratischen Kandidaten verloren. Als sein Sohn Waldemar kurz darauf zu seiner Hochzeitsreise aufbricht, zeigen sich erste Anzeichen der Erkrankung, und zwar ausdrücklich als Folge des Alters. Am Abend vor jenem Morgen, an dem sich die besorgniserregenden Ödeme gebildet haben, liefert Stechlin gegenüber seinem Diener indirekt die Selbstdiagnose: „Ach, das ist recht, Engelke. Du hast ein Feuer gemacht; du weißt, was einem alten Menschen guttut." (Fontane, 1969, S. 322) Die Erkrankung leitet eine Lebensphase ein, die zwar von körperlichen Beschwerden begleitet wird, zugleich aber einen Bewußtseinsprozeß eröffnet, der es erlaubt, das noch verbleibende Schöne zu genießen: „Aber, Engelke, wenn du mir nu ein Buch gebracht hast, dann will ich mit meinem Stuhl doch lieber gleich auf die Veranda rausrücken. Es ist wie Frühling heut. Solch guten Tage muß man mitnehmen. Und bringe mir auch 'ne Decke. Früher war ich nich so fürs Pimplige; jetzt aber heißt es: besser bewahrt als beklagt." (Fontane, 1969, S. 325) Weder die Digitalis-Tropfen, die Doktor Sponholz verschreibt, noch die Mixtur aus „Bärlapp" und „Katzenpot" (Fontane, 1969, S. 347) der alten Kräuterhexe Buschen, noch die Anwesenheit des Kindes Agnes, noch die vom Freund Krippenstapel dargebrachte „ganze Heilkraft der Natur" in Form einer Honigwabe (Fontane, 1969, S. 371) vermögen den Verfallsprozeß aufhalten, sondern allenfalls die Angst vor dem Ende zu lindern: „Denn der Mensch is nun mal feige und will dies schändliche Leben gern weiterleben." Dennoch sieht Stechlin seinem nahen Ende gelassen entgegen: „Nein, Lorenzen, es dauert nicht mehr lange; die Zeichen sind da, mehr als zuviel. Und damit alles klappt und paßt, geh ich nun auch grad ins Siebenundsechzigste, und wenn ein richtiger Stechlin ins Siebenundsechzigste geht, dann geht er auch in Tod und Grab. Das ist so Familientradition. Ich wollte, wir hätten eine andre." (Fontane, 1969, S. 379) Trotz der Lebenshoffnung ist auch der Tod von der moderaten Darstellung der letzten Lebensphase nicht ausgenommen, im *Stechlin* verliert auch er seinen Schrecken, die Erzählerstimme läßt uns wissen „Es war Mittwoch früh, daß Dubslav, still und schmerzlos, das Zeitliche gesegnet hatte." (Fontane, 1969, S. 385)

Diesem „ächte(n) Realismus" im Sinne Fontanes, der zugleich ein dezidiert „poetischer" war, setzten Naturalismus und Expressionismus ein Ende. Sie richteten den Blick auf das Leben in seiner ganzen „Brutalität", wie man um 1890 zu sagen liebte, sahen vor allem das soziale Elend, gewannen ein negatives Menschenbild und spielten es drastisch aus. 1917 heißt es in Gottfried Benns *Der Arzt 2*:

Die Krone der Schöpfung, das Schwein, der Mensch –:
geht doch mit anderen Tieren um!
Mit siebzehn Jahren Filzläuse,
zwischen üblen Schnauzen hin und her,
Darmkrankheiten und Alimente,
Weiber und Infusorien,
mit vierzig fängt die Blase an zu laufen –:
meint ihr, um solch Geknolle wuchs die Erde
von Sonne bis zum Mond –? Was kläfft ihr denn?
Ihr sprecht von Seele – Was ist eure Seele?
Verkackt die Greisin Nacht für Nacht ihr Bett –
schmiert sich der Greis die mürben Schenkel zu,
und Ihr reicht Fraß, es in den Darm zu lümmeln,
meint Ihr, die Sterne samten ab vor Glück . . . ?
Äh! – Aus erkaltendem Gedärm
spie Erde wie aus anderen Löchern Feuer,
eine Schnauze Blut empor –:
das torkelt
den Abwärtsbogen
selbstgefällig in den Schatten.
   (Benn, 2001, Bd. 1, S. 14f.)

So schockierend einseitig bleibt die Darstellung des Alters im 20. Jahrhundert freilich nicht. Die Literatur des 20. Jahrhunderts kennt Altersdeutungen in Hülle und Fülle, positive wie negative. Dargestellt ist das Alter nicht nur als eine Zeit des Verfalls und der gesellschaftlichen Entwertung, sondern auch der Weisheit, die für die verstörte Moderne wichtig ist. So ist es in Hermann Brochs Roman *Die Verzauberung*, der um 1935/36 entstand und die Etablierung faschistischer Gesellschaftsstrukturen reflektiert, die alte, im Wald lebende „Mutter" Gisson, die dem Protagonisten, einem aus der Stadt aufs Land geflüchteten Arzt, in der Verwirrung der Zeit Halt gibt und Rat weiß: Ihr Name „Gisson" ist ein Anagramm für „Gnosis" (Erkenntnis). In Brochs nächstem und letztem Roman, dem während des Zweiten Weltkriegs entstandenen *Tod des Vergil*, ist es der sterbende Vergil, dem die Ahnung einer „Weltenallerkenntnis" (Broch, 1980, Bd. IV, S. 203) zuteil wird und der in einem letzten und langen Gespräch mit Kaiser Augustus fundamentale Wahrheiten über das Leben und die Geschichte, über Politik und Kunst äußern darf. Mit 49 Jahren ist Vergil noch nicht richtig alt, zumal nach heutigen Begriffen; aber bei Broch hat ihm die Nähe des Todes jene Abgeklärtheit und Würde gegeben, die sonst oft dem hohen Alter zugeschrieben wird.

Ambivalent ist die Darstellung des hohen Alters in Thomas Manns monumentalem *Joseph*-Roman, der zwischen 1931 und 1942 entstand. Das Alter hat dort etwas Defizitäres, Kindisches und Komisches, zugleich aber auch Imposantes. Im dritten Teil, *Joseph in Ägypten*, werden Potiphars „heilige Elterlein", die greisen „Bettgeschwister" Huij und Tuij, in einem eigenen Kapitel mit einer geradezu beklemmenden Ausführlichkeit geschildert: zwei bucklige Alte mit wackelnden Köpfen und schütterem silbergrauem Haar, die beim Gehen von Dienern gestützt werden müssen, aber nicht nur im Luxus leben, sondern auch in senilem Glück schweben und sich mit Liebkosungen überhäufen: „mein Fröschchen", meine liebe Erdmaus", „mein Dotterblümchen", „mein Sumpfbiber", „Löffelreiher", „Wachtelkönig" usw. (Mann, 1981, S. 636ff.). Joseph, der dieses „senile Liebegequake" (Eckhard Heftrich) belauscht und von den aphroditischen Vorstellungen, die sich darin äußern, nichts versteht, ist entsetzt über die „Gottesdummheit" dieser beiden Alten, aber der Roman ergreift an dieser Stelle gleichsam ihre Partei und stellt fest, daß auch die Begegnung mit diesen lächerlich wirkenden „Elterlein" eine wichtige Erfahrung für Joseph geworden sei: habe sie ihm doch gezeigt, daß man auch hier – und nicht nur bei seinem Vater Jaakob – besorgt sei, „ob man sich denn noch auf den Herrn verstehe und auf die Zeiten" (Mann, 1981, S. 652). Jaakob freilich ist von anderer Statur: ein Patriarch, der es in seinem langen Leben gelernt hat, auch mit dem Pfund des Alters zu wuchern. Im letzten Teil des *Joseph*-Romans wird berichtet, wie der alte Jaakob den Hain Mamre bei Hebron verläßt, um zu seinem „Herrn Sohn nach Ägypten hinabzufahren" (Mann, 1981, S. 1283). Jaakob ist zu dieser Zeit ungefähr neunzig Jahre alt, aber „für dieses bedeutende Alter" noch „sehr rüstig" (Mann, 1981, S. 1306). In Ägypten steht ihm eine Begegnung mit Pharao bevor, und das heißt: Der Patriarch einer Hirtensippe, die nicht mehr als siebzig Häupter zählt, wird vor den ganz von Gold umgebenen Gottkönig eines mächtigen Volkes mit einer überlegenen Kultur treten müssen. Jaakob betont, um dem etwas entgegensetzen zu können, die Würde seines Alters, und Thomas Mann liefert an dieser Stelle ein wunderbares Beispiel für die Kunst des Alters, sich zu inszenieren:

"Sein Eintritt war feierlich und hoch-beschwerlich. Absichtlich übertrieb er seine Betagtheit, um durch erdrückende Alterswürde ein Gegengewicht zu schaffen gegen die Nimrod-Majestät und seinem Gott nichts vergeben zu müssen vor dieser. [...]
‚Der Herr segne dich, König in Ägyptenland', sprach er mit der Stimme des höchsten Alters. Pharao war sehr beeindruckt.
‚Wie alt bist du denn wohl, Großväterchen?', fragte er mit Erstaunen.
Da übertrieb Jaakob nun wieder. Wir sind berichtet, daß er die Zahl seiner Jahre mit hundertunddreißig bezeichnete – eine völlig zufällige Angabe. [...] Immerhin gab es [das hohe, aber unbestimmte Alter] die Mittel an die Hand, sich vor Pharao in größte Feierlichkeit zu hüllen. Seine Gebärde war blind und seherisch, seine Ausdrucksweise getragen. ‚Die Zeit meiner Wallfahrt ist hundertunddreißig Jahre', sagte er und setzte hinzu: ‚Wenig und arg ist die Zeit meines Lebens und langet nicht an die Zeit meiner Väter und ihrer Wallfahrt.'
Pharao erschauerte. Ihm war jung zu sterben bestimmt, womit seine zarte Natur auch einverstanden war, so daß diese Lebensmaße ihn geradezu entsetzten."
(Mann, 1981, S. 1305f.)

Bis zum Ende seines Lebens behält Jaakob seine Patriarchenwürde. Nimmt man den *Joseph*-Roman nicht nur als Rekapitulation einer alttestamentlichen Erzählung, sondern als Reflexion basaler Lebensverhältnisse, wie sie von großer Epik zu erwarten ist, so wird mit Jaakob die Möglichkeit vor Augen geführt, das dem Leben bis ins höchste Alter Verantwortlichkeit und Würde bleiben könnten.

Besonders bemerkenswert ist Bertolt Brechts Erzählung *Die unwürdige Greisin* (Brecht, 1995, Bd. 18, S. 427–432). Sie entstand 1939 und gehört zum Corpus der 1949 publizierten „Kalendergeschichten", mit denen Brecht unter anderem versuchte, positives menschliches Verhalten auf eine distanzierte, aber doch auch sympathisierende und werbende Art vor Augen zu führen; der Leser sollte nicht indoktriniert, sondern gefühlsmäßig gewonnen werden. In der Erzählung *Die unwürdige Greisin* berichtet ein Enkel auf der Basis von Briefdokumenten über das Leben seiner Großmutter, vor allem über ihre beiden letzten Jahre: Sie war zweiundsiebzig Jahre alt, als ihr Mann, ein selbständiger Buchdrucker starb. Sie hatte sieben Kinder geboren und fünf davon aufgezogen. Zeitlebens war sie ganz und gar in der Haushaltsführung aufgegangen. Nach dem Tod ihres Mannes aber begann sie unerwarteter Weise ein neues und selbständiges Leben: Sie blieb allein in ihrem großen Haus wohnen, obwohl ein ortsansässiger Sohn mit seiner großen Familie gerne aus seiner engen Mietwohnung zu ihr gezogen wäre. Sie ging ins Kino, obwohl dies als Geldvergeudung galt und die Kinos zu dieser Zeit anrüchige Lokale waren. Sie verkehrte in der Werkstatt eines sozialdemokratisch eingestellten Flickschusters, bei dem entlassene Dienstmädchen und arbeitslose Handwerksburschen ein- und ausgingen. Sie aß im Gasthaus und fuhr zu einem Pferderennen. Kurz, sie „gestattete" sich allerhand „Freiheiten", die bei Verwandten und Bekannten Verwunderung erregten und sie als „unwürdige Greisin" erscheinen ließen. Aber der Erzähler steht auf ihrer Seite. Zwei resümierende Abschnitte lauten:

„Genau betrachtet lebte sie hintereinander zwei Leben. Das eine, erste, als Tochter, als Frau und als Mutter, und das zweite einfach als Frau B., eine alleinstehende Person ohne Verpflichtung und mit bescheidenen, aber ausreichenden Mitteln. Das erste Leben dauerte etwa sechs Jahrzehnte, das zweite nicht mehr als zwei Jahre."
(Brecht, 1995, Bd. 18, S. 431)

Und:

> „Ich habe eine Photographie von ihr gesehen, die sie auf dem Totenbett zeigt und die für die Kinder angefertigt worden war. Man sieht ein winziges Gesichtchen mit vielen Falten und einen schmallippigen, aber breiten Mund. Viel Kleines, aber nichts Kleinliches. Sie hatte die langen Jahre der Knechtschaft und die kurzen Jahre der Freiheit ausgekostet und das Brot des Lebens aufgezehrt bis auf den letzten Brosamen." (Brecht, 1995, Bd. 18, S. 432)

Man hat zunächst vermutet, daß Brecht mit dieser Erzählung ein Porträt seiner Großmutter habe geben wollen, die 1939, als Brecht die Erzählung schrieb, einhundert Jahre alt geworden wäre. Die Namensinitiale B. und einige weitere Lebensumstände der „unwürdigen Greisin" verweisen in der Tat auf die badische Großmutter, die Brecht schon im September 1919 anläßlich ihres achtzigsten mit einem liebevollen Gedicht gewürdigt hatte (Brecht, 1993, Bd. 13, S. 132f.: *Aufgewachsen in dem zitronenfarbenen Lichte*). Inzwischen hat die Forschung aber deutlich gemacht, daß es sich nicht um den Versuch eines realistischen Porträts handeln kann: die Differenzen zwischen Brechts Großmutter und der „unwürdigen Greisin" sind zu groß. Stattdessen sehen die Herausgeber der *Großen Berliner und Frankfurter Ausgabe* in der Erzählung nun einen Versuch Brechts, „für sich – ähnlich wie im Gedicht *Vom armen B. B.* – eine antibürgerliche Herkunft zu stilisieren" (Brecht, 1995, Bd. 18, S. 663). Aber dies ist nicht besonders plausibel. Was hätte Brecht davon gehabt? Vermutlich ging es ihm um etwas anderes: *Die unwürdige Greisin* ist die Geschichte einer Frau, die sechs Jahrzehnte lang das Opfer des Lebens anderer ist und nur zwei Jahre für sich hat, in diesen aber sich völlig emanzipiert und nachholt, was ihr so lange vorenthalten wurde. Anders gesagt: *Die unwürdige Greisin* zeigt das Alter jenseits der Ehejahre nicht als defizitären Zustand der Trauer oder Depression und der der Entmündigung durch fürsorgliche Kinder, sondern als letzte Chance, sich zu emanzipieren und ein erfülltes Leben zu gewinnen. Man braucht dazu allerdings eine gewisse materielle Basis und den Mut, „unwürdig" zu leben.

Ausführlich hat sich der alternde Benn zum Thema Alter geäußert, zunächst einmal in dem Dialog *Drei alte Männer*, dann in dem Essay *Altern als Problem für Künstler*. In dem Dialog, der ab 1947 entstand und 1949 publiziert wurde (Benn, 2003, Bd. VII/1, S. 100–129) zeigt Benn drei ältere Herren im Gespräch mit einem jungen Mann. Die Herren geben sich desillusioniert: „Ohne Ergebnis, ohne Erkenntnis – einfach hinab – [...]" (Benn, 2003, Bd. VII/1, S. 101), so lauten die ersten Worte des Dialogs, und dieser Befund eines der drei älteren Herren wird in den folgenden Passagen des Dialogs ausgebreitet und erneuert: fünf Druckseiten später werden diese Worte wiederholt (Benn, 2003, Bd. VII/1, S. 106). Die Frage ist allerdings, wie man sich zu diesem Befund verhält. Einer der drei Herren verlangt „Resignation" und „Haltung" (Benn, 2003, Bd. VII/1, S. 118); ein anderer widerspricht indessen:

> „Ich bin nicht der Meinung meines Vorredners, daß alt sein resignieren heißt, im Gegenteil, alt sein heißt, das Äußerste wagen dürfen, alles, was die Parteien Verantwortung nennen, damit ist es vorbei, – die Welt ist nicht mein Wurf und die Erkenntnis nicht mein Jammer, darum sage ich Ihnen: steigern Sie Ihre Augenblicke, das Ganze ist nicht mehr zu retten, oder, wie ein moderner Schriftsteller [Benn selber] schrieb: unser Leben währt 24 Stunden und, wenn es hochkommt, war es eine Kongestion." (Benn, 2003, Bd. VII/1, S. 121)

Ohne Rücksicht auf die üblichen Verantwortlichkeiten „das Äußerste wagen dürfen" –: diese These, die an Jacob Grimm erinnert, hat Benn in seinem 1953 begonnenen und 1954 publizierten Essay *Altern als Problem für Künstler* (Benn, 2001, Bd. VI, S. 123–150) erneuert und gleichsam empirisch beglaubigt. Benn studierte zur Vorbereitung auf diesen Essay, den er zunächst als Vortrag hielt, alle Literatur übers Altern, deren er habhaft werden konnte, selbstverständlich auch Grimms Rede (vgl. den Kommentar zu Benns Essay in Benn, 2001, Bd. VI, S. 521). Die wichtigste Passage des Essays, die der Frage nach dem Alterstil gilt, besteht aus einer Zusammenfassung einschlägiger Äußerungen:

„Versucht man sich darüber zu orientieren, bekommt man keinen einheitlichen Eindruck. Einige Autoren bringen das Problem in die Richtung von: Milde, Heiterkeit, Nachsicht, Edelreife, Befreiung von eitler Liebe und Leidenschaftlichkeit – andere in die von: schwerelos, schwebend, schon ein Darüberhinaus und dann kommt das Wort: klassisch. Wieder andere erblicken die Altersstimmung in großer Schonungslosigkeit, radikaler Ehrlichkeit, wobei man an Shaws Wort denkt: Alte Männer sind gefährlich, ihnen ist die Zukunft gänzlich gleich. Pinder in seinen Bemerkungen über ein Gemälde von Frans Hals führt einen neuen Begriff ein, er sagt: Es ist zugleich erkennbar der Lebensaltersstil eines Vierundachtzigjährigen, nur ein solcher konnte dies *versteinte* Übermaß von Erfahrung und Geschichte, von gewußter Todesnähe darstellen – also: Versteint. – Das steht nun wieder in einem großen Gegensatz zu schwerelos und schwebend."
(Benn, 2001, Bd. VI, S 132)

Die Frage, ob der Altersstil eher „versteint" oder „schwerelos und schwebend" sei, wir hier offen gehalten; aber an späterer Stelle sagt Benn, was er in den Selbstporträts alter Maler sah, bei Tintoretto und Rembrandt: „Keiner der großen Alten war Idealist, sie kamen ohne Idealismus aus, sie konnten und wollten das Mögliche – Dilettanten schwärmen." (Benn, 2001, Bd. VI, S 140f.)

Wie Benn hat Simone de Beauvoir das Alter sowohl essayistisch-deskriptiv als auch poetisch-erzählerisch thematisiert. Mit ihrer 1970 publizierten und voluminösen Abhandlung *La Vieillesse / Das Alter* bot de Beauvoir eine aspektreiche Phänomenologie des Alterns aus kulturhistorischer wie gegenwartssoziologischer Perspektive. Sie verfolgte damit drei Ziele: erstens das Schweigen über das soziale Elend des Alters in der Gesellschaft um 1970 zu brechen, indem sie schlechte Versorgung, soziale Ausgrenzung und die Verurteilung zum vorzeitigen Verkümmern aufwies; zweitens die historische Verfemung des Alters aufzuarbeiten, um ihr entgegenzuwirken; und drittens zu zeigen, daß das Alter eine positive Lebensphase sein kann, die von Kreativität, Leistungsfähigkeit, Souveränität und Entlastung geprägt ist. Bereits drei Jahre zuvor hatte de Beauvoir dies fiktional-erzählerisch ausgeführt. Ihre Erzählung *Das Alter der Vernunft* schildert eine Frau knapp über sechzig, die sich zehn Jahre zuvor noch vor dem Alter fürchtete. An ihrer Mutter konnte sie danach aber beobachten, daß das Alter eine glückliche Zeit sein kann, und so spürt sie nun in sich selbst nicht mehr nur den Verfall, sondern auch die Entspannung, genießt das Ende der Jagd nach Erfolgen und entdeckt für sich die Möglichkeit und das Glück, sich auf den Augenblick konzentrieren zu dürfen. Daß das Alter mit Abstrichen verbunden ist, wird nicht geleugnet, der Verlust von Schönheit und Vitalität schmerzt ebenso wie die Erstarrung menschlicher Beziehungen. Diese negativen Aspekte indessen werden nicht dominant, da sie nur summarisch benannt und dezent beschrieben werden.

Das ändert sich in der Literatur der Achtziger und Neunziger Jahre: Sie nimmt die unschönen Seiten des Alters unter die Lupe und klammert damit das Sterben nicht aus.

Ein erster einschlägiger Titel war Ulla Berkéwiczs Roman *Josef stirbt*, der 1982 erschien. Er schildert das Streben eines einfachen Mannes, eines alten Bauern, zuhause, in einfachen Verhältnissen. Die Tochter, die bei der Pflege behilflich sein muß, sieht und beschreibt das ganze Elend: das Bettnässen, das Sabbern beim Essen, das Röcheln, den körperlichen Verfall, die schwarzen Hände, den Blasenkatheter, den blutigen Urin im Plastikbeutel, den Todeskampf. Mit beklemmender Genauigkeit wird das Geschehen vergegenwärtigt, durchaus drastisch, aber nicht abstoßend, sondern im Gegenteil eher erhaben. Zusammenfassend und pointierend kann man wohl sagen: Die Ästhetik des Häßlichen, die Berkéwicz verfolgt, schlägt um ins Erhabene! Damit erregte der Roman 1982 große Aufmerksamkeit und brachte eine neue Tendenz mit auf den Weg: die schonungslose Thematisierung des Alters als Verfall und des Sterbens als Krepierens.

Bevor diese Linie weiter verfolgt wir, soll allerdings ein Werk in Erinnerung gerufen sein, das thematisch zentral ist und – aus heutiger Sicht – in geradezu epochalem Kontrast zu den Altersdarstellungen des ausgehenden 20. Jahrhunderts steht: Ernest Hemingways 1952 erschienener Roman *The old Man and the Sea / Der alte Mann und das Meer*. Er erzählt die Geschichte eines alten Fischers, der nach vierzig Tagen ohne Fang endlich einen bootsgroßen Fisch an die Angel bekommt – und ihn im Kampf mit den Haifischen verliert. Der alte Mann ist allein im Boot; der Junge, der ihn früher begleitete, darf nicht mehr mit ihm fahren, weil ihm seine Familie nicht erlaubt, noch länger mit einem Mann ohne Fang zu fahren. Die selbstgebaute Harpune, die der Alte an Bord hat, und seine Kräfte reichen nicht, um den großen Fisch, den er nun doch am Haken hat, gegen die Haie zu verteidigen. Als er wieder in die Nähe des Hafens kommt, hängt an der Seite des Boots nur noch das nackte Skelett: „Er wußte, daß er jetzt endgültig und unwiderruflich geschlagen war" (136). Immerhin sind die anderen Fischer, die schon begonnen hatten, den Alten spöttisch und verächtlich zu behandeln, beeindruckt; einer mißt gar die Länge des Skeletts mit einem Stück Leine. – Hemingways Roman zeigt die Würde des Alterns im Scheitern. Er ist epochal bedeutsam aber aus einem anderen Grund: Er führt zum letzten Mal vor Augen, was Alter in einer Mangelgesellschaft bedeutet: die Unfähigkeit, sich selbst zu ernähren; das Verwiesensein auf Almosen; Hunger, Armut und progressive Verwahrlosung. Anders als in Romanen der späteren Jahrzehnte wird Hemingways alter Mann, der immer noch rüstig ist, nicht von der Frage umgetrieben, wie er sein Geld anlegt und wie er an eine bestimmte junge Frau kommt, sondern von der Sorge um das Essen für die nächsten Tage und um ein bißchen Geld für Kaffee, ein neues Hemd und vielleicht ein besseres Messer.

Von diesem Bild des Alters heben sich die Altersdarstellungen am Ende des 20. und zu Beginn des 21. Jahrhunderts scharf ab. Dies sei durch einige knappe Hinweise auf besonders erfolgreiche Titel der letzten Jahre exemplifiziert: 2001 erschien der Roman *The corrections* / dt. 2002: *Die Korrekturen* des jungen amerikanischen Schriftstellers Jonathan Franzen. Das Credo dieses Romans, der rasch zu einem Bestseller wurde, lautet: „Alt zu werden war die Hölle" (Franzen, 2002, S. 639). Denn alt zu werden heißt in diesem Roman: Parkinson, Depression, Demenz, Inkontinenz, Gehässigkeit, Vegetieren im Keller. 2002 schildert Louis Begley im Kontext einer dramatischen Beziehungsgeschichte zwischen einem vierzigjährigen Mann und einer fünfundzwanzigjährigen Frau in *Shipwrek / Schiffbruch* (2003) die Problematik der achtzigjährigen Eltern des Protagonisten: Sehr vermögend und in einem luxuriösen Haus lebend, werden sie, beide an Alzheimer erkrankt, von Dienstboten und Pflegepersonal rund um die Uhr versorgt. Der Sohn besucht sie im Turnus von vier Wochen und berichtet darüber:

„Es war nicht wirklich unangenehm. Sie waren immer sauber und wohlriechend trotz der unvorstellbaren Demütigung durch Windeln, unkontrolliert abgehende Winde und so weiter, und ihre Kleider waren makellos und passend zur Tages- und Jahreszeit ausgewählt. Mein Vater war so sorgfältig rasiert wie zu seinen Lebzeiten – ja, das war die Formulierung, die ich in Gedanken benutzte, um zwischen seinem früheren und seinem jetzigen Zustand zu unterscheiden. Er wurde von demselben Mann rasiert, der täglich meiner Mutter das Haar frisierte. Ich dachte, sie sähen aus wie immer, aber in Wahrheit waren sie ausgestopft, das Werk eines geschickten Präparators. [...]

Aber wenn ich in Anwandlungen von Verzweiflung mit Ellen sprach, nannte ich das Haus ein gefälschtes ägyptisches Grabmal, einen Wartesaal zwischen Leben und Tod, aus dem wir, die Erben, das Herrscherpaar gegen alle Abmachung hinauswerfen würden, sobald die Stunde der Einbalsamierung und anderer ernsthafter Unternehmen geschlagen hätte."

(Begley, 2003, S. 217/218)

Für das Romangeschehen sind die Besuche des Erzählers und Protagonisten bei seinen Eltern bedeutungslos, und die Schilderung ihres Zustands ist es erst recht; am Verlauf oder an der Bewertung des Geschehens würde sich nichts ändern, wenn sie an einer anderen Krankheit litten oder kerngesund wären. Sie sind auswechselbare Elemente des Milieus, als solche aber heutzutage typischerweise alzheimerkrank. Bei der Literaturkritik kommt dies gut an: Der *Schiffbruch* wurde nicht gerade mit Lob überhäuft, sondern eher kritisiert; die Passage über die alzheimerkranken Eltern aber wurde mehrfach als besonders gelungen und eindrucksvoll gerühmt. Das Elend des Alters ist zu einem Thema geworden, mit dem man in jedem Fall Punkte sammeln kann.

2006 sorgte Philip Roths Roman *Everyman / Jedermann* für Aufsehen. Der kurzgefaßte Bericht über das Leben eines gut verdienenden Werbefachmannes konzentriert sich auf die Jahre zwischen seiner Pensionierung mit fünfundsechzig und seinem Tod im Alter von einundneunzig Jahren. Roths Bilanz des Alters ist grauenhaft: Der Abschied vom Beruf impliziert bei Männern den Abschied von beruflich sich ergebenden Möglichkeiten zum Sex mit jungen Frauen; eine Folge von schweren Operationen führt zum Verlust der Gesundheit. Die brutale Dekonstruktion des Lebens zeigt sich nicht nur beim Protagonisten, sondern auch in seinem Umfeld: Eines Tages telefoniert er mit mehreren ehemaligen Kollegen gleichen Alters und hört nur Klagen über allenthalben sich einstellende Beschwerden. „Doch was er gehört hatte", fügt der Erzähler ein,

„war nichts, wenn man es gegen die unausweichliche Attacke abwog, die das Ende des Lebens darstellte. Wäre ihm das furchtbare Leid aller Männer und Frauen gewärtig gewesen, die er in all den Jahren seines Berufslebens kennengelernt hatte, jede einzelne schmerzliche Geschichte von Reue und Verlust und Stoizismus, von Furcht und Panik und Isolation und Grauen, und hätte er bis in die letzten Einzelheiten gewußt, von welchen Dingen, die einmal wesentlich zu ihnen gehörten, sie sich getrennt hatten, und wie sie systematisch zerstört wurden, dann hätte er den ganzen Tag und die ganze Nacht am Telefon bleiben und noch mindestens hundert weitere Gespräche führen müssen. Das Alter ist kein Kampf; das Alter ist ein Massaker."

(Roth, 2006, S. 147f.)

Deutlich anders ist das Bild des Alters, das Martin Walser in seinem 2006 erschienenen Roman *Angstblüte* entwarf. Der Protagonist, Karl von Kahn, Anfang siebzig, ist ein spät ins Geschäft eingestiegener Anlageberater, Chef einer kleinen, aber florierenden Finanzfirma, und er figuriert als Exempel dafür, daß man im Zeitalter der Börsenspekulationen noch im Alter reich werden und erfolgreich tätig sein kann; man muß ja nicht mehr in einem kleinen Boot aufs Meer hinaus und mit einer alten Harpune gegen Haie kämpfen. Walsers Held kann auch für sich persönlich eine positive Bilanz ziehen: Er ist vermögend, in zweiter Ehe mit einer bezaubernden Frau verheiratet, er ist gesund und könnte einem glücklichen Lebensausgang entgegensehen. Dann aber geschieht das Unfaßbare: Karl von Kahn trifft eine fast vierzig Jahre jüngere Frau von exorbitanter Schönheit und umwerfender Freizügigkeit. Von Kahn, der fast dreimal so alt ist, meint, diese junge Frau haben zu müssen, und es gelingt ihm auch, allerdings unter schamerfüllter Verbergung seiner Altersflecken und des „Gorgonzolagelände[s]" seiner Krampfadern auf dem Oberschenkel (Walser, 2006, S. 307). Seine Ruhe ist dahin: Ehebruch, Eifersucht, Kreislaufkollaps. Dennoch erscheint die Erfahrung des Helden nicht eigentlich negativ, sondern eher positiv emanzipatorisch, weil sie aus einer defizitären ehelichen Sättigung herausführt und den Schritt in die Selbstpreisgabe und in den Verzicht auf Lebenwollen verzögert. Gegen Ende des Romans macht sich der Protagonist seine Situation deutlich – und erkennt das Alter als Veranlassung oder Nötigung zur Heuchelei:

„Es ist inzwischen deutlich, daß jeder Jüngere ihn für sehr alt hält. Er spürt direkt, wie der Jüngere in jedem Satz an eine Abgeklärtheit und Sterbebereitschaft appelliert, die er nicht hat. Er ist alt, das stimmt. Aber er hat keine anderen Wünsche und Absichten als jemand, der zwanzig Jahre jünger ist. Der einzige Unterschied ist: Er muß so tun, als habe er diese Wünsche und Absichten nicht. Als sei er darüber hinaus. Deshalb ist Altern eine Heuchelei vor Jüngeren".

(Walser, 2006, S. 457f.)

Dies wird auf den letzten Seiten des Romans noch einmal aufgegriffen und gleichsam als Desillusionierung ausgespielt:

„Er ist enttäuscht. Er hatte gehofft, im Alter nehme eine Art Sterbebereitschaft zu. Es entwickle sich eine Fähigkeit zu sterben. Hatte er gehofft. Man sei am Leben nicht mehr so interessiert. Jetzt erlebt er, daß das nicht stimmt. Er ist dem Tod sicher so nah wie nie zuvor, aber vom Leben kein bißchen weiter weg als vor dreißig Jahren. Leben ist immer noch etwas, von dem man nicht genug kriegen kann."

(Walser, 2006, S. 469f.)

Faßt man die Beobachtungen zusammen, so zeigt sich: Die Positivierung des Alters, die im 18. und 19. Jahrhundert vorgenommen wurden, werden im 20. Jahrhundert zurückgenommen. Dafür sind zwei Faktoren verantwortlich: Erstens erfährt die Ästhetik des Häßlichen mit dem Expressionismus einen Bedeutungszuwachs, der den Blick auf die negativen Seiten des Alters lenkt; und zweitens wird das Alter aufgrund der demographischen und medizinischen Entwicklung als gesellschaftliches Phänomen aufdringlich. Alzheimerkranke alte Menschen gehören fast zur „Grundausstattung" von Gesellschaftsromanen. Verbunden mit dieser Negativierung des Alters ist eine Rebellion gegen das Altwerden, die zwei Formen annehmen kann: Bei Philip Roth erscheint sie als anklägerischer Protest gegen die Beschwerden des Alters, doch führt dieser Protest nur noch tiefer ins Elend hinein, läßt es noch stärker spürbar werden. Bei Walser erscheint die Rebellion als Protest nicht gegen den tatsächlichen Verlust an Gesundheit und Vitalität im Alter, sondern gegen die kulturell eingeübte Resignation im Alter oder – anders gesagt – gegen die traditionelle Kultur des Alters. Walsers *Angstblüte* ist ein Gegenentwurf nicht nur gegen die gesundheitliche Negativierung des Alters, wie sie in der Literatur der letzten Jahrzehnte um sich griff, sondern auch gegen die positiv bewertete Devitalisierung des Alters durch Jacob Grimm. Freilich, die Voraussetzungen für Walsers anti-resignativen Altersraum heißen Gesundheit und Geld.

Literatur

Améry, J. (1968). *Über das Altern. Revolte und Resignation.* Stuttgart.
Baudelaire, C. (1976). *Die Blumen des Bösen.* Frankfurt am Main.
Beauvoir, S. de (1969). *Eine gebrochene Frau. Das Alter der Vernunft.* Reinbek bei Hamburg.
Beauvoir, S. de (1977). *Das Alter* (La Vieillesse). Essay. Reinbek bei Hamburg.
Begley, L. (2003). *Schiffbruch.* Frankfurt am Main.
Benn, G. (2001). Altern als Problem des Künstlers. In G. Benn, *Sämtliche Werke.* Bd. VI, Prosa 4, S. 123–150. Stuttgart.
Benn, G. (2001) Der Arzt. In G. Benn, *Sämtliche Werke.* Bd. I, Gedichte 1, S. 14f. Stuttgart.
Benn, G. (2003). Drei alte Männer. Zwei Gespräche. In G. Benn, *Sämtliche Werke.* Bd. VII/1: Szenen und andere Schriften, S. 100–129. Stuttgart.
Berkéwicz, U. (1982). *Josef stirbt.* Frankfurt am Main.
Brecht, B. (1993). Aufgewachsen in dem zitronenfarbenen Lichte. In W. Hecht, J. Knopf, W. Mittenzwei & K. D. Müller (Hrsg.), *Werke* (große kommentierte Berliner und Frankfurter Ausgabe). Bd. 13: Gedichte und Gedichtfragmente 1913–1927, S. 132–133. Berlin.
Brecht, B. (1995). Die unwürdige Greisin. In: W. Hecht, J. Knopf, W. Mittenzwei & K. D. Müller (Hrsg.), *Werke* (große kommentierte Berliner und Frankfurter Ausgabe). Bd. 18: Prosa 3. Sammlungen und Dialoge, S. 427–432. Berlin.
Broch, H. (1980). Die Verzauberung. In P. M. Lützeler (Hrsg.), *Kommentierte Werkausgabe,* Bd. 3. Frankfurt am Main.
Broch, H. (1980). Der Tod des Vergil. In P. M. Lützeler (Hrsg.), *Kommentierte Werkausgabe,* Bd. 4. Frankfurt am Main.
Cicero, M. T. (1988). *Cato der Ältere über das Alter / Cato maior de senectute.* Hrsg. von M. Faltner. München.
Fontane, T. (1969). *Der Stechlin.* München.
Fontane, T. (1995). Ein neues Bild Karl Gussows. In *Die Gegenwart,* 10, S. 622, zit. nach Reuter, Hans-Heinrich: Theodor Fontane, Bd. II. Neu herausgegeben und mit einem Nachwort sowie einer Ergänzungsbibliographie versehen von Peter Görlich. Berlin.
Fontane, T. & Fontane, E: (1998) *Die Zuneigung ist etwas Rätselvolles.* Der Ehebriefwechsel, Bd. 3: 1873–1898. Hrsg. von Gotthard Erler unter Mitarbeit von Therese Erler. Berlin.
Franzen, J. (2002). *Die Korrekturen.* Reinbek bei Hamburg 2002.

Goethe, J. W. (1994). Faust. Der Tragödie zweiter Teil. In A. Schöne (Hrsg.), *Sämtliche Werke. Briefe, Tagebücher und Gespräche*, 40 Bde. 1. Abtlg., Bd. 7/1: Faust. Texte, S. 201–464. Frankfurt am Main.

Grimm, J. (1965). Rede über das Alter. In B. von Wiese (Hrsg.), *19. Jahrhundert. Texte und Zeugnisse*, S. 217–233. München.

Hemingway, E. (1952). *Der alte Mann und das Meer*. Reinbek bei Hamburg.

Mann, T. (1981). *Joseph und seine Brüder*. Frankfurt am Main.

Ovidius N. (1958). *Publius: Metamorphosen*. Hrsg. und übers. von Hermann Breitenbach. Zürich.

Roth, P. (2006). *Jedermann*. München.

Thane, P. (Hrsg.). *Das Alter. Eine Kulturgeschichte*. Darmstadt.

Walser, M. (2006). *Angstblüte*. Reinbek bei Hamburg.

Bilder des Alters und des Alterns im Wandel

Otfried Höffe

Ob Individuum oder Gesellschaft – wer sich Gedanken über die wachsende Bedeutung des Alters macht, wirft klugerweise einen Blick in die Geschichte und verbleibt im Zeitalter der Globalisierung nicht in den Grenzen der eigenen Kultur. Der Doppelblick, der sich daraus ergibt, der Blick sowohl in die Geschichte als auch auf fremde Kulturen gibt der Gegenwart ein schärferes Profil. Zugleich bewahrt er sie vor einer Selbstüberschätzung sowohl im Positiven als auch im Negativen. Nicht zuletzt deutet er die Veränderbarkeit an; denn was für die Vergangenheit und andere Kulturen zutrifft, gilt auch für die Zukunft: Sie wird anders als unsere Gegenwart sein.

Der Doppelblick hat allerdings die Schwierigkeit, daß es für mein Metier, die Philosophie, unvorsichtig erweitert zur Ideen- und Geistesgeschichte, noch keine rechte Fachdebatte gibt. Das größte Nachschlagewerk, das zwölfbändige Historische Wörterbuch der Philosophie, verzeichnet die Stichworte „Alter" und „Altern" nicht[1], obwohl sie durchaus eine Rolle spielen, immerhin von Platon und Aristoteles über die Stoa und die europäische Moralistik bis zu Ernst Bloch. Neuere Überlegungen bietet fast nur die Ethik, dabei zum geringeren Teil seitens der Philosophie (für zwei Beispiele stehen Auer, 1996; Höffe, 2002). Ohnehin genügt es nicht, philosophische Texte zu studieren. Ebenso wichtig sind Texte der Medizingeschichte, darüber hinaus das Recht, die Literatur, einschließlich religiöser Texte, nicht zuletzt die bildende Kunst. Das Themenfeld ist also weit, weshalb man exemplarisch und hochselektiv vorgehen kann, dabei mit unterschiedlichen Methoden und in einem Wechsel von Mikro- und Makrostudien.

Im Folgenden zeichne ich, zugegeben amateurhaft, eine Vor-Skizze. Meine Fachkompetenz besteht lediglich in der Kenntnis einiger Klassiker der Philosophie und einem gewissen geistesgeschichtlichen Methodenverständnis. Die eher zufälligen Beispiele sind bewußt aus verschiedenen Epochen, auch unterschiedlichen literarischen Gattungen gewählt. Weil sie nur aus dem Abendland stammen, gehe ich am Ende etwas wildern und blicke auf eine nichtabendländische Kultur. Sucht man nach dem über eine lange Zeit vorherrschenden Altersbild und dessen Wandel, so empfiehlt sich, mit der Wortgeschichte zu beginnen, da sie eine kondensierte Sachgeschichte sein kann: Vor zwei oder drei Generationen durfte man noch fast ungeniert von einem Greis sprechen. Heute klingt es diskriminierend, obwohl es zumindest für Männer zutrifft. Wie in der Zoologie der ‚grizzly bear' den Graubär meint, so ist „Greis", wer im Alter unvermeidlich, daher nicht ehrenrührig, grau, genauer: hellgrau, silbergrau,

---

[1] Es gibt aber gewisse Bausteine: vgl. Gnilka, 1983; Minois, 1987.

wird. Heute spricht man lieber von Senioren. In den romanischen Anredeformeln, die vom lateinischen Original abstammen, also: im Französischen Seigneur, italienisch Signore, spanisch Señor, auch dem französischen Sire und dem englischen Sir, klingt es noch an: Der Ältere ist der „in Ehren Ergraute", der Ehrwürdige, der von Seiten der Jüngeren Achtung verdient.

I. Griechische und römische Antike

Diese Einschätzung wird von der Sozial- und Politikgeschichte bestätigt, freilich nicht uneingeschränkt, da es kein einheitliches Altersbild gibt. In Rom beruht die hohe Wertschätzung des Alters auf der gesellschaftlich, politisch und rechtlich herausragenden Stellung des Vaters. Als pater familias ist er das Oberhaupt der Familie, das im Fall der Oberschicht als Mitglied des Senats in republikanischer Zeit politische Herrschaft ausübt. Der im weiteren Sinn sozialen Wertschätzung entspricht eine persönliche, was im Vorübergehen drei Variablen des Themas nahelegt: Die Bilder des Alters hängen zum Beispiel ab: 1) von der (westlichen ...) Kultur, 2) von der Zeit bzw. Epoche und 3) von der thematischen Hinsicht, hier etwa der sozialen Seite (mit Unteraspekten wie gesellschaftlich, rechtlich, politisch) und der persönlichen Seite (mit Unteraspekten wie emotional, charakterlich, medizinisch ...).

Nun zur persönlichen Wertschätzung: Nach der Schrift des 62-jährigen Ciceros *Cato maior de senectute* (*Cato der Ältere über das Alter*) zeichnet sich der Ältere noch durch alle drei Vorzüge eines reifen Mannes aus: dignitas, gravitas und auctoritas, also Würde, gewichtiger Ernst und Respekt einflößendes Ansehen. Die als Senilität bezeichneten Eigenschaften sollen dagegen auf Disziplinlosigkeit zurückgehen, sind daher angeblich altersindifferent. Eine Folge dieser zweifellos idealisierenden Selbsteinschätzung ist, dass sich die Aufgabe, über Veränderungen nachzudenken, die mit dem Altern einhergehen, oder sozialpsychologische Überlegungen zu der Frage, wie man auf das – eventuell erzwungene – Ausscheiden aus großen Ämtern reagiert, nicht aufdrängen.

Durch eine bloße Hochschätzung des Alters zeichnet sich aber weder das antike Rom noch generell die Antike aus. Schon in der frühen griechischen Literatur, beim „alten" Homer, taucht die bis heute aktuelle Ambivalenz in Form zweier Prototypen der Einschätzung auf. Sie finden sich in anderen Kulturen wieder, stellen also – erwartungsgemäß – eine interkulturelle Gemeinsamkeit dar: Das Beispiel einer negativen Einschätzung, der Alters*schwäche* und Hilflosigkeit gibt Priamos, König von Troja, ab (z. B. *Ilias*, XXIV, 486ff.), das Muster der positiven Einschätzung, des weisen, zudem beredten Ratgebers Nestor, der König von Pylos (z. B. *Ilias*, IV, 320–325). Ein weiterer positiver Vertreter ist Teiresias, der blinde Seher aus Athen, den Sophokles in den Tragödien *König Ödipus* und *Antigone* als Warner auftreten läßt. Positive Vertreter sind auch die Eheleute Philemon und Baucis, die sich gegenüber Jupiter und Merkur durch Gastlichkeit ausgezeichnet hatten.

Auf der anderen Seite betont Hesiod im Weltaltermythos den negativen Aspekt. Im Goldenen Zeitalter gab es das elende „Alter" gar nicht, während die Menschen des Eisernen Zeitalters rasch altern, das Alter aber nicht ehren. Vorherrschend ist die negative Einschätzung aber nicht. Der Dichter Mimnermos klagt zwar im Gedicht

„Des Lebens Last" über „leidiges Altern", weshalb „ein schleuniger Tod besser als Leben" sei, und wünscht sich in den „Leiden des Alters" zu „sterben im sechzigsten Jahr!" Darauf antwortet aber Solon im Gedicht „An Mimnermos" mit dem Wunsch (der sich ziemlich genau erfüllen sollte): „Mag mich im achtzigsten Jahr treffen das Todesgeschick!" Denn „Auch als alternder Mensch lerne ich ständig noch zu."

Auch die Kunst der Griechen zeigt beide: die Würde und die Schwäche, sogar Häßlichkeit des Alters, während die römische Porträtkunst das Alter zwar realistisch, aber in Würde darzustellen pflegt. Und wenn es nicht zu weit führte, könnte man einige Porträts von alten Leuten und Selbstporträts alt gewordener Maler ansehen; Beispiele liegen auf der Hand: Dürers „Mutter", Tintorettos oder Rembrandts späte Selbstbilder.

Dem positiven Prototyp folgt Platon, wenn er, weil man Einsicht und festgegründete wahre Meinungen erst im Alter erreiche, für hohe Ämter ein Mindestalter von 50 Jahren fordert (*Gesetze* II 653a). Hierzu darf man erinnern, daß schon die Antike das von der Natur gesetzte Höchstmaß menschlichen Lebens kaum niedriger als heute, nämlich auf 120 Jahre, schätzt und daß viele der großen Griechen ein bemerkenswertes Alter erreichten: Sophokles wurde ebenso wie Solon, später der Skeptiker Pyrrhon 90 Jahre alt, Pythagoras vermutlich etwas älter, der Sophist Gorgias erreichte 109 Jahre, Platon immerhin 80 Jahre und der Stoiker Epiktet 88 Jahre. Demographisch interessant sind auch geographische Unterschiede. Während nach Auskunft zahlreicher Grabinschriften wegen einer hohen Kinder- und Jugendsterblichkeit die durchschnittliche Lebensdauer in Rom 22,6 Jahre betrug, stieg sie in den nordwestafrikanischen Provinzen zum Teil auf über 50 Jahre, sogar auf 60 Jahre an. Die doch recht häufigen Klagen über das Alter haben eine handfeste Grundlage: Da es für die Alten keine allgemeine staatliche Fürsorge gibt, müssen sie selber Vorsorge treffen und sich entweder rechtzeitig einen hinreichenden Besitz erwerben oder auf einen Unterhalt durch die Kinder hoffen, der aber nicht nur dort ausbleiben kann, wo die Kinder zu früh sterben.

Ein weiteres Zeugnis für die klassische Antike enthält ein für fast zwei Jahrtausende kanonisches Werk, das, nebenbei gesagt, eine Fundgrube für die Sozialgeschichte Griechenlands darstellt, Aristoteles' *Rhetorik*. Das zweite Buch entfaltet in den Kapiteln 12–14 eine nuancenreiche Psychologie für die drei Lebensalter, für die Jungen (*neoi*), für die in der Blüte des Lebens (*akmê*) Stehenden und für die Älteren (*presbyteroi*). En passant zeigt die Gliederung in drei Lebensalter ein auch in anderen Kulturen zu findendes Dreiphasenmodell: Auf eine Phase des Aufstiegs folgen zunächst eine Zeit der Blüte (die der Körper zwischen 30 und 35, die Seele aber mit 49 Jahren erreicht) schließlich eine Phase des Abstiegs. Dagegen fehlt die wegen der wachsenden Lebenserwartung heute sinnvolle Untergliederung in ein junges und ein hohes Alter. Andere Griechen unterteilen freilich differenzierter. Pythagoras gliedert das Leben in vier Stufen zu je zwanzig Jahren, wobei er, weil er den vier Jahreszeiten folgt, auch von einem Auf- und Abstieg ausgeht. Solons Lebensalterelegie teilt das Leben in zehn Stufen zu je sieben Jahren ein, womit er aber das Alter, das er selber erreichen wird, unterschätzt. Eine erstaunliche Untergliederung findet sich im Assyrischen: 40 Jahre ist Blüte, 50 Jahre sind kurze Tage, 60 Jahre ist reifes Alter, 70 Jahre sind lange Tage, 80 Jahre ist Greisenalter und 90 Jahre ist gesegnetes Alter.

Gemäß dem Zweck der Schrift, *Rhetorik*, einer Theorie und zugleich Kunst der Rede, läßt sich Aristoteles weniger auf eine „Theorie" der Älteren ein als auf deren Bild im gemeingriechischen Verständnis, gewissermaßen auf die damalige Alterspsychologie. In dem ziemlich pessimistischen Bild überträgt Aristoteles seine Lehre des *meson*, der Mitte, auf die Altersgruppen und spricht den Älteren hinsichtlich Affekt und Charakter das Gegenteil der Jüngeren zu, während die in der Blüte Stehenden die Höchstform des Menschlichen, dessen Vorbildlichkeit, erreichen – man muß ergänzen: typischerweise, aber keineswegs immer. Ciceros positive Einschätzung könnte übrigens daher kommen, daß er die Vorzüge des in der Blüte Stehenden noch den Älteren zuspricht.

Nach Aristoteles haben sich die Älteren im Verlauf ihres Lebens öfters getäuscht, überdies viele Fehler gemacht und vieles Schlechte erlebt, weshalb sie in kognitiver Hinsicht vorsichtig sind. Sie behaupten nichts mit Sicherheit, setzen lieber ein „vielleicht" hinzu. Weil sie hinter allem das Schlechtere annehmen, sind sie pessimistisch und argwöhnisch. Vom Leben erniedrigt, setzen sie sich keine bedeutenden Ziele mehr; sie sind kleingesinnt, überdies knauserig, nicht zuletzt, weil sie sich vor allem fürchten, feige. Weil man das, was kaum noch vorhanden sei, besonders begehre, hängen sie, je näher das Lebensende komme, umso mehr am Leben. (Die biblische Erfahrung, daß man „des Lebens satt" auch zuversichtlich aufs Ende blickt, ist ihnen also fremd.) Die Älteren – fährt Aristoteles fort – leben mehr in der Erinnerung als in Hoffnung; sie reden ununterbrochen über das Vergangene, weil sie bei dessen Erinnerung Freude empfinden. Sofern sie Unrecht begehen, tun sie es nicht wie die Jungen aus Übermut (*hybris*), sondern aus Bosheit (*kakourgia*). Und Mitleid verspüren sie nicht aus Menschenliebe, sondern aus Schwäche, denn alles, was es zu erleiden gibt, halten sie für nahe bevorstehend. Schließlich seien sie nicht humorvoll, sondern weinerlich.

Bei den griechischen Bildern des Alters und Alterns darf man die Medizin nicht vergessen. Seit Hippokrates beschäftigt sie sich mit den Kennzeichen des Alters. Im Rahmen einer Lehre der Körpersäfte, die Veränderungen von Blut, Lymphe, Galle, Schleim und Gewebswasser untersucht, kennzeichnet Hippokrates das Alter durch einen zunehmend trockeneren und kühlen Organismus. Schon er weiß um unterschiedliche Krankheitsverläufe bei Jüngeren und Älteren und kennt altersspezifische Krankheiten. Der überragende Zoologe der Antike, Aristoteles, widmet eine eigene kleine Abhandlung der Frage von Lang- und Kurzlebigkeit und eine weitere über Jugend und Alter.

Interessanter für unser Thema ist die hellenistische, also nachklassische Medizin, die die (schon vorher bekannten) Alterserscheinungen und Alterskrankheiten genauer untersucht. Der Leibarzt des Kaisers Mark Aurel, Galen, führt ein, was nicht bloß medizinisch, sondern auch für das Bild des Alters bedeutsam ist: eine ausdrückliche Altenpflege (*gerokômê*) mit Massagen, Diät, Bewegung und Atemübungen. Er will damit der Trockenheit und Kälte des Organismus entgegenwirken, also nichts weniger als den Alterungsprozeß verlangsamen. Nach seinem Zeitgenossen Kelsos bzw. Celsus ist die Medizin aber nicht zu dem fähig, was man heute ein Anti-Aging-Projekt nennen würde: Der Versuch, das Altern aufzuhalten, übersteige die Kräfte der Medizin.

Eine vorläufige Zwischenbilanz: Ob in eher positiver oder eher negativer Darstellung – schon die griechische Antike befaßt sich intensiv mit dem Alter, während in auffallendem Gegensatz zu heute die Kindheit und Jugend ein geringeres Interesse findet. (Im Bereich der bildenden Kunst entdeckt erst die hellenistische Plastik das Kind.) Dabei tritt kein einheitliches Bild zutage, was (partielle) Übereinstimmungen mit anderen Kulturen erleichtert.

II. Von Bacon zu Bloch

Überspringt man, hier nur aus Gründen der notwendigen Selektion, das Mittelalter, immerhin etwa tausend Jahre, so tritt die frühneuzeitliche Moralistik in den Blick, also eine literarisch-philosophische Gattung, die keine moralischen Grundsätze aufstellt. Als Vorläufer einer komparatistischen Sozialwissenschaft beobachtet sie unterschiedliche Verhaltensweisen, deckt deren versteckte Triebfedern auf und gibt einige moralisch-praktische Ratschläge. Charakteristisch für sie ist der Stilwille. Die Moralkritik bringt ihre Einsichten in ebenso geistreichen wie künstlerisch durchgeformten „Versuchen", Essays, zur Sprache. Als Beispiel wähle ich den britischen Lordkanzler, Wissenschaftspropheten, Sozialphilosophen und Ideologiekritiker Francis Bacon. Im Essay „Über Jugend und Alter" (Bacon, 1612/1985, Nr. 42) nimmt er ähnlich wie Aristoteles eine Differentialanalyse vor. Er beschränkt sie aber auf zwei Lebensalter, was das Dreiphasenmodell (Aufstieg, Höhe und Abstieg) relativiert: „die Erfahrung leitet die Alten sicher in dem, was in ihren Bereich fällt, täuscht sie aber im Hinblick auf das Neue ... Bejahrte Menschen machen zu viele Einwürfe, überlegen zu lange, wagen zu wenig, bereuen zu früh und beuten die Gelegenheit selten bis ins letzte aus, sondern begnügen sich mit einem mittelmäßigen Erfolg." Weil auf Seiten der Jugend die gegenläufigen Schwächen vorherrschen, hält Bacon für „durchaus wünschenswert, beide Lebensalter zusammenarbeiten zu lassen". Auch nach außen ist dies vorteilhaft, „denn das Alter genießt Autorität, die Jugend Wohlwollen und Beliebtheit." Hinsichtlich der Kräfte des Verstehens („powers of understanding") behauptet Bacon eine Zunahme, dagegen einen Verlust an Vorzügen des Willens und der Zuneigung („affection"). Der Grund erinnert an Aristoteles: „je mehr der Mensch von der Welt trinkt, desto mehr vergiftet sie ihn".

Mit dem nächsten Beispiel wechseln wir nicht die Zeit, aber die literarische Gattung. Einer der „voyages imaginaires" des 16. und 17. Jahrhunderts, die Sozialutopie *Christianopolis* (1619) des schwäbischen Theologen Johann Valentin Andreae, widmet ein eigenes Kapitel den „Alten": „Die Alten beiderlei Geschlechts" werden von eigenen Personen versorgt, aufgemuntert, geehrt und um Rat gefragt. Der Grund läßt an Dankbarkeit denken: sie haben sich bislang „unter größten Mühen und Verdiensten bis ins gebückte Alter mit beachtlicher Treue und Fleiß aufgeopfert" (Andreae, 1975, S. 134.)

Mit einem weiteren Beispiel überspringen wir mehr als drei Jahrhunderte und kommen fast in der Gegenwart an. Das Beispiel bringt eine ziemlich neue Perspektive ein. Gemäß dem Titel des einschlägigen Werkes *Das Prinzip Hoffnung* spricht Ernst Bloch nicht so sehr über das, was Ältere im Positiven oder Negativen sind, auch nicht, wie sie selber leben oder wie sie von anderen behandelt werden sollen. Insofern ist sein Altersdiskurs, obwohl erfahrungsgesättigt, doch weder empirisch noch normativ. Es bringt vielmehr die neben dem Sein und dem Sollen dritte Modalität im Bereich des Praktischen zur Sprache. Bloch geht es nicht um Altersrollen, weder um tatsächlich gegebene oder nur moralisch gesollte Rollen. Er legt sich die Frage vor, wie kann sich der ältere Mensch selber etwas Gutes tun. Der Obertitel des zuständigen Teiles heißt „Kleine Tagträume", die der Titel des einschlägigen Abschnitts präzisiert: „Was im Alter zu Wünschen übrigbleibt" (Bloch, 1959, I, 37–44).

Schon der Jurist, Politiker und Schöpfer der germanischen Sprachwissenschaft, Jacob Grimm, beschrieb in seiner *Rede über das Alter*, die er im fünfundsiebzigsten Lebensjahr, drei Jahre vor seinem Tod, hielt, das Glück des Altwerdens (vgl. Grimm, 1861/1984, S. 304–323). Im Märchen *Die Lebenszeit*, das er mit seinem Bruder Wilhelm in die Sammlung der *Kinder- und Hausmärchen* aufnimmt, werden die Jahre von 60 bis 70 zwar als „die zehn Jahre des Affen" bezeichnet: „Da ist der Mensch schwachsinnig und närrisch, treibt alberne Dinge und wird ein Spott der Kinder" (Grimm, 1985, S. 665f.). Dem tritt die *Rede über das Alter* entgegen. Selbst in körperlichen Behinderungen wie der Taubheit und dem nachlassenden Augenlicht sieht Jacob Grimm das Gute, denn man werde nicht von überflüssiger Rede unterbrochen und von störenden Einzelheiten abgelenkt. Bloch ist nun nicht so lebensfremd, daß er die „verständigen Ängste" beiseite schiebt, da der Leib sich weniger rasch erhole, jede Mühe sich verdopple und die Arbeit „nicht mehr so flink von der Hand" gehe. Er plädiert auch nicht für Askese, spricht sich vielmehr für ein epikureisch-behagliches Leben aus („Wein und Beutel", sprich: Geld). Er räumt ein, daß der Einschnitt des Alters „deutlicher als jeder frühere" Lebensabschnitt und „brutaler negativ" ist, weshalb im normalen Alter die Resignation herrsche, kein bloßer Abschied von einem Lebensabschnitt [...], sondern der Abschied vom langen Leben selbst". Dann aber erfolgt die Peripetie, der Wechsel vom Bedrückenden zur Chance, das Alter als ein Wunschbild[2]: „das Wunschbild Überblick, gegebenenfalls Ernte." Bloch zitiert Voltaire und bestätigt einmal mehr, daß sein Blick aufs Alter zumindest der Neuzeit vertraut ist. Zugleich relativiert er die in unserer Sozialpolitik so beliebte Unterscheidung von arm und reich zugunsten von gebildet und ungebildet: „für Unwissende sei das Alter wie der Winter, für Gelehrte sei es Weinlese und Kelter". Und er schließt die Worte an: „Das gesunde Wunschbild des Alters [...] ist das der durchgeformten Reife; das Geben ist ihr bequemer als das Nehmen". Dazu gehöre auch „die Erlaubnis, vom Leben erschöpft zu sein", der Wunsch nach Beschaulichkeit und Muße, die Liebe zur Stille, nicht zuletzt die Weisheit, „das Wichtigste zu sehen, das Unwichtige zu vergessen".

Zwei Defizite fallen auf: Das Verhältnis zu den Mitmenschen, etwa zur Familie und den Freunden, fehlt, ebenso wie die Frage, wie man die skizzierte Einstellung lernt. Denn die weise, „stoische" Gelassenheit, die sich bei Voltaire, Jacob Grimm

---

[2] Ein weiteres Beispiel für den Wechsel zur Chance: vgl. Ginzburg, 1976, S. 17–21: „Das Alter bedeutet für uns vor allem das Ende des Staunens". Aber etwas bringt uns „immer noch zum Staunen: zu sehen, wie es unsern Kindern gelingt, die Gegenwart zu bewohnen und zu entziffern, während wir immer noch damit beschäftigt sind, die durchsichtigen und klaren Worte zu buchstabieren, die unsere Jugend verzauberten."

und Ernst Bloch abzeichnet, fällt dem Menschen kaum von allein zu. Er muß sie lernen, was zu einem weiteren Bild des Alters führt: daß man Altern lernen kann, freilich auch lernen muß, wie es Hermann Hesse formuliert hat: „Altsein ist eine ebenso schöne und heilige Aufgabe wie Jungsein" (vgl. Bender, 1976, S. 203). Der entsprechende Lernprozeß könnte, schematisch gesagt, in drei Phasen verlaufen, die aber nicht „brav" aufeinander folgen müssen. In der ersten Phase, dem „resignativen Altern", findet man sich mit einer traurigen Wirklichkeit ab; man nimmt vor allem die körperlichen und geistigen, auch die sozialen Verluste wahr. Als zweite Phase folgt die Hinwendung zu altersgerechten Interessen und Beziehungen; es ist das „abwägend-integrative Altern", das sich mit Blochs „Wunschbild Überblick, gegebenenfalls Ernte" verbindet. Und eine gewisse Vollendung wird schließlich in der dritten Phase, in jenem „kreativen Altern" erreicht, das der neuen Lebensphase ihre Eigenart läßt und zugleich den Gewinn einsieht: Den Zwängen von Konkurrenz und Karriere enthoben, wird man gegen die Frage nach mehr oder weniger Erfolg gleichgültig. Stattdessen treten Unbestechlichkeit, Selbstachtung, Güte und Humor in den Vordergrund.[3]

III. Ein Blick in den Konfuzianismus

Für das Zeitalter der Globalisierung sind interkulturelle Überlegungen unabdingbar. Ihretwegen könnte man auf das jüdische Denken blicken, besonders auf die Thora und den Talmud, oder wegen der wachsenden Zahl muslimischer Mitbürger auf deren Bilder von Alten und Altern. Oder auf ein provokatives Gegenbild zum säkularisierten Westen, auf die hinduistische Einteilung des Lebens in zwei profane Abschnitte, die mit Lernen und Erwerbsstreben gefüllt sind, und in zwei religiöse Abschnitte, in denen Mann und Frau zunächst gemeinsam Schüler eines religiösen Meisters werden, um danach jeder für sich, ohne eine feste Bleibe und frei von irdischen Bindungen zu heiligen Stätten zu pilgern.

Wir schauen jedoch – amateurhaft – auf eine weitere Kultur, auf das klassische chinesische Denken, das sich zwischen dem 6. und 3. Jahrhundert v. Chr. in verschiedenen Schulen ausbildet, die, oft ineinander greifend, bis heute nachwirken. Wir lassen den Daoismus und den Legismus, auch den Buddhismus beiseite und begnügen uns mit wenigen Gesichtspunkten aus dem *Lun-yu*, den Kong Zi (Konfuzius) zugeschriebenen „Gesprächen" (Konfuzius, 1982). Das Bild vom Alter steht in Zusammenhang

---

[3] Für eine vergnügliche Liste kleinerer Fehler s. Jonathan Swift, Entschließungen für mein Alter, in: Bender (Hg.), a.a.O., 115. Für das deprimierende Bild des Älteren im Altersheim s. W. H. Auden, Altersheim, ebd., 150f.; deprimierend auch J. Theobaldy, Die alten Frauen, ebd. 154–156. Ein Muster eines verbitterten Alten ist Shakespeares König Lear. Vgl. auch R. A. Schröders Gedicht „Vom alten Mann". Ganz anders Pablo Casals, ebd. 169: „Alter ist überhaupt etwas Relatives. Wenn man weiter arbeitet und empfänglich bleibt für die Schönheit der Welt, die uns umgibt, dann entdeckt man, daß Alter nicht notwendigerweise Altern bedeutet". Im selben Text berichtet er von der Einladung zu einem Gastdirigat beim Georgisch-Kaukasischen Orchester, dessen Mitglieder allesamt über hundert Jahre alt sind; der damalige Präsident war 123 Jahre alt.

mit der „Theorie" einer wohlgeordneten Gesellschaft und des sie tragenden Individuums. Danach gebührt der Familie, auch der Großfamilie, der Sippe, sowohl genetisch als auch normativ der Vorrang vor dem Staat. Dabei genießt der Wille des Älteren, insbesondere des Vaters, einen hohen Rang: „Konfuzius sprach: ‚Zu Lebzeiten des Vaters folge seinem Willen; nach dem Tode des Vaters orientiere dich an seinen Taten. Wenn du lange Zeit nicht vom Weg deines Vaters abweichst, kann man sagen, daß du dich ehrfürchtig und pietätvoll verhältst.'" (Konfuzius, 1982, I, S. 11). Der Vorrang des Vaters erinnert an das klassische Rom, wird aber bei Konfuzius durch die Sitte und Moral, nicht wie in Rom vornehmlich durch das Recht gestützt. Der Vater besitzt daher keine absolute Autorität, im Gegenteil, bei moralischem Fehlverhalten sollte er ermahnt werden, allerdings respektvoll. Trotzdem endet die Loyalität gegenüber der staatlichen Rechtsordnung vor den Türen der Familie. Selbst wenn der Vater einen Diebstahl begeht, deckt ihn der Sohn, ebenso wie es der Vater für ihn tun würde (vgl. Konfuzius, 1982, XIII, S. 18; selbst die Blutrache wird überwiegend gedeckt).

Ein weiterer Vorrang gebührt den älteren Brüdern (vgl. Konfuzius, 1982, I, S. 2), so daß es dem Konfuzianismus in erster Linie nicht um das Bild des Alters, sondern um eine Verwandtschaftsbeziehung geht. Auch werden weder Kompetenzgründe genannt, etwa die Erfahrung, die bei manchen Berufen wichtig sein mag, noch wie bei Andreae frühere Leistung. Es zählt allein die von Moral und Sitte bestimmte, also traditionalistische Pietät. Da aber dieselbe Moral verlangt, daß der Vater für den Sohn und der ältere für den jüngeren Bruder sorgt (die geringere Bedeutung der Frau darf man nicht übersehen), herrscht eine Beziehung phasenverschobener Wechselseitigkeit; hinter der Pietät verbirgt sich denn doch ein Dank für empfangene Hilfe.

Seinem Herrscher mit Hingabe zu dienen, gehört durchaus dazu (Konfuzius, 1982, I, S. 7). Weil die Sorge für die Eltern, gegebenenfalls deren Pflege wichtiger als der Dienst am Staat ist, braucht der konfuzianisch geprägte Chinese nicht wie viele Griechen einen Lebensabend in Elend und Verachtung zu befürchten. Im Buch *Shuoyuan* erklärt jemand seinem verärgerten König, der Fürstendienst sei das Mittel, etwas für seine Eltern zu tun. Und der zweite konfuzianische Klassiker, Meng Zi (Menzius), kritisiert die Politik seiner Zeit, weil das Volk nicht mehr imstande sei, den Eltern einen sorgenfreien Lebensabend zu gewähren.

Eine Bilanz, selbst eine Zwischenbilanz verbietet sich. Deshalb schließen wir mit dem Zitat zu einem Gesichtspunkt, der noch nicht zur Sprache kam, zum Ende des Berufslebens. In Silvio Blatters Roman *Zwölf Sekunden Stille* sagt der 82-jährige Seniorverleger der Zeitung zum Kulturchef, der in wenigen Tagen, zum 58. Geburtstag, sein Amt aufzugeben hat: „Ich kenne diese Angst vor dem Älterwerden. Als ich auf die sechzig zusteuerte, tyrannisierte sie auch mich [...] jetzt pfeife ich darauf; jetzt weiß ich, daß ich ein alter Mann bin". Aber, fährt Blatter fort, er „sonnte sich in der Widerrede" (Blatter, 2004, S. 13).

Literatur

Andreae, J. V. (1975). *Christianopolis*. (Übers. v. W. Biesterfeld) Stuttgart.
Auer, A. (1996). *Geglücktes Altern*. (4. Aufl.) Freiburg.
Bacon, F. (1985). *Essays*. Hrsg. v. J. Pitcher (dt.: Essays, oder praktische und moralische Ratschläge, übers. v. E. Schücking, Stuttgart 1970). London.

Bender, H. (1976). *Das Insel-Buch vom Alter.* Frankfurt/M.
Blatter, S. (2004). *Zwölf Sekunden Stille.* Frankfurt/M.
Bloch, E. (1959). *Das Prinzip Hoffnung (1938–1947).* (3 Bde.) Frankfurt/M.
Ginzburg, N. (1976). Das Alter. In: H. Bender (Hg.), *Das Insel-Buch vom Alter.* Frankfurt/M.
Gnilka, C. (1983). Greisenalter. In: *Reallexikon für Antike und Christentum,* XII, 995–1094.
Grimm, J. (1861/1984). Rede über das Alter. In: J.Grimm, *Reden in der Akademie,* ausgewählt und hg. von W. Neumann und H. Schmidt. Berlin.
Grimm, J. (1985). Die Lebenszeit. In: H. Rölleke (Hg.), *Kinder- und Hausmärchen, gesammelt durch die Gebrüder Grimm.* Frankfurt/M.
Höffe, O. (2002). Gerontologische Ethik. In: O. Höffe, *Medizin ohne Ethik?* (3. Aufl.) S. 182–201. Frankfurt/M.
Konfuzius (1982). Gespräche (Lun-yu). Übers. u. hrsg. v. R. Moritz. Stuttgart.
Minois, G. (1987). Histoire de la vieillesse en occident de l'antiquité à la renaissance. Paris.

Neuigkeiten über das Alter?

Wolfgang Welsch

Das Alter hat eine vergleichsweise junge Konjunktur. Aber eine große Zukunft. Im Jahr 2050, heißt es, wird Europa und bald darauf die ganze Welt vergreist sein; der Seniorenfilm wird das cineastische Genre der Zukunft bilden; künftig solle man freilich tunlichst nicht mehr von „Senioren", sondern von „best agers" sprechen; in jedem Fall wird die „Quadratur des Greises" die Aufgabe des 21. Jahrhunderts sein.

Von einem Philosophen erwartet man Nüchternheit und Weitblick und von daher möglicherweise eine verläßliche Gesamtschau. Dafür scheint es mir vorab geboten, das Thema über die üblicherweise diskutierten Aspekte hinaus zu erweitern.

I. Erweiterungen

1. Leben und Alter: plurale tantum

Meine erste These besagt: Leben und Alter stehen konstitutiv im Plural. Wir Menschen haben nicht nur *ein* Leben und *ein* Alter, sondern *mehrere* Leben und *mehrere* Alter.

An Geburtstagen mag einem die Vielzahl der Leben bewußt werden. Wer wirklich erwachsen ist, vermag oft zu seinem jährlich wiederkehrenden Geburtstag kein emphatisches Verhältnis mehr aufzubringen, denn er denkt: Was sich an einem solchen Tage jährt, ist doch nur die biologische Geburt. Aber auf diese sind andere Geburten gefolgt. Etwa die psychische Geburt: man gewann seine persönliche Form, die Richtung eines selbstbewußten Lebens. Später mag dann noch eine intellektuelle Geburt hinzugetreten sein: man erlangte ein Verständnis dessen, was es heißt, ein geistiges Leben zu führen (nicht bloß geistigen Tätigkeiten nachzugehen). Schließlich mag manchem noch eine mystische Geburt zuteilgeworden sein: durch ein bestimmtes Erlebnis ging ihm plötzlich der Sinn des eigenen Daseins und vielleicht der ganzen Welt auf – in einer Evidenz, die fortan alles Weitere bestimmt hat. Und nach Auffassung mancher steht uns allen unsere eigentliche Geburt erst noch bevor: die Geburt zum ewigen Leben, die mit dem irdischen Tod erfolgen wird.

Gewiß: Die biologische Geburt ist die Voraussetzung all dieser nachfolgenden Geburten. Sie ist basal, die anderen Existenzen sind ihr gegenüber supervenient. Aber sind für uns Menschen nicht gerade die hinzukommenden Lebensformen von besonderer Bedeutung?

Wenn es sich so verhält, daß wir mehrere Leben haben, dann können wir bereits während unserer biologischen Lebenszeit mehrere Alterns- und Todeserfahrungen machen. Man denke etwa daran, wie einst mit Inbrunst verfolgte Ideale altern und schal werden können. Hoffnungen und Utopien zerbrechen. Man trägt im Lauf seines Lebens nicht nur Freunde, sondern auch Illusionen zu Grabe. Dabei kann die subjektive Erfahrung zugleich auf objektiven Gründen beruhen. Denn auch objektive Gebilde – Epochen, Institutionen, Gedanken – können altern und sterben, und man kann während der eigenen Lebenszeit zum Begleiter und Zeugen solcher Vorgänge werden. Beispielsweise sah Adorno Anlaß, vom „Altern der Neuen Musik" zu sprechen (Vortrag 1954), und Goethe hat die Gesetzlichkeit des zeitbedingten Niedergehens objektiven Sinns so ausgedrückt: „Vernunft wird Unsinn, Wohltat Plage; Weh dir, daß du ein Enkel bist!" (Johann Wolfgang von Goethe, *Faust*, I.Teil, Studierzimmer-Szene, Vers 1976f.).

Die Überzeugung, daß ein individuelles Leben aus der Folge mehrerer Leben besteht, wird zeitgenössisch beinahe zum Standard. Traditionell war dies vor allem von Künstlern her bekannt. Viele haben sehr unterschiedliche Werkphasen entwickelt, haben mindestens zwei unterschiedliche Leben nacheinander gelebt. Tizian und Beethoven beispielsweise hatten zunächst einen Prominenzstil und dann einen reichlich anderen Altersstil. Hokusai soll gesagt haben, was er vor dem dreiundsiebzigsten Jahre geschaffen habe, sei nicht der Rede wert gewesen (nach Benn, 1986, S. 554). Auch bei Philosophen findet sich oft eine Früh- und eine Altersphilosophie, man denke beispielsweise an Schelling oder Wittgenstein. Hinzukommt, daß Altersstil keineswegs an ein hohes Lebensalter gebunden ist. Hölderlins Spätwerk beispielsweise ist kein Alterswerk. Zu Recht weist man heute darauf hin, daß ‚Alter' nicht exklusiv einer Lebensphase zuzuschreiben ist, sondern daß Erfahrung, Lernen und Seneszenz sich in *allen* Lebensphasen finden.

Mit alledem ist verbunden, daß man Altern, Schalwerden und Absterben schon in jungen oder mittleren Jahren erfahren kann – und nicht nur an anderen um einen herum, sondern durchaus am eigenen Leib und in aller Intensität. Man ist durch die eigenen Lebensumbrüche längst mit Alter und Tod vertraut geworden, bevor man in die Schlußkurve der eigenen Lebenszeit einbiegt.

2. Einteilung der Lebensphasen

Wann beginnt, der gängigen Phaseneinteilung des Lebens zufolge, die Altersphase? Den Römern zufolge mit fünfzig. Für die Griechen hingegen erst mit sechzig. Die letztere Datierung war auch später insgesamt weiter verbreitet. Kant beispielsweise hat sie vertreten. Und an ihr hält man in unserem Kulturkreis noch immer fest. Seniorenkarten erhält man mit sechzig.

Freilich sind fixe Zahlen in Lebensdingen immer irgendwie unpassend. Mathematische Exaktheit ist Lebensungenauigkeit. Daher ist es fraglich, ob der gesellschaftliche Usus, eine chronologische Festlegung des Alters vorzunehmen, überhaupt sinnvoll ist, ob wir uns davon nicht eher lösen sollten. Eine derartige Festlegung ist jedenfalls immer nur eine soziale Konstruktion. Und dabei kann, was sich traditionell bewährt hat, inzwischen dysfunktional geworden sein. So dürfte der kulturell überkommene Sechzigerstandard zu dem problematischen Umstand beitragen, daß das faktische Renteneintrittsalter in Deutschland im Durchschnitt bei 60 Jahren liegt – im Unterschied zum gesetzlich vorgesehenen von bislang 65 und demnächst 67 Jahren. Der Topos, daß das Alter mit sechzig beginnt, dürfte mitschuld daran sein, daß ältere Arbeitnehmer zum alten Eisen gerechnet und entsprechend aussortiert werden.

Allerdings läßt sich eine Reform unseres Sprechens vom Alter, welche die Altersgrenze über die sechzig hinaus verschöbe oder gar aufheben wollte, nicht einfach von oben her verordnen. Einer derartigen Alterssprachreform dürfte es ähnlich ergehen wie jüngst der Rechtschreibreform. Die Rede von Lebensaltern gehört zu unserer kulturellen Überlieferung, und dergleichen kann man nicht einfach per Dekret abschaffen. Jedoch unterliegt der Sprachgebrauch immer auch Verschiebungen, und es ist sinnvoll, mit guten Argumenten darauf hinzuarbeiten, daß der offiziöse Altersbeginn hinausgeschoben oder die Rede vom Alter generell flexibilisiert wird. Eines der Mittel dazu kann der Hinweis auf die großen Kompetenzen älterer Menschen (auch im Berufsleben) sein, ein anderes der Aufweis von Alterscharakteristika in allen Lebensphasen. Allerdings gilt es auch hier, ausgewogen und nicht einfach alters-euphorisch zu bilanzieren. In statischen Gesellschaften ist akkumulierte Erfahrung zweifellos wertvoll, in dynamischen (wie den unsrigen) ist sie das immer weniger. Wichtiger als Erfahrungsschatz ist da Flexibilität – und die nimmt mit den Jahren eher ab. Erfahrungszuwachs und Flexibilitätsabnahme ergeben zusammen keine gute Alterskompetenzbilanz. Nüchtern hat diese Verhältnisse Thoreau schon 1854 konstatiert: "Age is no better, hardly so well, qualified for an instructor as youth, for it has not profited so much as it has lost" (Thoreau, 1854/1992, S. 8).

Auf einen Aspekt der griechischen Einteilung der Lebensalter möchte ich noch näher eingehen: auf die Parallelisierung mit den Jahreszeiten. Kindheit, Jugend, Erwachsenenalter, Greisenalter (für die jeweils zwanzig Jahre veranschlagt werden) sollen wie Frühling, Sommer, Herbst und Winter aufeinander folgen. Die Analogisierung hat etwas Nachdenkenswertes. Erstens erinnert sie uns in puncto Leben, Altern und Sterben an unsere Natürlichkeit – und derer vergessen wir in der Moderne allzu leicht. Zweitens impliziert die Analogisierung, daß durchaus der Takt als solcher fortgehen wird – daß er nur nicht mehr *für uns*, sondern für *nachfolgende*, für *andere* Individuen gelten wird. Individualität ist unweigerlich an Zuendegehen gebunden. Einen Weitergang gibt es nur für die Kette – in der der Einzelne dann ein Glied gewesen sein wird. (Ich werde darauf zurückkommen.)

3. Vier Lebensalter – aber jeweils nur eines, das ganz paßt

Viele von uns durchlaufen die Lebensalter nicht kontinuierlich, nicht glatt. Etliche scheinen steckenzubleiben. So wie uns eine bestimmte Jahreszeit die liebste sein kann, so kann ein bestimmtes Lebensalter unser eigentliches sein. Das muß keineswegs das Alter sein. Zwar sind manche von uns erst im Alter ganz richtig – sie sind wundervolle Alte. Aber andere erscheinen uns im Alter eher disproportioniert, wie wenn sie nicht zum Alter und das Alter nicht zu ihnen passen würde. Egal den wievielten Geburtstag sie feiern: sie sind noch immer wie Jugendliche, manchmal gar wie Kinder.

Schopenhauer hat darüber nachgedacht. Im Essay „Vom Unterschiede der Lebensalter" schrieb er, „daß der Charakter fast jedes Menschen Einem Lebensalter vorzugsweise angemessen zu seyn scheint; so daß er in diesem sich vortheilhafter ausnimmt. Einige sind liebenswürdige Jünglinge, und dann ist's vorbei; Andere kräftige, thätige Männer, denen das Alter allen Werth raubt" (Schopenhauer, 1988, S. 518). Nietzsche hat diesen Gedanken Schopenhauers aufgenommen, dabei aber eine für Schopenhauer ungünstige Diagnose gestellt. „*Jede Philosophie*", schrieb er, „*ist Philosophie eines Lebensalters*. – Das Lebensalter, in dem ein Philosoph seine Lehre fand, klingt aus ihr heraus, er kann es nicht verhüten, so erhaben er sich auch über Zeit und Stunde fühlen mag. So bleibt Schopenhauer's Philosophie das Spiegelbild der hitzigen und schwermüthigen *Jugend*, – es ist keine Denkweise für ältere Menschen" (Nietzsche, 1880/1980, 494 [1 271]).

Am umfassendsten hat den Zusammenhang zwischen Lebensalter und Philosophietypus Goethe dargestellt. In den *Maximen und Reflexionen* heißt es: „Jedem Alter des Menschen antwortet eine gewisse Philosophie. Das Kind erscheint als Realist; denn es findet sich so überzeugt von dem Dasein der Birnen und Äpfel als von dem seinigen. Der Jüngling, von innern Leidenschaften bestürmt, muß auf sich selbst merken, sich vorfühlen; er wird zum Idealisten umgewandelt. Dagegen ein Skeptiker zu werden, hat der Mann alle Ursache; er tut wohl, zu zweifeln, ob das Mittel, das er zum Zwecke gewählt hat, auch das rechte sei. [...] Der Greis jedoch wird sich immer zum Mystizismus bekennen. Er sieht, daß so vieles vom Zufall abzuhängen scheint: das Unvernünftige gelingt, das Vernünftige schlägt fehl, Glück und Unglück stellen sich unerwartet ins Gleiche; so ist es, so war es und das hohe Alter beruhigt sich in dem, der da ist, der da war und der da sein wird" (Goethe, 1981, Bd. XII, 540f. [Nr. 1315]). – Wie stellt sich nun (um Goethes Idee zu folgen) das Alter aus der Perspektive der ihm entsprechenden philosophischen Haltung dar?

II. Philosophisches zum Alter

Im I. Teil habe ich eine Linie der Pluralisierung und Flexibilisierung verfolgt: es gibt verschiedene Altersphasen und -phänomene, die alle ihre eigene Charakteristik besitzen. Jetzt will ich mich einer intrinsischen Bestimmung dieser Versionen von Alter zuwenden – eben derjenigen, die sie allesamt zu Formen von Alter macht.[1]

1. Alter und Todesbezug

Meine These lautet: Trotz vieler neuer gesellschaftlicher und medizinischer Entwicklungen und Einsichten hat sich *im Grunde* in Sachen Alter wenig verändert. Das Entscheidende jedenfalls hat sich nicht verändert. Die Grundbestimmung des Alters lautet noch immer: Das Alter ist die Lebenszeit mit dem ausdrücklichsten *Todesbezug*, es ist diejenige Lebenszeit, wo das Ende des Lebens, wo der Tod zum bestimmenden Bezugspol wird. Alt sind wir dann, wenn das Bewußtsein bestimmend wird, daß die Uhr unserer Lebenszeit herunterrinnt, daß sie abläuft.

Gewiß, wir haben, seitdem wir bewußte Wesen wurden, immer schon gesagt bekommen und gewußt, daß unser Leben einmal zu Ende gehen wird. Aber dieses Wissen blieb vergleichsweise abstrakt. Es ist uns nicht in die Fasern gedrungen, hat

---

[1] Einige der folgenden Überlegungen habe ich ansatzweise erstmals dargestellt in Welsch, 2001.

nicht unseren Lebensentwurf tangiert. Ein Jugendlicher kann sich Altsein gar nicht wirklich vorstellen. Er glaubt, praktisch unendlich viel Zeit vor sich zu haben. Er weiß zwar irgendwie, daß seine Lebensspanne begrenzt ist, daß auch er irgendwann einmal alt werden wird. Aber das ist für ihn ein folgenloses Wissen. Etwa so, wie man Kenntnis davon haben mag, daß die Sonne in ein paar Milliarden Jahren erlöschen wird – was einen selber aber doch kalt läßt. Der Jugendliche weiß um das Alter, er sieht auch alte Menschen um sich – und denkt doch innerlich: „so werde ich nie sein". Das gehört zu den nützlichen Fehleinschätzungen unserer Jugendzeit. Im Alter hingegen ist das Wissen um das bevorstehende Lebensende ein eindringliches Wissen, welches das eigene Selbst- und Lebensverständnis grundiert und durchtränkt.

Daß Alter mit Todesbewußtsein zusammengehört, kann man schon unserer alltäglichen Redeweise von ‚Altern' und ‚Alter' entnehmen. Wenn wir von jemandem sagen, er sei alt geworden, dann haben wir den Hauch des Todes an ihm wahrgenommen. Zu einem Kind sagen wir im Abstand einiger Jahre „Wie groß Du geworden bist" oder „Wie erwachsen Du geworden bist", aber nicht „Wie alt Du geworden bist". Das sagen wir nur, wenn wir – vielleicht gerade ob des faktisch noch relativ jungen Lebensalters einer Person erschrocken – die Annäherung an die Endphase wahrnehmen. Und wenn wir unser eigenes Alter angeben, sprechen wir vom Anfang, von der Geburt her: wir sind *inzwischen* so und so viele Jahre alt geworden – aber deswegen doch nicht notwendigerweise ‚alt'. Wenn wir hingegen jemanden nicht bloß ‚so und so alt' (‚alt' relativ gebraucht), sondern schlechthin ‚alt' nennen (‚alt' simpliciter gebraucht), dann sprechen wir im Bewußtsein des Endes seiner Zeit.

Noch einmal: Der Begriff des Alters ist von der Todesnähe nicht zu trennen. Daß in den heute gängigen Reden vom Alter dieser essentielle Bezug zunehmend ausgeblendet wird, muß nachdenklich stimmen. Der Tod wird in unserer Kultur immer mehr verdrängt. Die Bestattungsriten (wenn man von solchen überhaupt noch sprechen kann) sind ein Beleg dafür. Vor allem aber verliert sich das Bewußtsein davon, daß die Hereinnahme des Bezugs zum Tod die Bedingung eines gelingenden Lebens ist (wie ich bald ausführen will).

2. Einstellungsformen

Wenn Alter und Tod konstitutiv zusammengehören, dann hängt für uns vieles daran, welche *Einstellung* wir zu ihnen einnehmen. Für uns Menschen sind ja nicht die biologischen Fakten als solche entscheidend, sondern das reflexive Verhältnis, das wir zu ihnen und ihren Folgen gewinnen. Bekanntlich bestehen in Sachen Alter und Tod verschiedene Einstellungs-Optionen. Sie reichen von der Verdrängung über die Revolte und die Überhöhung bis hin zur Akzeptation.

2.1 Akzeptation [1] – resignativ

Zur Verdrängung habe ich eigentlich nichts zu sagen – manchen Menschen, scheint mir, ist nicht zu helfen. Daher beginne ich gleich mit der Akzeptation. Und zwar mit einer ersten und verbreiteten Form derselben. Sie ist durch einen resignativen Unterton gekennzeichnet, ein Zähneknirschen schwingt mit. Man ist sich darüber im Klaren, daß Altern und Sterben unumgänglich sind und schickt sich notgedrungen ins Unvermeidliche.

Die im Alter zunehmende Gebrechlichkeit mag dem zuarbeiten.[2] Die Verluste summieren sich immer merklicher. Dadurch wird man schließlich endverlustbereit. Man ist müde von den zunehmenden Einbußen; man erinnert sich noch, wie es einmal anders, weit besser war; aber man weiß, daß das nicht wiederkommen wird. Das macht einen einverstanden mit dem Ende. Es reicht einem einfach. Was einem ehedem als Skandal erschienen sein mochte – daß wir sterben müssen –, wird nun zum Wunsch, wird erhofft. Am Ende kann der Tod gar wie eine Erlösung herbeigesehnt werden.

2.2 Revolte – Sterbenmüssen als Skandalon

Aber Akzeptation ist keineswegs die einzig mögliche Haltung. Große Geister haben gegen das uns Menschen zugeteilte Los des Sterbenmüssens vehement aufbegehrt.

Ich erinnere an Sophokles' schneidendes Wort, das Beste für den Menschen sei, nicht geboren zu werden, das Zweitbeste aber, früh zu sterben.[3] Da spricht eine Haltung der Unversöhnlichkeit mit unserer Existenzform. Eine Existenz unter der uns auferlegten Alterns- und Sterbensbedingung ist unwürdig; für Menschen, die welche sind, ist sie unerträglich. Auch die griechischen Götter, die zwar unsterblich sind, aber altern können, hassen Homer zufolge das Alter (vgl. de Beauvoir, 1970/1972, S. 84). Sophokles' Position mag uns fern erscheinen, aber man bedenke, daß auch in anderen Kulturkreisen ein Aufbegehren gegen die *conditio humana* an der Tagesordnung war und ist. Buddha ist das große Beispiel dafür. Die *conditio humana* wurde ihm zum Skandal. Die Begegnung mit einem einzigen Armen, einem einzigen Kranken, einem einzigen Toten genügte, um ihn die Misere der menschlichen Seinsweise erkennen zu lassen. Dagegen hat Buddha dann eine meditative (Körper wie Geist betreffende) Technik entwickelt, die über die Standard-Gebundenheit unserer Seinsweise durch Leiden, Alter und Tod hinausführt. Und viele Menschen folgen ihm noch heute darin – nicht nur in Asien.

2.3 Überhöhung – ein die Endlichkeit übersteigender Funke in uns

Der Protest gegen die Sterblichkeit leitet zu den Strategien der Überhöhung über, unter denen in abendländischer Perspektive zuvörderst von der Philosophie und deren Empfehlung zur Ausrichtung auf das Unsterbliche zu sprechen ist. (Eine andere, in manchem parallele Strategie findet sich in den Weltreligionen.) Als Aristoteles im X. Buch der *Nikomachischen Ethik* (der Schrift, in der er dem gelingenden, dem glückserfüllten Leben nachdenkt) auf die höchste Form menschlichen Lebens zu sprechen kommt, schreibt er: „Wir sollen aber nicht den Dichtern folgen, die uns

---

[2] Die Gebrechlichkeit zu eskamotieren, wie es z.T. Mode geworden ist, scheint mir falsch. Die Gebrechlichkeit mag heute erst später eintreten als früher. Aber gerade im „vierten Alter" (ab ca. achtzig Jahren) ist sie dramatisch – und heute erreichen immer mehr Menschen dieses Alter. Eindringlich hat sich Norberto Bobbio gegen alte und neuere Schönfärbereien des Alters gewandt. Lapidar stellt er fest: „Wer das Alter preist, hat ihm noch nicht ins Gesicht gesehen" (Bobbio, 1996/1999, S. 54).

[3] „Nicht geboren zu sein, das geht über alles; doch, wenn du lebst, ist das zweite, so schnell du kannst, hinzugelangen, woher du kamest" (Sophokles, *Oidipus auf Kolonos*, 1225f.). Ähnlich schon Theognis, 425–428.

mahnen, unser Streben als Menschen auf Menschliches und als Sterbliche auf Sterbliches zu beschränken, sondern wir sollen unser Bemühen, soweit es möglich ist, auf das Unsterbliche ausrichten (*athanatizein*), und alles tun, um unser Leben nach dem einzurichten, was in uns das Höchste ist" (Aristoteles, *Nikomachische Ethik*, X 7, 1177 b 31–34). Aristoteles ist überzeugt, daß uns Menschen inmitten aller Endlichkeit zugleich ein diese übersteigendes Moment innewohnt: der Geist, den er auch als „das Göttliche in uns" bezeichnet (ebd., 1177 b 28). Diese geistige Natur macht den Kern des Menschen, „unser wahres Selbst" aus (ebd., 1178 a 2). Unsere Bestimmung liegt entsprechend darin, unser Leben nicht nach den klein-menschlichen Bedürfnissen, sondern nach diesem „unserem entscheidenden und besten Teil" auszurichten (ebd., 1178 a 3). Wir sollen unserer geistigen Natur gemäß leben.

Dieser Aufgabe gilt es freilich, so sieht es der Vater der Metaphysik, durchaus *innerhalb* der Endlichkeit nachzugehen. Das *athanatizein* faselt nicht von physischer Unsterblichkeit, sondern mahnt zur geistigen Ausrichtung auf das Immergültige. Wer ein Leben des Geistes führt, gewinnt mentale Integrität – und Distanz gegenüber allen Formen der Leugnung des über-endlichen Funkens in uns. Daran kann man umgekehrt die Einseitigkeit der modernen Position und ihrer Versteifung auf die Endlichkeit erkennen. Modern glaubt man, alles, was inmitten des Endlichen auftritt, müsse allein deshalb auch schon gänzlich aus der Endlichkeit ableitbar und völlig durch diese bestimmt sein. Man strebt nicht mehr danach, den die Endlichkeit übersteigenden Funken zum Licht zu entzünden, sondern sucht ihn durch die gebetsmühlenartige Wiederholung und Variation von Endlichkeits-Diskursen zu ersticken.

Die Metaphysik war ein Gegengift gegen derlei Trivialisierung des Menschen. Sie hat uns gemahnt, unser Heil nicht in einer Verabsolutierung der Endlichkeit zu suchen, sondern inmitten der Endlichkeit in geistigen, die Schranken der Endlichkeit übersteigenden Vollzügen zu finden. Diese klassische Überhöhung der conditio humana ist meilenweit entfernt von einer simplen Renitenz gegenüber dem Altwerden, wie wir sie heute beispielsweise in Martin Walsers Roman *Angstblüte* finden, wo ein 71-jähriger sich (mit einiger Anstrengung) einzureden vermag, daß er noch immer jung sei, daß er dem Alter also vielleicht erst mit 73 oder 75 ausgeliefert sein werde. – Dergleichen ist bloß Streckung in die Länge, nicht zur Decke (vgl. auch Kiesel, in diesem Band).

2.4 Akzeptation [2] – intrinsische Endlichkeit der Phänomene unserer Welt wie unseres Lebens

Zuletzt will ich mich nun einer zweiten und anderen Form der Akzeptation als der zuerst erörterten zuwenden. Ihre Grundtonart ist nicht Moll, sondern Dur.

Und damit zu Mozart. Dieser schrieb im Alter von 31 Jahren: „ich lege mich nie zu bette ohne zu bedenken, daß ich vielleicht (so Jung als ich bin) den andern Tag nicht mehr seyn werde". Und er fuhr fort: „und es wird doch kein Mensch von allen die mich kennen sagn können daß ich im Umgange mürrisch oder traurig wäre" (Mozart 1787/1963, S. 41 [1044]). Mozart bezeichnet den Tod sogar als den „wahren, besten freunde des Menschen" und als „den *schlüssel* zu unserer wahren Glückseeligkeit".[4]

---

[4] Dabei denkt Mozart nicht an eine überirdische, sondern an eine ganz und gar irdische Glückseligkeit.

Wie läßt sich der Gedanke, daß man den Tod als Freund ansehen und in die alltäglichsten Lebensvollzüge aufnehmen solle und daß man gerade dadurch voll zu leben lernen werde, verständlich machen? Wenn sich zeigen ließe, daß nicht nur unsere Leiden und Beschränkungen der Endlichkeitsverfassung geschuldet sind, sondern daß auch all unsere Freuden und unser Glück intrinsisch durch diese Endlichkeit geprägt, weil durch sie überhaupt erst *ermöglicht* sind, dann hätte man in der Tat jeden positiven Grund, die Endlichkeit zu bejahen. Sie wäre dann die *ratio essendi* all dessen, was für uns Bedeutung und Wert hat. – Daß dem so ist, will ich nun in mehreren Schritten zeigen.

Endlichkeit heißt zunächst Zeitlichkeit. Mit ‚Zeitlichkeit' meine ich dabei nicht nur die Begrenztheit unserer Lebenszeit, sondern den zeitlichen Charakter von allem, was uns begegnet. Und zwar nicht nur in dem äußerlichen Sinn, daß ein jegliches Ereignis zu einem bestimmten Zeitpunkt auftritt, sondern in dem innerlichen Sinn, daß jedes Phänomen durch eine interne Zeitstruktur charakterisiert ist. Zu Substanzen beispielsweise gehört das Perennieren über eine längere Zeitspanne, zur Lust (nach Nietzsches Wort) der Wille zur Ewigkeit, zur Langeweile die Vergleichgültigung der Zeit, und so fort. Eine zeitliche Charakteristik jeweils eigener Art ist den Phänomenen eingeschrieben.

Üblicherweise meint man nun, die Unerfülltheiten und Glücksversagungen unseres Lebens seien eine Folge der Kürze des Lebens. Hätten wir mehr Zeit zur Verfügung, so wäre alles besser; wäre uns gar unbegrenzte Zeit beschieden, so würde alles vollends gut. Aber machen wir ein Gedankenexperiment. Nehmen wir versuchsweise an, wir hätten ein schier unendlich langes Leben. Dann, so glaubt man, könnten wir alles, was uns jetzt versagt bleibt oder mißglückt, nachholen, besser machen und schließlich vollenden. Mit der Aufhebung der zeitlichen Limitation würden auch die Unvollkommenheiten unserer Existenz (in the long run, the very long run) verschwinden.

Wie wunderbar und doch wie irrig! Der Fehler ist der folgende: Man meint, die Phänomene blieben prinzipiell dieselben, wenn die Extension der Zeit dramatisch gestreckt würde. Wer so denkt, der glaubt, daß die Zeitlichkeit den Phänomenen äußerlich sei. So verhält es sich aber nicht. Bei allem beispielsweise, wofür wir Formulierungen gebrauchen wie „eine Chance ergreifen" oder „eine Gelegenheit verpassen", „den richtigen Zeitpunkt treffen" oder „die Ernte einfahren", und bei allem, was unter solche Formulierungen fällt – also schier alles, was uns im Leben bedeutsam ist (Berufswahl, Liebe usw.) – ist der äußere zeitliche Index zugleich ein innerlicher. Eine Chance erst drei Jahre später ergreifen zu wollen, hieße sie verfehlt zu haben; eine desaströse Beziehung nicht jetzt, sondern erst zehn Jahre später zu beenden, hieße zu lange gelitten zu haben.

Das führt auf den entscheidenden Punkt: Bestünde infolge unbegrenzter Lebenszeit kein Druck, etwas jetzt zu tun, so fiele der Besonderheits- und Entscheidungscharakter weg, der für die genannten Phänomene konstitutiv ist. Damit aber würden diese Phänomene selbst dahinfallen. Zeitlichkeit, Situativität ist für sie konstitutiv. *Man kann nicht die Zeitlichkeitsbedingung aufheben und die Phänomene behalten wollen.* – Die Fiktion einer Heilung unserer Miseren durch unbegrenzte Extension unserer Lebenszeit beruht auf einem prinzipiellen Irrtum.[5]

Gewiß könnte man nun noch immer über das Maß unserer Lebenszeit diskutieren: ob es nicht doch besser wäre, ein paar Jahrzehnte mehr zur Verfügung zu haben. Aber die haben wir inzwischen, mit früheren Generationen verglichen, ja ohnehin. Dennoch haben die Klagen über die zu kurze Lebenszeit nicht abgenommen. Wie töricht und nutzlos diese Klagen sind, hat Voltaire seinen Micromégas aussprechen lassen: „Ich bin in Ländern gewesen, in denen man tausendmal länger lebt als bei uns, und trotzdem beklagte man sich dort auch" (Voltaire, 1752/1989, S. 45). Fragen wir also noch einmal: Wenn die Hoffnung, eine *unbegrenzte* Lebenszeit könne unsere Defizite aufheben, unsinnig ist (sie würde eben zu viel aufheben, nämlich auch all die Phänomene, um die es uns geht), ist dann auch schon die Erwartung unsinnig, eine *in Maßen verlängerte* Lebenszeit würde unsere Situation verbessern? Nicht schlechthin.

Ganz gewiß jedoch in *einem* Sinn. Es gibt eine klassische Antwort an diejenigen, die um ein paar Jahre mehr feilschen. Seneca hat sie gegeben. Er schrieb: „wir haben kein kurzes Leben empfangen, sondern es dazu gemacht; wir sind nicht arm an Leben, sondern gehen damit verschwenderisch um. ... Wenn du das Leben zu gebrauchen verstehst, ist es lang."[6] Und in der Tat: Was würden denn jemandem, der seine bisherigen Jahre nicht zu nutzen verstand, ein paar Jahre mehr bringen? Er würde sie genau so vertun wie die Jahre zuvor. – Nicht die Länge, der *Gebrauch* des Lebens ist unser Problem.[7] Wer über den baldigen Tod klagt, der klagt eigentlich darüber, daß er es nicht versteht, sein Leben zu leben.

Ich resümiere diesen Gedanken: Hätten wir unbegrenzte Lebenszeit zur Verfügung, so wären wir keineswegs die Wesen, die wir sind – bloß länger. Wir wären vielmehr ganz andere Wesen – physisch, mental und semantisch. Eine unbegrenzte Ausdehnung unserer Lebenszeit würde unsere Probleme nicht lösen, sondern die Phänomene, um die es uns geht, auflösen. Der Welt des für uns Bedeutsamen ist die Endlichkeit ebenso tief eingeschrieben wie uns selbst.

---

[5] Ich verdanke den Anstoß zu diesen Überlegungen meinem ersten philosophischen Lehrer, Max Müller. Er schrieb: „In der Welt der Todlosigkeit *müßte* keine Liebe sich *jetzt* ereignen als geschichtlich freie Antwort auf die jetzt fragende und mich ansprechende Freiheit des andern; es wäre genug, wenn man überhaupt einmal und irgendwie die Liebe nachholen würde; alles Versagen wäre reparierbar, jede Entscheidung aufschiebbar, jede Begegnung nachholbar, jedes Glück einholbar und wiederherstellbar und damit in die ‚Öde' und in das ‚Grau in Grau' einer Gleichgültigkeit jedem Augenblick gegenüber getaucht: d. h. der ‚Augenblick' selbst als Grundkategorie des Menschlichen [...] wäre aufgehoben" (Müller, 1964, S. 187).

[6] Seneca, *De brevitate vitae* [49 n. Chr.] 5 [1,3f.] u. 7 [2,1].

[7] Vgl. dazu in der Nachfolge Senecas auch Montaigne: „Die Nützlichkeit des Lebens liegt nicht in der Länge, sie liegt im Gebrauch: Mancher hat lange gelebt, der wenig gelebt hat. [...] Ob ihr genug gelebt habt, hängt von eurem Willen ab, nicht von der Zahl der Jahre" (Montaigne, 1998, 51 [I 20]). „Wußtet ihr es aber nicht zu nutzen, brachte es euch keinen Gewinn, was kümmert euch dann sein Verlust, warum wollt ihr es behalten? *Was willst durch weitere Tage du gewinnen, die dir genauso fruchtlos doch verrinnen?*" (ebd.).

Daher ist nicht ein phantastisches Abrücken von der Endlichkeit der probate Weg. Sondern nur ein konsequentes Einrücken in die Endlichkeit und ein Operieren in und mit ihr bietet uns die Chance, unser Leben recht zu führen und zu den uns möglichen Erfüllungen zu gelangen. Daher ist die Versöhnung mit der Endlichkeit und das Einverstandensein mit ihr die schlechthin empfehlenswerte Einstellung. Wer sie gewinnt, fügt sich nicht bloß sauertöpfisch in die Endlichkeit (Akzeptationstypus 1), sondern entdeckt und begrüßt die Endlichkeit freudig und in allem (Akzeptationstypus 2). Dies ist die Grundhaltung einer „Kunst des Lebens".[8]

III. Alter und Tod aus der Perspektive der Evolution

Bis hierher habe ich kulturell-reflexive Einstellungen zu Altern und Tod dargestellt. Sie befassen sich mit Altern und Tod aus der Perspektive der menschlichen Selbsterfahrung. Auf diese Weise lassen sich jedoch nur *Umgangsformen* mit dem unausweichlichen Faktum entwickeln, daß wir altern und sterben, während dieses Faktum als solches dabei vorausgesetzt bleibt. *Erklärbar* wird es aus der kulturell-reflexiven Perspektive nicht. Diese vermag vielmehr, wie gesagt, nur Formen des Zurechtkommens mit ihm zu entwickeln.

Da liegt es nahe zu fragen, ob wir nicht auf anderem Weg auch eine *Erklärung* dieses Faktums finden könnten. Sollte dergleichen gelingen, so vermöchten wir von da aus unser Altern und unsere Sterblichkeit insgesamt besser zu verstehen. Und vielleicht ließe sich dabei gar ein Sinn entdecken, welcher der bloß subjektgestützten, von unserer Befindlichkeit ausgehenden Reflexion als solcher verschlossen bleibt.

1. Die biologische Erklärung von Alterung und Tod

Tatsächlich hat uns die Wissenschaft der letzten Jahrzehnte, was Alter und Sterbenmüssen angeht, bahnbrechende neue Erkenntnisse geliefert. Wir wissen heute ziemlich genau, warum wir altern und sterben. Insgesamt gibt es zwei große Theorietypen. Der eine erklärt Altern und Tod der Organismen aus stochastischen Abnutzungsprozessen, der andere erklärt sie als Folge genetischer Determination.

Nun spielen Abnutzungseffekte für das *individuelle* Lebensalter gewiß eine Rolle. Wir mögen ein Organ zu sehr strapaziert haben, irgendwann ist die Reparaturfähigkeit überschritten, dann wird es bald mit uns vorbei sein. Hingegen ist die harte, die *artspezifische* Obergrenze, welche die maximal mögliche Lebenserwartung der Individuen einer Art angibt (egal, wie schonend sie mit ihrem Organismus umgegangen sind)

---

[8] Man könnte einwenden, daß meine Ausführungen sich vornehmlich auf den „natürlichen" Tod beziehen, der das Ende eines „normal" langen Lebens darstellt, daß sie hingegen nicht für die Fälle gelten, wo jemand schon in jungen Jahren mitten aus dem Leben gerissen wird. Aber auch das letztere gehört zur Struktur der Endlichkeit, zu dem mit ihr gesetzten prekären Charakter sämtlicher Lebensereignisse. Mozart gab ein Beispiel dafür, wie der Endlichkeitsgedanke gerade auch den frühzeitigen Tod zu akzeptieren hilft. Er schrieb den Brief an den Vater, aus dem ich zitiert habe, aus Anlaß des Todes seines besten Freundes, des Grafen von Hatzfeld, der damals mit 31 Jahren – eben dem Lebensalter, in dem Mozart selbst sich befand – verstorben war.

genetisch festgelegt. *Grundlegend* ist Altern also ein endogener, ein genetisch programmierter Prozeß. Diesen Aspekt will ich nun näher betrachten.

Im Prinzip ist Unsterblichkeit biologisch keineswegs ausgeschlossen. Keimzellen beispielsweise sind potentiell unsterblich. (Ebenso sind das jedoch, gleichsam am anderen Ende, auch die Krebszellen: sie altern nicht mehr und können sich unbegrenzt fortteilen.) Warum aber unterliegen dann, obwohl Unsterblichkeit biologisch möglich ist, die meisten Organismen, die wir kennen, dem Altern und Sterben?

Primär ist Altern der unumgängliche Preis für die Komplexität von Organismen. Wenn ein Organismus unterschiedliche Zelltypen ausbildet, dann tickt für diese Zellen eine Altersuhr. Während der Lebenszeit des Organismus müssen die Zellen sich immer wieder teilen, aber die maximal mögliche Teilungsrate differenzierter Zelltypen ist (anders als die von Keimzellen) limitiert – das wissen wir seit Hayflick (1961). Irgendwann ist das Teilungspotential durch die fortwährenden Teilungen ausgeschöpft, dann ist eben Schluß. Es ist also die mit der Komplexität des Lebens einhergegangene Ausbildung unterschiedlicher Zelltypen, welche die Faktoren Alterung und Tod eingeführt hat. So weit die biochemische Erklärung (vgl. Behl & Moosmann und Ho, Wagner & Eckstein, in diesem Band).

2. Die evolutionistische Erklärung

Nun gilt es allerdings weiter zu fragen, warum die Evolution diese Alters- und Sterbensstrategie etabliert hat. Worin liegt deren evolutionärer Vorteil?

Für die Evolution wären ewig lebende Organismen höchst uninteressant. Sie würden ja keinerlei Entwicklung, keine Anpassung, keine Optimierung erlauben. Ihre Fortpflanzung würde nur auf die ewige Wiederholung des Gleichen hinauslaufen. Aber „nil novi" ist offensichtlich nicht das Prinzip der Evolution.

Mit der geschlechtlichen Fortpflanzung ist nun – über die anfängliche Fortpflanzung durch Zellteilung hinaus (was unbegrenzte Fortdauer bzw. ewige Jugend gewährt) – evolutionär ein ganz anderes Reproduktionsmodell entstanden, das evolutionäre Optimierung erlaubt. Zunächst wurde mit der geschlechtlichen Fortpflanzung freilich ein Risikofaktor eingeführt: die durch sie entstehenden Individuen besitzen doppelte Chromosomen-Sätze, und diese unterschiedlichen Sätze (einer von der Mutter, der andere vom Vater) begründen Unterschiede der durch sie bestimmten Individuen. Die geschlechtliche Fortpflanzung führt also individuelle Variabilität innerhalb einer Art ein. Nun sind aber keineswegs alle dabei auftretenden Neukombinationen auch vorteilhaft. Die Nachkommen können durchaus schlechter als der besser ausgerüstete Elternteil, und sie können (infolge der Kombination) sogar schlechter als beide Elternteile ausgestattet sein. Folglich muß zum Risikofaktor Variabilität ein Optimierung gewährleistender Faktor hinzukommen. Dieser Faktor ist die Selektion. Sie sorgt dafür, daß die Individuen mit einem vorteilhaften Gen-Mix bessere Überlebenschancen und größeren Fortpflanzungserfolg haben, deren Gene also in den folgenden Generationen überproportional vertreten sein werden.

Auf diese Weise erlaubt das Zusammenspiel von Variation und Selektion die sukzessive Fortentwicklung einer Art über zuvor erreichte Optima hinaus. Durch die geschlechtliche Fortpflanzung wird also – das ist ihr evolutionärer ‚Sinn' – eine fortlaufende Optimierung möglich, wie sie zuvor, bei strikt identischer Reproduktion (wie sie etwa noch beim vegetativen Klonen etlicher Pflanzen vorliegt) ausgeschlossen war.

3. Zusammenhang zwischen Fortpflanzung und Tod

Nun besteht aber des Weiteren – und das muß uns hier besonders interessieren – ein evolutionärer Zusammenhang zwischen geschlechtlicher Fortpflanzung und Tod.

Bei den meisten Organismen, die sich sexuell fortpflanzen, folgt auf den Akt der Fortpflanzung sogleich der Tod. Eine Agave beispielsweise wächst normalerweise 8–10 Jahre, dann kommt es zur Blüte, nach der darauf folgenden Befruchtung und Samenbildung aber stirbt die Agave ab. Verhindert man nun jedoch die Blütenbildung durch Abschneiden der Blütentriebe, so kann die Agave bis zu hundert Jahren alt werden. Sie stirbt aber noch immer jeweils in dem Jahr, in dem die Fortpflanzung stattgefunden hat. Noch bei etlichen Fischarten ist es so, daß der Tod unmittelbar auf die Fortpflanzung folgt. Selbst bei höheren Tierformen findet sich dieser Zusammenhang noch: die Männchen des Virginia-Oppossums oder der Breitschwanz-Beutelmaus sterben unmittelbar nach der Paarung. – Bis hierher gilt also das Prinzip „sex = ex" (Prinzinger, 2003).

Die evolutionistische Erklärung für diesen Zusammenhang lautet folgendermaßen: Evolutionär kommt es gar nicht auf das Fortbestehen der Organismen, sondern einzig auf die Weitergabe der Gene an. Also muß ein Lebewesen nur so lange bestehen, bis es seine Gene an eine ausreichende Zahl von Nachkommen weitergegeben hat. Ist das fortpflanzungsfähige Alter vorüber, ist es also auch mit seiner Daseinsberechtigung vorbei.[9]

4. Extendierte Lebenszeit beim Menschen

Aber bei etlichen höheren Tieren ist das anders. Und bei uns Menschen ist es beträchtlich anders. Bei uns ist die Paarung keineswegs letal (sie kann allenfalls als „la petite mort" erlebt werden). Vor allem aber leben wir Menschen noch nach der eigentlich fruchtbaren Zeit auffallend lange. Im Tiervergleich ist es sehr ungewöhnlich, daß die menschlichen Frauen nach der Menopause noch Jahrzehnte weiterleben. Bei anderen Primaten folgen Alter und Tod direkt auf das Ende des Ovulationszyklus. Wir Menschen hingegen leben generell, die Männer eingeschlossen, im Vergleich zu unseren nächsten tierischen Verwandten erstaunlich lange.

Bei den Schimpansen oder Gorillas erreichen nur wenige Exemplare ein Alter von fünfzig Jahren. Wir aber werden schon im Durchschnitt beträchtlich älter. Einzelne menschliche Individuen erreichen gar mehr als das Doppelte des sonstigen Primaten-Maximalalters. Und das ist nicht einfach ein Effekt verbesserter Lebensbedingungen in der Moderne. Schon in Jäger-Sammler-Gesellschaften hatten etliche Menschen die Chance, 65 zu werden – also wesentlich älter als die wenigen Methusalems bei

---

[9] Wobei zur natürlichen Bestimmung des fortpflanzungsfähigen Alters auch zählt, daß bis dorthin nur wenige, außenfaktorenbedingte Negativ-Veränderungen des Erbguts erfolgt sind. Eine Ausdehnung der Fortpflanzungsfähigkeit über diesen Zeitraum hinaus (wie beim Menschen) stellt, was das Erbgut angeht, eine nachteilige Ausnahme dar.

unseren nächsten Verwandten im Tierreich. Selbst *homo habilis* (vor ca. 2,1 Mio. Jahren) konnte bereits ein Alter von 60 Jahren erreichen.

5. Neotenie und verlängerte Lebenserwartung

Wie läßt sich diese stark verlängerte Lebenszeit des Menschen erklären? Vielleicht hängt sie mit der spezifischen Neotenie des Menschen zusammen. Die Exemplare der menschlichen Spezies sind, mit ihren nächstverwandten Primaten verglichen, geradezu konstitutiv juvenil. Ein menschlicher Erwachsener gleicht einem Schimpansen-*Kind*, nicht einem *erwachsenen* Schimpansen. Was beim Schimpansen bloß ein Jugendstadium war, scheint beim Menschen zum Adultstadium geworden zu sein (Bolk, 1926). Dazu gehört dann auch, daß wir Menschen vergleichsweise zu früh auf die Welt kommen („extra-uterines Frühjahr"; Portmann, 1944, S. 58) und in den ersten Lebensjahren (als „sekundäre Nesthocker"; Portmann, 1942, S. 183) stärker als jede andere Spezies auf Fürsorge angewiesen sind – was uns freilich auch den Weg in die Kultur eröffnet: als zu früh geborene Mängelwesen sind wir geradezu zum Hineinwachsen in die Kultur programmiert.

Es scheint nun so zu sein, daß die konstitutive Juvenilität des Menschen unseren gedehnten Zeithorizont für das Erwachsenwerden begründet, also zu unserer langen Lebensspanne geführt hat. Wir Menschen brauchen eben eine sich weit über das biologische Adultstadium, in dem wir immer noch vergleichsweise jugendlich sind, hinaus erstreckende Lebenszeit, um überhaupt relativ erwachsen zu werden. Das werden wir günstigstenfalls im Alter. Erst dann sind wir, vergleichsweise, primatenerwachsen. Wir scheinen also so alt zu werden, wie wir es erstaunlicherweise werden, weil wir so lange benötigen, um erwachsen zu werden.

6. Unsere genetische Lebensuhr

Nur: wirklich alt (mehr als bloß erwachsen) werden wir niemals. Dem steht die maximale Lebenszeit von Angehörigen der Spezies *homo sapiens* entgegen. Die Obergrenze liegt bei 120–125 Jahren, mehr läßt unser genetisches Programm nicht zu. Dann ist definitiv Schluß, dann ist die Lebensuhr abgelaufen. Hier liegt die absolute Lebenserwartungs-Obergrenze für alle Exemplare von *Homo sapiens*.

Das bedeutet auch: Zwar werden die einzelnen Menschen seit einiger Zeit im Durchschnitt immer älter. Aber der Mensch wird nicht prinzipiell älter. 120 bzw. 125 war immer schon das Ende der Fahnenstange. Nur daß, durch kulturelle Faktoren bedingt, inzwischen immer mehr Menschen die Möglichkeit haben, in höhergelegene Regionen dieser Fahnenstange vorzustoßen. Einzelne freilich kamen da schon seit langem recht weit: Pythagoras beispielsweise soll 100 Jahre alt geworden sein, Sophokles brachte es auf gut 90 Jahre, und Kant noch immer auf 80.

7. Die Stoffwechseltheorie

Wie das genetisch fixierte Limit unserer Lebenszeit im Einzelnen zu erklären ist, steht noch in der Diskussion. Eine der Theorien, die Stoffwechseltheorie, lehrt, daß die Lebensdauer (bei uns wie bei anderen Tieren) durch eine Obergrenze des Energieumsatzes definiert ist. Spätestens wenn diese erreicht ist, stirbt das Individuum (Prinzinger, 2003).

Und wir arbeiten in jedem Moment auf das Erreichen der Obergrenze hin. Denn allein schon zur Aufrechterhaltung unserer Lebensfunktionen verbrauchen wir pro Sekunde etwa 100 Watt. Deshalb ist selbst bei sparsamster Lebenshaushaltsführung spätestens mit 120–125 Jahren Schluß. Wobei sich freilich die meisten von uns schon früher verausgabt haben – durch Zusatzanstrengungen, zu denen etwa auch besondere Aufmerksamkeit zählt.

Ich muß den Leser also warnen. Die Lektüre eines Aufsatzes treibt den Energieumsatz drastisch hoch – im Falle sehr großer Aufmerksamkeit sogar auf ein Mehrfaches des Standardumsatzes. Und durch diese Überlegung alarmiert, will ich nun eilig zum Schluß kommen, will zusammenfassen.

IV. Noch einmal zur Sinnfrage

Der Blick in die Biologie hat uns gezeigt, daß hochstehende Organismen für ihre Komplexität den Preis des individuellen Todes entrichten müssen. Aber wir haben auch gesehen, daß bei uns Menschen der ursprüngliche Zusammenhang von Fortpflanzung und Tod nur noch in vergleichsweise milder Form besteht. Bei uns gilt nicht mehr „sex = ex". Als neotenische Kulturwesen haben wir unser Alter sehr weit hinauszuschieben vermocht – und haben auf dieser verlängerten Wegstrecke beispielsweise auch Theorien entwickeln können, die das Altern und Sterben mit Mänteln des Sinns umkleiden.

Allerdings hatte ich zuvor auf eine prinzipielle Grenze der konventionellen Sinngebungsversuche in Sachen Alter und Sterben hingewiesen. Da deren Perspektive auf Selbsterfahrung und subjektiven Sinn beschränkt ist, vermögen sie das Faktum des Altern- und Sterbenmüssens nur als Voraussetzung hinzunehmen, aber nicht mehr zu erklären. Sie können nur die Folgen dieses Faktums mit Sinn ummänteln, nicht diese Wurzel selbst mit Sinn begaben. Im Unterschied dazu vermag die mittlerweile entfaltete evolutionäre Perspektive, da sie noch diese Voraussetzung erklärt, einen weiteren Sinn unseres Altern- und Sterbenmüssens erkennen zu lassen, der der kulturellen Perspektive als solcher verschlossen bleibt.

Dafür ist freilich eine Umstellung verlangt. Wir sollten nicht allenthalben von unserem gewohnten Selbstverständnis ausgehen, sondern uns (zumindest gelegentlich) in die Perspektive der Evolution stellen. Das hinwiederum dürfte weder unmöglich noch unsinnig sein, denn immerhin hat die Evolution uns hervorgebracht, und wir verdanken ihr all die Potentiale (auch den Grundstock der reflexiven Potentiale), die wir in der Kultur ausagieren (Welsch, 2007). Vielleicht würden wir die *conditio humana* generell besser verstehen, wenn wir nicht in allem einfach von uns, wie wir uns erfahren, ausgehen, sondern uns von der Evolution – der biologischen wie der kulturellen Evolution – her begreifen würden.[10]

---

[10] Die Gründe und Möglichkeiten einer solchen Umstellung gedenke ich 2009 in einem Buch mit dem Titel *Homo mundanus – Jenseits des Anthropozentrismus der Moderne* darzustellen.

Die evolutionistische Perspektive macht uns jedenfalls verständlich, daß unser individueller Tod einen guten Sinn hat. Er dient nicht einfach der Freiraumschaffung für die nächste Generation, sondern er ist der notwendige Preis für die evolutionäre Weiterentwicklung. Innovation (von der Moderne so sehr gepriesen) ist evolutionär nur in der Kette der Generationen, nicht durch individuelle Fortexistenz zu erreichen.

Während die zuvor erörterten subjektiven Reflexionen auf eine mögliche Sinnhaftigkeit von Altern und Tod uns nur zum *Einverstandensein* mit der Endlichkeit zu führen vermögen, die für all unser Erfahren und Tun konstitutiv ist, kann uns der Blick auf die *evolutionären Gründe* dieser Endlichkeit zusätzlich die Zuversicht geben, daß ohne uns nichts verloren ist – daß die Entwicklung, die uns hervorgebracht hat, gerade auch nach unserem Dahinscheiden weitergehen wird. Freilich sollten wir uns auch versichert haben, daß wir in unserer Lebenszeit das Unsrige getan haben, daß wir also für die nächsten Generationen das getan haben, was wir konnten – und das bedeutet bei uns Menschen natürlich nicht nur, daß wir unsere Gene weitergeben, sondern daß wir in unserem (sei's noch so kleinen) Wirkkreis das kulturelle Leben der Menschen befördert haben. Wenn dies der Fall ist, dann ermöglicht uns die evolutionäre Perspektive nicht nur, wie die der Endlichkeit, ein freudvolles Leben, sondern darüberhinaus ein beruhigtes Abtreten.

Literatur

Beauvoir, S. de (1970/1972). *Das Alter*. Reinbek: Rowohlt.
Benn, G. (1986). Altern als Problem für Künstler [1951]. In G. Benn, *Essays – Reden – Vorträge* (5. Aufl.; Orig. 1951, S. 552–582). Stuttgart: Klett-Cotta.
Bobbio, N. (1996/1999). *Vom Alter*. München: Piper.
Bolk, L. (1926). On the Problem of Anthropogenesis. Vortrag vor der Royal Academy Amsterdam am 19. Dezember 1925. *Proceedings Royal Academy Amsterdam, Vol. 29 (1926)*, 465–475.
Goethe, J. W. von (1981). Maximen und Reflexionen. In J. W. von Goethe, *Werke*. Hamburger Ausgabe in 14 Bänden (Nachdruck). München: Beck.
Hayflick, L. & P. S. Moorhead (1961). The Serial Cultivation of Human Diploid Cell Strains. *Experimental Cell Research, 25,* 585–621.
Montaigne, M. de (1998). *Essais* (übers. v. Hans Stilett). Frankfurt a. M.: Eichborn.
Mozart, W. A. (1787/1963). Brief vom 4. April 1787 an seinen Vater. In *Briefe und Aufzeichnungen*, Gesamtausgabe, hrsg. von der Internationalen Stiftung Mozarteum Salzburg, gesammelt und erläutert von Wilhelm A. Bauer und Otto Erich Deutsch (Bd. IV: 1787–1857). Kassel: Bärenreiter.
Müller, M. (1964). *Existenzphilosophie im geistigen Leben der Gegenwart*. (3. Aufl.) Heidelberg: Kerle.
Nietzsche, F. (1980). Menschliches, Allzumenschliches. Ein Buch für freie Geister (2. Bd. [1880]). In F. Nietzsche, *Sämtliche Werke*. Kritische Studienausgabe in 15 Bänden, hrsg. v. G. Colli & M. Montinari. München: Deutscher Taschenbuch Verlag.
Portmann, A. (1944). *Biologische Fragmente zu einer Lehre vom Menschen*. Basel: Schwabe.
Portmann, A. (1942). Die Ontogenese und das Problem der morphologischen Wertigkeit. *Revue Suisse de Zoologie, 49/6–17,* 169–185.
Prinzinger, R. (2003). Altern: Stochastischer Verschleiß des Lebens oder deterministische Vorgabe der Evolution? In E. P. Fischer & K. Wiegandt (Eds.), *Evolution – Geschichte und Zukunft des Lebens*. Frankfurt a. M.: Fischer.

Schopenhauer, A. (1988). Vom Unterschiede der Lebensalter. In A. Schopenhauer, *Sämtliche Werke* (Bd. 5, S. 508–530). Mannheim: Brockhaus.
Thoreau, H. D. (1854/1992). Walden. In: B. Atkinson (Ed.), *Walden and other writings of Henry David Thoreau* (pp. 1–312). New York: The Modern Library 1992.
Voltaire (1752/1989). Micromégas. In Voltaire, *Mikromegas. Erzählungen*. München: Goldmann.
Welsch, W. (2001). Kunst des Alterns? In M. Friedenthal-Haase, G. Meinhold, K. Schneider & U. Zwiener (Eds.), *Alt werden – alt sein* (S. 19–45). Frankfurt a. M.: Lang.
Welsch, W. (2007). „L'antropologia oggi", in: G. Chiurazzi (Ed.), *Pensare l'attualità, cambiare il mondo. Su Gianni Vattimo*. Mailand: Bruno Mondadori 2008.

Ausblick

Chancen und Herausforderungen einer alternden Gesellschaft

Jürgen Kocka

I. Weltweite Alterung

Das 20. Jahrhundert war ein Jahrhundert des Bevölkerungswachstums, das 21. Jahrhundert wird ein Jahrhundert des demographischen Alterns sein. Zwischen 1900 und 2000 vervierfachte sich, trotz aller Kriege und Katastrophen, die Weltbevölkerung von 1,5 auf 6 Milliarden. Dieses Wachstum wird sich so nicht fortsetzen. Bis 2050 erwartet man „nur" noch eine Zunahme um 50%, danach weiteren Rückgang der Wachstumsrate. In innerer Verbindung damit altert die Bevölkerung. Europa hat schon heute mehr Menschen im Alter von über 60 als im Alter von unter 15. Aber die Prognosen sagen, dass Asien diese Altersverteilung immerhin schon 2040, der amerikanische Kontinent sie wenig später erreichen wird. Für die Mitte des 21. Jahrhunderts ist zu erwarten, dass es weltweit mehr Menschen über 50 als Menschen unter 15 gibt (vgl. UNO, 2004).[1] In allen Erdteilen wird nach Schätzungen der UNO auch zukünftig die Lebenserwartung steigen (Abb. 1).

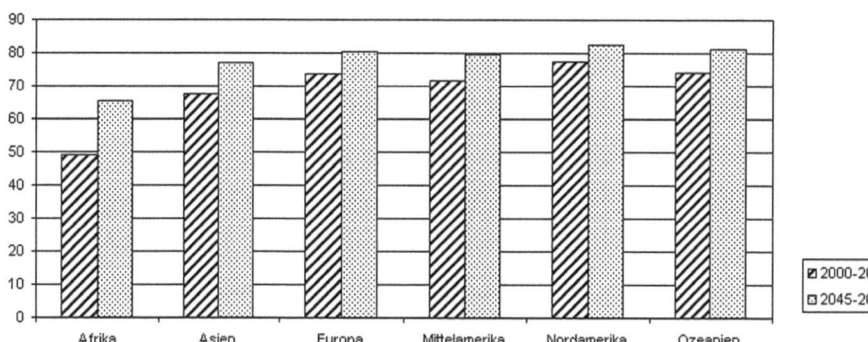

Abb. 1. *Lebenserwartung nach Geburt (in Jahren)*
Quelle:
Population Division of the Department of Economic and Social Affairs
of the United Nations Secretariat: World Population Prospects:
The 2004 Revision, Highlights, New York 2004, 10.

---

[1] Ich danke Rainer Heuer für wichtige Anregungen, Recherchen und Kritik.

Dieser Prozess des demographischen Alterns hat bekanntlich zwei Komponenten, zum einen – früh startend – wachsende Lebenserwartung, zum andern – etwas später beginnend – abnehmende Geburtlichkeit (vgl. auch Dinkel, in diesem Band).

Während in Europa die Lebenserwartung der 1880 Geborenen bei den Frauen 47 und den Männern 44 Jahre betrug, können die 1980 geborenen Europäer im Durchschnitt erwarten, als Frauen 78 und als Männer 71 Jahre alt zu werden. Schaut man immer auf die Länder, deren Bevölkerungen die zum jeweiligen Zeitpunkt höchste Lebenserwartung hatten, springt man also – methodisch problematisch – mit der eigenen Statistik von Land zu Land (vgl. Oeppen & Vaupel, 2002, S. 1030–1031), dann ergibt sich der Eindruck, dass dieser Trend zur zunehmenden Lebenserwartung in einigen Teilen der Welt, vor allem im wirtschaftlich entwickelten Westen, seit 150 Jahren im Gange ist und in jeder Dekade eine Verlängerung der Lebenserwartung von etwa 2,5 Jahren erbrachte. Bis zum Zweiten Weltkrieg resultierten die derart „gewonnenen Jahre" vor allem aus Siegen über Säuglings- und Kindersterblichkeit; heute konzentriert sich der Fortschritt auf die späteren Lebensabschnitte, so dass auch die Lebenserwartung derer kräftig wächst, die schon 50 oder 60 Jahre alt sind. 60-Jährige hatten in Deutschland um 1900 noch durchschnittlich 13 bis 14 Jahre vor sich, heute dagegen 19 (als Männer) und 23 (als Frauen) – Tendenz rasch steigend (vgl. Statistisches Bundesamt, 2003; Imhof, 1981).

Die Zunahme der Lebenserwartung resultierte nicht nur aus medizinischem Fortschritt, sondern auch aus steigendem Lebensstandard, verbesserter Hygiene, zunehmender Bildung und sich ändernder Lebensführung, wobei das Zusammenspiel dieser Faktoren historisch und geographisch stark variiert. Weiterhin sind die Lebenserwartungsunterschiede zwischen Regionen, Ländern und Kontinenten groß. Auffällig ist, dass in der Sowjetunion und im kommunistischen Teil Europas die Lebenserwartung seit den 1960er Jahren stagnierte und im ersten postkommunistischen Jahrzehnt teilweise gar abnahm. Aber insgesamt hat das letzte Jahrhundert eine weltweite Konvergenz der Mortalitätsmuster und Lebenserwartungen gebracht. Die globale Lebenserwartung nähert sich 70 Jahren. Man kann vermuten, dass der Trend sich fortsetzen wird, obwohl neue und wiederkehrende Seuchen, Umweltgefahren und die Fettleibigkeit schon der Jüngsten in einigen Ländern neue Fragezeichen setzen. Katastrophen sind überdies niemals ausgeschlossen. Die demographischen Prognosen haben sich schon oft geirrt.

Auch der Rückgang der Geburtenziffern ist nicht nur ein europäisches, sondern ein weltweites Phänomen. Er begann in Europa im späten 19. Jahrhundert, zunächst vorsichtig. Er beschleunigte sich seit den 1950er Jahren und erreichte seit den 1970er Jahren vielenorts Werte unterhalb der Schwelle von 2,1 Kindern pro Frau, die man gegenwärtig im Durchschnitt erreichen muss, um eine Bevölkerung ohne Zuwanderung zahlenmäßig zu reproduzieren. In Südeuropa und Osteuropa liegt die Geburtenziffer bei niedrigen 1,3 Kindern pro Frau. Ähnlich tiefe Ziffern finden sich in Japan, Südkorea und den ökonomisch entwickeltsten Teilen Chinas, anders als in den geburtenfreudigen USA und anders als in den ärmsten Entwicklungsländern mit ihren hohen Geburtenraten um fünf Kinder pro Frau. Aber, so hat man errechnet, schon heute lebt mehr als die Hälfte der Weltbevölkerung in Ländern oder Regionen, in denen die Geburtlichkeit tiefer liegt als für die zahlenmäßige Reproduktion nötig wäre.

Die Geburtlichkeit liegt beispielsweise in Thailand und Taiwan unterhalb der Reproduktionsschwelle, die in Sri Lanka und Chile mal gerade erreicht wird, und selbst das große Brasilien wächst mit einer Ziffer von 2,4 nur noch langsam aus eigener Kraft. Zugrunde liegen Veränderungen in der Wirtschaftsweise und in der Lebensweise, die Zunahme von Wohlstand und Bildung, Änderungen in der Alterssicherung, in den Geschlechterverhältnissen und in den Mentalitäten, auch die Trennbarkeit von Sexualität und Fortpflanzung, vor allem seit der „Pille" der 1960er Jahre – schwer zu analysierende Faktorenbündel mit hoher historischer und geographischer Varianz, aber mit erstaunlich konvergenten Resultaten. Diese verwundern wenig, wenn man bedenkt, dass sich Länder und Regionen gegenseitig beobachten und beeinflussen, und wenn man in Rechnung stellt, dass medizinisches Wissen, Konsumwünsche und Lebensstile auch grenzüberschreitend wandern (vgl. Wilson, Aaron & Harper, 2006; mit weiterführender Literatur).

Damit sei zumindest angedeutet, dass mit dem Thema „Alter(n)" kein nationales, sondern ein transnationales und der Tendenz nach globales Phänomen zur Debatte steht. Was national als drohende Schrumpfung erscheint, mag weltweit – angesichts ansonsten drohender Übervölkerungs-, Umwelt- und Ressourcenprobleme – auch als Segen zu erkennen sein. Zur Einschätzung der von Land zu Land und von Kontinent zu Kontinent sehr unterschiedlichen sozialen und politischen Folgen des demographischen Wandels sei daran erinnert, dass die heutige Alterung der Bevölkerung Deutschlands und Europas das bisher letzte Ergebnis eines hundert bis einhundertfünfzig Jahre währenden „demographischen Übergangs" ist, der sich dagegen in den Entwicklungsländern auf 25 bis 30 Jahre zusammendrängt (vgl. Kirk, 1996).

Andererseits darf dieser globale Blickwinkel nicht davon ablenken, dass sich die skizzierten Trends von Kontinent zu Kontinent und von Land zu Land sehr unterschiedlich ausprägen. Europa führt die Entwicklung mit einem deutlichen Abstand an, den andere Kontinente erst in den nächsten Jahrzehnten und kaum zur Gänze „aufholen" werden. Man erwartet, dass der Anteil Europas an der Weltbevölkerung zwischen 2000 und 2030 von 12 auf 6 Prozent fallen wird. Und Deutschland ist, was die Alterung angeht, ein Spitzenreiter. Das liegt nicht an exzeptioneller Lebenserwartung; die ist bei uns hoch, aber nicht höher als in anderen wohlhabenden Ländern. Es liegt vielmehr an der bei uns besonders niedrigen Geburtlichkeit. Seit 1972 werden in der Bundesrepublik Jahr für Jahr weniger Geburten als Todesfälle registriert. Heute liegt die Geburtenziffer in Deutschland zwischen 1,3 und 1,4 Kindern pro Frau, ähnlich tief wie in Japan. Tiefer liegen in der OECD nur südeuropäische und osteuropäische Länder; die meisten anderen europäischen Länder, speziell Großbritannien und Frankreich, sind deutlich geburtenfreudiger, erst recht gilt das für die USA. Auch bei großzügigster Einwanderungspolitik wird die deutsche Bevölkerung also nicht nur weiter altern, sondern auch schrumpfen (bis 2050 um etwa 10 Prozent). Wir haben, so Franz-Xaver Kaufmann, kein Überalterungsproblem, sondern vielmehr ein Unterjüngungsproblem, und zwar in stärkerer Ausprägung als viele andere, im Übrigen vergleichbare Länder (Kaufmann, 2005; vgl. auch Kaufmann, in diesem Band).[2]

---

[2] Damit hängt wechselseitig zusammen, dass der Anteil der über 65-Jährigen an der Gesamtbevölkerung in Deutschland 18 Prozent beträgt und hier bis 2050 auf 32 Prozent klettern soll. Diese Zahlen sind leicht oberhalb des EU-Durchschnitts: 16 bzw. 30 Prozent.

II. Die Debatte über die gesellschaftlichen Folgen

Die Debatte über die gesellschaftlichen Folgen des demographischen Alterns wird weltweit und vielstimmig geführt. Niemand bezweifelt, dass die resultierenden Veränderungen tiefgreifend sind, auch neu und historisch ohne Vorbilder, wenngleich schrittweise, über Jahrzehnte gestreckt und insofern nicht revolutionär.

Bisweilen werden die Chancen betont, zukunftsoptimistisch und hoffnungsfroh, vor allem von anglo-amerikanischen Autoren. Sie malen den außerordentlichen Gewinn an Lebenszeit aus, den wir erreicht haben, und die dahinter liegenden Fortschritte ökonomischer, wissenschaftlicher und medizinischer Art. Und sie führen aus, dass die markante Verlängerung des Lebens auch neue, zeitlich gestreckte intergenerationelle Beziehungen möglich macht, auch neue Muster von Alterssymmetrie und Generationenkooperation. Während beispielsweise ein Fünftel der 1900 in den USA geborenen Kinder zu Waisen wurden, bevor sie das 18. Lebensjahr erreichten, werden zwei Drittel aller 2000 geborenen Kinder noch im Alter von 18 Jahren mit beiden Großelternpaaren kommunizieren können, wenn in der Regel auch nicht in einem Haushalt unter einem Dach. Im Alter von 30 hatten nur noch ein Fünftel der 1900 Geborenen zumindest einen lebenden Großelternteil; dagegen können dies drei Viertel der 2000 Geborenen erwarten. Die Chance zum lang währenden intergenerationellen Kontakt, auch zur intergenerationellen Unterstützung, liegt in heutigen Gesellschaften mit ihrer längeren Lebenserwartung und ihrem zahlenmäßig ausgeglicheneren Verhältnis zwischen den Altersgruppen viel höher als in den jungen, rasch wachsenden Gesellschaften vor hundert oder hundertfünfzig Jahren, jedenfalls im Westen. "Older people are no longer the other", schreibt Sarah Harper (2006).

Meistens aber werden, besonders in Deutschland, die Lasten und Gefahren betont, die mit dem demographischen Altern verbunden sind. Vor allem werden die unguten Wirkungen beschworen, die vom Altern auf den Sozialstaat ausgehen, der durch das sich verschiebende numerische Verhältnis zwischen Erwerbstätigen und Rentnern wie durch die ansteigenden Kosten für Pflege und Gesundheit im hohen Alter überfordert zu werden droht. Fiskalische Probleme des Staates und neue Altersarmut werden prognostiziert. Die Möglichkeit neuer Verteilungskämpfe, die Gefahr eines Krieges der Generationen wird nicht nur von Feuilleton-Autoren beschworen, obwohl es dafür bisher keinerlei harte empirische Evidenz gibt. Mit seriöseren Argumenten sagen Ökonomen voraus, dass mit abnehmender Erwerbstätigenzahl – die durch Zuwanderung ja nur begrenzt kompensiert werden kann – das ökonomische Wachstum insgesamt absinken werde; manche vermuten, dass mit dem zunehmenden Alter der Erwerbstätigen die Dynamik, die Innovationsfähigkeit der Wirtschaft leiden werde – sehr zum Nachteil Deutschlands im internationalen Wettbewerb mit Ländern, die weniger stark altern oder schrumpfen. Überhaupt sehen viele eine Korrelation zwischen zunehmender Langlebigkeit und abnehmender Innovationsbereitschaft. Andere sehen voraus, dass die Schrumpfung zur partiellen Entvölkerung ganzer Landstriche führen wird, mit bedrohlichen Folgen für die infrastrukturelle Versorgung und den sozialen Zusammenhalt, zu verschärfter regionaler Ungleichheit mit problematischen politischen Folgen. Schließlich wird mit guten Gründen darauf aufmerksam gemacht, dass die Alterung, soweit sie aus dem Geburtenrückgang resultiert, auf eine geschwächte

Zukunftsfähigkeit unserer Gesellschaft verweist, die es nicht nur versäumte, durch die Investition in Kinder für die Zukunft zu sorgen, sondern auch das zukunftsentscheidende „Humankapital" in Form von Investitionen in Bildung und anderes soziales Kapital zu fördern, weil zuviel in den Konsum und auch in die Alimentierung der Alten gesteckt wird (zum Zusammenhang von Erwerbstätigkeit und Wirtschaftswachstum vgl. Schmidt, in diesem Band; Börsch-Supan, 2004; zu den volkswirtschaftlichen Konsequenzen des Alterns aus international vergleichender Sicht vgl. Martins et al., 2005; über den demographischen Wandel auf dem Land vgl. Bucher, Schlömer & Lackmann, 2004; über den Wandel in der Stadt vgl. Bundesamt für Bauwesen und Raumordnung, 2006; über Innovation, Humankapital und Altern vgl. Krey & Meier, 2005 und Berlin-Institut für Bevölkerung und Entwicklung, 2006.) Die Lasten, Gefahren, ja Schrecken der demographischen Alterung sind uns bewusster als die erhoffbaren und erreichbaren Chancen.

Hoffnungen kontra Befürchtungen, Chancen versus Belastungen – statt sie allgemein abzuwägen, möchte ich sie, exemplarisch, an zwei großen Problembereichen untersuchen: am Thema „Altern und Arbeit" sowie am Thema „Altern und zivilgesellschaftliches Engagement". Beide hängen aufs Engste zusammen.

III. Altern und Erwerbsarbeit

Das Verhältnis von Altern und Arbeit steht im Zentrum der aktuellen gesellschaftspolitischen Diskussion (vgl. Ehmer, 2001; Bertelsmann-Stiftung, 2006).[3] Ausgangspunkt ist oftmals die wachsende Kluft zwischen einem sinkenden Erwerbsarbeitsaustrittsalter auf der einen Seite, der steigenden Lebenserwartung auf der anderen. Sozialpolitiker meinen, dass diese Entwicklung die Leistungsfähigkeit der Sozialkassen überfordern und letztlich das System sozialer Sicherung gefährden wird. Massenmedien beschwören den Beginn eines heftigen Verteilungskampfes zwischen den Generationen.

Der Rückgang der Erwerbstätigkeit älterer Menschen ist ein Massenphänomen des letzten Jahrhunderts, in allen industrialisierenden und industrialisierten Gesellschaften, jedenfalls des Westens. Noch am Ende des 19. Jahrhunderts nahm die große Mehrheit der Älteren an der Erwerbsarbeit teil, zur Mitte des 20. Jahrhunderts nur noch eine Minderheit. In der zweiten Hälfte des 20. Jahrhunderts beschleunigte sich dieser Trend. Die Erwerbstätigkeit von über 65-Jährigen ist in den letzten Jahrzehnten fast völlig zum Erliegen gekommen, und auch bei den 60–64-Jährigen drastisch gesunken, also lange vor dem gesetzlich festgelegten Beginn des Ruhestands. Seit den 1970er Jahren schieden auch die 55–60-Jährigen zunehmend aus dem Erwerbsleben aus, und in den ersten Ansätzen war dies kürzlich auch schon für die unter 55-Jährigen erkennbar (Abb. 2). Wir können einen säkularen Prozess abnehmender Erwerbsbeteiligung im Alter konstatieren, der auf immer jüngere Altersgruppen trifft. Dieser Trend hat – in Verbindung mit der steigenden Lebenserwartung – dazu geführt, dass in den westlichen Gesellschaften im Laufe des 20. Jahrhunderts eine lange Ruhestandsphase

---
[3] Das Thema hat auch an prominenter Stelle Eingang ins Programm der Großen Koalition gefunden (vgl. CDU, CSU und SPD, 2005).

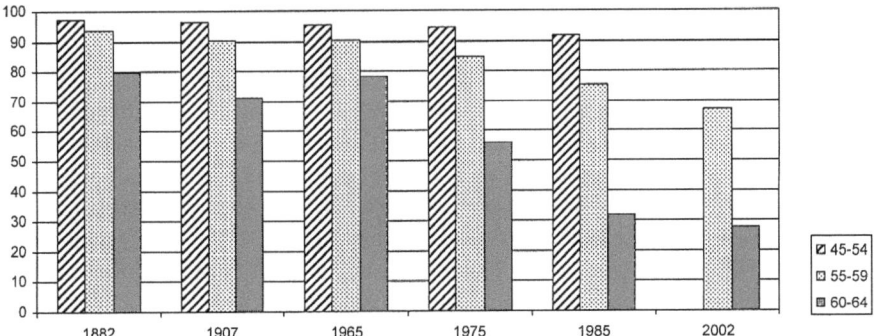

Abb. 2. *Erwerbstätigkeit im Alter von 45 bis 64 Jahren, 1882–2002, Deutsches Reich/Bundesrepublik, Prozente der Altersgruppe (Männer)*
Quelle: Josef Ehmer, Sozialgeschichte des Alters, Frankfurt 1990, 141–142. Zahlen für 2002 aus: Renate Büttner, Höhere Erwerbsbeteiligung in Westdeutschland – Mehr Arbeitslosigkeit und Frühverrentungen in Ostdeutschland, in: Altersübergangsreport 2005-02.

zum Massenphänomen und zum eigentlichen Kennzeichen des „Alters" geworden ist (vgl. auch Schmidt, in diesem Band).

In Deutschland war bis vor kurzem der Anteil der über 60-Jährigen an der Gesamtzahl aller Erwerbstätigen mit knapp 3 Prozent besonders gering (ähnlich in Frankreich); dagegen lag der Anteil der über 60-Jährigen an der *labor force* in den USA mit sechs Prozent doppelt, in Japan mit 12,5 Prozent viermal so hoch. Dem entsprechend war der Anteil des Bruttosozialprodukts, der aus öffentlichen Kassen für Renten, Pensionen und dergleichen ausgeben wird, in Deutschland mehr als doppelt so hoch wie in Japan oder USA. Deutschland nahm also seine Älteren und Alten besonders entschieden aus dem Arbeitsmarkt heraus und alimentiert sie besonders großzügig.[4]

Es ist, auch im Hinblick auf den richtigen Umgang mit den Verhältnissen heute, kurz zu fragen, aus welchen Gründen sich der Ruhestand international so breit durchgesetzt hat. Ich folge Josef Ehmers am Beispiel Österreichs belegter Analyse und nenne einige Faktoren, die zu unterschiedlichen Zeiten in verschiedenen Mischungen kausal relevant waren. Da ist zum einen der Rückgang des Selbständigenanteils an den Erwerbstätigen von ca. 60 Prozent (1900) auf ca. 10 Prozent (2000). Selbständige neigten und neigen zum längeren Verbleib im Erwerbsleben, weil sie im Durchschnitt mit ihrer qualifizierten, Entscheidungsspielräume bietenden und Eigenverantwortlichkeit fordernden Tätigkeit stark verbunden sind, auch besser verdienen und in ihrer Arbeit mehr Flexibilität zur Anpassung an das sich verändernde individuelle Leistungsvermögen besitzen. Auch wurden die Selbständigen erst sehr spät in die gesetzliche Altersversicherung einbezogen. Vorreiter für den modernen Ruhestand waren in Österreich und Deutschland die Beamten, an ihnen orientierten sich die Angestellten mit ihren Forderungen und Erfolgen, und die Angestellten fungierten als

---

[4] Zahlen für 1995 vgl. Anderson & Hussey, 2000. Allerdings resultiert dieser internationale Unterschied zum Teil aus der in den Vergleichsländern unterschiedlichen Gewichtung zwischen privater Vorsorge und öffentlich finanzierter Altersversorgung.

Rollenmodell für die Arbeiter. Der gesetzlich geregelte, öffentlich finanzierte Ruhestand ist ein Phänomen der Arbeitnehmergesellschaft, die sich erst im 20. Jahrhundert durchgesetzt hat (vgl. Lederer, 1913/1979).

Zum andern ist der Arbeitsmarkt zu nennen, der Ältere der Tendenz nach benachteiligt. Teils aufgrund tatsächlich abnehmender Leistungskraft besonders im sich technologisch schnell entwickelnden, oft hohen körperlichen Einsatz verlangenden gewerblich-industriellen Bereich. Dann aufgrund krankheitsbedingter Ausfälle, deren Zahl mit dem Alter zunimmt sowie verbreiteter Stereotypen vom Alter als leistungsschwach und weniger tauglich. Schliesslich aufgrund der Verfügbarkeit Jüngerer als Alternative besonders unter Bedingungen des Überangebots brauchbarer Arbeitskräfte. Aus solchen Gründen waren und sind einstellende Arbeitgeber bis heute geneigt, sich der – oft auch noch teureren – älteren Beschäftigten zu entledigen, bekanntlich bis in den Bereich der leitenden Manager hinein. Jemanden in öffentlich finanzierte Rente oder Pension abzuschieben, zum Teil auch schon vor der gesetzlichen Zeit, bot sich als billiger und sozial akzeptierter Ausweg oft an, sofern die Gesetzgebung dies erlaubte oder sogar erleichterte. Anderswo wurden alternative Wege zur vorzeitigen Beendigung des Arbeitsverhältnisses gewählt, wie Abfindungen und die Inanspruchnahme öffentlicher Transferzahlungen an Erwerbslose. Das Maß, in dem die betroffenen Arbeitnehmer dies akzeptierten oder begrüßten, variierte u. a. mit der Qualität, den Anforderungen und der Attraktivität der jeweiligen Arbeit und mit der Höhe der nach Beendigung des Arbeitsverhältnisses zur Verfügung stehenden Bezüge. Die Intensität der Arbeit hat in den letzten Jahrzehnten weiter zugenommen, jedenfalls in einigen Bereichen, etwa am zunehmend dichter ausgelasteten Fließband im immer schärfer durchgeplanten Arbeitsprozess der internationalen Automobilindustrie. Nach einer österreichischen Statistik fühlen sich gegenwärtig 37 Prozent der Männer bei der Verrentung krank (das heißt aber auch, 63 Prozent fühlten sich gesund).

Auch die Einführung und der Ausbau, die zunehmende Zugänglichkeit und die zunehmende Auskömmlichkeit der Rentenversicherungen und Pensionssysteme, mit ärmlichen Anfängen seit 1891 im Kaiserreich [in anderen Ländern später], seit den 1950er Jahren aufs Kräftigste ausgebaut, beschleunigten ihrerseits den Trend zum Ruhestand als einem flächendeckenden Phänomen, wenn sie ihn auch nicht begründeten. Seit der Weltwirtschaftskrise wurde die Altersversicherung oftmals zur Verringerung der Arbeitslosigkeit bemüht, durch verbreitete und teure Frühverrentung der Älteren.

Diese Faktoren haben sich nun, zusammengenommen, in Deutschland als besonders wirkungsstark erwiesen. International ergeben sich erhebliche Unterschiede in der Erwerbsbeteiligung der 55–64-Jährigen, die wohl auch zeigen, wie politisch gestaltbar diese Sachverhalte sind (Abb. 3). In den letzten Jahren ist der Erwerbstätigenanteil an den 55–65-Jährigen jedoch auch in Deutschland wieder angestiegen. Möglicherweise findet eine Trendwende statt (vgl. Kraatz, Rhein & Sproâ, 2006): Wirtschaftswachstum und Reformpolitik wirken zusammen. So stieg die Erwerbstätigenquote der 55- bis 64-Jährigen in Deutschland im Zeitraum von 1995 bis 2003 um 1,6 Prozent (vgl. Walwei, 2006). Zwischen 1996 und 2005 hat sich das durchschnittliche Rentenzugangsalter für Altersrenten um ca. 1 Jahr auf 63 Jahre erhöht; allein seit 2003 um ein halbes Jahr (vgl. Brussig & Wojtkowski, 2006).

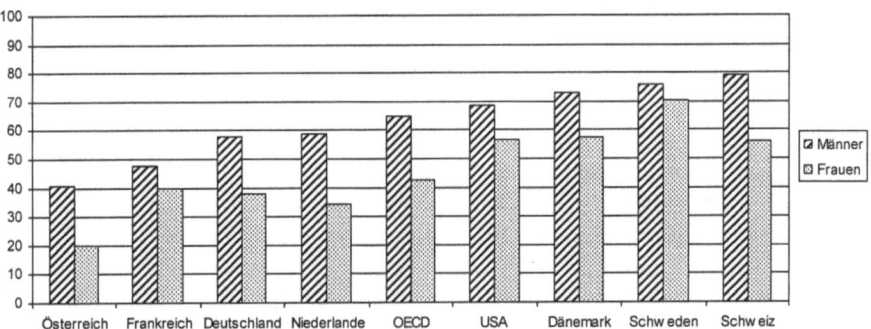

Abb. 3. *Erwerbsquote im Alter von 55 bis 64 Jahren in ausgewählten OECD-Ländern, 2004, Prozente*
Quelle: OECD, Employment Outlook, Paris 2006, 254–259.

Aufs Ganze gesehen ist die flächendeckende Durchsetzung des Ruhestands eine beispiellose Erfolgsgeschichte, eine Errungenschaft, die sich bisher nur die wohlhabenden Teile der Welt leisten. 84 Prozent der über 60-Jährigen erhalten Rente und Pension im Durchschnitt aller OECD-Länder, dagegen kommen nur 20 Prozent der über 60-Jährigen in Lateinamerika in diesen Genuss, nur etwa 10 Prozent in Südostasien und weniger als 5 Prozent im subsaharischen Afrika (vgl. World Bank Report, 1994). Während die Demographie des Alterns weltweit konvergiert, tut das die soziale Absicherung der Alten nicht.

Wie sehr die Durchsetzung des Ruhestands für die breite Bevölkerung in Europa und den anderen OECD-Ländern eine Erfolgsgeschichte ist, wird klar, wenn man bedenkt, dass über die Jahrhunderte, bis ins späte 19. Jahrhundert hinein, die große Mehrheit der Bevölkerung bis zum Lebensende oder bis zur Invalidität erwerbstätig war, also arbeitete und arbeiten musste. Zwar gibt es seit Jahrhunderten Diskurse über glückliches Altern und Ratgeberschriften, die Wege zur Selbstläuterung, zur Weisheit, zum zurückhaltenden Einsatz der abnehmenden Kräfte im milden, freien Licht der Abendröte des Lebens empfahlen. Aber über die Jahrhunderte richtete sich diese Literatur an Wohlhabende, Besitzende und irgendwie Gesicherte, an Fürsten, Adlige, Beamte und Bürger, an Personen der Ober- und Mittelschicht. Das Leben als Mühe und Arbeit – so der Psalm – hieß für die große Mehrheit: Mühe und Arbeit bis zum Ende des Lebens; und zwar Mühe und Arbeit meist in zunehmender Altersarmut; die war weit verbreitet, vor allem auch in der Form des Wechselns in schlechter bezahlte, unregelmäßige und wenig qualifizierte Tätigkeiten gegen Ende des Lebens (oft mit Wohnsitzveränderung verknüpft). Alter, Mühsal und Armut, diese Begriffe gingen traditionell für die große Mehrheit zusammen. Lange stellte auch die gesetzliche Rente nicht mehr als ein Zubrot bereit, das die Erwerbsarbeit der Alten nicht überflüssig machte, sondern ergänzte. Erst seit der Mitte des 20. Jahrhunderts wurde die Rente in Ländern wie Deutschland zur Basis für einen einigermaßen abgesicherten, erwerbsarbeitsfreien Lebensabend der breiten Bevölkerung. „Die große historische Bedeutung der sozialen Rentenversorgung liegt darin, die Notwendigkeit einer lebenslangen Erwerbsarbeit aufgehoben zu haben", die in den allermeisten Fällen gerade in den letzten

Lebensjahren viel mehr Last als Lust, Plackerei statt Selbstverwirklichung gewesen ist. Die Einführung des Ruhestands brachte einen Zuwachs an sozialer Gleichheit, denn der arbeitsfreie Lebensabend war früher, wie gesagt, ein Privileg von Wenigen gewesen (vgl. Göckenjan, 1988).

Die Altersphase wurde aber mit der Durchsetzung des Ruhestandes viel schärfer und präziser als je zuvor vom vorhergehenden Lebenslauf abgehoben und abgegrenzt. Alter wurde nun zunehmend durch Ruhestand definiert. Dieser Abschnitt eines „dritten Alters" (vgl. Laslett, 1989) außerhalb der Erwerbsarbeit und mit neuen Möglichkeiten wurde und wird von der großen Mehrheit der in den Genuss dieser Regelung kommenden Menschen begrüßt, hoch geschätzt und entschieden verteidigt.

Doch diese Regelung entstand, als die Lebensarbeitszeit früher begann und tatsächlich oft bis ins Alter von 65, 70 Jahren oder länger dauerte, und als die darauf folgende Rentnerzeit aufgrund kürzerer Lebenserwartung auf wenige Jahre begrenzt war. In den letzten hundert Jahren ist die der Erwerbsarbeit gewidmete Lebensphase dagegen durch längere Schulzeit und früheren Übergang in irgendeine Form des Ruhestandes für Männer um etwa ein Fünftel geschrumpft (für Frauen allerdings, im Zuge ihrer verstärkten Teilnahme an der Erwerbsarbeit, gewachsen). 40 bzw. 30 Jahren des bezahlten Erwerbslebens steht – wenn man, wie häufig der Fall, im Alter von 57 Jahren aus dem Erwerbsleben ausscheidet – heute die Erwartung von 22 (Männer) bis 26 (Frauen) Jahren nach der Erwerbsarbeit gegenüber, und dies auf einem finanziellen Niveau, das meist eine gewisse, wenn auch meist leicht reduzierte Erhaltung des Lebensstandards ohne jede Erwerbsarbeit verspricht.[5] Dies für Personen, die jedenfalls zwischen 60 und 80 Jahren meist noch relativ gesund und leistungsfähig sind, zumindest viel gesünder und leistungsfähiger als früher.[6] Nimmt man den gesetzlich festgelegten Ruhestandsbeginn in den Blick, konnten in Deutschland 2004 die Männer durchschnittlich knapp 15 und die Frauen knapp 19 Jahre lang Ruhestandsgeld erwarten (vgl. Verband der deutschen Rentenversicherungsträger, 2005).

Dies ist ein für die Gesellschaft und die staatlichen Finanzen sehr kostspieliges System, das sich selbst ein wohlhabender Sozialstaat auf Dauer nur schwer leisten kann. Es ist ein System, das durch die frühe Ausgliederung der Älteren aus dem Arbeitsmarkt die Massenarbeitslosigkeit nicht gelindert, sondern diese über den Umweg zusätzlicher Lohnnebenkosten noch verschärft hat (vgl. Börsch-Supan, 2004). Es ist ein System, das es – aufgrund der scharf gesetzten Zäsur zwischen Arbeit und Nichtarbeit an einem kalendarischen Punkt im Lebenslauf – den Älteren und Alten erschwert, die Möglichkeiten und Chancen eines tätigen Lebens auszuschöpfen, die mit längerer Lebenszeit und Gesundheit eigentlich hinzugekommen sind. In einer Gesellschaft, die so sehr als Arbeitsgesellschaft konstruiert ist wie die unsere, trägt das zur Marginalisierung der Älteren und zu ihrer Exklusion aus dem Hauptstrom der Gesellschaft bei. Das System hat schließlich ein Gerechtigkeitsproblem in Bezug auf die Verteilung von Pflichten und Rechten zwischen den Generationen, denn zur

---

[5] Die Ziffern 22 bzw. 26 Jahre gelten für Österreich (vgl. Ehmer, 2001).
[6] Über die Abnahme der Lebenserwerbsarbeitszeit am Beispiel Englands vgl. Johnson und Zaidi, 2004: Die Autoren vergleichen eine in den frühen 1860er Jahren geborenen Kohorte mit einer in den frühen 1970er geborenen.

Alimentierung der Alten sind die Leistungen der Jungen gefordert, ohne dass dies durch eindeutige Leistungsfähigkeitsdifferenzen zwischen beiden begründet wäre.

Abstrakter formuliert: Es besteht eine ausgeprägte Diskrepanz zwischen den Möglichkeiten der Erwerbstätigen, die bedeutend älter werden und erheblich länger leistungsfähig bleiben als früher einerseits, und den noch vorherrschenden institutionellen und gewohnheitsmäßigen Bedingungen andererseits, die in einem früheren „Altersregime" entwickelt und festgeschrieben wurden, und die es sehr erschweren, dass jene neuen Möglichkeiten realisiert werden können. Die Nichtwahrnehmung neuer Möglichkeiten aufgrund veralteter Rahmenbedingungen ist aber ein Problem, das im Interesse optimaler Lebensqualität der Individuen im Alter wie im Hinblick auf die Leistungsfähigkeit und die Gerechtigkeit der Gesellschaft als ganzer gelöst werden müsste.[7]

Was ist zu tun? Vier Perspektiven seien genannt: Zum einen sind die Einfluss- und Bedingungsfaktoren zu überprüfen und so zu verändern, dass die Anreize und Spielräume zur Verlängerung der Lebenserwerbsarbeitszeit zunehmen. Dazu gehört – kulturell – die Kritik an Stereotypen, die Alter mit Untätigkeit und Untauglichkeit assoziieren. Dazu gehört – institutionell – der Umbau der relevanten sozial- und arbeitsmarktpolitischen Instrumentarien, ein Umbau, der auf dem Weg ist, wenn auch sehr langsam. Die Erhöhung des Rentenalters auf 67 Jahre ist ein Schritt in die richtige Richtung, wenngleich die Entscheidung für die Entlassung oder das Ausscheiden aus der Erwerbsarbeit, oft lange vor der Erreichung des gesetzlichen Renten- und Pensionsalters, dadurch nur sehr bedingt beeinflusst wird. Dazu gehören aber vor allem – personalpolitisch – die Entdeckung des Wertes der Arbeit der Älteren in den Betrieben wie auch die Suche nach personalpolitischen Praktiken, die in den Betrieben bestehende Hindernisse gegen die Beschäftigung Älterer abbauen. Die vorliegenden Ergebnisse wirtschafts- und verhaltenswissenschaftlicher Forschung bestätigen die These vom altersbedingten Leistungsfähigkeitsverlust nicht, jedenfalls für viele Arbeitsbereiche vor allem außerhalb der unmittelbaren Produktion und der harten körperlichen Arbeit. Von dieser These gehen aber die Leitungen vieler größerer Betriebe immer noch aus, wenn sie über 50-Jährige so gut wie gar nicht mehr beschäftigen. Doch scheint da einiges in Bewegung, die wahrscheinlich auf uns mittelfristig zukommende Knappheit an qualifizierten Arbeitnehmern wird ein Übriges tun. Man wird überdies dafür sorgen müssen, dass – Stichwort Seniorität – tarifliche und arbeitsrechtliche Vorgaben die älteren Arbeitnehmer für das Unternehmen nicht teurer machen als es ihrer Produktivität entspricht. Das ist ein schwieriger Akt (vgl. Filipp & Mayer, 2005).[8]

Zum andern ist verstärkt zu versuchen, die Arbeitnehmer für die Anforderungen einer anspruchsvollen, sich rasch verändernden und selbst durch Wettbewerb

---

[7] Grundsätzlich ähnlich der Ansatz bei Matilda White Riley et al., 1994, darin vor allem auch die Arbeit von Martin Kohli, Work and Retirement. A Comparative Perspective.

[8] Zu den politischen Reformen vgl. Eichhorst, 2006. Einführend in die Diskussion über die Produktivität älterer Beschäftigter vgl. Börsch-Supan, Düzgün & Weiss, 2006 und Skirbekk, 2004. Für praktische Handlungsansätze in den Betrieben vgl. Morschhäuser, Ochs & Huber, 2003.

bedrängten Arbeitswelt optimal vorzubereiten und auszustatten. Neben der Gesundheitsvorsorge gehört dazu vor allem Weiterqualifikation, d. h. lebenslanges Lernen, das früher beginnen muss, nicht mit fünfzig enden darf und bei uns weiterhin unterentwickelt ist (vgl. Bosch, 2004; Staudinger, 2003). <u>Drittens</u> ist bemerkenswert, dass zwar die Flexibilisierung oder Fluidisierung der Erwerbsarbeit seit Mitte der 90er Jahre rasch zugenommen hat, die Flexibilisierung als Antwort auf altersbedingte Bedürfnisse aber nicht (oder kaum). Zu solcher Flexibilisierung würde die Erleichterung des Stellenwechsels Älterer im jeweiligen Betrieb gehören, auch die Erleichterung des Wechsels auf altersgemäße, nach Anforderung und Bezahlung abgeschichtete Stellen in anderen Betrieben und Bereichen sowie vor allem auch die Verflüssigung des Übergangs von der Erwerbsarbeit in den Ruhestand. Unter den geringfügig, d. h. bis zu 15 Stunden pro Woche beschäftigten Personen finden sich in Deutschland überproportional viele 55–64-Jährige. Darin könnte sich der Wunsch älterer Menschen nach mehr Flexibilität ausdrücken (vgl. Bundesministerium für Familie, Senioren, Frauen und Jugend, 2005). Ähnlich wie die Durchsetzung des lebenslangen Lernens würde die Verflüssigung des Übergangs in die Rente oder Pension zu der immer wieder geforderten Auflockerung der starren Dreigliederung Ausbildung – Erwerbstätigkeit – Ruhestand beitragen, die die Arbeitsbiographien der meisten von uns weiterhin strukturiert. Dieses rechtlich verfestigte Korsett entspringt bürokratischem Ordnungsdenken und gewerkschaftlichen Schutzinteressen, oft allerdings auch den Wünschen der betroffenen Arbeitnehmer. Es hat über die Konstruktion eines scharf definierten Ruhestandsbeginns die (immer früher anfangende) Altersphase hermetischer vom sonstigen Leben abgetrennt, als es früher der Fall war. Es trägt zur Marginalisierung und Exklusion der Alten bei. Diese Departementalisierung des Lebenslaufs ist vor allem dysfunktional, wenngleich solche Grenzziehungen auch verbreiteten mentalen Bedürfnissen nach Voraussagbarkeit und Ordnung entsprechen (vgl. Kohli, 1985).

Die drei genannten Strategien würden die zu wünschende längere Einbeziehung der Älteren ins Erwerbsleben akzeptabler machen und befördern. Sie würden den Übergang in den Ruhestand flexibler gestalten. Sie würden indirekt Beiträge zur Verringerung der Arbeitslosigkeit leisten, wie sie umgekehrt vom Abbau der Arbeitslosigkeit erleichtert würden. Aber jetzt kommt die Einschränkung: Auch wenn und soweit solche Schritte gelingen, steht zu erwarten, dass die gewachsenen Anforderungen der modernen Arbeitswelt auch zukünftig gerade auch viele Ältere überfordern. Arbeitnehmer sind an Gesundheit, hohem Einkommen, akzeptablen Arbeitsbedingungen, eigenem Handlungsspielraum, Anerkennung und guter sozialer Einbindung in die Betriebe interessiert (vgl. Henke, 2000). Auch bei bestem Willen aller Beteiligten und auch nach der Ausschöpfung zweifellos vorhandener Reformpotenziale wird es aber viele Arbeiten, Betriebe und Arbeitsbereiche geben, die diese Bedingungen nur zum Teil oder gar nicht erfüllen. Mehr Last als Lust, das gilt für große Teile der bisherigen Geschichte der Arbeit (Kocka, 2005), und es gilt für große Teile der modernen Erwerbsarbeitswelt auch heute. Viele Arbeiten und Arbeitsverhältnisse sind trotz technologischen Wandels und trotz aller Versuche zur „Humanisierung der Arbeitswelt" in den letzten Jahrzehnten bis auf weiteres nicht gut geeignet, Selbstverwirklichung zu ermöglichen und Lebenssinn zu begründen. Man kann – und sollte

– für weitere Verbesserungen kämpfen und Plackerei, Routine und Entfremdung in der Arbeit weiter reduzieren. Doch gibt es (historisch nur langsam zu verschiebende) Grenzen der Veränderbarkeit der Erwerbsarbeit, besonders unter den heutigen Bedingungen zunehmender und weltweiter Konkurrenz nach kapitalistischem Muster. Man wird deshalb gut verstehen und im Rahmen des Möglichen respektieren, dass viele Arbeitnehmer früh in den Ruhestand streben, um andere Lebensmöglichkeiten zu realisieren. Deshalb kommt es viertens darauf an, über Arbeit jenseits der Erwerbsarbeit nachzudenken, die für die Alten in Frage kommt und von ihnen geleistet werden kann. Ich komme damit zum Thema Altern und Zivilgesellschaft.

IV. Die jungen Alten und die Zivilgesellschaft

Es gibt nicht nur Erwerbsarbeit und Ruhestand, nicht nur Markt und Staat, es gibt vielmehr etwas dazwischen, was seit anderthalb bis zwei Jahrzehnten vielerorts als Zivilgesellschaft (oder Bürgergesellschaft) diskutiert wird. Es handelt sich um die Welt der selbst organisierten Initiativen, Bewegungen, Netzwerke und Organisationen, der Vereine und Selbsthilfegruppen, der Nachbarschaftsinitiativen und der NGOs zwischen Staat und Markt. Es handelt sich um einen Tätigkeitstypus, der weder der Logik des Marktes noch den Gesetzmäßigkeiten staatlicher Verwaltung folgt, sondern eine eigene Logik besitzt, nämlich die Logik der Freiwilligkeit, der Selbstorganisation, der Anerkennung von Vielfalt und Differenz, der Ehrenamtlichkeit, des partikularen, aber gemeinsamen und verantwortlichen Einsatzes für allgemeinere Dinge, für das gemeine Wohl (so unterschiedlich dieses von den verschiedenen zivilgesellschaftlichen Akteuren auch verstanden wird). Wenn man den Markt nicht für die Lösung aller Probleme, sondern auch für einen Ort der Entstehung neuer Probleme hält, und gleichzeitig zu erkennen meint, dass der Staat als nachsorgender oder vorsorgender Sozialstaat sich nicht nur übernehmen kann, sondern oft bereits an seine Grenzen gekommen ist, dann wird man das zivilgesellschaftliche Projekt in unserem Teil der Welt als die große Hoffnung des 21. Jahrhunderts ansehen (vgl. Kocka, 2004). Aber auch wer da anders urteilt und skeptischer ist, mag zivilgesellschaftliche Alternativen zu Markt und Staat – in unserem Fall: Alternativen zu marktbezogener Erwerbsarbeit und untätigem Ruhestand im Alter – für erwägenswert halten, um gesellschaftliche Probleme mit lösen zu helfen und zugleich dem „dritten Alter" zusätzlichen Sinn und Einbindung zu geben. Das Spektrum der Betätigungsmöglichkeiten ist breit und erweiterbar. Es reicht von der Tätigkeit der „Leihomas" und der Mithilfe bei vorschulischen Angeboten an Kinder mit Einwanderungshintergrund über das Engagement in einer politischen Partei und den Einsatz für Naturschutz oder Menschenrechte bis hin zur Betreuung von alten Alten durch junge Alte und zum Beistand beim Kampf gegen Einsamkeit.

Deutschland besitzt eine starke zivilgesellschaftliche Tradition. Die einschlägigen Untersuchungen zeigen, dass die zivilgesellschaftlichen Aktivitäten in den letzten Jahren an Intensität und Verbreitung gewinnen. Gemessen an Häufigkeit von Ehrenämtern, Mitgliedschaften in entsprechenden Organisationen und Mitarbeitsengagement der Bürger gehört Deutschland – mit den skandinavischen Ländern, Großbritannien, den Benelux-Ländern und Österreich – zur europäischen Spitzengruppe.

Aber die Zivilgesellschaftsfähigkeit ist im Lande ungleich verteilt: Mittelschichtangehörige engagieren sich stärker als Angehörige der Unterschicht, Gebildete mehr als Ungebildete, Erwerbstätige mehr als Erwerbslose sowie mittlere Jahrgänge stärker als Alte und Junge. Nach Angaben von 2004 waren hierzulande 38% der 14–59-Jährigen in Vereinen, Bewegungen, Selbsthilfegruppen und Nachbarschaftshilfen mehr als peripher engagiert, aber nur 30 Prozent aller über 60-Jährigen (vgl. Gensicke, Picot & Geiss, 2005).

Blickt man genauer hin, dann sieht man, dass das traditionelle Ehrenamt in Vereinen und Verbänden für Ältere die häufigste Form des zivilgesellschaftlichen Engagements darstellt, und zwar vor allem bei Sportvereinen, geselligen Vereinigungen, kirchlichen bzw. religiösen Gruppen und wohltätigen Organisationen. Dagegen ist das Engagement der Älteren in Nachbarschafts- und Bürgerschaftsinitiativen, politischen Gruppierungen und im Bildungsbereich, aber auch in Seniorengenossenschaften und -selbsthilfegruppen relativ gering. Aber auch für Bereitschaft zur Übernahme von Ehrenämtern gilt: Sie ist bei den 45–54-Jährigen am höchsten (auch höher als bei jungen Erwachsenen); sie nimmt dann von Lebensjahrzehnt zu Lebensjahrzehnt ab, und zwar nicht ausschließlich aus gesundheitlichen Gründen (vgl. Künemund, 2006).[9]

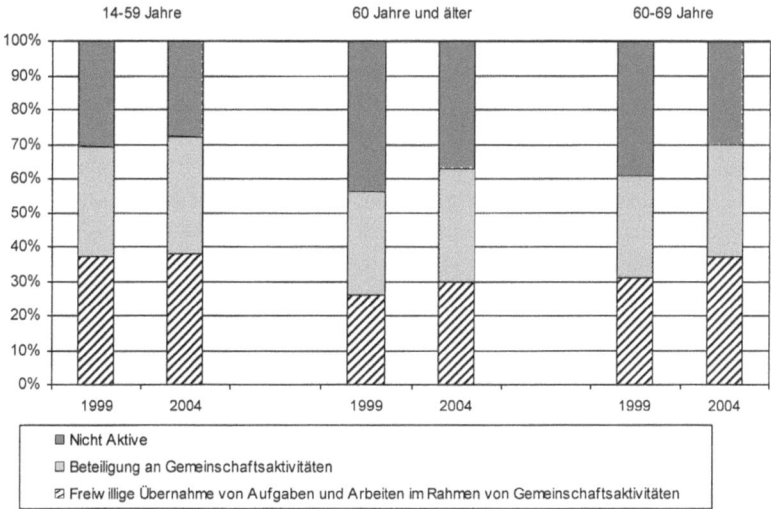

Abb. 4. *Aktivität und Engagement außerhalb von Beruf und Familie in Vereinen, Organisationen, Gruppen und Einrichtungen, verschiedene Altersgruppen, Prozente*
Quelle: Thomas Gensicke, Sibylle Picot und Sabine Geiss, Freiwilliges Engagement in Deutschland 1999–2004, München 2005, 313.

Jedoch haben das bürgerschaftliche Engagement und erst recht die Engagementbereitschaft der Ältern und Alten im letzten Jahrzehnt erheblich zugenommen, und zwar in stärkerem Maß als dies bei den jüngeren Jahrgängen der Fall war (Abb. 4).

---
[9] Ich danke Eckhard Priller für eine entsprechende Aufschlüsselung der Daten des European Social Survey (ESS 1 von 2002/03).

Das gilt besonders für die Altersgruppe der 60–70-Jährigen. Ältere über 60 bekunden überdies unter allen Altersgruppen das stärkste politisch-öffentliche Interesse. Parteien, die bekanntlich am Mangel jüngerer Mitglieder leiden, finden am ehesten 65–75-Jährige zur Übernahme von Ehrenämtern bereit. In Organisationen, die sich für humanitäre Hilfe, Menschenrechte und Minderheiten einsetzen, sind die über 75-Jährigen unter den Ehrenamtlichen stärker vertreten als jedes andere Altersjahrzehnt! (vgl. Gensicke, 2006). Vieles scheint in Bewegung in diesem vielgestaltigen, ausbaufähigen Bereich der zivilgesellschaftlichen Aktivitäten, in diesem sozialen Raum zwischen Staat, Markt und Privatsphäre.

Gerade weil sich die Erwerbsarbeitswelt aus angebbaren Gründen gegen ihre Auflockerung sträubt, und gerade für die Lebensphase nach der vollen Erwerbsarbeit, bietet das Engagement in Vereinen, Initiativen und selbstorganisierten Einrichtungen Chancen zur sinnvollen Betätigung, zur Kompetenzerhaltung und -entwicklung, zur Selbstbestätigung, sozialen Anerkennung und Inklusion für die Älteren und Alten, beliebig dosierbar und abschichtbar, je nach Grad und Art des Alterns, das ja viele Gesichter hat. Bisweilen ergeben sich so Kontakte mit den Angehörigen anderer Altersgruppen.[10]

Umgekehrt scheint mir eine moderne Gesellschaft wie die deutsche auf Energiezufuhr in diesem Bereich zwischen Markt und Staat absolut angewiesen zu sein. Nie zuvor waren die 60–80-Jährigen so zahlreich, gesund, im Durchschnitt auch wohlhabend und relativ gebildet wie heute. Das ist ein – bei weitem nicht ausgeschöpftes – Potenzial, das der aus vielen Gründen wünschenswerten Stärkung und Dynamisierung der Zivilgesellschaft einen entscheidenden Impuls geben könnte.

Wie man dazu motivieren, wie man dies erleichtern kann, bliebe zu überlegen. Von großer Bedeutung ist, dass der Übergang von der Erwerbsarbeit in verschiedene Formen zivilgesellschaftlichen Engagements erleichtert wird. Dabei kann Altersteilzeit hilfreich sein. Eine wichtige Rolle spielen auch die Unternehmen, die das Engagement ihrer Mitarbeiter bereits vor dem Eintritt in den Ruhestand fördern können. Unter den Schlagworten „secondment" und „corporate volunteering" gibt es zahlreiche gute Beispiele, in denen Unternehmen in diesem Sinn gesellschaftliche Verantwortung übernehmen (vgl. Barkholdt, 2006). Überhaupt ist wichtig, die Übergänge zu erleichtern. Man sollte es – auch gegen etablierte Interessen – erleichtern, im Ruhestand Nebenverdienste zu haben und auch Ehrenamtlichkeit mit kleinen Zusatzverdiensten verbinden. Neue Arten von Selbständigkeit müssten leichter entstehen können. Erwerbsarbeit und zivilgesellschaftliches Engagement treten häufig in ein und derselben Person auf, man sollte die qualitative Differenz zwischen beiden durch Tarife, Verordnungen und Verbote nicht allzu strikt ziehen. Im Grunde geht es um eine Erweiterung des Arbeitsbegriffs über die Erwerbsarbeit hinaus, auf die sich die

---

[10] Begrüßenswert ist die Initiative der Bundesregierung, bis zum Jahr 2010 ein Netz von zunächst 439 „Mehrgenerationenhäusern" zu bauen, in denen Betreuungs- und Dienstleistungen unterschiedlicher Art im Zusammenwirken der Generationen angeboten werden sollen, unter Einbeziehung geförderter ehrenamtlicher Arbeit. FAZ, 18.11.2006, S. 1: Bund fördert Zusammenleben der Generationen; ebd., S. 3: Zusammenprall der Generationen (ein Erfahrungsbericht über das Leben in einem Stuttgarter Mehrgenerationenhaus, das jedoch für Frauen geeigneter zu sein scheint als für Männer).

einstmals umfassendere Vorstellung von Arbeit im 19. und 20. Jahrhundert tendenziell eingeengt hat. Es geht um die Transformation der (Erwerbs-)Arbeitsgesellschaft in die Tätigkeitsgesellschaft (vgl. Dahrendorf, 1992; Gorz, 1994; Kocka, 2005, S. 186–206).

V. Zwischenergebnis

An dieser Stelle zeigt sich ein verallgemeinerungsfähiger Ertrag der bisherigen Überlegungen: Um die wachsende Zahl gesunder, im Grunde leistungsfähiger, partizipationsbereiter Alter angemessen einbeziehen zu können, und zwar sowohl im Interesse ihrer Lebensqualität als auch im Interesse der Leistungsfähigkeit der Gesellschaft, ist es notwendig umzubauen, die überlieferten Strukturen der Gesellschaft zu weiten, zu lockern, zu revidieren. Die Zunahme der Alten erhöht den Veränderungsdruck auf die Gesellschaft, den Reformdruck (wenn man so will), den Druck zur Durchführung von Umbaumaßnahmen, die ohnehin auf der Agenda stehen. Es ist – um auf angrenzende Gebiete zu blicken – offensichtlich, wie das eklatante Altern unserer Gesellschaft ebenfalls den Druck zur Reform des Bildungssystems, zum Ernstmachen mit dem Prinzip des lebenslangen Lernens, zum Umbau des Sozialstaats, zu planvolleren Zukunftsinvestitionen erheblich steigert. Um dies zu erkennen, ist es allerdings notwendig, nicht nur auf das Altern und die Alten, sondern auf den ganzen Lebenslauf und die Gesamtgesellschaft zu blicken.[11]

Wenn dies eine zutreffende These ist, dann ergibt sich aus ihr auch, dass das Altern eine Gesellschaft nicht immobilisiert oder entdynamisiert, sondern – im Gegenteil – zu rascherer Veränderung drängt. Ob unsere politischen Institutionen und unsere Mentalitäten dem gewachsen sind und auf diesen demographisch verstärkten Veränderungsdruck angemessen reagieren können, muss sich noch zeigen. Jedenfalls folgt aus dem Platz Deutschlands weit oben auf der Rangordnung des Älterwerdens nicht notwendig ein hinterer Platz im Hinblick auf Veränderbarkeit, Plastizität und Reformfähigkeit. Im Gegenteil.

VI. Hohes Alter und Tod

Die bisherige Argumentation ist am Leistungsgedanken und am Leitbild des homo faber orientiert gewesen: der Mensch als tätiges, wenngleich nicht notwendig erwerbstätiges Wesen; die Gesellschaft zwar auch sub specie Gerechtigkeit, aber doch vor allem unter den Gesichtspunkten der Leistungs- und Wettbewerbsfähigkeit, der Dynamik und Neuerung. Auf diese Fluchtpunkte hin ist die voranstehende Argumentation übers Altern orientiert. Sie ist dem Leitbild einer lernfähigen, aktiven, selbstbestimmten, zur Veränderung geneigten Altersphase verpflichtet. Könnte man dagegen nicht die Vision vom Alter als einer Zeit der Ruhe, des Stillstands, ja der

---

[11] Es ist das Programm der von den beiden Akademien Leopoldina und acatech eingesetzten Arbeitsgruppe „Chancen und Probleme einer alternden Gesellschaft. Die Welt der Arbeit und des lebenslangen Lernens", die Probleme Altern, Arbeit und lebenslanges Lernen in „systemischer" Weise zu diskutieren, d. h. unter Einbeziehung des Blicks auf den Lebenslauf und die Gesellschaft insgesamt. Mehr Informationen unter www.altern-in-deutschland.de.

Rückentwicklung setzen? Sollte man das Alter nicht besser als Freiraum der Spiritualität und der Kontemplation, des sich Ausklinkens und der Vorbereitung auf den Tod modellieren? (vgl. Estes & Mahakian, 2001; Martinson, 2006; Reday-Mulvey, 2005, S. 191f; Walker, 2002)

In Reaktion auf diesen sehr ernst zu nehmenden Zweifel wäre zu zeigen, dass sich auch unsere wohlhabende Gesellschaft einen riesengroßen, wachsenden Block von stillgestellten, aus den Hauptströmen des Lebens ausgeklinkten, voll alimentierten Existenzen – die an sich anders könnten – nicht leisten kann. Das Argument wird nur noch zwingender, wenn man den nationalen durch einen globalen Gesichtswinkel ersetzt. Ich hoffe überdies aufgezeigt zu haben, dass verfrüht beginnende Inaktivität und vermeidbare Rückentwicklung der eigenen Fähigkeiten mit Grundprinzipien menschenwürdigen Lebens nicht gut vereinbar sind. Schließlich aber wäre vor allem zweierlei einzuräumen:

Einerseits: Es gibt sehr unterschiedliche Wege, erfolgreich zu altern. Wichtig scheint mir, dass die Freiheit der Wahl besteht und die realen Voraussetzungen für Wahlfähigkeit möglichst erfüllt werden. Zweifellos kann es nicht darum gehen, alle zwischen 60 und 80 Jahren (oder länger) entweder zur Erwerbsarbeit oder zum zivilgesellschaftlichen Engagement zu zwingen. Es gibt Drittes und Viertes und Anderes: Familie, Bildung, Kontemplation, Kunst, Muße, Nichtstun. Es geht um das Recht und die tatsächliche Fähigkeit der Einzelnen, all dieses und weiteres in wechselnden Gewichten zu amalgamieren, ohne im Alter (oder in einer früheren Lebensphase) auf das eine oder andere allzu einseitig eingeengt zu sein. Aber es geht eben immer auch darum, wie die gesellschaftlichen und politischen Anreize gesetzt werden.

Andererseits: Die voranstehenden Überlegungen bezogen sich fast ausschließlich auf die „jungen Alten", das „dritte Alter", das heute Viele auf die Jahre zwischen ca. 60 und ca. 80 datieren. Sie bezogen sich nicht auf das „vierte Alter", das in vielen Fällen schon lange vor 80 beginnt und das häufig durch Schwächung der Kräfte, alterstypische Krankheiten, Multimorbidität und Hilflosigkeit gekennzeichnet ist und durch Todesnähe definiert wird. Ich folge den Argumenten des kürzlich, 67-jährig, verstorbenen Entwicklungspsychologen und Altersforschers Paul Baltes, von dem ich in Bezug auf Altern und Alter mehr gelernt habe als von jedem anderen (vgl. Baltes, 1999; Baltes, 2006; Baltes & Smith, 2004; Schnabel, 2006).

Die verhaltenswissenschaftliche Forschung der letzten Jahrzehnte – nicht zuletzt die Berliner Altersstudie – hat die große Plastizität des Alterns gezeigt (Baltes & Baltes, 1980; Mayer & Baltes, 1996;). Sie hat gezeigt, wie sehr das Altern aus einem Wechselspiel von Körper, Geist und Gesellschaft resultiert (Baltes sprach vom „biokulturellen Ko-Konstruktivismus"). Sie hat gezeigt, wie sehr man das Altern durch bewusste Interventionen und zielgerichtetes Verhalten beeinflussen und formen kann, besonders, wenn man damit frühzeitig und nicht erst im Alter beginnt. Strategien der Selektion, Optimierung und Kompensation stehen im Prinzip zur Verfügung. Der 80-jährige Pianist kann so gut sein wie der 50-jährige, wenn er etwas leichtere Stücke auswählt, sie länger übt und besonders wirkungsvoll vorträgt. Man kann das Alter beeinflussen, gestalten, optimieren.

Aber diese Plastizität hat ihre Grenzen. Was für den Pianisten gilt, gilt für den Bergmann oder Dachdecker vermutlich nicht. Es ist überdies signifikant, dass die Mehrheit befragter 90-Jähriger aussagt, dass sie gern im Alter von 65 bis 70 Jahren geblieben wären. Zwar hat auch das hohe und höchste Alter mehrere Gesichter. Doch biologisch-biogenetische Gründe, die gesellschaftlich-kulturell zumindest heute nicht gründlich zu ändern sind, führen dazu, dass in der fortgeschrittensten Lebensphase dem Zugewinn an Lebensjahren kein Zugewinn an Lebensqualität und -zufriedenheit entspricht, eher im Gegenteil. Was das Kriterium der Menschenwürde unter diesen Bedingungen erfordert, wäre gesondert zu diskutieren. Die dunklen Seiten des Alters waren jedenfalls bisher durch alle medizinischen, gesellschaftlichen und gerontologischen Fortschritte nicht zu beseitigen, nur hinauszuschieben und vielleicht zeitlich zu komprimieren. So wird es wohl auch auf absehbare Zukunft sein. Das hohe Alter – oder sollte man sagen: das Alter im Vollsinn des Wortes, das heute viel später als früher beginnt? – bleibt der Übergang zum Tod. Dem ist mit dem Umbau der Arbeits- zur Tätigkeitsgesellschaft, mit der Reform des Sozialstaats und einem besseren Bildungssystem nur wenig beizukommen, mit der Stärkung des intergenerationalen Zusammenhalts nur zum Teil. Die langlebigsten Formen des Umgangs mit jenem Faktum stellen vielmehr Religion und Philosophie bereit (vgl. Welsch, in diesem Band). Doch wird sich die Qualität einer Gesellschaft auch an ihrer Fähigkeit messen lassen müssen, wie sie mit dieser tiefen Herausforderung umgeht, die ihrer dominanten Logik sehr widerspricht: mit dem hohen Alter und dem Tod.

Literatur

Anderson, G. F., & Sortir Hussey, P. (2000). Population Aging: A Comparison Among Industrialized Countries. In *Health Affairs, 19,* 191–203.

Baltes, P. B. (2006). Facing our limits: human dignity in the very old. In *Daedalus, Journal of the American Academy of Arts & Sciences,* 32–39.

Baltes, P. B. (1999). Alter und Altern als unvollendete Architektur der Humanontogenese. In *Nova Acta Leopoldina, 81,* 379–403.

Baltes, P. B. & Smith, J. (2004). Lifespan psychology: From developmental contextualism to developmental biocultural co-constructivism. In *Research on Human Development, 1,* 123–143.

Baltes, P. B. & Baltes, M. M. (1980). Plasticity and variability in psychological aging: Methodological and theoretical issues. In G. E. Gurski (Hg.), *Determining the effects of aging on the central nervous system,* 41–66. Berlin.

Barkholdt, C. (2006). Umgestaltung der Altersteilzeit: von einem Ausgliederungs- zu einem Eingliederungsinstrument. In Deutsches Zentrum für Altersfragen (Hg.), *Förderung der Beschäftigung älterer Arbeitnehmer – Voraussetzungen und Möglichkeiten.* Expertisen zum Fünften Altenbericht der Bundesregierung (Band 2). Münster.

Bengtson, V. L. (2000). Beyond the Nuclear Family: The Increasing Importance of Multigenerational Bonds. In *Journal of Marriage and the Family, 63,* 1–16.

Berlin-Institut für Bevölkerung und Entwicklung (2006). *Die demografische Lage der Nation. Wie zukunftsfähig sind Deutschlands Regionen?* München.

Bertelsmann Stiftung (Hg.) (2006). Älter werden – aktiv bleiben. Beschäftigung in Wirtschaft und Gesellschaft. Carl Bertelsmann-Preis 2006. Gütersloh.

Börsch-Supan, A. (2004). Aus der Not eine Tugend – Zukunftsperspektiven einer alternden Gesellschaft. In Herbert-Quandt-Stiftung (Hg.), *Gesellschaft ohne Zukunft?* 81–91. Bad Homburg.

Börsch-Supan, A. Düzgün, I. & Weiss, M. (2006). Sinkende Produktivität alternder Belegschaften? Zum Stand der Forschung. In J. U. Pager & A. Schleiter (Hg.), *Länger leben, arbeiten und sich engagieren. Chancen werteschaffender Beschäftigung bis ins Alter*, 85–102. Gütersloh.

Bosch, G. (2004). Finanzierung lebenslangen Lernens: Der Weg in die Zukunft. Die wichtigsten Ergebnisse der Expertenkommission. In *Berufsbildung in Wissenschaft und Praxis 33-6*, 5–10.

Brussig, M. & Wojtkowski, S. (2006). Durchschnittliches Renteneintrittsalter steigt weiter. In *Altersübergangs-Report, 2*.

Bucher, H., Schlömer, C. & Lackmann, G. (2004). Die Bevölkerungsentwicklung in den Kreisen der Bundesrepublik Deutschland zwischen 1990 und 2020. In *Informationen zur Raumentwicklung, 3/4*, 107–126.

Bundesamt für Bauwesen und Raumordnung (Hg.). (2006). Herausforderungen deutscher Städte und Stadtregionen. In *BBR-Online-Publikation, 8*.

Bundesministerium für Familie, Senioren, Frauen und Jugend (Hg.) (2005). Fünfter Bericht zur Lage der älteren Generation in der Bundesrepublik Deutschland: Potenziale des Alters. In *Wirtschaft und Gesellschaft. Der Beitrag älterer Menschen zum Zusammenhalt der Generationen*, 74. Berlin.

CDU, CSU und SPD (2005). Gemeinsam für Deutschland. Mit Mut und Menschlichkeit. Koalitionsvertrag, S. 29–31. Berlin.

Dahrendorf, R. (1992). Der moderne soziale Konflikt. München.

Ehmer, J. (2001). *Alter und Arbeit – historische Überlegungen zu einem aktuellen Problem*. Referat auf dem 41. Österreichischen Geriatriekongress, 24. 3.–28. 3. 2001, unveröffentlichtes Manuskript. Bad Hofgastein.

Eichhorst, W. (2006). Beschäftigung Älterer in Deutschland: Der unvollständige Paradigmenwechsel. In *Zeitschrift für Sozialreform, 52*, 101–123.

Engstler, H. (2006). Erwerbsbeteiligung in der zweiten Lebenshälfte und der Übergang in den Ruhestand. In C. Tesch-Römer, H. Engstler & S. Wurm (Hg.), *Altwerden in Deutschland. Sozialer Wandel und individuelle Entwicklung in der zweiten Lebenshälfte*, 85–154. Wiesbaden.

Estes, C. L. & Mahakian, J. L. (2001). The Political Economy of Productive Aging. In N. Morrow-Howell, J. Hinterlong & M. Sherraden (Hg.), *Productive Aging. Concepts and Challenges*, 197–213. Baltimore.

Filipp, S. H. & Mayer, A.-K. (2005). Zur Bedeutung von Altersstereotypen. In *APuZ, 49–50*, 25–31.

Foner, A. (2000). Age Integration or Age Conflict as Society Ages? In *Gerontologist, 40*, (3), 272–276.

Gensicke, T., Picot, S. & Geiss, S. (2005). Freiwilliges Engagement in Deutschland 1999–2004. Ergebnisse der repräsentativen Trenderhebung zu Ehrenamt, Freiwilligenarbeit und bürgerschaftlichem Engagement. München.

Gensicke, T. (2006). Freiwilliges Engagement älterer Menschen im Zeitvergleich 1999–2004. In T. Gensicke et al., *Freiwilliges Engagement in Deutschland 1999–2004*, 265–301. Wiesbaden.

Giarrusso, R. et al. (1996). Family Complexities and the Grandparent Role. In *Generations, 20*, (1), 17–23.

Göckenjan, G. (1988). „Solange uns die Sonne leuchtet, ist Zeit des Wirkens". Zum Wandel des Motivs: Leistung im Alter. In G. Göckenjan & H. J. von Kondratowitz (Hg.), *Alter und Alltag*, 67–97 (Zitat S. 68). Frankfurt/Main.

Gorz, A. (1994). Kritik der ökonomischen Vernunft. Sinnfragen am Ende der Arbeitsgesellschaft. Berlin.

Harper, S. (2006). Mature societies: planning for our future selves. In *Daedalus*. Journal of the American Academy of Arts & Sciences, Winter 2006, 28–29.

Henke, C. (2000). Das Ruhestandsverhalten der älteren Arbeitnehmer in Ost- und Westdeutschland. Eine empirische Untersuchung auf der Basis des Sozioökonomischen Panels. In *Sozialer Fortschritt, 8–9*, 196–209.

Imhof. A. E. (1981). Die gewonnenen Jahre. Von der Zunahme unserer Lebensspanne seit dreihundert Jahren *oder* von der Notwendigkeit einer neuen Einstellung zu Leben und Sterben. München.

Kaufmann, F.-X. (2005). Schrumpfende Gesellschaft. Von Bevölkerungsrückgang und seinen Folgen. Frankfurt a. M.

Kirk, D. (1996). Demographic Transition Theory. In *Population Studies, 50*, 361–387.

Kocka, J. (2005). Mehr Last als Lust. Arbeit und Arbeitsgesellschaft in der europäischen Geschichte. In *Jahrbuch für Wirtschaftsgeschichte, 2*, 185–206.

Kocka, J. (2004). Zivilgesellschaft in historischer Perspektive. In R. Jessen, S. Reichardt & A. Klein (Hg.), *Zivilgesellschaft als Geschichte. Studien zum 19. und 20. Jahrhundert*, 29–42. Wiesbaden.

Kohli, M. (1985). Die Institutionalisierung des Lebenslaufs: Historische Befunde und theoretische Argumente. In *Kölner Zeitschrift für Soziologie und Sozialpsychologie, 37*, 1–29.

Krey, K. & Meier, B. (2005). Innovationsfähigkeit. In Institut der deutschen Wirtschaft Köln (Hg.), *Perspektive 2050. Ökonomik des demographischen Wandels*, 145–172. Köln.

Künemund, H. (2006). Tätigkeiten und Engagement im Ruhestand. In C. Tesch-Römer, H. Engstler & S. Wurm (Hg.), *Altwerden in Deutschland. Sozialer Wandel und individuelle Entwicklung in der zweiten Lebenshälfte*, 289–323. Wiesbaden.

Laslett, P. (1989). *A Fresh Map of Life*. London.

Lederer, E. (1913/1919/1979). Die Gesellschaft der Unselbständigen. In E. Lederer, *Kapitalismus, Klassenstruktur und Probleme der Demokratie in Deutschland 1910–1940. Ausgewählte Aufsätze,* (hg. von J. Kocka), 14–32. Göttingen.

Martins, J. O. et al. (2005). The Impact of Ageing on Demand, Factor Markets and Growth. In *OECD Economics Department Working Papers, No. 420*. OECD Publishing.

Martinson, M. & Minkler, M. (2006). Civic engagement and older adults: A critical perspective. In *The Gerontologist, 46*, 318–324.

Mayer, K. U. & Baltes, P. B. (Hg.) (1996). Die Berliner Altersstudie. Berlin.

Morschhäuser, M., Ochs, P. & Huber, A. (2003). Erfolgreich mit älteren Arbeitnehmern. Strategien und Beispiele für die betriebliche Praxis. Hg. von der Bertelsmann-Stiftung und der Bundesvereinigung der Deutschen Arbeitgeberverbände. Gütersloh.

Oeppen, J. & Vaupel, J.W. (2002). Broken Limits to Life Expectancy. In *Science, 296*, 1030–1031.

Reday-Mulvey, G. (2005). Working Beyond 60. Key Policies and Practices in Europe, Basingstoke.

Schnabel, U. (2006). In der Blüte des Alters. Zum Tod des Entwicklungspsychologen Paul B. Baltes. In *Die Zeit, 16,* S. 38.

Skirbekk, V. (2004). Age and Individual Productivity: A Literature Survey. In G. Feichtinger (Hg.), *Vienna Yearbook of Population Research*, 133–153. Wien.

Statistisches Bundesamt (2003). Bevölkerung Deutschlands bis 2050. 10. koordinierte Bevölkerungsvorausberechnung. Wiesbaden.
Staudinger, U. M. (2003). Die Zukunft des Alterns und das Bildungssystem. In S. Pohlmann (Hg.), *Der demografische Imperativ*, 65–81. Hannover.
Uhlenberg, P (1996). Mortality Decline in the Twentieth Century and Supply of Kin Over the Life Course. In *Gerontologist, 36,* (5), 681–685.
UNO (2004). World Population Prospects: The 2004 Revision. New York.
Walker, A. (2002). Eine Strategie für aktives Altern. In *Internationale Revue für Soziale Sicherheit, 55,* 143–166.
Walwei, U. (2006). Beschäftigung älterer Arbeitnehmer in Deutschland: Probleme am aktuellen Rand und Herausforderung für die Zukunft. In C. Sproß (Hg.), *Beschäftigungsförderung älterer Arbeitnehmer in Europa*, 15–29. Nürnberg.
White Riley, M. et al. (Hg.). (1994). Age and Structural Lag. Society's Failure to Provide Meaningful Opportunities in Work, Family, and Leisure. New York.
Wilson, C., Aaron, H. J. & Harper, S. (2006) (Verschiedene Beiträge). In *Daedalus*. Journal of the American Academy of Arts & Sciences, 5–31.
World Bank (1994). *Averting the Old Age Crisis: Policies to Protect the Old and Promote Growth.* World Bank Policy Research Report, nach Harper, Mature societies, 26. Oxford.

Namenverzeichnis

Acharner   153
Adorno, T. W.   200
Allaire, J. C.   72
Altman, J.   47
Alzheimer, Aloys   29
Andreae, Johann Valentin   193
Ariés, Philippe   167
Aristophanes   153, 158
Aristoteles   153, 159, 173, 189, 191–193, 204, 205
Asosi/Isesi   152
Auden, W. H.   195
Auer, A.   189

Bäckman, L.   70, 71, 73
Bacon, Francis   193
Baltes, P. B.   71, 73–75, 78, 80, 163, 232
Baudelaire, Charles   177
Beauvoir, Simone de   153, 167, 174, 175, 183
Beethoven, L. van   200
Begley, Louis   185
Behl, C.   169, 209
Benn, Gottfried   179, 182, 183
Berger, P. L.   167
Berkéwicz, Ulla   184
Blatter, Silvio   196
Bloch, Ernst   189, 193–195
Bobbio, N.   204
Bolk, L.   211
Boll, F.   152
Boomsma, D. I.   73
Borscheid, P.   155, 159
Brecht, Bertolt   181, 182
Brehmer, Y.   69, 74
Broch, Hermann   180
Buddha   204
Burgess, E. W.   150

Campbell, E.   159
Cäsar   159
Cato der Ältere   160
Cicero   160, 174, 175, 190
Cohen, L.   151
Cole, T. R.   151, 166
Conrad, C.   150, 167, 168

Dinkel, R. H.   162
Dittmann-Kohli, F.   74
Dixon, R. A.   73
Dolan, C. V.   73
Dürer, A.   191

Eckstein, V.   209
Ehmer, J.   151, 155, 158, 163, 165, 167
Eriksson, Peter   49
Evers, H.   168

Farde, L.   71
Fennell, G.   167, 168
Finley, M. I.   160
Fischer, D. H.   150, 151, 155, 156, 167
Fontane, Theodor   178
Franzen, Jonathan   184
Fratiglioni, L.   75

Galen   153, 192
Galenos von Pergamon   153
Galilei   159
Gerstorf, D.   71
Ginzburg, N.   194
Gnilka, Christian   156
Göckenjan, Gerd   151, 152, 155, 156, 160, 168, 169
Goethe, J. W. von   9, 176, 200, 202
Grimm, Jacob   174, 175, 183, 194

Hacking, I.   167, 168

Hals, Frans 183
Hardy, S. A. 71
Hareven, T. K. 160, 161, 166
Hatzfeld, Graf von 208
Hauptmann, Gerhard 156
Hayflick, L. 209
Hemingway, Ernest 184
Hermann-Otto, E. 151, 158
Hesiod 153, 190
Hesse, Hermann 195
Hippokrates 192
Ho, A. 209
Höffe, O. 189
Hokusai, K. 200
Hölderlin, F. 200
Homer 153, 154, 190, 204
Hornung, E. 153
Hugo, Victor 174, 177
Hultsch, D. F. 73
Huxhold, O. 72

Johnson, Paul 161

Kant, I. 211
Kempermann, G. 71
Kiesel, H. 205
Kliegl, R. 74, 75
Kocka, J. 162, 166
Kohli, M. 169
Kondratowitz, H. J. von 150, 159
Konfuzius 196
Kopernikus 159

Lachman, M. E. 74
Laslett, Peter 150, 151, 160, 164
Li, S.-C. 69–74, 77
Lindenberger, U. 69–78, 80, 149
Lövdén, M. 69, 72, 73, 75, 77
Luckmann, T. 167
Lüscher, K. 151

MacDonald, S. W. S. 73
Mann, Thomas 180
Marsiske, M. 72, 78
Mather, Increase 156
Menzius 196
Michelangelo 165
Minois, G. 150–153, 155, 162, 165
Mitterauer, M. 149, 160

Molenaar, P. C. M. 71, 73
Montaigne, M. E. de 154, 207
Moosmann, B. 169, 209
Mozart, W. A. 205, 208
Müller, Max 207
Müller, V. 74

Nagel, I. E. 77
Nesselroade, J. R. 71
Nestor 153, 154
Nietzsche, F. 202, 206
Nyberg, L. 71

Oeppen, J. 162
Oertzen, T. von 73, 74
Ovid 176

Paillard-Borg, S. 75
Paine, Thomas 165
Parkin, T. G. 154, 158, 160
Pasupathi, M. 74, 76
Phillipson, C. 168
Pillemer, K. 151
Platon 153, 189, 191
Plutarch 160
Portmann, A. 211
Prinzinger, R. 210, 212
Ptahhotep 152
Ptolemäus 159
Pythagoras 191, 211

Ram, N. 71
Rembrandt 191
Reuter-Lorenz, P. A. 74
Rosenmayr, L. 155, 156, 158, 164
Rösler, F. 74
Roth, Philip 185

Schaefer, S. 72
Schäfer, D. 154
Schaie, K. W. 80
Schelling, F. W. J. von 200
Schimany, P. 164
Schmiedek, F. 69, 70, 72
Schmitz, W. 150, 160
Schopenhauer, A. 201, 202
Seneca 156, 207
Shing, Y. L. 72
Siegler, R. S. 72
Sikström, S. 73

Singer, T. 74, 80
Sirach, Jesus 153
Solon 153, 157, 191
Sophokles 153, 190, 204, 211
Staudinger, U. M. 71, 74, 76, 149
Stearns, P. N. 167
Swift, Jonathan 195

Taunton, N. 155
Tetens, J. N. 80
Thane, P. 154, 159, 165
Theognis 204
Thomas, K. 151, 159, 165, 166
Thoreau, H. D. 201
Thum, V. 158
Tintoretto 191
Tizian 165, 200
Troyansky, D. G. 161

Varro 157
Vaupel, J. W. 162
Vercingetorix 159
Vergil 180
Voltaire, F. M. 207

Wagner, W. 209
Wagner-Hasel, B. 151, 154, 157, 158, 168
Wall, R. 164
Walser, Martin 186, 205
Weber, Max 139, 141
Welsch, W. 149, 156, 212
Werkle-Bergner, M. 77
Willis, S. L. 80
Winblad, B. 75
Wittgenstein, L. 200
Wohlwill, J. F. 69

Zola, E. 178

Sachverzeichnis

Abnutzungseffekte 208
Affekt 71
AGEs (advanced glycation endproducts) 25
Aktivität, körperliche 51
Akzeptation 203
Almosen 165
Altenanteile vgl. Altersstruktur
Altenpflege (*gerokômê*) 192
Altenteil 163
Alter(n) 57, 69, 72, 75, 78, 83
- chronologisches 121
- demographisches 3, 83, 97, 126
- des Menschen VII
- Diskurse 151–156, 158–160, 162, 168, 169
- drittes 135, 163, 228, 232
- gesellschaftliches vgl. Gesellschaft
- globales 5
- hohes 233
- kognitives 69
- – Theorien 72
- normales 75
- optimales 75
- pathologisches kognitives 75
- Problematik, gesellschaftliche 124
- viertes 135, 163, 232
Alterns- und Todeserfahrungen 5
Alternsforschung 41
- kognitive 3, 69, 71, 80
- psychologische 192
Altersgrenze 139, 143
- Politik 140
Altersgruppen 4
- drei große 122
Alterspension vgl. Pension
Alterssicherungspolitik 143

Altersstimmung 183
Altersstruktur 149, 162
Altersunterschiede 87
Altersversicherung vgl. Rentenversicherung
Altersverteilung vgl. Altersstruktur
Altersvorstellung, chronologische 120
Alterswerk 200
Alterung vgl. Alter(n)
Alterungsprozess vgl. Alter(n)
Altes Testament 153, 157, 158
Alzheimer-Demenz 9, 28, 50
- Modellmaus 61
Amyloid-Impfungen 30
Amyloid-β-Protein 24
Annäherungs-/Interessesystem 85
Anpassung 2
- Zwänge 133
Anspruchsniveau vgl. Erwartungen
Anti-Aging 48
Antidepressiva 52
Antike 4, 151, 154, 157, 173, 190, 191
- griechisch-römische 151, 156, 160
- griechische 151–153, 193
- römische 153
Antioxidantien 22, 62
Antiquité 150
Apoptose 39
Arbeit 5, 160, 164–166, 169, 222, 223
Arbeiterklasse 166
Arbeiterschaft 164
Arbeitsfähigkeit 165
Arbeitsgedächtnis 75, 77, 78
Arbeitsgesellschaft 231
Arbeitsgesetzgebung 165
Arbeitsmarkt 161, 223
Arbeitsmärkte 166
- industriell-kapitalistische 166
Arbeitsstruktur 161

Arbeitstätigkeit 165
Armut 160
Assoziationsbildung 77, 78
Atmungskettenkomplexe 20
Aufklärung 154
Aufmerksamkeit, kontrollierte 77, 78
Aufstiegschancen 133
Ausgedinge 163, 165

Bauern 165
Behandlungsprinzipien 62
Belastungsforschung, posttraumatische 89
Belletristik, moderne 4, 154
Berliner Altersstudie 72, 232
Beruf 165
Betteln 165
Bevölkerung
– Erneuerungsgeschwindigkeit der aktiven 133
– Überalterung 119, 131, 133
– Unterjüngung 131
Bilder 5
Bildermanufakturen 158
Bildung 232
Bildungsvermögen 132
Biologie 84
Blutstammzellen 35

Chancen V
Chaperone 60, 61
Christentum
– frühes 153
– spätantikes 153, 156
Chromosomen 34
Commedie dell'arte 174
Corpus Hippocraticum 153
Cortex, präfrontaler 85
Cortisol 51
Cultural turn 168
Cyclin-abhängige Kinasen 14
Cycline 14
Cystein 26

Datierung 200
Debatte 6
– öffentliche V
Degeneration 48
Demenz 28, 50, 75, 185
Demographie 162

– historische 149
Demokratie, repräsentative 128
Depression 52
Dignitas gravitas und auctoritas 190
Diskursgeschichte 151, 152, 155
DNA
– Helicase 14
– Läsionen 15
– Reparatur 16
– Replikation 13
– Schäden 34, 58
– Strangbrüche 25
Doppelaufgabenkosten 79
Down-Syndrom 17
Dreiphasenmodell 191, 193
Druckgraphiken 159
Durchschnittsalter 101

Ehrenamt vgl. Engagement, bürgerschaftliches
Elektorat 128
Emotion
– Ausmaß der Aktivierung 86
– Regulation 90
– Valenz 86, 228, 229
Endlichkeit 205–208, 213
Engagement
– bürgerschaftliches 89, 228, 229
– zivilgesellschaftliches 5, 230
England 163, 164
– frühneuzeitliches 164
Entberuflichung 166
Entwicklung, demographische vgl. Altern, demographisches
Enzyme, antioxidative 22
Erfahrung 174
Ernährung
– kalorienarme 62
– Verhalten 19
Erneuerungsgeschwindigkeit der aktiven Bevölkerung 133
Erneuerungsprozesse vgl. Regeneration
Erwartungen 86, 134
Erwerbsarbeit vgl. Erwerbstätigkeit
Erwerbstätigkeit 166, 168, 169, 221, 225
Erzählungen, volkstümliche 160
Evolution 5, 35, 208, 209, 212f.
Expressionismus 4, 179, 186
Extraversion 87

Fadenwurm   10
Familie   149, 150, 160, 161, 163, 164, 196, 232
– Beziehungen   164
– Formen   151, 163
– Politik   134
– Strategien   165
– Struktur   150, 160
– und Haushalt   160
Fertilität   161
– Rückgang   99
– Veränderung   103
Fettsäuren, mehrfach ungesättigte   23
Finanzwirtschaft, öffentliche   131
Fitness, körperliche   75
Flexibilisierung   227
Forschungsmethoden   73
– neurowissenschaftliche   72
Fortpflanzung   210, 212
– geschlechtliche   209
Frühpensionierungen   133
Frankreich   134, 162, 163
Freie-Radikale-Theorie des Alterns   20
Freiwilligkeit vgl. Engagement, bürgerschaftliches

G0-Phase   13
Gebrechlichkeit   204
Gedächtnis   50, 52, 77, 79
– episodisches   74, 75
– Leistungen   74
Gehen   78, 79
Gehirn   70
Gehirn–Verhalten–Umwelt-System   71
Gehirnaktivität, asymmetrische   84
Geist   205
Geistes- und Ideengeschichte   152, 153
Geisteswissenschaften   VI, 167
Gelassenheit, „stoische"   194
Generation, Generationen   122
– Begriff   122
– Konflikte   130
– Krieg der   4, 220
– Vertrag   122
– Wechsel   35
Gerechtigkeit   231
Gerontocratia vgl. Gerontokratie
Gerontokratie   127, 130, 155

Gerontophobia   155
Geschlecht   167
Geschlechterstereotypie vgl. Stereotype
Gesellschaft, alternde   VII
– Chancen   220
– Lasten und Gefahren   220
– Probleme   V
Gesundheitssystem   162
Gilgamesch-Epos   153
Gleichgewichtskontrolle   78
Globalisierung, Zeitalter der   189
Glück   206
Glyco-Oxidation   25
Gorillas   210
Graue Panther   129
Greis   189
Griechenland, antikes vgl. Antike, griechische
Großelternrolle   164
Großfamilie   150, 151, 163
Gyrus dentatus   49

Hämatopoese   37
Handwerker   165
Haushalt   161, 163
Haushaltsführung   150, 163, 169
Hayflick Limit   12, 38
Hefezelle   10
Hellenismus   153
Herzrate   85
Hinduistisch   195
Hippocampus   49, 50, 52
Hitzeschockprotein HSF-1   57
Homo habilis   211
Homo sapiens   211
Homöostase   11
Hören   78
Humanisierung der Arbeitswelt   227
Humanismus   153
Humanvermögen   132
Humanwissenschaften   168
Huntington-Erkrankung   60
Hydra   37
Hydroxylradikal   21
Hygiene   162

Ideen- und Geistesgeschichte   152, 160
Individualisierung   135
Individualität   201

Industrialisierung 150, 164, 166
Industriegesellschaft 167, 169
Infektionen 23
Inkontinenz 185
Innnovation
– Bereitschaft 220
– Fähigkeit 220
Intelligenz, fluide 74
Interventionen, kognitive 74
Italien 163

Jahre, gewonnene 218
Jahreszeiten 201
Jugend 58, 60–62
Jugendlicher 203
Jungbrunnen 36, 156
Juvenilität 211

Karzinogene 18
Katechismen 158, 159
Kernfamilienhaushalt 151
Kinder- und Hausmärchen vgl. Märchen
Kinderlosigkeit 125
Kirchenbücher 161
Klage 154, 156
Knochenmark 39
Ko-Konstruktivismus, bio-kultureller 74
Kognition 2, 71, 77
Kohortenunterschiede 87
Komödie, athenische 153
Kompensation 232
Kompetenz, soziale 87, 88
Komplexität 209, 212
Konflikt 133
– zwischen Jung und Alt 142
Konfuzius 195
Konstruktion, gesellschaftliche 4, 123
Kontrollüberzeugung, internale 90
Krankheiten, altersassoziierte 11, 60
Kreativität 174, 183
Krieg der Generationen 4, 220
Krisen 89
Kultur 84, 211
Kultur- und Sozialgeschichte 150
Kulturgeschichte 4, 149–152, 168

Laminin A 34
Langlebigkeit 153, 157
Längsschnittuntersuchungen 69, 80

Lateralsklerose, amyotrophe 28
Leben
– Ambivalenz 86
– Kontext 89
– Kürze 206
– Phasen 119
– Qualität 233
– Sinn 88
Lebensalter vgl. Alter(n)
Lebensarbeitszeit 225
Lebenserwartung 10, 57, 149, 161, 162, 218
Lebensführung 124
Lebenslauf 231
– Entstandardisierung 122
– Institutionalisierung 121
Lebensspanne 3, 26
– maximale 98
Lebensstandard 162
Lebenstreppe 157
Lebenswissenschaften VI
Lebenszeit 57, 207
Leibrentenverträge 161
Lernen 51, 52, 71, 77
– lebenslanges 76, 134
Lipid-Peroxide 23
Lipofuscin 25
Literatur 4
– medizinische 153, 156
– ökonomische 153
– schöngeistige vgl. Belletristik
Lob 156
Lohnabhängige 165
Lohnarbeit 166, 169

Macht 127, 139
– Anteil 139
– der Verbände 149
– latente 129
– Verteilung 139
Maeren 158
Mangelgesellschaft 184
Märchen 154, 160
Marktmacht 141
Massenarbeitslosigkeit 225
Maßnahmen, lebensverlängernde 57
Maus 10
Mechanik 3, 83
– der Kognition 74

– des Lebens 74
– molekulare 10
Medizin 162, 192
– regenerative 2, 37
Mehrebenenmodelle 73
Menopause 210
Menschen 10
Menschenwürde 233
Mentalitätsveränderungen 134
Meson 192
Mesopotamien 153
Metaphysik 205
Methionin 26
Migration 103
Mitochondrien 20, 61
– Förderung der mitochondrialen Funktion 63
Mitose 13
Mittelalter 153, 157, 160, 162
Mitteleuropa 163
Mobilisierung 129
Mobilität 164
Modellorganismen 10
Modernisierungstheorie 150
Moralistik 189, 193
Mortalität 149, 161, 164
– Entwicklungen 103
– kardiovaskuläre 109
– Rückgang 130
– Struktur 162
Motivation 71
Multimorbidität 10
Muße 232
Mystik, mittelalterliche 156
Mythologie
– antike 157
– griechische 156

Naher Osten 152
Naturalismus 4, 179
Neotenie 211
Nervenzellen 47
– Neubildung 47
Netzwerk 50
Netzwerkmodelle, neuronale 73
Neuriten 49
Neurodegeneration 59, 60
– Reversibilität 60
Neurogenese 71

– adulte 2, 47
Neuromodulation, dopaminerge 71, 73
Neurotizismus 87
Neuzeit 151, 153, 157, 159, 160, 168
– frühe 157, 164, 165, 169
Niedergang, gesellschaftlicher 126
Nischen 35
Nordeuropa 163
Nordwesteuropa 164
Normen 123

Offenheit 87
– für neue Erfahrungen 89
Ontogenese 71
Opportunitätsstrukturen 134
Optimierung 232
Ordnung, gesellschaftliche 121
Organisation, neuronale 73
Organismen 208, 209, 212
Organversagen 27
Osteuropa 163
Östrogene 11
Oxidationsresistenz 27

Pantalone 174
Parkinson-Krankheit 28, 185
Passageriten 120
Pater familias 158
Pension 165
Pensionssysteme 165, 223
Person 84
Persönlichkeit 83, 84
– Entwicklung 3
– Entwicklungsaufgaben 87
– prozessuale Aspekte 84
– strukturelle Aspekte 84
Pflege 161
Philemon und Baucis 176
Philosophie 202, 204
– klassische 153
– römische 153
Phosphorylierung 14
Planaria 37
Plastizität 48, 49, 53, 80, 88, 231
– kognitive 74
– menschlicher Enwicklung 2, 88
– synaptische 49
Pluralität 199f.
Polarisierung der jüngeren Jahrgänge 125

Politik 4
Polyglutaminerkrankungen 60
Pragmatik 3, 83
Produktivitätsfortschritte 133
Progerie-Syndrom 17, 34, 58
Proteasom 29
Protein
– Aggregate 24
– Faltung, Störungen der 59
– Retinoblastomprotein (Rb) 15
– p53 15
Pseudodemenz 52
Psychotherapie 53

Quervernetzung 24

Rasse 167
Rauchen 23
Reaktivität 85
– autonome 84
Realismus 4, 178, 179
Reformdruck 231
Reformfähigkeit 231
Regelpensionsalter 166
Regeneration 2, 47
– Potential 26
Reifung 71
Relativität, kulturelle 4
Renaissance 150, 153, 159, 162, 165
Rentenalter 139, 226
Renteneintrittsalter 200
Rentensysteme 166, 223
Rentenversicherung 167, 222, 223
– Politik 143
Reparaturmechanismen 2, 57, 59, 60
– Expression 63
Republik, römische 157
Reserve, neurale 53
Resilient 88
Ressourcen 84, 90
– kognitive 78
Restriktion, kalorische 19
Resveratrol 19, 62
Retinoblastomprotein (Rb) 15
Retirement 165
Revolte 204
Revolution, industrielle 150, 151
Reziprozität 158
Rhetorik

– Aristoteles' 191
– gerontokratische 151
Riechkolben 49
RNS 20
Rom 159
ROS 20
Ruhestand 161, 165–167, 169, 222, 224
– Grenzen 124
– Phase 169

Südwesteuropa 163
Salamander 37
Satire 173
Sauerstoff 12
Sauerstoffradikale
– aggressive 60
– freie 19
Sauerstoffspezies (ROS) 61
– reaktive 20
Schelte 156, 168
Schimpansen 210
Schwäche 190–193
Schweden 162
Sechzigerstandard vgl. Renteneintrittsalter
Sehen 77
Selbsttötung 156
Selektion 232
Seneszenz 12, 38, 71
Senex 157
Senilität 190
Senior 157
Senioren 190
– Anteil 99
Seniorität 226
– Prinzip 130
Sensomotorik 71
– und Kognition 76
Sgraffiti 154
Signalverarbeitung 72
Sir2-Familie 18
Solidarität 4
Souveränität 183
Sozial- und Verhaltenswissenschaften VI
Sozialgeschichte 4, 149, 151, 161, 168, 169
Sozialpolitik 161
Sozialstaat 122, 225
Sozialwissenschaften 167
Soziologie, historische 150

Spanien 162
Sprichwörter 160
Staat
– moderner 123
– Staatsmacht 141
Stagnation, gesellschaftliche 131
Stammesgesellschaft 120
Stammzellbiologie 47
Stammzellen 2, 26
– adulte 35, 36
– hämatopoetische (HSC) 39
– mesenchymale (MSC) 38, 39
Stammzellnische 38
Status 120
– sozialer 4
Sterberisiko 162
Sterblichkeit vgl. Mortalität
Stereotype 124, 149–151, 155, 167
– Geschlechter 174
– Klage 154, 156
– Lob 156
– Schelte 156, 168
– Trost 156
– Verachtung 155
– Verehrung 155
Stickstoffmonoxid 21
Stoa 189
Stoffwechsel 19
– Theorie 211f.
Strahlung, radioaktive 18
Stress 51
– oxidativer 2, 20
Stürzen 78
Superoxid 21
Synapsen 49
Synaptogenese 71

Tätigkeitsgesellschaft 231
Technologie 76
Teilhabe, soziale 75
Telomerase 17, 34
– Beschränkung der Funktion 17
Telomere 17, 34
Testamente 161
Theorien
– des kognitiven Alterns 72
– mathematische 39, 41
– molekulare 10

Tod 156, 162, 202, 208, 210, 212, 213, 233
Todesbezug 202
Todeskampf 184
Todesursache 161
Training
– Programme 80
– Studien 74, 80
Transfer 75
Transkription 18
– Faktoren 15
Translation 18
Trisomie 21 17
Trost 156
Tumorsuppressor 15

Überalterungsproblem 219
Überhöhung 204
Überlebensgene 57
Ubiquitin-Proteasom-Mechanismus 61
Umgänglichkeit 87
Umwelt 69, 70
– unterstützende 75
Unsterblichkeit 209
Unterjüngung 131
– Problem 131, 219
Urbanisierung 150, 164, 166
Urgroßelternschaft 164
UV-Strahlung 18

Vagabondage 165
Vagabundengesetzgebung 165
Variabilität 85
Vasenmalerei 154
Vater 196
Verachtung 155
Veränderbarkeit 231
Verbandsmacht 141
Verdrängung 203
Verehrung 155
Vergleichsmaßstab 86
Verhalten 70
Verhaltensgewohnheiten 2
Verhaltenswissenschaften VI
Vermeidungs-/Inhibitionssystem 85
Vermeidungsziele 86
Versorgungsklasse 141, 143
Verteilungskampf 221
Verteilungskonflikte 131

Verwandtschaftsordnungen 120
Vitamin C 23
Vitamin E 23
Vorruhestandsregelungen 167

Wachstumsmodelle, latente 73
Wachstumspotentiale, volkswirtschaftliche 133
Wahlalter 139, 140
Wahlverhalten 141
Wahrnehmungsgeschwindigkeit 75
Wandel, demographischer V
Wasserstoffperoxid 21
Weisheit 88
Weltbevölkerung 217, 218
Weltreligionen 204
Werner-Syndrom 17, 58
Westeuropa 151
Widerstandsfähig 88
Willensbildung, politische 126

Wirtschaftliche Situation 126
Wissenschaftsgeschichte 159
Wohlbefinden 87, 88
Wohlfahrtsproduktion 132
Wohlfahrtsstaat 167
Wunschbild 194, 195
Würde 190, 191

Zeit 122
Zeitlichkeit 206
Zeitrechnung 120
Zellen 1, 33
Zellteilung 209
Zellzyklus 12
Zivilgesellschaft 228, 230
Zukunftsfähigkeit 143, 221
Zürich 163
Zuverlässigkeit 87
Zuwanderung 3

Druck: Krips bv, Meppel, Niederlande
Verarbeitung: Stürtz, Würzburg, Deutschland

If you have any concerns about our products,
you can contact us on
ProductSafety@springernature.com

In case Publisher is established outside the EU,
the EU authorized representative is:
**Springer Nature Customer Service Center GmbH
Europaplatz 3, 69115 Heidelberg, Germany**

Printed by Libri Plureos GmbH
in Hamburg, Germany